·大学生创新实践系列丛书·

大学物理应用与实践

清华大学出版社
北京

图书在版编目（CIP）数据

大学物理应用与实践 / 胡列著. -- 北京 : 清华大学出版社, 2024. 9.
(大学生创新实践系列丛书). -- ISBN 978-7-302-67278-4

Ⅰ. O4

中国国家版本馆 CIP 数据核字第 2024B02Z06 号

责任编辑：付潭蛟
封面设计：胡梅玲
责任校对：王荣静
责任印制：刘海龙
出版发行：清华大学出版社
网　　址：https://www.tup.com.cn，https://www.wqxuetang.com
地　　址：北京清华大学学研大厦 A 座　　邮　　编：100084
社 总 机：010-83470000　　邮　　购：010-62786544
投稿与读者服务：010-62776969，c-service@tup.tsinghua.edu.cn
质 量 反 馈：010-62772015，zhiliang@tup.tsinghua.edu.cn
课 件 下 载：https://www.tup.com.cn，010-83470332
印 装 者：三河市君旺印务有限公司
经　　销：全国新华书店
开　　本：185mm×260mm　　印　张：21.5　　字　　数：550 千字
版　　次：2024 年 11 月第 1 版　　印　　次：2024 年 11 月第 1 次印刷
定　　价：79.00 元

产品编号：106606-01

作 者 简 介

胡列，博士，教授，1963 年出生，毕业于西北工业大学，1993 年初获工学博士学位，师从中国航空学会原理事长、著名教育家季文美大师，现任西安理工大学高科学院董事长、西安高新科技职业学院董事长。

胡列博士先后被中央电视台《东方之子》栏目特别报道，荣登《人民画报》封面，被评为“陕西省十大杰出青年”“陕西省红旗人物”“中国十大民办教育家”“中国民办高校十大杰出人物”“中国民办大学十大教育领袖”“影响中国民办教育界十大领军人物”“改革开放 30 年中国民办教育 30 名人”“改革开放 40 年引领陕西教育改革发展功勋人物”等，被众多大型媒体誉为创新教育理念最杰出的教育家之一。

胡列博士先后发表上百篇论文和著作，近年分别在西安交通大学出版社、华中科技大学出版社、哈尔滨工业大学出版社、清华大学出版社、人民日报出版社、未来出版社等出版的专著和教材见下表。

复合人才培养系列丛书：	**概念力学系列丛书：**
高新科技中的高等数学	概念力学导论
高新科技中的计算机技术	概念机械力学
大学生专业知识与就业前景	概念建筑力学
制造新纪元：智能制造与数字化技术的前沿	概念流体力学
仿真技术全景：跨学科视角下的理论与实践创新	概念生物力学
艺术欣赏与现代科技	概念地球力学
科技驱动的行业革新：企业管理与财务的新视角	概念复合材料力学
实践与认证全解析：计算机-工程-财经	概念力学仿真
在线教育技术与创新	**实践数学系列丛书：**
完整大学生活实践与教育管理创新	科技应用实践数学
大学生心理健康与全面发展	土木工程实践数学
科教探索系列丛书：	机械制造工程实践数学
科技赋能大学的未来	信息科学与工程实践数学
科技与思想的交融	经济与管理工程实践数学
未来科技与大学生学科知识演进	**大学生创新实践系列丛书：**
未来行业中的数据素养与职场决策支持	大学生计算机与电子创新创业实践
跨学科驱动的技能创新与实践	大学生智能机械创新创业实践
大学生复杂问题分析与系统思维应用	大学物理应用与实践
古代觉醒：时空交汇与数字绘画的融合	大学生现代土木工程创新创业实践
思维永生	建筑信息化演变：CAD-BIM-PMS 融合实践
时空中的心灵体验	创新思维与创造实践
新工科时代跨学科创新	大学生人文素养与科技创新
智能时代教育理论体系创新	我与女儿一同成长
创新成长链：从启蒙到卓越	智能时代的数据科学实践

AuthorBiography

Dr. Hu Lie, born in 1963, is a professor who graduated from Northwestern Polytechnical University. He obtained his doctoral degree in Engineering in early 1993 under the guidance of Professor Ji Wenmei, the former Chairman of the Chinese Society of Aeronautics and Astronautics and a renowned educator. Dr. Hu is currently the Chairman of the Board of Directors of The Hi-Tech College of Xi'an University of Technology and the Chairman of the Board of Directors of Xi'an High-Tech University. He has been featured in special reports by China Central Television as an "Eastern Son" and appeared on the cover of "People's Pictorial" magazine. He has been recognized as one of the "Top Ten Outstanding Young People in Shaanxi Province" "Red Flag Figures in Shaanxi Province" "Top Ten Private Educationists in China" "Top Ten Outstanding Figures in Private Universities in China" "Top Ten Education Leaders in China's Private Education Sector" "Top Ten Leading Figures in China's Private Education Field" "One of the 30 Prominent Figures in China's Private Education in the 30 Years of Reform and Opening Up" and "Contributor to the Educational Reform and Development in Shaanxi Province in the 40 Years of Reform and Opening Up" among others. He has been acclaimed by numerous major media outlets as one of the most outstanding educators with innovative educational concepts.

Dr. Hu Lie has published over a hundred papers and books. In recent years, his monographs and textbooks have been published by the following presses: Xi'an Jiaotong University Press, Huazhong University of Science and Technology Press, Harbin Institute of Technology Press, Tsinghua University Press, People's Daily Press, and Future Press. The details are listed in the table below.

Composite Talent Development Series:	***Conceptual Mechanics Series:***
Advanced Mathematics in High-Tech Science and Technology	*Introduction to Conceptual Mechanics*
Computer Technology in High-Tech Science and Technology	*Conceptual Mechanical Mechanics*
College Students' Professional Knowledge and Employment Prospects	*Conceptual Structural Mechanics*
The New Era of Manufacturing: Frontiers of Intelligent Manufacturing and Digital Technology	*Conceptual Fluid Mechanics*
Panorama of Simulation Technology: Theoretical and Practical Innovations from an Interdisciplinary Perspective	*Conceptual Biomechanics*
Appreciation of Art and Modern Technology	*Conceptual Geomechanics*
Technology-Driven Industry Innovation: New Perspectives on Enterprise Management and Finance	*Conceptual Composite Mechanics*
Practical and Accredited Analysis: Computing-Engineering-Finance	*Conceptual Mechanics Simulation*
Online Education Technology and Innovation	***Practical Mathematics Series:***
Comprehensive University Life: Practice and Innovations in Educational Management	*Applied Mathematics in Science and Technology*
College Student Mental Health and Holistic Development	*Applied Mathematics in Civil Engineering*
Science and Education Exploration Series:	*Applied Mathematics in Mechanical Manufacturing Engineering*
The Future of Universities Empowered by Technology	*Applied Mathematics in Information Science and Engineering*
The integration of technology and thought	*Applied Mathematics in Economics and Management Engineering*
Future Technology and the Evolution of University Student Disciplinary Knowledge	***College Student Innovation and Practice Series:***
Data Literacy and Decision Support in Future Industries	*College Students' Innovation and Entrepreneurship Practice in Computer and Electronics*
Interdisciplinary-Driven Skill Innovation and Practice	*College Students' Innovation and Entrepreneurship Practice in Intelligent Mechanical Engineering*
Complex Problem Analysis and Applied Systems Thinking for University Students	*University Physics Application and Practice*
Ancient Awakenings: The Convergence of Time, Space, and Digital Painting	*College Students' Innovation and Entrepreneurship Practice in Modern Civil Engineering*
Mind Eternal	*Evolution of Architectural Informationization: CAD-BIM-PMS Integration Practice*
Mind Experiences Across Time and Space	*Innovative Thinking and Creative Practice*
Interdisciplinary Innovation in the Era of New Engineering	*Cultural Literacy and Technological Innovation for College Students*
Innovative Educational Theories and Systems in the Intelligent Era	*Growing Up Together with My Daughter*
The Innovation Growth Chain: From Enlightenment to Excellence	*Data Science Practice in the Age of Intelligence*

丛 书 序

在这个充满变革的新时代，创新成了推动科学、技术与社会发展的核心动力。作为一位长期从事教育工作的院士，我对于推动创新教育的重要性有着深刻的认识。胡列教授编写的“大学生创新实践系列丛书”，以其全面深入的内容和实践导向的特色，为我们呈现了一个关于如何将创新融入教育和生活的精彩蓝图。

该系列丛书从《大学生计算机与电子创新创业实践》开始，直观展示了在计算机科学和电子工程领域中，理论与实践如何结合，推动了技术的突破与应用。接着，《大学生智能机械创新创业实践》与《大学物理应用与实践》进一步拓展了我们的视野，展现了在机械工程和物理学中，创新思维如何引领技术发展，解决实际问题。同时，《智能时代的数据科学实践》介绍了数据科学在智能时代的应用，结合深度学习、人工智能等技术，通过案例展示其在金融、医疗、制造等领域的潜力，帮助读者提升创新能力。

更进一步，《大学生现代土木工程创新创业实践》与《建筑信息化演变》让我们见证了土木工程和建筑信息化在当今社会中的重要性，以及它们如何通过创新实践，促进了建筑领域的革新。

在《创新思维与创造实践》和《大学生人文素养与科技创新》中，胡列教授通过探讨创新思维与人文素养的关键作用，展示了如何在快速发展的科技时代中，保持人文精神的指引和多元思维的活力。《创新思维与创造实践》不仅跳出了具体技术领域的局限，强调了创新思维的力量及其在跨学科问题解决中的应用；而《大学生人文素养与科技创新》则强调了人文素养在激发创新思维、推动技术进步中的独特价值，鼓励读者在追求科技进步的同时，不忘人文关怀。

在《我与女儿一同成长》中，胡列教授用自己与女儿的成长故事，向我们展示了教育、成长与创新之间的紧密联系。这不仅是一本关于个人成长的书，更是一本关于如何在生活中实践创新的指导书。

通过胡列教授的这套丛书，我们不仅能学习到具体的技术和方法，更能领会到创新思维的重要性和普遍适用性。这套丛书对于任何渴望在新时代中取得进步的学生、教师以及所有追求创新的人来说，都是一份宝贵的财富。

因此，我特别推荐“大学生创新实践系列丛书”给所有人，特别是那些对创新有着无限热情的年轻学子。让我们携手，一同在创新的道路上不断前行，为构筑一个更加美好的未来而努力。

杜彦良

中国工程院院士

国家科技进步奖特等奖 2 项、一等奖 1 项

国家教学成果奖一等奖 1 项

2024 年 9 月

前言

物理学，这门古老而又永恒的学科，自古以来就伴随着人类的文明进步，揭示了宇宙的神秘面纱。它既是古代哲学家的思考，又是现代科学家的探索工具，成为我们理解世界的桥梁。本书旨在为读者，特别是大学生，提供一个独特的视角，探索物理学的丰富内涵和广阔应用。

在第一部分，我们遍历物理学的历史长河，回溯那些令人叹为观止的时刻：从古希腊哲学家亚里士多德的运动理论，到古代的建筑与机械设计，再到伽利略和牛顿为我们揭开的宇宙奥秘，我们将探索如何通过这些早期的发现和理论，构建起现代物理学的基础，并在此过程中理解这些思想如何引导和塑造了科学发展的轨迹。

在第二部分，我们深入探索物理学如何悄悄地融入我们的日常生活，成为我们生活的基石。你会意识到，无论是天空的蓝，还是冰箱的制冷方式，背后都隐藏着物理学的知识。这部分将展示物理学在家庭、交通、通信和娱乐等领域的具体应用，揭示我们日常生活中的许多便利和奇迹其实都源于物理学原理的实际应用。

在第三部分，我们专注于物理学在各大行业中的核心应用。从航空航天的巅峰到探索医学的奥秘，再到现代建筑的创新，每一处都有物理学的身影。通过这一部分的学习，读者将看到物理学如何推动技术进步和工业发展，并如何在各种专业领域中发挥关键作用。

在第四部分，我们将带领读者走向对未来的探索之旅。在这里，我们将探索前沿科技领域，如石墨烯、超导材料和人工智能等。这些前沿技术不仅展示了物理学的最新进展，还揭示了未来可能的应用和发展方向。通过对这些前沿科技的理解，我们可以展望物理学在未来的无限可能性。

为了使这本书更加生动和实用，我们特别加入了大量的实际应用和案例，并搭配了编程模拟与可视化分析，课后习题中突出了实验和模拟设计及课程论文研究方向，旨在为大学生提供一个全面、直观的学习体验。无论你是对物理学充满好奇的新生，还是已经对物理学有所了解的在校生，都会发现这本书为你提供了一个全新的角度，能使你更深入地理解大学物理的概念、应用、交叉学科知识和实践的重要性。

希望本书能为你揭示一个充满奇迹和无限可能的世界，引导你欣赏并深入探索物理学的深邃与广阔。

欢迎你加入这场旅行，让我们开启对物理学的探索之旅吧！

胡　列

2023 年 9 月

目录

第 1 部分 物理学的发展历史

第 1 章 古希腊的运动观念……3

1.1 古希腊对质点运动的解释……3
1.2 古希腊的物理学与哲学……4
1.3 应用 1：古代建筑与机械设计……5
1.4 应用 2：古代战争机械……6
1.5 应用 3：古代交通工具……8
1.6 本章习题和实验或模拟设计及课程论文研究方向……10

第 2 章 天文学与宇宙观……12

2.1 古代宇宙观……12
2.2 天文观测的方法与工具……13
2.3 应用 1：古代日晷的制作与应用……14
2.4 应用 2：古代星图与星座……16
2.5 应用 3：古代日食与月食的预测……18
2.6 本章习题和实验或模拟设计及课程论文研究方向……20

第 3 章 文艺复兴时期的科学思潮……23

3.1 伽利略的实验方法与观念……23
3.2 伽利略的望远镜与天文观测……24
3.3 应用 1：伽利略式钟摆……25
3.4 应用 2：伽利略式望远镜的制作与使用……27
3.5 应用 3：重力与自由落体……29
3.6 本章习题和实验或模拟设计及课程论文研究方向……30

第 4 章 牛顿的机械世界……33

4.1 牛顿的三大运动定律……33
4.2 万有引力定律……34
4.3 应用 1：摩擦力与物体滑动……35
4.4 应用 2：天体运动……37
4.5 应用 3：桥梁的设计与分析……39

4.6 本章习题和实验或模拟设计及课程论文研究方向 …… 41

第 5 章 20 世纪初的物理学革命 …… 43

5.1 相对论的基础 …… 43
5.2 量子物理的诞生与发展 …… 44
5.3 应用 1：现代 GPS 系统的校正 …… 45
5.4 应用 2：LED 与激光器的工作原理 …… 47
5.5 应用 3：粒子加速器与相对论效应 …… 49
5.6 本章习题和实验或模拟设计及课程论文研究方向 …… 51

第 6 章 热力学与统计力学的发展 …… 53

6.1 热力学的基本定律 …… 53
6.2 统计力学的兴起 …… 54
6.3 应用 1：热机与制冷机 …… 55
6.4 应用 2：热传导与材料的热导率 …… 57
6.5 应用 3：理想气体与真实气体 …… 59
6.6 本章习题和实验或模拟设计及课程论文研究方向 …… 60

第 7 章 电磁学的崛起 …… 62

7.1 电学的基本定律 …… 62
7.2 磁学与电磁感应 …… 63
7.3 麦克斯韦方程组 …… 63
7.4 应用 1：发电机与变压器 …… 64
7.5 应用 2：无线通信与电磁波 …… 67
7.6 应用 3：电容器与电感 …… 68
7.7 本章习题和实验或模拟设计及课程论文研究方向 …… 70

第 8 章 现代粒子物理与核物理的探索 …… 72

8.1 原子结构的探索 …… 72
8.2 核物理学的发展 …… 73
8.3 粒子物理学的兴起 …… 74
8.4 应用 1：粒子探测器与实验物理 …… 75
8.5 应用 2：核医学与放射性同位素 …… 77
8.6 应用 3：粒子加速器的设计与应用 …… 79
8.7 本章习题和实验或模拟设计及课程论文研究方向 …… 81

第 2 部分 物理学与文明的交织

第 9 章 古代文明中的物理学观念 …… 85

9.1 古埃及的物理学知识 …… 85
9.2 古希腊的物理学探索 …… 86

9.3 古代中国的物理学实践 …… 86
9.4 应用 1：古代建筑技术与物理学原理 …… 87
9.5 应用 2：天文观测与时间计算 …… 89
9.6 应用 3：古代机械与自动装置 …… 91
9.7 本章习题和实验或模拟设计及课程论文研究方向 …… 94

第 10 章 中世纪与文艺复兴时期的物理学探索 …… 96

10.1 中世纪的物理学观念 …… 96
10.2 文艺复兴与科学革命 …… 97
10.3 应用 1：中世纪的天文观测 …… 98
10.4 应用 2：文艺复兴时期的艺术与物理 …… 99
10.5 应用 3：早期的光学研究 …… 101
10.6 本章习题和实验或模拟设计及课程论文研究方向 …… 103

第 11 章 工业革命与物理学的进步 …… 105

11.1 工业革命的起源 …… 105
11.2 物理学在工业革命中的角色 …… 106
11.3 应用 1：蒸汽机与热力学 …… 107
11.4 应用 2：电力系统与电磁学 …… 109
11.5 应用 3：机械制造与物理学原理 …… 111
11.6 本章习题和实验或模拟设计及课程论文研究方向 …… 113

第 12 章 20 世纪的物理学与社会变革 …… 115

12.1 两次世界大战与物理学 …… 115
12.2 冷战与太空竞赛 …… 116
12.3 20 世纪的物理学突破 …… 117
12.4 应用 1：核能与社会 …… 118
12.5 应用 2：宇宙探索与物理学 …… 120
12.6 应用 3：信息时代与物理学原理 …… 122
12.7 本章习题和实验或模拟设计及课程论文研究方向 …… 124

第 13 章 物理学与现代生活 …… 126

13.1 物理学与家庭技术 …… 126
13.2 交通与通信的物理学 …… 127
13.3 娱乐与物理学 …… 128
13.4 应用 1：家用电器的工作原理 …… 129
13.5 应用 2：现代交通工具的物理学 …… 131
13.6 应用 3：音像技术与物理学原理 …… 133
13.7 本章习题和实验或模拟设计及课程论文研究方向 …… 135

第 14 章 物理学与艺术的交汇 …… 137

14.1 物理学与绘画艺术 …… 137

14.2 音乐与声学 138
14.3 现代艺术与物理学的交汇 139
14.4 应用 1：色彩与光的物理学 140
14.5 应用 2：乐器与声音的物理学 142
14.6 应用 3：数字艺术与物理模拟 144
14.7 本章习题和实验或模拟设计及课程论文研究方向 146

第 3 部分 物理学在当今世界中的应用

第 15 章 土木工程与物理学 151

15.1 建筑物理学 151
15.2 结构动力学与建筑设计 153
15.3 土壤物理与地基工程 154
15.4 应用 1：绿色建筑与物理学 156
15.5 应用 2：桥梁设计的物理学原理 158
15.6 应用 3：地基工程与土壤物理学 160
15.7 本章习题和实验或模拟设计及课程论文研究方向 161

第 16 章 能源行业与物理学 163

16.1 化石燃料的开采与利用 163
16.2 可再生能源技术 165
16.3 核能技术 167
16.4 应用 1：石油精炼与化工 168
16.5 应用 2：太阳能发电站的设计与优化 171
16.6 应用 3：核电站的安全措施 173
16.7 本章习题和实验或模拟设计及课程论文研究方向 175

第 17 章 制造业与物理学 177

17.1 机械制造与设计 177
17.2 电子制造与半导体技术 179
17.3 化工与材料科学 181
17.4 应用 1：现代汽车的物理技术 182
17.5 应用 2：微电子制造与芯片设计 185
17.6 应用 3：3D 打印与创新制造 187
17.7 本章习题和实验或模拟设计及课程论文研究方向 189

第 18 章 通信与信息技术 191

18.1 无线通信技术与电磁波 191
18.2 光纤通信与量子通信 193
18.3 计算机硬件：从超级计算机到量子计算机 195
18.4 应用 1：移动通信与 5G 技术 197

18.5　应用 2：光纤网络与宽带技术 ········ 199
18.6　应用 3：云计算与数据中心 ········ 201
18.7　本章习题和实验或模拟设计及课程论文研究方向 ········ 203

第 19 章　生物技术与医疗物理学 ········ 205

19.1　医疗成像技术 ········ 205
19.2　放射治疗与医疗应用的粒子物理 ········ 207
19.3　基因技术与生物物理学 ········ 209
19.4　应用 1：远程医疗与穿戴设备 ········ 211
19.5　应用 2：核磁共振与生物大分子研究 ········ 213
19.6　应用 3：细胞机械学与生物材料 ········ 215
19.7　本章习题和实验或模拟设计及课程论文研究方向 ········ 217

第 20 章　航空航天技术与物理学 ········ 219

20.1　航空动力学与飞机设计 ········ 219
20.2　航天技术与宇宙探索 ········ 220
20.3　天文观测与物理仪器 ········ 222
20.4　应用 1：现代客机的航空技术 ········ 224
20.5　应用 2：火箭发射与轨道机动 ········ 226
20.6　应用 3：卫星技术与地球观测 ········ 228
20.7　应用 4：太阳系探测与太空探索 ········ 230
20.8　本章习题和实验或模拟设计及课程论文研究方向 ········ 232

第 4 部分　未来展望：物理学与新技术前沿

第 21 章　量子技术与未来计算 ········ 235

21.1　量子计算基础 ········ 235
21.2　量子通信与信息安全 ········ 236
21.3　量子计算机的挑战与前景 ········ 238
21.4　应用 1：量子算法的效率 ········ 241
21.5　应用 2：量子密码与信息安全 ········ 242
21.6　应用 3：量子模拟与物质研究 ········ 245
21.7　本章习题和实验或模拟设计及课程论文研究方向 ········ 247

第 22 章　新能源与未来动力 ········ 249

22.1　太阳能技术 ········ 249
22.2　风能、水能与地热能 ········ 250
22.3　核聚变与未来的核能 ········ 252
22.4　应用 1：太阳能农场与智能电网 ········ 254
22.5　应用 2：海洋能源的开发与利用 ········ 256

22.6 应用 3：核聚变反应与能量输出 ······ 258
22.7 本章的习题和实验或模拟设计及课程论文研究方向 ······ 259

第 23 章 宇宙探索与太空技术的新前沿 ······ 261

23.1 深空探测技术 ······ 261
23.2 太空移民与生存技术 ······ 262
23.3 太空旅游与商业化前景 ······ 264
23.4 应用 1：火星探测与移民 ······ 265
23.5 应用 2：太空旅游的机会与风险 ······ 267
23.6 应用 3：宇宙中的未解之谜 ······ 269
23.7 本章习题和实验或模拟设计及课程论文研究方向 ······ 271

第 24 章 生物物理学与未来医学 ······ 272

24.1 DNA、蛋白质与生物分子的物理学 ······ 272
24.2 生物物理学技术与其在医学中的应用 ······ 273
24.3 基因编辑与医学的未来 ······ 274
24.4 应用 1：脑机接口的挑战与机会 ······ 276
24.5 应用 2：基因编辑与疾病治疗 ······ 278
24.6 应用 3：仿生学与机器人技术 ······ 280
24.7 本章习题和实验或模拟设计及课程论文研究方向 ······ 282

第 25 章 环境物理学与地球的未来 ······ 283

25.1 气候变化的物理学基础 ······ 283
25.2 环境监测与数据科学 ······ 284
25.3 可持续能源与环境保护 ······ 286
25.4 应用 1：气候模型与预测 ······ 288
25.5 应用 2：空气质量与污染控制 ······ 290
25.6 应用 3：海平面上升与沿海城市的未来 ······ 292
25.7 本章习题和实验或模拟设计及课程论文研究方向 ······ 294

第 26 章 新材料与未来工业 ······ 295

26.1 石墨烯与二维材料 ······ 295
26.2 超导材料与技术 ······ 296
26.3 纳米技术与纳米材料 ······ 298
26.4 拓扑材料与未来电子技术 ······ 300
26.5 应用 1：石墨烯在电子设备中的应用 ······ 302
26.6 应用 2：超导磁悬浮与交通 ······ 303
26.7 应用 3：纳米药物递送系统 ······ 305
26.8 应用 4：拓扑材料与量子计算 ······ 307
26.9 本章习题和实验或模拟设计及课程论文研究方向 ······ 309

第 27 章　人工智能与物理学的交叉······311

27.1　量子 AI 与量子计算机······311
27.2　物理建模与仿真······312
27.3　神经网络与复杂系统······314
27.4　应用 1：量子机器学习与数据处理······315
27.5　应用 2：物理建模在游戏中的应用······317
27.6　应用 3：神经网络在天文学中的应用······319
27.7　应用 4：AI 在量子系统控制中的应用······321
27.8　本章习题和实验或模拟设计及课程论文研究方向······324

参考文献······325

结束语：时空之舞与未来的旋律······327

第1部分
物理学的发展历史

第1章 古希腊的运动观念

古希腊，是个哲学与科学思想的摇篮。在那里，伟大的思想家们开始探索世界的工作原理，试图通过观察和逻辑来解释自然现象。而在众多自然现象中，运动一直是古希腊哲学家们极为关心的主题。

1.1 古希腊对质点运动的解释

在古希腊，对于质点运动的解释充满了哲学思考与实际观察的结合。那时的哲学家们试图找到一个既简单又普遍的原则来描述所有物体的运动。在这一过程中，亚里士多德的观点尤为重要，他的思考为后来的物理学打下了基础。

1.1.1 亚里士多德的观点与其影响

古希腊的伟大哲学家亚里士多德对运动的解释与当时其他的观点截然不同。他认为，每一个物体都有其固有的"位置"或"场所"。当物体被移动到其固有位置以外时，它会努力回到这个位置。这就是石头会落下、火焰会上升的原因。

他进一步提出，物体的运动是由其内在的"性质"或"动力"所驱使的。例如，石头自然而然地向下落是因为它具有"重"的性质；而火焰上升是因为它具有"轻"的性质。

亚里士多德的这些观点在古希腊受到了广泛的认可，并影响了后来几个世纪的思考。虽然他的许多观点在现代物理学中被证明是错误的，但他的方法——试图通过观察与逻辑来解释自然现象——为后来的科学研究打下了坚实的基础。

亚里士多德的运动观念为我们提供了一个宝贵的历史镜头，让我们看到了古希腊时期的人们是如何试图理解并描述这个世界的工作原理。他的思考与观察为物理学的进步做出了不可磨灭的贡献。

1.1.2 古希腊时期对运动的其他观点

虽然亚里士多德的观点在古希腊时期广为人知并受到尊重，但他并不是唯一对运动进行深入思考的哲学家。古希腊许多思想家提出了与亚里士多德不同的观点。

例如，德谟克利特认为，宇宙是由无数小的、不可分割的粒子——他称之为"原子"——组成的。这些原子在空间中不断移动和相互碰撞，从而产生了我们观察到的各种现象。对于德谟克利特而言，运动是原子的天然状态，不需要外部力量来驱动。

赫拉克利特则有着另一种看法。他认为，变化和运动是宇宙的基本特性。他曾说："一个人不能两次踏入同一条河流。"这意味着一切都在不断地变化和流动中，没有永恒不变的事物。

另一位思想家毕达哥拉斯，强调了数学和和谐在描述运动和其他自然现象中的重要性。他相信，一切都可以用数学关系来描述，包括物体的运动。这一观点为后来的物理学，特别是伽利略和牛顿的研究，提供了基础。

虽然这些哲学家的观点各异，但都为我们提供了一个宝贵的视角，让我们看到了古希腊时期对运动的多元探索。他们的思考不仅展示了古希腊文化的丰富性，也为后来的物理学发展提供了丰富的土壤。

1.2　古希腊的物理学与哲学

古希腊的物理学与哲学紧密相连。在那个时代，对自然现象的探索往往与对生命、宇宙和存在的哲学思考融为一体。哲学家们试图通过对自然界的观察和思考，来回答有关宇宙、生命和存在的根本问题。

1.2.1　物质、形态与运动

在古希腊哲学中，物质、形态和运动是三个核心概念，它们与当时的物理学观点密切相关。

物质：是所有事物的基础。古希腊哲学家，如泰勒斯、阿那克西曼德和恩培多克勒，都试图找到宇宙的基本物质。例如，泰勒斯认为一切都源于水，而恩培多克勒则认为宇宙由四种元素——火、水、土和气组成。

形态：是物质所具有的特定结构或形式。亚里士多德认为，除了物质本身，还有一个“形式”存在，它决定了物体的性质和功能。这种观点与他的“四因说”紧密相关，即每一物体都有四种原因来解释：质料因、形式因、动力因和目的因。

运动：如前所述，被视为宇宙的基本特性之一。不同的哲学家对运动有不同的解释。例如，赫拉克利特认为一切都在不断变化；而亚里士多德则试图找到运动的原因和本质。

古希腊的物理学观点与哲学思考紧密相连，为我们提供了一个深入理解古代人类思考宇宙、物质和运动的独特视角。这些思考，尽管在某些方面已被现代科学所超越，但仍为我们提供了宝贵的历史和文化背景，帮助我们更好地理解物理学的起源和发展。

1.2.2　原子论的早期观点

在古希腊，原子论是一种革命性的观点，试图通过一种基本的、不可分割的实体来解释自然界的复杂现象。这种观点与当时主流的四元素学说形成了鲜明的对比，为后来的科学研究打下了基础。

德谟克利特是原子论的主要倡导者之一。他认为，宇宙是由无数小的、不可分割的粒子组成的，这些粒子被他称为“原子”。在他的观念中，原子在空间中不断移动和相互碰撞，形成各种物体和现象。每一个原子都是坚硬、永恒且不可变的，而物体之间的差异是由原子的形状、大小和排列所决定的。

另一位原子论的支持者——伊壁鸠鲁，进一步发展了这一思想。他认为，原子之间的空间是真空，而原子本身是永恒且不可改变的。他也相信，不同的原子通过其形状和结构组合在一起，形成了我们所看到的各种物质和物体。

尽管这些早期的原子论观点在某些方面与现代原子物理学有所不同，但它们为现代科学的发展提供了一个重要的起点。德谟克利特和伊壁鸠鲁的观念，尤其是关于原子为宇宙基本组成的观点，为现代原子和分子物理学的发展奠定了基础。

古希腊的原子论观点为我们展示了古代哲学家和科学家如何尝试通过基本的原理来理解

复杂的自然界。这些早期的探索和思考，为物理学的后续发展提供了宝贵的启示和灵感。

1.3 应用 1：古代建筑与机械设计

1.3.1 机械设计的基础原理与应用

古希腊的机械师和工程师非常重视对力和运动的理解，这使他们能够创造出一系列精巧的机械装置和工具。

杠杆原理：古希腊的工程师充分利用杠杆原理来设计各种工具和机械。这一原理可以放大力量，使得人们可以用较小的力量来移动重物。著名的希腊数学家和工程师阿基米德曾说："给我一个支点，我可以翘起整个地球。"

滑轮系统：滑轮系统是古希腊工程师用来提高工作效率的另一种工具。通过使用滑轮，他们可以轻松地提升重物，如建筑材料。滑轮不仅简化了重型劳动，而且提高了建筑速度和效率。

水钟与自动装置：古希腊的机械师还设计了一系列自动装置，如自动门和水钟。这些装置的工作原理都基于流体力学和简单的机械结构。

古希腊的机械设计充分体现了他们对物理学原理的应用和创新。这些原理不仅在古代得到了广泛应用，而且为现代工程学和机械设计奠定了坚实的基础。

1.3.2 古代建筑的稳定性模拟与可视化

图 1-1 展示了在给定的风力下，建筑的稳定性如何随着底部宽度和高度的变化而变化。从图中可以看出，随着底部宽度的增加和/或高度的降低，稳定性因子会升高，这意味着建筑更稳定。相反，较窄的底部和/或较高的建筑在这个风力下可能更不稳定。

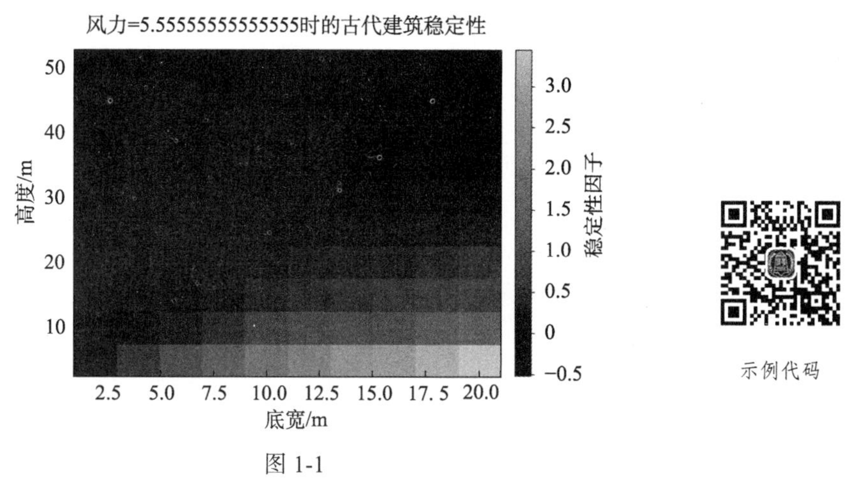

图 1-1

1.3.3 影响古代建筑稳定性因素分析

从上面的模拟结果中，我们可以得到以下几点认识。

底部宽度的重要性：古代建筑往往具有宽大的基座，这并非仅仅为了美观。从我们的模型中可以看到，较宽的底部可以显著增加建筑的稳定性，尤其是在风力作用下。

高度与稳定性的关系：随着建筑高度的增加，其稳定性有所下降。这解释了为什么古代的高塔或纪念碑往往是底部宽而顶部窄的锥形或金字塔形状，这种设计有助于提高整体稳定性。

风力的影响：风力也会对建筑的稳定性产生明显的影响。在我们的模型中，当风力增加时，稳定性因子下降。这就是为什么在风大的地区，建筑的设计需要特别考虑抵抗风的能力。

复合效应：单一的参数（如底部宽度或高度）并不能完全决定一个建筑的稳定性。我们需要考虑所有参数的复合效应。例如，一个高塔即使底部非常宽，也可能因为风力而变得不稳定。

实际应用与模型的局限性：虽然我们的模型为我们提供了有关古代建筑稳定性的有趣见解，但我们必须认识到其局限性。实际的建筑稳定性会受到许多其他因素的影响，如材料的性质、建筑的内部结构、土壤的性质等。

通过模拟和可视化分析，我们能够更深入地了解古代建筑的设计原理。这也凸显了物理学在实际应用中的重要性，即使是在几千年前。

1.4　应用 2：古代战争机械

1.4.1　古代战争机械的物理原理与应用

古代战场上的机械设备是古代科技和工程技术的完美结合。这些战争机械不仅是力量的象征，而且是应用物理学原理的杰出代表。

1. 投石机的原理

投石机是一种利用杠杆原理来发射重物的机械装置。其工作原理如下。

杠杆和重物：投石机的关键组件是一个长臂（杠杆），一端附有重物或拉紧的绳索。

势能存储：当重物被提升或绳索被拉紧时，系统中存储了势能。

势能转化为动能：当释放重物或绳索时，这些势能迅速转化为动能，推动臂部向前旋转，从而将巨石或其他投掷物高速投射出去。

2. 弩车的原理

弩车是一种大型的弓弩装置，用于发射箭矢或矛，其工作原理如下。

弓的拉力：弩车的设计基于弓的原理，通过拉弓存储势能。

能量转化：当弓弦被拉到极限时，弓的弹性势能储存在臂部。当释放时，弓的势能转化为箭的动能，将其快速射出。

3. 火焰喷射器的原理

火焰喷射器是一种用于喷射火焰的战争装置，古代版本常用于攻城或防御。其基本原理如下。

燃料储存和加压：易燃液体或气体被储存在加压的容器中。

喷射和点燃：当释放阀门打开，燃料被高压喷出，并在喷口处点燃，形成火焰喷射。

4. 抵御装置

城墙和盾牌：厚实的城墙和大型盾牌是最常用的防御工具，利用它们的形状和材料来吸收和分散冲击力，保护战士和设施免受箭矢或石块的伤害。

挡板和壕沟：这些防御结构设计用来减缓或阻止投射物的进攻。

这些古代战争机械的设计和应用都体现了物理学的基本原理，如杠杆原理、能量转换、压力和燃烧等。它们在战争中发挥了重要作用，并为我们提供了一个了解古代科技和工程技术的窗口。

1.4.2 投石机的投射轨迹模拟与可视化

投石机的投射轨迹主要受重力、初速度、发射角度和空气阻力等因素的影响。其中，重力会使投掷物沿抛物线轨迹下落，初速度和发射角度会决定这个抛物线的形状，而空气阻力会减少投掷物的飞行距离。

要模拟投石机的投射轨迹，我们可以使用以下基本物理方程。

水平方向：

$$x(t) = v_0 \cos(\theta t)$$

其中，$x(t)$ 是投掷物在时间 t 时的水平位置，v_0 是初速度，θ 是与水平面的发射角度。

垂直方向：

$$y(t) = v_0 \sin(\theta)t - \frac{1}{2}\mathrm{g}t^2$$

其中，$y(t)$ 是投掷物在时间 t 时的垂直位置，g 是重力加速度。

这些方程假设没有空气阻力。要考虑空气阻力，方程会更复杂，但基本思路是：空气阻力与投掷物的速度成正比，与投掷物的速度方向相反。

我们使用 Python 来模拟投石机的投射轨迹，并进行可视化展示。

图 1-2 是投石机的投射轨迹，基于给定的初速度和发射角度。从图中可以看出，由于重力的作用，投掷物沿一个抛物线轨迹飞行。轨迹的形状会受到发射速度和角度的影响。

这个模型是在没有考虑空气阻力的情况下建立的。在实际情况中，空气阻力会使投掷物的飞行距离减少。

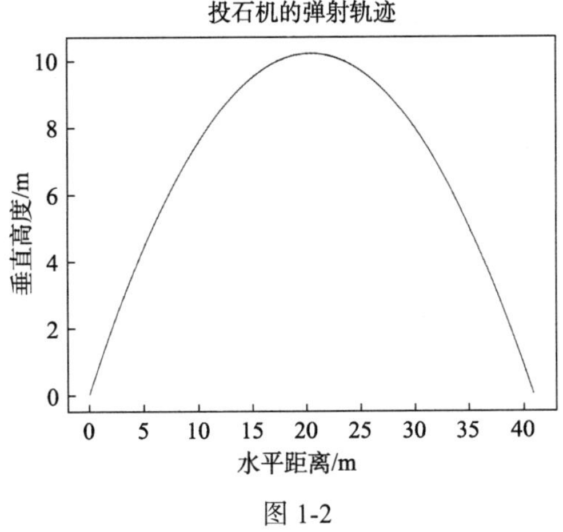

示例代码

图 1-2

1.4.3 投射轨迹的影响因素分析

投石机的投射轨迹主要受以下几个因素的影响。

初始速度：这是最明显的因素之一。较高的初始速度会使投掷物飞得更远。在投石的过程中，这通常是通过增加投射器的张力或使用更大的反作用臂来实现的。

发射角度：对于固定的初始速度，存在一个最佳的发射角度（在没有空气阻力的情况下通常是 45°），此时投掷物可以飞得最远。如果角度过小或过大，投掷物的飞行距离都会减少。

空气阻力：在现实生活中，飞行中的物体会受到空气阻力的影响。对于较大、较重和较慢的投掷物，这种影响可能是微不足道的。但对于较小、较轻或较快的物体，空气阻力可能会显著地减少其飞行距离。

投掷物的形状和重量：这会影响投掷物的空气阻力和稳定性。一个设计良好的投掷物所受到空气阻力会很小并保持稳定的飞行轨迹。

地球的重力加速度：虽然这在大多数情况下是一个常数，但在不同的海拔和地理位置，其值可能会略有不同，这可能会对投掷物的轨迹产生微小的影响。

其他外部因素：例如风速和风向也会影响投射轨迹。强风可能会导致投掷物偏离预期的目标。

为了最大化投石机的效果，操作者需要考虑上述所有因素，并据此调整投石机的设计和使用参数。在古代，经验和实践可能是调整这些参数的主要方法，但现代的物理学知识可以帮助我们更好地理解和优化这些机器的性能。

1.5 应用 3：古代交通工具

1.5.1 古代马车的物理学原理

马车，作为古代一种重要的交通工具，其设计和构造包含了许多物理原理，使其成为那个时代的高效交通工具。在古代，交通工具的选择取决于旅行的目的、地形、距离和可用资源。马车，作为一种多功能交通工具，因其物理和功能优势而受到广泛欢迎。在这一节中，我们将深入探讨马车的物理学原理，以及马车与其他古代交通工具的对比情况。

马车的物理学原理如下。

滚动摩擦与滑动摩擦：马车的轮子设计是为了减少与地面之间的摩擦，使其更易于移动。滚动摩擦远小于滑动摩擦，这使得马车一旦开始移动，维持其速度所需的力量就大大减少。

杠杆原理：马车的驾驭设计，特别是马的挽具，使得马的力量可以被有效地传递到车身，使其移动。这利用了杠杆的原理，允许较小的输入力产生较大的输出效果。

动力与动量：马车的动力来自于马，但车身的质量和设计使得它能够维持动量，即使在马暂时停止提供动力时。

1.5.2 马车运动的物理模拟与可视化

我们使用 Python 来模拟一个简化版的马车运动。为了简化模型，我们作以下假设。

马车只在一维上移动（即直线上）。

初始速度为 0。

模型中只考虑牵引力和摩擦力。

马车的质量和摩擦系数是已知的。

马车的运动方程为：

$$F_{总} = F_{牵引} - F_{摩擦}$$

其中，$F_{牵引}$ 是马提供的力，设定为一个恒定值；$F_{摩擦} = \mu \times F_{重力}$，其中 μ 是摩擦系数，$F_{重力} = m \times g$，其中 m 是马车的质量，g 是重力加速度。

牛顿第二定律为：

$$F_{总} = m \times a$$

我们可以通过上述方程求出马车的加速度 a，进而计算出速度和位移。

编程模拟上述过程，并可视化马车的速度和位移随时间的变化，如图 1-3 所示。

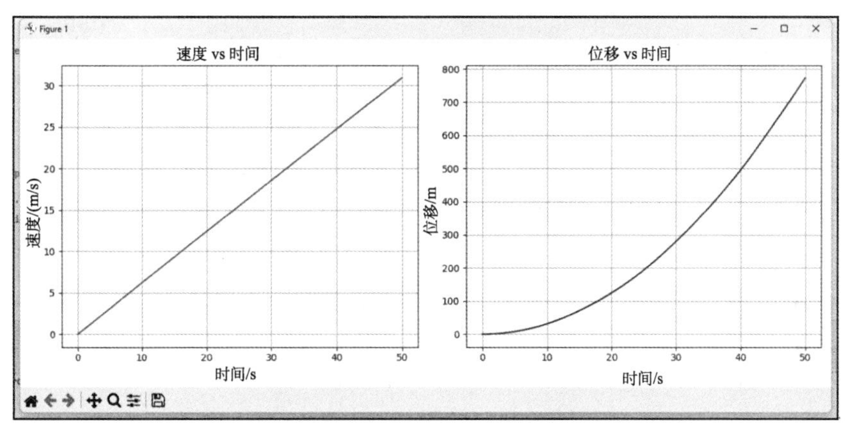

图 1-3

从图 1-3 中，我们可以观察到以下几点。

速度 vs 时间：随着时间的推移，马车的速度逐渐增加，但由于摩擦力的存在，它最终将达到一个恒定的速度，此时牵引力和摩擦力平衡。

位移 vs 时间：马车的位移随时间逐渐增加，由于速度在某一点达到稳定，位移将以线性方式增加。

示例代码

这些结果反映了一个简化的物理模型，虽然现实中的马车会受许多其他因素的影响，例如地形、马的疲劳度、马车的载荷等，但这种模型为我们提供了一个基础的理解，并可以通过进一步增加变量来使结果更接近实际情况。

1.5.3 马车速度、摩擦力与稳定性分析

在我们的模型中，马车的运动受到两个主要力的影响：牵引力和摩擦力。以下是对这两种力以及马车的稳定性的分析。

1. 马车速度与牵引力

在模型的初步阶段，牵引力（由马提供）是马车开始运动的主要原因。这个力使马车从静止状态加速。

如果牵引力增加（例如，使用更多的马或更强壮的马），马车的加速度将增加，因此它将更快地达到更高的速度。

2. 摩擦力与速度

摩擦力始终尝试抵抗马车的运动。在马车开始运动时，摩擦力与速度成正比。

当马车的速度增加时，摩擦力也会增加，直到它与牵引力平衡，此时马车将达到其最大稳定速度。

如果路面更为粗糙，摩擦力将增加，这可能会降低马车的最大稳定速度。

3. 马车的稳定性

在我们的模型中，当牵引力和摩擦力平衡时，马车将达到一个恒定的速度，这可以被认为是马车的稳定状态。

如果马车的载荷突然增加（例如，增加了乘客或货物），将需要增加牵引力以维持同样的速度。如果牵引力不增加，摩擦力会使马车减速。

马车的宽度、重心位置和轮子的设计都会影响其在转弯时的稳定性。例如，重心较低、轮距较宽的马车在转弯时会比重心较高、轮距较窄的马车更稳定。

马车的速度和稳定性是多种因素的结果，包括牵引力、摩擦力、马车的设计和路面条件。在设计马车或评估其性能时，需要综合考虑这些因素。

1.6 本章习题和实验或模拟设计及课程论文研究方向

习题

简答题：

（1）描述投石机的工作原理，并解释势能到动能的转换过程。

（2）列举古代常见的三种交通工具，并简述其工作原理。

（3）阐述为何古代农业工具如犁和锄头在农业生产中至关重要。

计算题：

（1）假设一个古代的投石机使用重物存储势能。

如果重物的质量是 50kg，当重物下落 2m 时，计算其释放的势能量。（势能公式：$U=mgh$）

（2）一个古代的木质车轮，其半径为 0.5m，质量为 10kg。当它沿一个坡道下滑并达到 5 m/s 的速度时，求其所获得的旋转动能。（动能公式：$K=\frac{1}{2}I\omega^2$，其中 I 为转动惯量，ω 为角速度。）

论述题：

讨论古代战争机械是如何影响古代文明的发展和战争策略的。

实验或模拟设计

实验：势能与动能的转换

目的：理解势能与动能之间的转换原理。

材料：小型弹射器或玩具投石机、小球、测量尺、计时器。

步骤：

使用弹射器或玩具投石机，将小球投射出去。

测量小球飞行的最大高度。

使用公式计算小球在最大高度时的势能和初始的动能。

预期结果：小球的势能在最大高度时与初始的动能应该大致相等，显示出势能与动能之间的转换。

模拟设计：古代农业工具的效率

目的：通过模拟了解不同农业工具的效率。

工具：计算机模拟软件或在线农业模拟平台。

步骤：

选择或设计不同的古代农业工具，如犁、锄头等。

设定土地条件、作物种类等变量。

使用模拟软件模拟农业工具的工作过程，并计算其效率。

预期结果：能够看到不同农业工具对土地的处理效率和作物产量的影响。

模拟设计：投石机的射程改进

目的：探索如何通过设计改进来增加投石机的射程。

工具：3D 设计软件或物理模拟平台。

步骤：

设计一个基本的投石机模型。

通过增加重物的重量、改变杠杆的长度等方式对投石机模型进行修改。

使用模拟软件测试每种设计的射程。

预期结果：通过改进设计，可以观察到投石机射程的增加。

课程论文研究方向

投石机的演变与影响：研究古代到中世纪期间投石机的设计如何演变，以及这些变化如何影响战场策略和城堡设计。

古代交通工具与文明发展的关系：探索古代交通工具，如马车、骆驼和船只是如何推动文明的扩张、贸易和文化交流的。

古代战争机械的物理学原理：深入探讨投石机、弩车等古代战争机械的物理学原理，并与现代机械进行对比。

技术进步对古代日常生活的影响：分析技术进步，如农业工具的改进、新型交通工具的出现是如何改变古代人们日常生活的。

第 2 章　天文学与宇宙观

2.1　古代宇宙观

2.1.1　地心说：地球是宇宙的中心

自古以来，人类对天空和星体一直抱有浓厚的兴趣。在大多数古代文明中，人们普遍相信地球是宇宙的中心，并且其他星体都围绕地球旋转。这种观点被称为“地心说”。

地心说的起源并不明确，但它在西方文明中的普及主要归功于古希腊哲学家和天文学家，如毕达哥拉斯、亚里士多德和托勒密。他们的观察和哲学思考导致了这一观点的形成。

毕达哥拉斯是最早的地心说支持者之一，他提出了一个模型，其中地球是一个不动的中心，而太阳、月亮和其他星球则围绕它旋转。

亚里士多德对宇宙的观察和推理进一步巩固了地心说。他观察到星星的固定位置并认为它们都嵌在一个巨大的透明球体上，这个球体围绕地球旋转。

托勒密在其著名的《天文学大成》中提出了一个更为复杂的地心模型，其中包括一系列的同心圆轨道和“本轮”来解释行星的逆行运动。

地心说的观点持续了近两千年，直到文艺复兴时期，尼古拉·哥白尼提出日心说，并由后来的天文学家如伽利略和开普勒进一步证实和发展。

尽管地心说已经被证明是错误的，但它对西方文明的科学、宗教和哲学产生了深远的影响。例如，天主教会长时间支持地心说，并认为这与圣经的教导一致。此外，地心说也影响了人们的宇宙观和自我定位，使人类认为自己在宇宙中占据特殊的地位。

在探索地心说的历史和影响时，我们可以更好地理解科学的发展和知识的累积是如何受到文化、哲学和宗教等多种因素影响的。

2.1.2　日心说：太阳为中心的宇宙模型

日心说，又称太阳中心说，是与地心说相对立的宇宙模型，主张太阳是宇宙的中心，而地球和其他行星围绕太阳旋转。这一观点彻底颠覆了古代对宇宙的传统认识，并为现代天文学的发展奠定了基础。

尼古拉·哥白尼是日心说的主要创始人。在 16 世纪初，他对托勒密的地心说表示不满，因为它无法解释某些天文现象，尤其是行星的逆行。因此，他提出了一个革命性的想法：太阳是宇宙的中心，地球和其他行星围绕它旋转。哥白尼的模型虽然不完美（他仍然使用了圆形轨道），但它简化了天文学的计算，并更准确地预测了天文事件。

伽利略·伽利雷是第一个使用望远镜观测天空的科学家。他的观察结果为日心说提供了强有力的证据。例如，他观察到金星有完整的圆缺相位循环，这只有在金星围绕太阳旋转的情况下才可能出现。

基于哥白尼的模型，约翰内斯·开普勒提出了三条行星运动定律，描述了行星如何围绕太阳旋转。这些定律证明行星的轨道是椭圆形的，而不是圆形的。

尽管日心说的证据日渐增多，但这一模型在其初期仍然面临着来自宗教、哲学和传统科学界的强烈反对。许多人认为，地球不能是一个移动的物体，因为这与他们对宇宙的固有观念相矛盾。

然而，随着更多的观察数据和理论支持的积累，日心说最终在科学界得到了广泛的认可，并成为了现代宇宙观的基石。

学习日心说不仅可以帮助我们了解太阳系的结构和行星的运动，还可以让我们认识到科学知识是如何在历史、文化和宗教的背景下发展和演变的。

2.2　天文观测的方法与工具

2.2.1　古代的天文观测工具

人类对于天文现象的观测源远流长。为了更准确地观测和记录天文事件，古代天文学家发明和使用了各种工具和设备。以下是一些古代最常用的天文观测工具。

日晷：日晷是最古老的时间测量工具之一。它通过测量阳光在一个固定点上（通常是一个棒或杆）的影子来确定时间。根据太阳的位置，影子会在日晷的刻度上移动，从而显示出时间。

星盘：星盘是一个圆形的工具，上面标有星座和其他天文标志。天文学家可以旋转星盘，模拟夜空中星星的位置和运动，帮助他们进行观测和导航。

测星仪：这是一个用来测量星星相对于地平线的高度或角度的工具。它通常由两个视镜和一个角度测量器组成，可以帮助天文学家精确确定星星的位置。

太阳观测器：这种设备是用来观测太阳的，特别是太阳的运动和位置。它可以帮助天文学家准确地确定季节、日出和日落的时间。

月食和日食预测器：古代的天文学家非常关心日食和月食，因为这些事件在某些文化中被认为是重要的宗教和文化标志。通过观测和记录这些事件，天文学家可以预测未来的日食和月食。

星图和天文表：这些是天文学家用来记录和预测恒星、行星和其他天文现象位置的图表。它们是基于长期的观测和计算得出的，对于导航和时间测量都非常有用。

古代的天文观测工具虽然在技术上可能比现代的设备简单，但它们为古代天文学家提供了宝贵的信息和知识，帮助他们解读和理解宇宙的奥秘。

2.2.2　古代的天文观测方法

古代的天文学家和观测者们使用了各种观测方法来解析夜空的奥秘。虽然他们没有现代天文学家的高端设备，但他们的精准观测和细心记录为我们今天的天文研究奠定了基础。以下是古代最常用的天文观测方法。

定星：这是一个非常基础的观测方法，主要是通过固定的参考点来观测星星。古代的天文学家会选择一个或多个特定的亮星作为参考，根据这些星星的位置来观测其他星星或天体的位置和运动。

观测行星运动：古代的观测者注意到某些“星星”与其他星星的运动不同，这些“流浪的星星”就是我们今天所说的行星。通过长时间观测，他们能够记录行星的运动路径，并尝试解释这种运动发生的原因。

夜空的周期性变化：天文学家注意到夜空的变化是有规律的。他们观察到星星的位置、月亮的相位和太阳的高度都有其固定的周期，这有助于他们制定历法和确定节气。

观测日食和月食：如前所述，古代天文学家非常重视日食和月食的观测。他们会精确记录这些事件发生的日期、时间和持续时间，以及太阳或月亮被遮挡的部分。

使用星图和天文表：通过长期的观测和记录，古代的天文学家编制了星图和天文表，用于预测天文现象和导航。

观测恒星的亮度和颜色：古代的观测者注意到不同的恒星有不同的亮度和颜色。虽然他们并不知道这背后的原因，但这些观测为现代的天体物理学和恒星演化研究提供了重要的数据。

古代的天文观测方法虽然在技术上有所限制，但古代天文学家细心和持续的观测为我们提供了宝贵的天文数据和知识，这些观测方法在很大程度上塑造了我们对宇宙的认知和理解。

2.3 应用 1：古代日晷的制作与应用

2.3.1 日晷的原理与设计

日晷是最古老的时间测量工具之一。日晷的设计和原理相对简单，但在古代，日晷是非常重要的，因为它为人们提供了确定时间的方法，尤其在阳光明媚的日子里。

1. 原理

日晷的工作原理基于地球的自转。随着地球的旋转，太阳在天空中的位置会发生变化。这种变化在日晷上是通过一个固定物（通常称为“指针”或“独一无二的风标”）的影子来反映的。随着一天中时间的推移，这个影子会沿着日晷的表面移动，指示着特定的时间。

2. 设计

平面和风标：日晷的基本部分是一个平面和一个风标（或指针）。这个风标垂直插入平面，当太阳照射在风标上时，它会在平面上产生一个影子。

时刻线：在日晷的平面上，会标记一系列的线，称为时刻线。每条线代表一个特定的时间，例如，每小时或每 15 分钟。随着太阳的移动，风标的影子会从一条时刻线移动到另一条，显示时间的流逝。

定位：日晷必须正确定位，以确保其准确性。这意味着风标必须与地球的旋转轴平行，并且日晷的平面必须与地球的赤道平面平行。

校准：日晷的设计还必须考虑到地轴的倾斜，因为这会影响到太阳在天空中的轨迹。此外，日晷需要根据其所在地的纬度进行校准，因为纬度会影响太阳的高度和轨迹。

在古代，日晷不仅用于测量时间，还常被视为权力和财富的象征，因为它们经常被雕刻得非常精美，并安装在公共场所或贵族的庄园中。尽管现代的时钟和手表已经取代了日晷的功能，但它们仍然被视为艺术和历史的象征，反映了人类对时间的重视。

2.3.2 日晷阴影变化的模拟与可视化

为了模拟日晷的阴影变化，我们需要考虑太阳在天空中的位置如何随时间而变化。太阳的高度和方位角会影响日晷风标的影子长度和方向。

在这个模拟中，我们使用以下简化假设。

我们处于春分或秋分，这时太阳在正午时位于正南方，并沿着一个对称路径移动。

我们考虑一个特定的纬度（例如 45°N），但请注意，在不同的纬度，日晷的阴影变化会有所不同。

我们使用了一个简化的太阳模型来模拟太阳的高度和方位角随时间的变化，然后基于这些数据计算日晷风标的阴影长度和方向，如图 2-1 所示。最后，通过动画可视化一天中日晷阴影的变化。

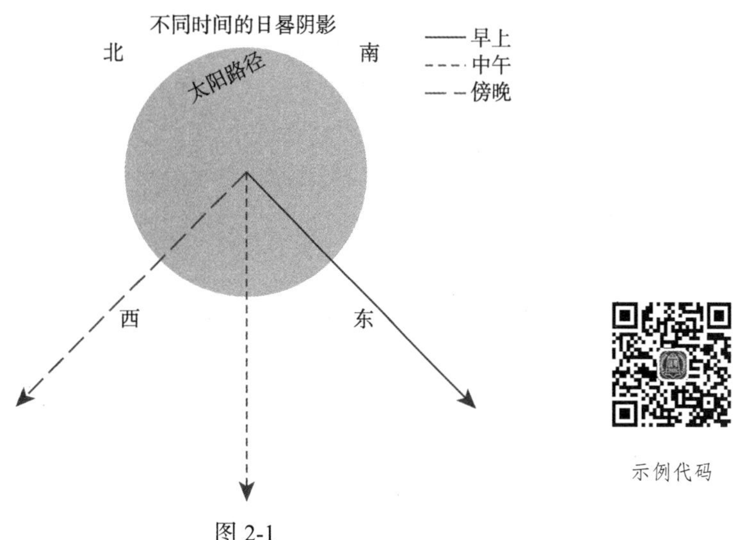

图 2-1

这是一个综合的可视化图，展示了日晷在一天中不同时间的阴影：早上（蓝色箭头）、中午（红色箭头）和下午（绿色箭头）。

蓝色箭头代表早上（大约 9 点）的阴影位置。

红色箭头代表正午（12 点）的阴影位置。

绿色箭头代表下午（大约 15 点）的阴影位置。

灰色虚线曲线表示太阳从日出到日落的路径。随着太阳在天空中的移动，独立柱（棒）的阴影的方向和长度会改变。

2.3.3　一天中日晷阴影变化路径的分析

日晷是最古老的时间测量工具之一，其工作原理是根据太阳产生的阴影来判断时间。随着太阳在天空中的移动，日晷上的阴影也会随之移动，从而显示不同的时间。为了深入理解日晷的工作原理，我们对一天中日晷阴影的变化路径进行分析。

1. 阴影的方向

早晨：太阳从东方升起，因此日晷的阴影将指向西方。

中午：当太阳处于正南（在北半球）或正北（在南半球）时，阴影将指向正北或正南。此时，阴影通常是最短的。

下午：随着太阳向西移动，阴影将逐渐向东移动。

2. 阴影的长度

早晨和傍晚：由于太阳的高度较低，所以日晷的阴影较长。

正午：太阳达到天空中的最高点，因此日晷的阴影是最短的。

太阳的高度角：太阳的高度角是太阳与地平线之间的角度。当太阳的高度角增加时，阴影会变短；当太阳的高度角减小时，阴影会变长。

季节性变化：由于地轴的倾斜，太阳的路径在夏季和冬季是不同的。因此，日晷的阴影长度和方向在不同的季节也会有所不同。

地理位置：在不同的纬度，太阳的路径和最高点会有所不同，因此日晷在不同的地理位置表现也会有所不同。

日晷是一个简单但功能强大的工具，能够比较准确地测量时间。虽然现代社会已经有了更先进的时间测量工具，但日晷为我们提供了一个直观的方式来观察和理解太阳在天空中的移动，以及这种移动如何影响我们的日常生活。

2.4 应用 2：古代星图与星座

2.4.1 星座的起源与命名

星座是由天空中一组明亮的恒星组成的，这些恒星通常按照某种特定的形状或模式排列，并与某个神话故事或传说相关联。人类对星座的兴趣可以追溯到古代，当时的人们使用星座作为导航、农耕和宗教仪式的参考。

1. 起源

导航工具：在古代，尤其是对于航海者来说，星座是重要的导航工具。通过观察特定的星座和它们在天空中的位置，航海者可以确定他们的方向和位置。

季节变化的指示器：某些星座在特定的季节出现或消失，因此它们也被用作季节变化的指示器，帮助农民确定播种和收获的时间。

2. 命名和神话

大多数星座的名称和形状都与古代神话和传说有关。例如，狮子座（Leo）与希腊神话中的狮子尼梅亚有关，而天秤座（Libra）则与正义和平衡有关。

不同文明有其自己的星座系统和命名。例如，古代中国的星座系统与西方的星座系统大不相同，其中的星座与中国的传统故事和神话有关。

3. 星座与宿

在某些古代文明中，如古代中国，天空被分成了多个“宿”。每个宿代表了天空的一部分，并与某个动物、物体或神话故事相关联。

这些宿通常用于农历和天文预测，与星座的功能相似。

4. 现代的星座

现代的星座系统主要基于古代希腊的星座系统，由 88 个星座组成。这些星座不仅包括黄道十二星座，还包括许多其他的星座，如大熊座、猎户座等。

20 世纪初，国际天文学联合会正式定义了星座的边界，确保了每个恒星都位于一个特定的星座内。

星座不仅为我们提供了天文学上的参考，还为我们提供了一个深入了解古代文明如何看待和解释天空的方式。

2.4.2 星空运动与星座位置的模拟与可视化

观测星空是一个古老的习惯，而对于古代的人们来说，明白星座的运动和它们如何随着季节的变化而变化是至关重要的。这不仅与农耕活动有关，还与文化和宗教仪式有关。为了模拟和可视化星空的运动，我们需要考虑以下几个方面。

地球的旋转：地球每天绕其轴线旋转一周，这导致了我们看到星空的日常运动。由于这种旋转，星星似乎从东方升起，然后横跨天空，最后在西方落下。

地球的公转：地球绕太阳公转导致星座的季节性变化。例如，冬天的夜晚我们可以看到猎户座，而夏天则可以看到夏季大三角。

地轴的倾斜：地球的轴线相对于其轨道平面有一个约 23.5°的倾斜。这导致了季节的变化，也影响了我们在不同季节看到的星座。

模拟可以使用天文软件或编程工具。为了演示方便，我们创建一个简化的星空模拟，显示主要的星座在天空中的位置，但这将是基于通用的数据和形状，而不是精确的天文数据。

图 2-2 是一个简化的星座模拟，包括四个星座：大熊座（Ursa Major）、小熊座（Ursa Minor）、天鹅座（Cygnus）和猎户座（Orion）。

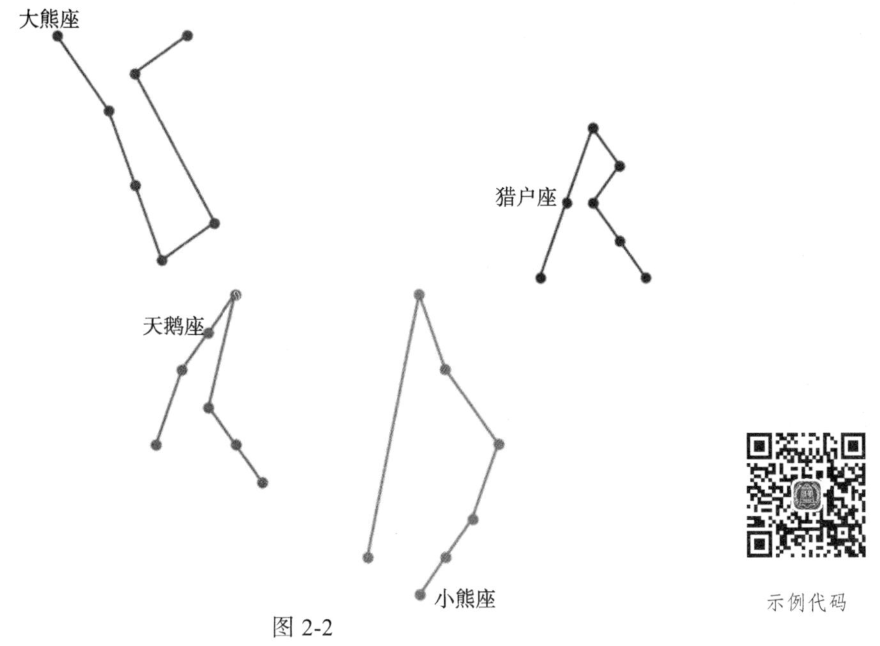

图 2-2

2.4.3　星座在不同季节的可见性分析

随着地球在其轨道上的运动，我们从地球上看到的夜空也会发生变化。这意味着，在不同的季节，我们可以看到不同的星座。以下是对这一现象的分析。

1. 春季

在北半球的春季，当夜晚来临时，我们可以看到狮子座、室女座和天秤座等春季星座。其中，狮子座是春季的主宰星座。

在南半球，天秤座、天蝎座和人马座等星座在夜幕降临时更加明显。

2. 夏季

在北半球的夏季，当夜晚来临时，我们可以看到天蝎座、人马座和天琴座等夏季星座。其中，天蝎座和人马座是夏季的主宰星座。

在南半球，宝瓶座、双鱼座和白羊座等星座在夜幕降临时更加明显。

3. 秋季

在北半球的秋季，当夜晚来临时，我们可以看到宝瓶座、双鱼座和白羊座等秋季星座。

在南半球，双子座、巨蟹座和狮子座等星座在夜幕降临时更加明显。

4. 冬季

在北半球的冬季，当夜晚来临时，我们可以看到双子座、巨蟹座和猎户座等冬季星座。其中，双子座和猎户座是冬季的主宰星座。

在南半球，天秤座、天蝎座和人马座等星座在夜幕降临时更加明显。

这里的描述是基于中纬度地区的观测。在更靠近赤道的地区，星座的可见性会有所不同；而在更高纬度的地区，由于极夜或极昼，某些星座可能会持续可见或完全不可见。

此外，地球的公转轨道导致我们从地球上看到的星空每年都会有微小的变化。这意味着，经过数千年的时间，星座的可见性和位置都会发生变化。这一现象称为“岁差”。

不同季节的星空为我们提供了一个独特的、令人惊叹的视觉体验。无论你身在何处，星空的璀璨与神奇都值得你仰望。

2.5 应用 3：古代日食与月食的预测

2.5.1 日食与月食的形成原理

日食和月食是天文现象，其中太阳、地球和月球的相对位置导致其中一个天体被另一个天体的阴影遮挡。日食与月食与三个天体（太阳、地球和月球）的相对位置有关。以下是日食和月食的形成原理。

1. 日食

日食发生在新月期间，月球位于地球和太阳之间。在这种情况下，月球的阴影会投射到地球的表面上。日食有以下三种类型。

日全食：当月球完全遮挡太阳时，观察者会看到太阳完全消失，只留下太阳的日冕。这种现象只能在月球的中心阴影（或伞锥影）内部的地球上的特定地点看到。

日偏食：当月球只遮挡太阳的一部分时，观察者会看到太阳的一部分被月球遮挡。这种现象可以在月球的半影区域内的地球上看到。

日环食：当月球位于离地球较远的轨道位置时（即远地点），其直径看起来小于太阳。因此，即使当月球完全位于太阳前面时，太阳的外缘仍然可见，形成一个明亮的环。

2. 月食

月食发生在满月期间，地球位于太阳和月球之间。在这种情况下，地球的阴影会投射到月球上。月食有以下两种类型。

月全食：当整个月球进入地球的中心阴影（或伞锥影）时，它会被完全遮挡并呈现一种通常为红褐色的颜色。这种红色是由地球大气层散射太阳光使红色光线进入地球的伞锥影而形成的。

月偏食：当月球部分地进入地球的中心阴影时，月球的一部分会变暗。

月食与日食的主要区别在于观察的位置，月食可以在地球上任何能看到月亮的地方被观察到，而日食只能在月球的阴影落到地球上的特定地区被观察到。

日食和月食都为我们提供了一个观察和理解太阳、地球和月球之间相互关系的机会，同时也是天文学中的重要研究领域。

2.5.2　日食和月食发生的模拟与可视化

日食模拟：当月球在新月期间通过太阳和地球之间，它的阴影会投射到地球上，导致日食。

月食模拟：当月球在满月期间穿越地球的阴影，它会暗淡下来，导致月食。

图 2-3 展示了日食和月食的简化模拟：

日食（左图）：当月球（中间的黑色圆）位于太阳（黄色圆）和地球（蓝色圆）之间时，它的阴影会投射到地球上，导致日食。

月食（右图）：当月球（最右边的灰色圆）穿越地球的阴影时，月球会变暗，导致月食。太阳（黄色圆）发出的光线被地球（中间的蓝色圆）阻挡，因此地球的阴影落在月球上。

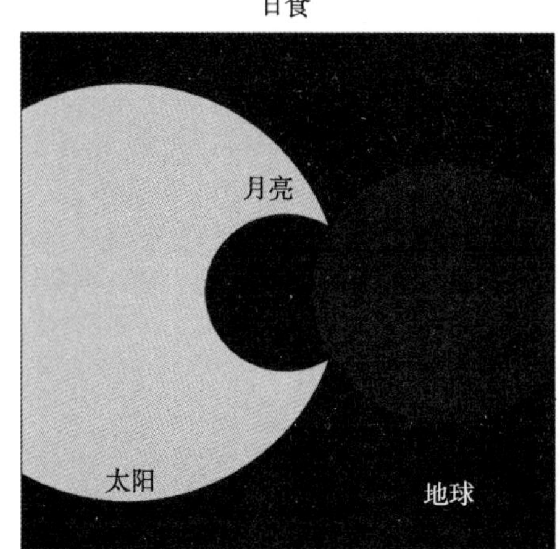

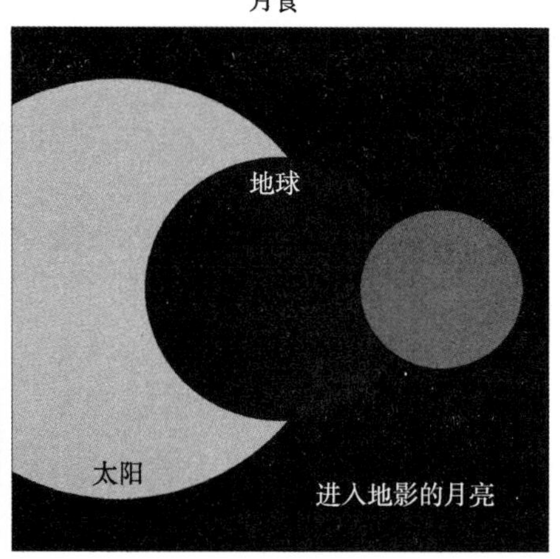

图 2-3

这些图像为简化模拟，没有按比例绘制，且为 2D 表示。在实际的食现象中，太阳、地球和月球的相对位置和大小会导致各种类型的日食和月食（例如日环食、偏食等）。

示例代码

图 2-4 中月球位于太阳和地球之间，模拟了日食期间的天体配置。这是一个简化的模型，但它清晰地展示了日食发生的基本条件：月球、地球和太阳三者近似在一条直线上。

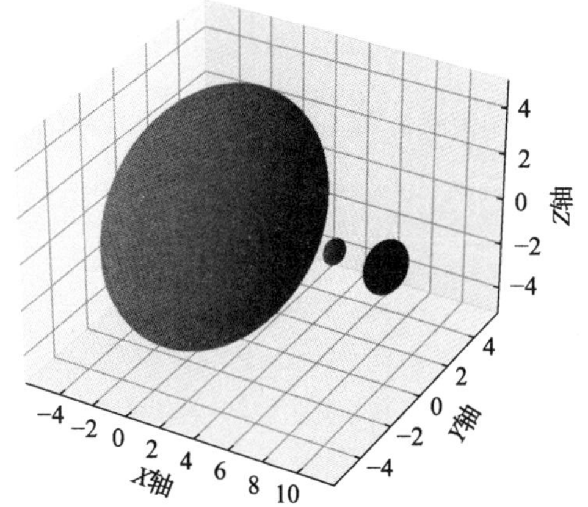

图 2-4

示例代码

2.5.3 不同类型日食和月食的特点分析

1. 日食的种类

1）日全食

特点：太阳完全被月球遮挡，只有太阳的日冕可见。

形成条件：观察者位于月球的影子锥体内。

观测：只有在窄窄的地带内（通常称为“全食带”）的观察者才能看到日全食。

2）日偏食

特点：太阳的一部分被月球遮挡。

形成条件：观察者位于月球的半影锥体内，但不在影子锥体内。

观测：大范围的地区都可以看到日偏食。

3）日环食

特点：太阳的中心被月球遮挡，但太阳的边缘形成一个明亮的环。

形成条件：月球距离地球较远，无法完全遮挡住太阳。

观测：只有在特定的地区才能看到日环食。

2. 月食的种类

1）月偏食

特点：只有月球的一部分进入地球的影子。

形成条件：月球部分地进入地球的影子锥体。

观测：大范围的地区都可以看到月偏食。

2）月全食

特点：整个月球都进入地球的影子中，通常呈现出红色。

形成条件：月球完全进入地球的影子锥体。

观测：只要月亮可见，观察者都可以看到月全食。

月食与日食的最大区别在于它们的可见范围。由于地球的影子比月球大得多，因此月食可以在月亮可见的任何地方被观察到。而日食则通常只在地球上的一个小区域内可见。

这些不同类型的食相是由地球、月球和太阳之间相对位置的变化以及月球与地球的相对大小和距离的变化所产生的。理解这些食相有助于我们更好地理解天体之间的相互作用和运动规律。

2.6 本章习题和实验或模拟设计及课程论文研究方向

习题

选择题：

（1）哪一种宇宙观念主张太阳为宇宙中心？

A. 地心说　　B. 日心说　　C. 月心说　　D. 银心说

（2）在日食期间，哪个天体位于中间位置？

A. 太阳　　B. 地球　　C. 月球　　D. 金星

（3）以下哪种古代观测工具主要用于观测太阳的位置？

A. 星盘　　B. 日晷　　C. 望远镜　　D. 指南针

简答题：

（1）描述地心说的基本观点及其被推翻的原因。

（2）为什么古代的天文观测塔对于天文学的发展如此重要？

（3）请解释月食的形成过程。

计算题：

（1）假设在某一天，观测到日晷的阴影长度为 2m，并且与日晷的风标形成的角度为 30°。计算日晷的垂直高度。

（2）根据你的理解，设计一个简单的观测方法来确定北极星的位置。

实验或模拟设计

实验：日晷制作与使用

目的：理解日晷的工作原理并用它来测定时间。

材料：棍子、平坦的地面、计时器、太阳。

步骤：

在阳光充足的地方插入棍子。

每小时标记阴影的位置一次。

记录阴影随时间的移动。

预期结果：阴影应随太阳移动而移动，可以用来测定时间。

模拟设计：地心说与日心说的模拟

目的：可视化地心说和日心说的不同，并理解为什么日心说更为准确。

工具：天文模拟软件或在线模拟平台。

步骤：

使用软件设置一个地心宇宙模型。

观察并记录行星的运动。

使用软件设置一个日心宇宙模型。

观察并记录行星的运动。

预期结果：日心宇宙模型中的行星运动应更为简单和规律，更符合实际观测。

模拟设计：日食与月食的形成

目的：通过模拟理解日食与月食的形成机制。

工具：3D 模拟软件或在线天文模拟平台。

步骤：

在软件中设置太阳、地球和月亮的相对位置。

观察并模拟月亮在地球和太阳之间移动时产生的日食。

观察并模拟地球在太阳和月亮之间移动时产生的月食。

预期结果：能够清晰地看到日食和月食的形成过程及其相关的天文现象。

课程论文研究方向

古代天文学与现代天文学的比较：研究古代天文学的主要观点和方法，并与现代天文学进行比较，探讨两者之间的联系与区别。

古代观测工具的影响：深入研究古代的观测工具，如日晷、星盘等，以及它们对古代天文观测的影响和重要性。

日食和月食的文化意义：探讨不同文化和文明中日食和月食的象征意义，以及它们在历史事件中的角色。

古代建筑与天文学的关系：研究古代的天文观测塔、金字塔、石阵等建筑与天文学的关系，探讨建筑的设计如何受到天文学知识的影响。

日心说的接受与反对：研究日心说在提出后的接受过程，分析当时社会、宗教和学术背景对其接受与反对的影响。

古代星图的艺术与科学：深入研究古代星图，探讨其背后的科学知识与艺术表达，以及星图在当时社会的作用和意义。

第3章 文艺复兴时期的科学思潮

3.1 伽利略的实验方法与观念

3.1.1 伽利略的斜面实验

伽利略·伽利雷，是文艺复兴时期的一位意大利天文学家、物理学家、工程师、数学家和哲学家。他被广泛认为是“现代科学之父”。伽利略对自然界的观察和实验导致了对古代权威观点的挑战，特别是关于天体的运动和自由下落的物体。

伽利略的斜面实验是他最著名的实验之一，也是他对自由落体研究的一个关键部分。这项实验的目的是研究物体在斜面上的加速度，以及这与物体的重量和斜面的倾斜角度之间的关系。

实验设备与方法

伽利略使用了一个光滑、长的木制斜面，并在斜面上放置了一个滚动的球。他调整了斜面的角度，并观察球的滚动速度如何随着时间和距离的增加而变化。为了精确测量时间，他使用了一个精密的水钟。

均匀加速：伽利略发现，无论斜面的倾斜角度如何，滚动的球都表现出均匀加速的特性。这意味着球的速度是随时间线性增加的。

倾斜角度的影响：伽利略还发现，斜面的倾斜角度会影响球的加速度，但不会影响其均匀加速的特性。倾斜角度越大，加速度越大。

与物体的重量无关：不同重量的球在同一斜面上具有相同的加速度。这与亚里士多德的观点完全相反，后者认为较重的物体下落得更快。

伽利略的这些观察为牛顿提出运动定律奠定了基础，并帮助推翻了长期以来关于重物和轻物下落速度的错误观念。此外，伽利略的实验方法也为后来的科学家提供了一个模型，展示了如何通过观察和实验来测试和验证科学理论。

3.1.2 伽利略对自由落体的观察与结论

伽利略对自由落体的研究是科学史上的一个重要里程碑。他对此的观察和结论挑战了古代的观点，特别是亚里士多德的观点，后者认为较重的物体比较轻的物体下落得更快。

实验与观察

伽利略并没有真正地从比萨斜塔上投下两个不同重量的铁球，但他确实进行了一系列关于自由落体的实验，这些实验的设计旨在减少其他因素（如空气阻力）的干扰。

他使用滚动的球和斜面进行实验，因为这可以使物体的下落速度变慢，从而更容易测量。通过调整斜面的角度，伽利略可以模拟不同的加速度。

主要加速度与重量无关：伽利略发现，所有物体在真空中的自由下落加速度都是相同的，与它们的重量无关。这与亚里士多德的观点相矛盾，后者认为较重的物体下落得更快。

自由落体的均匀加速：物体在自由下落过程中会经历均匀加速。也就是说，它们的速度会随着时间线性地增加。

空气阻力的影响：伽利略也认识到，实际的下落物体（尤其是轻的和/或有较大表面积的物体）会受到空气阻力的影响，这可能会改变其下落的速度和加速度。

伽利略的这些结论为后来的物理学家，特别是牛顿，提供了基础，他们进一步研究了运动和引力，并制定了描述这些现象的定律。伽利略的研究也强调了实验观察在科学研究中的重要性，并展示了如何使用实验来挑战和改变长期持有的观点。

3.2 伽利略的望远镜与天文观测

3.2.1 伽利略式望远镜的工作原理

伽利略式望远镜，也被称为折射望远镜。伽利略在 1609 年对望远镜进行了改进。这一设计使得伽利略能够观察到天空中前所未见的天体，如木星的卫星、土星的环、月球的山脉和太阳的黑子。这些发现为天文学和物理学的革命提供了重要的证据。

1. 工作原理

物镜：伽利略式望远镜的前端装有一个凸透镜，称为物镜。物镜的任务是捕捉来自遥远天体的光线，并将它们汇聚成一个焦点。

目镜：在焦点之后的位置放置了一个凹透镜，称为目镜。目镜的作用是将来自物镜的光线散开，这样当它们进入眼睛时，看起来像是来自一个距离我们很远的物体，使得图像放大。

焦距：物镜的焦距越长，望远镜的放大倍数越高。但这也会使得望远镜的整体长度增加。

图像倒置问题：伽利略式望远镜产生的图像是颠倒的。对于天文观测，这并不是一个大问题，但对于地面观测，可能需要其他的透镜或装置来纠正这个问题。

伽利略的贡献

尽管伽利略并不是第一个发明望远镜的人，但他对其进行了重要的改进，使其放大能力得到增强。他是第一个使用望远镜进行天文观测的科学家，并因此做出了一系列重要的发现。他的观测结果支持了哥白尼的日心说，并挑战了当时占主导地位的地心说观点。

伽利略式望远镜是天文学史上的一个重要工具，它不仅改变了我们对宇宙的看法，还为后来的科学研究打下了坚实的基础。

3.2.2 发现的天文现象：望远镜下的月球、木星的卫星等

伽利略改进的望远镜为天文学带来了新的发现。以下是他使用望远镜所做的一些重要观测和发现。

1. 月球的表面特征

在伽利略的望远镜下，月球不再是一个完美的、没有瑕疵的天体，而是一个有山脉、平原、深谷和巨大的撞击坑的粗糙世界。

他观测到了月球的光线和阴影，从而推断出月球的地貌特征。

这些观测打破了当时的传统观念，即天上的天体都是完美无瑕的。

2. 木星的卫星

伽利略观察到围绕木星运动的四颗小点，并随着时间的推移，他注意到这些点的位置在变化。

他很快意识到这些点实际上是围绕木星运动的卫星，这是首次观测到除地球以外的行星也有卫星。

这四颗卫星后来被称为“伽利略卫星”，包括木卫一（Io）、木卫二（Europa）、木卫三（Ganymede）和木卫四（Callisto）。

这一发现进一步支持了日心说，因为它证明了不是所有天体都围绕地球运动。

3. 太阳的黑子

伽利略观察到太阳上的黑点，并记录了它们的移动。

这表明太阳也不是一个不变的、完美的天体。

通过跟踪黑子，伽利略得出结论，即太阳在绕其轴进行自转。

4. 银河的组成

通过望远镜，伽利略观察到银河实际上是由大量密集的恒星组成的，而不是之前认为的“星云”或“乳汁”。

这进一步加强了宇宙由恒星构成的观念。

伽利略的这些观测为科学革命奠定了基础，并挑战了长久以来的宇宙观念。他的发现支持了哥白尼的日心说，并对地心说造成了致命的打击。伽利略的勇气和好奇心，以及他对观测和实验的执着，使他成为现代科学方法的奠基人之一。

3.3 应用1：伽利略式钟摆

3.3.1 钟摆的振动原理与应用

1. 钟摆的振动原理

伽利略是研究钟摆运动原理的先驱。他观察到，无论钟摆的振幅大小如何，其周期（从一个方向振动到另一个方向再返回的时间）都保持不变。这一关键的发现为后来的钟摆时钟设计提供了理论基础。

钟摆的基础物理原理是基于保守力（如重力）下的振动。当一个物体从它的平衡位置被移动并释放时，它会受到一个试图将其回复到原来的位置的力。这种回复力的大小和物体的位移成正比，并且方向相反。这是胡克定律的一个例子，通常适用于许多简单的振动系统。

针对简单的钟摆，其振动周期 T 和钟摆的长度 L 之间的关系可以描述为：

$$T = 2\pi\sqrt{\frac{L}{g}}$$

其中，g 是重力加速度。

2. 钟摆的应用

钟摆时钟：这是钟摆最著名的应用。利用钟摆的周期性振动作为时间的基准，钟摆时钟成为了沿用几个世纪的主要时间计量工具。

科学实验：由于钟摆的运动是可预测和重复的，它经常被用作物理实验中的一个工具，特别是在研究振动和波的性质时。

地震检测：大的钟摆可以用来检测和记录地震。当地震波使地球震动时，悬挂的大钟摆的位置保持不变，而地球在其下移动。这种移动可以被检测和记录到，从而提供关于地震的有用信息。

测定地球的转动：傅科钟摆展示了地球的自转。当傅科钟摆开始振动时，其摆动的方向随着时间的推移而改变，这是由地球的自转导致的。

伽利略对钟摆的研究不仅为我们提供了对振动的深入理解，还促进了多种技术应用的发展，其中许多至今仍在使用。

3.3.2 钟摆摆动的模拟与可视化

针对一个简单的钟摆，我们可以用一个固定点和一个挂在该点下方的重物来模拟它。在此模型中，我们考虑一个理想的情况，即没有空气阻力和其他摩擦力。这意味着钟摆将永远摆动。

我们可以使用 Python 的 matplotlib 库来模拟和可视化钟摆的摆动。这个模拟会显示钟摆在不同时间点的位置，并用连线表示钟摆的轨迹，如图 3-1 所示。

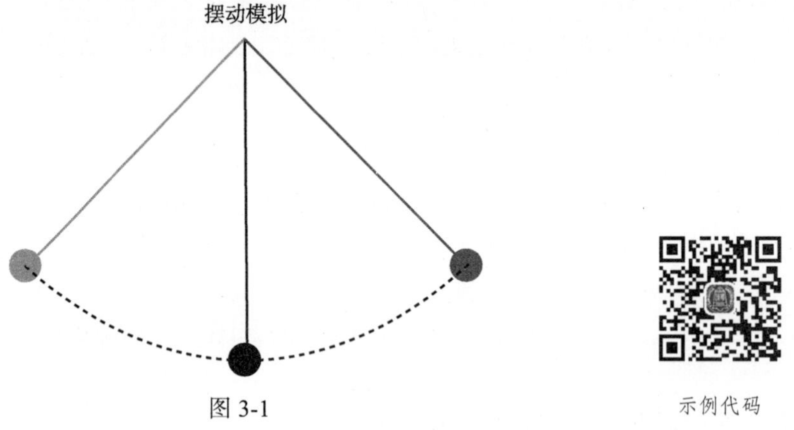

图 3-1

图 3-1 是伽利略式钟摆的摆动模拟图，展示了钟摆从其开始位置（45°偏离垂直线）到中间位置，再到结束位置的摆动。

图 3-2 的模拟是一个 2D 的动画，显示一个钟摆从其初始位置开始摆动。钟摆的轨迹被绘制出来，同时还有一个小点表示钟摆的当前位置。钟摆会根据物理学原理来摆动。

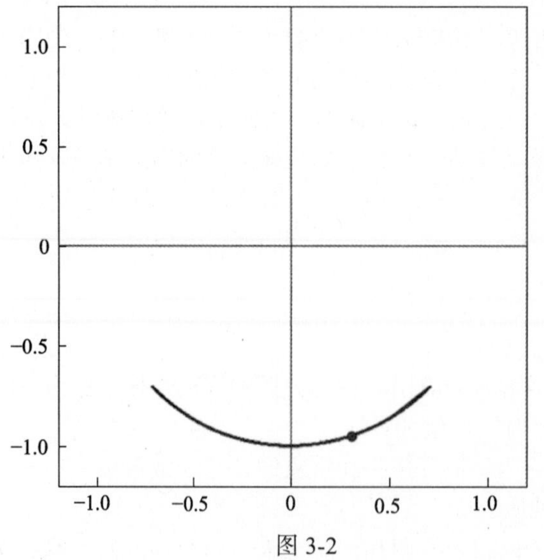

示例代码

图 3-2

3.3.3　摆动周期与摆长、摆幅关系的分析

1. 摆动周期与摆长的关系

摆的周期 T（摆从一个位置开始到再次回到这个位置所经过的时间）与摆长 L（从摆球的悬挂点到摆球质心的距离）之间的关系是伽利略最初观察到的，这一关系后来被证明为：

$$T = 2\pi\sqrt{\frac{L}{g}}$$

其中，g 是重力加速度，对于地球表面约为 9.81m/s^2。

由此我们可以得出：摆长越长，摆的周期也越长。

在一个特定的摆长下，无论摆的起始角度（摆幅）是多少，摆的周期都是相同的（在小摆幅的条件下）。

2. 摆动周期与摆幅的关系

对于小的摆幅，摆的周期与摆幅几乎没有关系，这就是为什么上面的公式只涉及摆长和重力加速度。但是，当摆幅增加到一定程度（通常大于 15°），摆幅的影响开始变得明显。这是因为在大摆幅的条件下，摆的轨迹不再是一个简单的简谐运动。

在大摆幅下，摆的周期会略微增加。这意味着，如果摆从更高的起始点释放，它需要更长的时间来完成一个周期。

摆的周期主要受摆长的影响，与摆幅无关，只要摆幅不是太大。

在大摆幅的条件下，摆的周期会略微增加。

这些结论为摆钟的设计提供了重要的基础，因为摆钟的工作原理是基于摆的周期恒定的特性。设计者必须确保摆的摆幅保持在一个较小的范围内，以确保摆钟的准确性。

3.4　应用 2：伽利略式望远镜的制作与使用

3.4.1　望远镜的光学原理与结构

伽利略式望远镜，也被称为屈光望远镜，是由伽利略在 1609 年改进的。这种望远镜使用了两片透镜：一个凸透镜（物镜）和一个凹透镜（目镜）。

1. 光学原理

物镜：物镜是望远镜前部的大透镜，其主要作用是收集并聚焦远处物体发出的光线。物镜的直径越大，它收集的光线越多，因此可以观察到更亮、更清晰的图像。

目镜：目镜位于望远镜的后部，它进一步放大物镜产生的图像。通过改变目镜，观察者可以调整放大倍率。

焦距与放大倍率：焦距是透镜将平行光线聚焦到一个点的距离。望远镜的放大倍率是物镜焦距与目镜焦距的比值。例如，如果物镜的焦距是 1 000mm，而目镜的焦距是 10mm，那么望远镜的放大倍率就是 100 倍。

2. 结构

伽利略式望远镜的主要结构包括以下方面。

筒体：通常由金属或木头制成，用于保持透镜在正确的位置。

透镜挂载：固定透镜并确保它们与望远镜的轴线对齐。

调焦机制：允许用户调整目镜的位置以获得清晰的图像。

支架或三脚架：支撑望远镜，使其保持稳定。

这种望远镜的优点是结构简单、成本低廉。但它也有一个主要的缺点，那就是所产生的图像是颠倒的。为了解决这个问题，后来的设计者在望远镜中增加了更多的透镜，以得到方向正确的图像。伽利略式望远镜在天文学发展的历史中起到了关键作用，尤其是在研究月球、行星和恒星方面。

3.4.2 望远镜下的天体观测模拟与可视化

使用望远镜进行天体观测可以揭示宇宙的许多奇观，这些对肉眼来说是不可见的。为了模拟望远镜下的天体观测，我们可以考虑以下几个主要的天体。

月球：月球表面的山脉、撞击坑和月海。

木星及其卫星：木星的大红斑、气带以及四颗伽利略卫星。

土星及其环：明亮的土星环和土星表面的特征。

深空物体：星云、星团和遥远的星系。

为了模拟这些观测，我们可以使用图像处理技术和数据可视化技术来模拟望远镜的放大效果和光学特性。

图 3-3 是一个简化的模拟，展示了肉眼、简单的望远镜和高倍率望远镜下的月球表面观测。

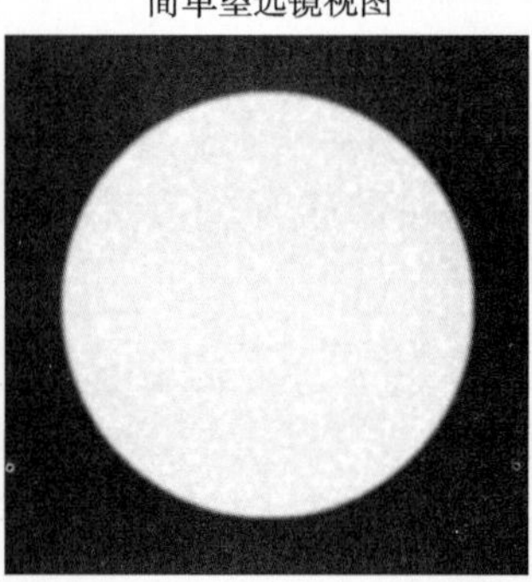

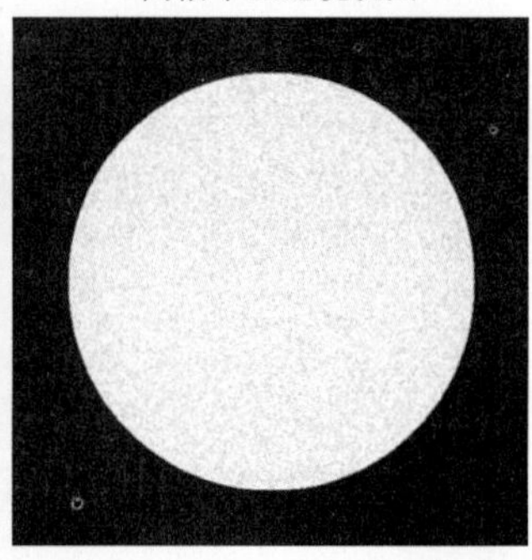

图 3-3

肉眼视图：将显示一个低分辨率的月球图像，只能看到一些大的特征，例如大的撞击坑。

示例代码

简单望远镜视图：将显示中等分辨率的月球图像，其中可以看到更多的细节，但仍然没有高倍率望远镜的清晰度。

高倍率望远镜视图：将显示高分辨率的月球图像，其中可以看到大量的细节，如撞击坑、山脉和月海的边界。

通过这样的模拟，我们可以更好地理解望远镜如何帮助我们更详细地观察天体。伽利略通过他的望远镜看到的天空与肉眼所看到的天空之间的差异为科学界揭示了新的真相，并推翻了许多古老的观念。

3.4.3 不同焦距下天体放大效果的分析

伽利略式望远镜的放大效果大部分取决于它的物镜和目镜的焦距。物镜聚焦来自远处天体的平行光线，而目镜则进一步放大这个焦点形成的图像。望远镜的总放大倍数通常定义为物镜焦距与目镜焦距的比值： $放大倍数=\frac{物镜焦距}{目镜焦距}$ 。

物镜焦距的影响：物镜的焦距决定了它收集光线的能力，或称为望远镜的光学开口。较长的物镜焦距通常会提供更大的开口，这意味着可以收集更多的光。这对观察暗淡的天体非常有利。

目镜焦距的影响：目镜的焦距直接决定了放大倍数。较短的目镜焦距会提供更高的放大效果，但同时也会减少视场和亮度。这是因为，当你放大图像时，其亮度会随之降低。

总放大倍数与视场：随着放大倍数的增加，观察者可见的天空区域（或称为视场）会减小。这意味着高放大倍数虽然能更详细地观察天体，但同时能看到的天空区域会更小。

放大倍数与观测条件：虽然高放大倍数听起来很吸引人，但实际上，由于大气扰动，通常只有在非常理想的观测条件下，才能有效地使用超高放大倍数。在多数情况下，中等放大倍数可能会提供更清晰、更稳定的图像。

选择合适的放大倍数是一个权衡的过程。对于一般的天文观测，中等放大倍数可能最为合适。而对于观测月球、行星等明亮的天体，高放大倍数可能更为合适。然而，对于深空对象如星团、星云和星系，较低的放大倍数和较大的视场可能更为理想。

3.5 应用 3：重力与自由落体

3.5.1 自由落体运动的描述与公式

自由落体是指物体只受到地球重力作用，在没有其他力（如空气阻力）作用下的运动。在自由落体运动中，物体的速度均匀增加，因为地球对其施加了恒定的加速度。这种加速度被称为“重力加速度”，通常用 g 表示。

以下是描述自由落体运动的基本公式。

速度公式：物体在时间 t 内达到的速度由以下公式给出：

$$v=\mathrm{g}\times t$$

其中，v 是物体的速度，g 是重力加速度，通常近似为 $9.81\ \mathrm{m/s^2}$（在地球表面），t 是时间。

位移公式：物体在时间 t 内下落的距离（位移）由以下公式给出：

$$S=\frac{1}{2}\mathrm{g}\times t^2$$

其中，S 是物体下落的距离。

与初速度有关的位移公式：如果物体以初速度 μ 开始下落，那么在时间 t 内的位移为：

$$S=\mu\times t+\frac{1}{2}\mathrm{g}\times t^2$$

上式在没有考虑空气阻力的情况下是准确的。在现实中，特别是对于形状不规则或表面积较大的物体，空气阻力可能会对其下落速度产生显著影响。因此，真实情况下的自由落体运动可能与上述理论预测有所偏差。

伽利略是第一个系统地研究自由落体运动的科学家。他的实验结果挑战了当时流行的观点，即不同重量的物体以不同的速度下落。伽利略发现，在忽略空气阻力的情况下，所有物体以相同的加速度下落，这一发现为后来的物理学家，特别是牛顿，提供了重要的启示。

3.5.2 不同初速度和高度的自由落体模拟与可视化

在这个模型中，我们考虑了物体从不同的初始高度和不同的初始速度开始自由落体运动。例如，一个物体可能从静止开始在 50 m 的高度下落，另一个物体可能以 5 m/s 的速度向上抛出，等等。图 3-4 显示了随着时间的推移，物体的高度是如何变化的。当物体达到地面时，它的高度为 0。

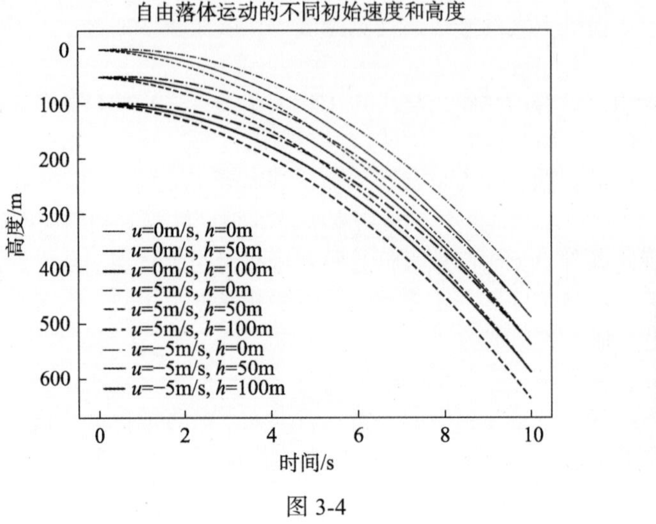

示例代码

图 3-4

3.5.3 下落时间、速度与距离关系的分析

自由落体运动是物体在只受到重力作用时的运动状态。在这种情况下，物体是加速的，并且加速度等于重力加速度 g。在地球表面附近，这个值大约为 9.81m/s²。

基于这个常量加速度，我们可以推导出以下基本关系。

速度与时间的关系：

$$v = u + gt$$

其中，v 是物体在时间 t 后的速度；u 是物体的初始速度；g 是重力加速度；t 是时间。

距离与时间的关系：

$$s = ut + \frac{1}{2} g t^2$$

其中，s 是物体在时间 t 后移动的距离；u、g 和 t 的定义与上面相同；速度与距离的关系（使用初始速度消去时间）：

$$v^2 = u^2 + 2gs$$

其中，v 、u 和 s 的定义与上面相同；g 是重力加速度。

从这些公式中，我们可以得出以下结论：无论初始速度如何，物体的速度都会随着时间线性增加。当物体从静止开始时（即 $u = 0$），物体下落的距离与时间的平方成正比。无论物体的初始速度如何，速度的平方与物体移动的距离成正比。这些关系为我们提供了深入了解自由落体运动的基本特性的途径，也是许多物理学问题中常用的关系。

3.6 本章习题和实验或模拟设计及课程论文研究方向

习题

选择题：

（1）伽利略的自由落体观念与之前的观念最大的不同是什么？

A. 落体的速度与其重量成正比。
B. 所有物体在真空中以相同的加速度下落。
C. 更重的物体下落得更快。
D. 落体的速度与其形状成正比。

（2）伽利略式望远镜使用的主要镜片类型是什么？

A. 凹透镜　　B. 凸透镜
C. 平面镜　　D. 既有凹透镜又有凸透镜

简答题：

（1）描述伽利略进行斜面实验的设备和方法。
（2）解释为什么在伽利略的望远镜中，木星的卫星看起来像小点而不是实际的圆形。
（3）伽利略是如何使用摆来测量时间的？这种方法的准确性如何？

计算题：

（1）如果一个物体从 5m 的高度自由落体，它落地时的速度是多少？（忽略空气阻力）
（2）使用伽利略式钟摆，如果摆长为 1m，计算其一个完整摆动周期的时间。

实验题：

使用长绳和重物制作一个简单的摆，测量不同摆长时摆的周期，并与理论值进行比较。

实验或模拟设计

实验：伽利略斜面滚动实验重现

目的：验证所有物体在没有空气阻力的斜面上下滑的速度都是相同的。
材料：光滑的斜面板、小球、计时器、尺子。
步骤：
将斜面板设置为一个固定的角度。
从斜面的顶部释放小球并使用计时器测量其到达底部的时间。
更换不同的物体，重复实验。
预期结果：所有物体下滑的时间应该大致相同，证明了伽利略的观点。

模拟设计：木星及其卫星的运动模拟

目的：模拟伽利略观察到的木星及其卫星的运动。
工具：天文模拟软件。
步骤：
在模拟软件中输入木星及其主要卫星的初始参数。
观察并记录卫星围绕木星的运动。
预期结果：卫星围绕木星的运动模式与伽利略的观察记录相符。

模拟设计：自由落体与空气阻力的关系

目的：模拟物体在有和没有空气阻力的条件下的自由落体运动。
工具：物理模拟软件。
步骤：
在软件中设置一个物体在真空中的自由落体。
记录物体的下落速度。

在软件中加入空气阻力，再次记录物体的下落速度。

预期结果：在有空气阻力的条件下，物体的下落速度比在真空中慢。

课程论文研究方向

伽利略对现代科学方法的贡献：研究伽利略如何通过实验和观察来验证或推翻现有的理论。讨论他的方法如何为现代科学研究奠定了基础。

伽利略式望远镜与现代天文观测：探讨伽利略式望远镜的设计与原理。分析其对现代天文学的影响，以及如何引导更复杂的现代望远镜的发展。

摆在现代物理学中的应用：深入研究摆如何被用于测量地球的重力、时间的流逝等现代物理概念。讨论现代技术如何改进了摆的设计，使其更加精确。

自由落体在工程中的应用：研究自由落体如何在现代工程设计中被应用，例如在建筑、交通工具的安全性等方面。分析现代技术如何利用自由落体原理来改进或创新。

第 4 章　牛顿的机械世界

4.1　牛顿的三大运动定律

4.1.1　第一定律：惯性定律

牛顿第一定律，也被称为惯性定律，描述了物体在没有外力作用的情况下的运动状态。它可以被表述为：一个物体会保持其静止状态或匀速直线运动状态，除非外力使其改变这种状态。

这一定律实际上揭示了所谓的“惯性”的概念。惯性是物体抵抗其运动状态改变的倾向。这也意味着，除非有一个外力作用于物体，否则一个静止的物体始终会保持静止，而一个正在以某个速度沿直线运动的物体也会始终保持这个速度不变地沿直线运动。

在牛顿之前，许多人（包括伽利略）已经对这个观念有所了解。牛顿第一定律为后来的两个定律奠定了基础，这三个定律共同构成了古典力学的基石。

从日常经验出发，我们可能会认为静止是物体的自然状态，而运动需要一个原因。然而，牛顿第一定律告诉我们，没有外力，物体会持续其当前状态，无论是静止还是匀速直线运动。这个观点在当时是颠覆性的，因为它改变了人们对运动和静止的根本看法。

为了进一步说明这一点，考虑一个在宇宙空间中的宇航员。在这样一个没有明显外力的环境中，如果宇航员推一个物体，那么这个物体会一直以相同的速度沿直线运动，直到另一个力改变其运动方向或速度为止。这就是惯性的直观例子。

在地球上，我们常常觉得物体不会自己持续运动，这是因为摩擦力和空气阻力等都在起作用。但如果我们在一个没有空气的环境，比如真空中，用一定的力推一个物体，它会持续以我们给予它的速度运动。

4.1.2　第二定律：力与加速度

牛顿第二定律描述了一个物体的加速度与作用在其上的总外力之间的关系。它可以被表述为：一个物体的加速度与作用在其上的外力成正比，与它的质量成反比，且加速度的方向与外力的方向相同。

这可以表示为：

$$F = ma$$

其中，F 是作用在物体上的总外力，m 是物体的质量，而 a 是物体的加速度。

这个定律有以下几个关键点。

正比关系：如果给定的外力加倍，加速度也会加倍。

反比关系：如果物体的质量加倍，而外力保持不变，则加速度减半。

方向：物体的加速度方向与作用在其上的总外力方向相同。

为了更好地理解这一定律，我们可以考虑以下例子。

想象一个冰球场上的冰球。如果你轻轻推它，它会开始滑动，但加速度较小；如果你用更大的力推它，它的加速度会增加，它会更快地开始移动。这显示了力和加速度之间的正比关系。

现在，想象两个冰球，一个是普通的冰球，另一个的质量是前者的两倍。如果你用相同的力推这两个冰球，较重的冰球的加速度只有较轻的冰球的一半。这显示了质量和加速度之间的反比关系。

牛顿第二定律为物理学家提供了一个非常有用的工具来预测和解释物体的运动。

4.1.3 第三定律：作用与反作用

牛顿第三定律，也被称为作用与反作用的定律，描述了在两个物体之间的相互作用中力的性质。这个定律可以被表述为：对于每一个作用力，总有一个大小相等、方向相反的反作用力。

数学上，这可以表示为：

$$F_{\text{作用}} = -F_{\text{反作用}}$$

其中，负号表示两个力的方向相反。

这个定律有以下关键点。大小相等方向相反：作用力和反作用力总是大小相等的，但方向相反。不同的物体：作用力和反作用力作用在两个不同的物体上。

为了更好地理解这一定律，我们可以考虑以下例子。

当你站在地面上时，你施加一个向下的力（由于重力）在地面上。地面也施加一个大小相等、方向向上的力在你身上。这就是为什么你不会继续向下掉入地心的原因。

当你用手推一个门，门也在同一时刻用相同大小但方向相反的力推你的手。

当一只鸟在空中飞翔时，它用翅膀向下拍打空气，施加一个向下的力在空气上。作为反应，空气会施加一个向上的力在鸟身上，使它能够飞翔。

这一定律不仅仅适用于宏观物体，也适用于微观粒子。例如，电子之间的斥力等。

牛顿第三定律强调了在自然界中，力不是单独存在的。每一种力都是相互作用的一部分，总有一个伴随的反作用力。这为物理学家提供了一个框架，用来理解和描述物体之间的相互作用和运动。

4.2 万有引力定律

4.2.1 引力的概念与定量描述

万有引力定律描述了物体之间存在的吸引力。这是一个普遍存在的力，它作用于所有的物体，不仅仅是天体，在日常生活中的所有物体之间都有这种力存在。

1. 引力的概念

引力是宇宙中所有物体间的自然相互吸引力。这意味着每一个物体都在吸引其他所有的物体。例如，地球吸引我们使我们停留在地面上；同样，我们也吸引地球，只是这种吸引力相对较小，因为我们的质量远小于地球。

这种相互吸引的强度取决于两个主要因素：物体的质量和它们之间的距离。

2. 定量描述

牛顿的万有引力定律可以用以下数学公式来描述：

$$F = \frac{\mathrm{G}m_1m_2}{r^2}$$

其中，F 是两个物体之间的引力大小；G 是万有引力常数，其值约为 $6.67\times10^{-11}\ \mathrm{N\cdot m^2/kg^2}$；

m_1 和 m_2 分别是两个物体的质量；r 是两个物体之间的距离。

这个公式表明：引力与两个物体的质量成正比。这意味着，如果一个物体的质量加倍，它对另一个物体的引力也会加倍。引力与两个物体之间的距离的平方成反比。这意味着，如果两个物体的距离加倍，它们之间的引力会减少到原来的四分之一。

这个定律对于描述天体，例如行星、恒星、星系等之间的相互作用特别重要。它也是理解太阳系行星运动、星系形成和宇宙的大尺度结构的关键。

4.2.2　从苹果到行星：万有引力的普遍性

当我们提到牛顿和万有引力定律，很多人会想到那个著名的故事：一个苹果从树上掉下来，落在了牛顿的头上，促使他思考重力的性质。虽然这个故事的真实性经常受到质疑，但它象征着一个深刻的观念：从一个微小的苹果到巨大的行星，所有的物体都受到相同的物理定律——万有引力定律的支配。

1. 苹果的引力

当苹果从树上掉落时，它是受到地球的引力作用使其下落的。这个力不仅仅作用在苹果上，它也作用在每一个物体上，不论它的大小。这种引力使我们的脚紧贴在地面上，也是使雨滴下落的原因。

2. 行星的引力

与此同时，地球和其他行星也受到太阳的引力吸引，使它们沿着椭圆形的轨道绕太阳运动。这种引力不仅仅局限于太阳系内部。在更大的尺度上，恒星之间、星系之间也存在相互的引力作用，它们决定了宇宙的结构和动力学行为。

3. 普遍性

牛顿的伟大之处在于，他意识到这两个现象——苹果掉落和行星围绕太阳运动——是由同一个基本原理控制的，即万有引力定律。这个定律揭示了自然界的一种基本普遍性：不论是大到星系，还是小到苹果，都受到相同的物理规律的约束。

这个惊人的认识开启了现代科学的新篇章，它使我们能够用统一的方法描述和理解从日常生活中的现象到宇宙尺度的事件。这也是为什么牛顿经常被誉为现代物理学之父，他的发现为后来的科学家——从爱因斯坦到霍金——提供了一个坚实的基础来进一步探索宇宙的奥秘。

4.3　应用 1：摩擦力与物体滑动

4.3.1　摩擦力的起源与计算

摩擦力是一种阻止表面之间相对运动的力。无论是你在地板上移动家具，还是汽车轮胎在路面上滚动，摩擦力都在起作用。但摩擦力的起源是什么呢?

起源：摩擦力的主要起源是两个接触表面之间的微观不规则性。尽管表面在宏观尺度上可能看起来很光滑，但在微观尺度上，它们都有高低不平的凸起和凹陷。当两个物体的表面彼此接触时，这些凸起和凹陷会相互嵌套，产生阻力。此外，分子间的吸引力也会增加摩擦。

分类：摩擦力可以分为两类。

静摩擦力：当两个接触表面之间没有相对运动时作用的摩擦力，称为静摩擦力。这是阻止物体开始滑动的力量。

动摩擦力：当两个物体开始滑动时，其接触面所产生的阻力称为动摩擦力，通常小于静摩擦力。

计算：摩擦力的大小可以通过以下公式计算：

$$F_{\text{friction}} = \mu \times F_{\text{normal}}$$

其中，F_{friction} 是摩擦力，μ 是摩擦系数（静摩擦系数或动摩擦系数），F_{normal} 是作用在物体上的正压（垂直）力。

摩擦系数是表面材料和状况的函数，对于每一对特定的材料和表面状况，都有一个特定的静摩擦系数和动摩擦系数。

摩擦力是一个复杂而有趣的力，它在我们日常生活中的各个方面都起着关键作用。从基本的物体运动到复杂的机械设计，了解摩擦力的起源和计算方法都是至关重要的。

4.3.2 不同表面上物体滑动的模拟与可视化

当物体在不同的表面上滑动时，由于摩擦系数的差异，其运动轨迹和速度都会发生变化。为了可视化这种现象，我们可以模拟一个物体在几种典型表面上的滑动，如光滑的冰面、木头表面和粗糙的沙地。

1. 模型假设

只考虑动摩擦。

所有物体均从静止开始。

摩擦系数：冰面（0.03），木头（0.3），沙地（0.6）。

2. 基本公式

动摩擦力的大小为：

$$F_{\text{friction}} = \mu \times F_{\text{normal}}$$

其中，F_{normal} 为重力，即 $F_{\text{normal}} = m \times g$。

因此，物体在水平方向上受到的净外力为摩擦力，这将导致物体的加速度：

$$\alpha = \frac{F_{\text{friction}}}{m}$$

在每次迭代中，我们可以使用以下公式更新物体的速度和位置：

$$v = v + \alpha \times \Delta t$$
$$x = x + v \times \Delta t$$

使用这种方法，我们可以模拟物体在不同表面上的滑动，并可视化其位置随时间的变化。这将清晰地显示出物体在不同表面上滑动时速度的变化。

该模拟显示了物体在不同表面上滑动时的位置随时间的变化。从图 4-1 中可以看出，在冰面上，摩擦系数较小，因此物体可以滑动得更远。而在沙地上，摩擦系数较大，导致物体滑动的距离最短。木头表面的摩擦系数介于两者之间，因此滑动的距离也介于两者之间。

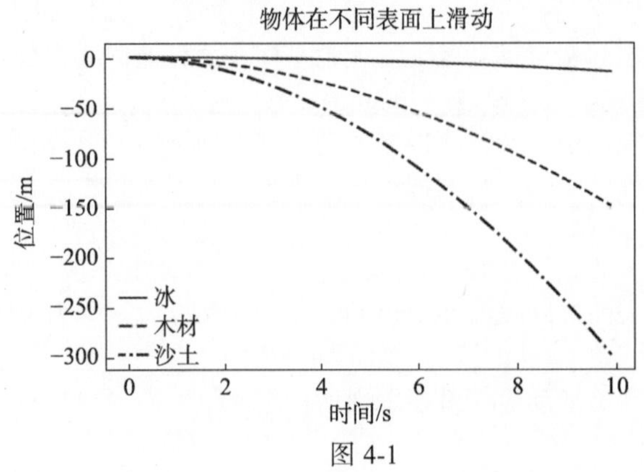

示例代码

图 4-1

4.3.3 摩擦系数与物体滑动特性的分析

摩擦力是两个接触表面之间的一种阻力。这种力始终尝试阻止表面之间的相对运动。摩擦力的大小取决于两个因素：接触表面之间的正压力（或垂直力）和接触材料的特性，后者通常由摩擦系数来描述。

摩擦系数是一个无量纲的数值，用于描述两个特定材料之间的摩擦性质。摩擦系数的大小取决于两个接触表面的材料和表面粗糙度。摩擦系数通常分为两种。

静摩擦系数：当物体静止时，阻止物体开始移动的摩擦力与正压力之比。

动摩擦系数：当物体滑动时，阻止物体继续移动的摩擦力与正压力之比。

对于给定的材料，动摩擦系数通常小于静摩擦系数。

从我们之前的模拟中，我们可以得出以下结论。

摩擦系数与滑动距离：摩擦系数越大，物体滑动的距离越短。这是因为较大的摩擦系数意味着更大的阻力，这会更快地消耗物体的初速度，使其更快地停下来。

摩擦系数与减速：摩擦系数越大，物体减速越快。这意味着，在高摩擦系数的表面上，物体的速度下降得更快。

材料的选择：不同的应用可能需要不同的摩擦特性。例如，在需要低摩擦的应用中（如滑冰场或滑雪坡），选择具有低摩擦系数的材料是很重要的。相反，在需要高摩擦的场合（如汽车刹车片或登山鞋），选择具有高摩擦系数的材料是至关重要的。

了解摩擦系数及其对物体运动的影响是工程和科学中的一个重要方面，它可以帮助我们选择正确的材料和设计来满足特定的需求。

4.4 应用 2：天体运动

4.4.1 行星与卫星的轨道运动

当我们观察夜空时，会看到行星沿着预定的轨道移动，而这些轨道的形状和特性都受到了天体之间相互作用的万有引力的影响。行星、卫星以及其他的天体都遵循基本的物理和天文学原理，这些原理由牛顿和其他伟大的科学家已在几个世纪前定义。

1. 行星的轨道运动

椭圆轨道：开普勒第一定律描述了行星沿椭圆形轨道绕太阳运动，其中太阳位于其中一个焦点上。这与之前的观念不同，早期的天文学家如托勒密认为行星沿着完美的圆形轨道运动。

面积速率：开普勒第二定律表明行星在其轨道上扫过的面积在相等的时间间隔内是常数。这意味着当行星接近太阳时，它的速度会增加，而当它远离太阳时，速度会减慢。

轨道周期与半长轴的关系：开普勒第三定律关联了行星的公转周期与其轨道的半长轴的立方。具体地说，一个行星的公转周期的平方与其轨道半长轴的立方成正比。

2. 卫星的轨道运动

卫星与中心天体：与行星绕太阳运动类似，卫星也沿椭圆形轨道绕其中心天体（行星）运动。

潮汐锁定：许多卫星，例如地球的卫星月亮，都是潮汐锁定的。这意味着它们总是以相同的面对着其中心天体。这是由行星对卫星的引力作用导致的。

稳定和不稳定的轨道：不是所有的卫星轨道都是稳定的。在某些情况下，卫星可能会因为各种原因（如大气阻力或太阳的引力干扰）而离开其轨道。

这些原理不仅适用于我们的太阳系，还适用于其他恒星系统和其行星。通过研究这些运动，我们可以更好地了解太阳系的形成、行星的性质以及宇宙的工作原理。

4.4.2 行星围绕太阳椭圆轨道运动的模拟与可视化

模拟行星围绕太阳沿椭圆轨道的运动，我们可以使用基于开普勒定律和牛顿万有引力定律的数学模型。为了简化，我们可以考虑以下因素。

只考虑一个行星和太阳的交互作用，忽略其他行星或天体的影响。太阳位于椭圆的一个焦点上，如图 4-2 所示。

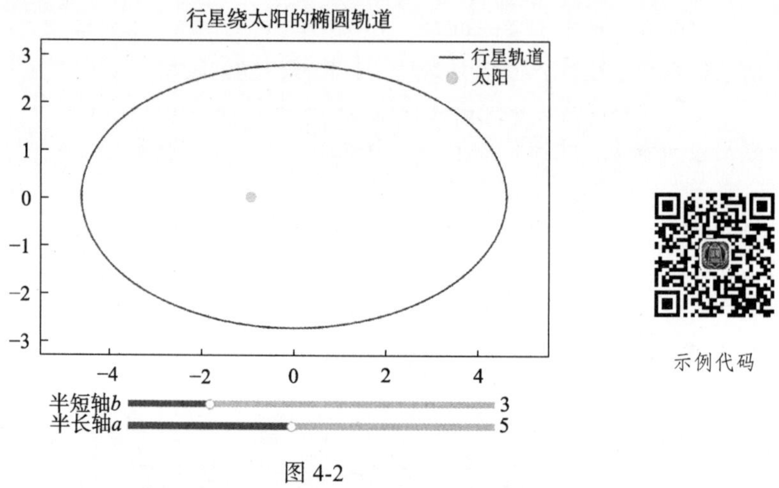

示例代码

图 4-2

这个模型展示了一个行星如何沿椭圆轨道围绕太阳（位于椭圆的一个焦点上）运动。可以调整半长轴 a 和半短轴 b 的值来观察不同的椭圆形状。

4.4.3 太阳系稳定性的分析

太阳系的稳定性是一个长久以来许多天文学家和物理学家都在探讨的问题。从牛顿的万有引力定律到现代的天体力学研究，科学家们都在努力理解和预测太阳系的长期发展。

1. 牛顿引力与天体间的相互作用

每一个天体都会受到其他所有天体的引力作用。太阳作为太阳系中最大的天体，它对其他天体的引力作用是最大的，各行星之间也有引力。这些相互作用会导致天体的轨道发生变化。

2. 拉普拉斯–拉格朗日稳定性准则

早期的研究者，如拉普拉斯和拉格朗日，提出了某些准则来描述太阳系的稳定性。他们的研究表明，如果天体的轨道不会相互交叉，并且它们的轨道参数变化是有限的，那么这个系统可以被认为是稳定的。

3. 混沌和长期预测的困难

尽管存在这样的准则，但现代的研究显示太阳系内的动力学是复杂和混沌的，这使得长期的预测变得非常困难。例如，行星间的相互作用可能导致一些微小的轨道变化，这些变化随着时间的推移可能会累积起来，导致较大的效应。

4. 外部扰动

除了太阳系内部的天体之间的相互作用外，外部的恒星或其他天体也可能对太阳系产生扰动，这进一步增加了太阳系稳定性的复杂性。

5. 现代数值模拟

随着计算机技术的发展，科学家们现在可以进行高精度的数值模拟来预测太阳系的未来。这些模拟可以持续数百万年，甚至数十亿年，但即使是这样，我们仍然只能得到一个近似的答案。

尽管太阳系在过去的几十亿年中表现得相对稳定，但我们不能确保它在未来的几十亿年中仍然保持这种稳定性。太阳系的动力学是复杂的，包含了许多相互作用和不确定性，这使得对其长期演化的预测充满了挑战。

4.5　应用 3：桥梁的设计与分析

4.5.1　桥梁的受力与稳定性

桥梁是现代交通系统中不可或缺的部分，它们为车辆、行人和货物提供了跨越障碍（如河流、山谷或其他交通路线）的通道。设计和建造桥梁是一个复杂的工程，涉及多种物理学原理，尤其是受力和稳定性。

1. 受力分析

桥梁受到多种力的作用，包括自重、车辆荷载、风力、水力、地震力等。

自重是由桥梁的结构和材料产生的重力。

车辆荷载是由桥上的车辆产生的，可以是静态的或动态的。

风力会对桥梁产生侧向的压力，特别是在高风速下，这可能导致桥梁摆动或振动。

桥下流动的水会冲击桥墩和岸，可能导致桥梁摆动或振动。

在地震活跃区，地震力也是一个重要的考虑因素，它可能导致桥梁的破坏。

2. 稳定性分析

桥梁的稳定性取决于它的结构、材料和受到的各种外部力。

桥梁的设计必须确保它在各种外部条件下都能保持稳定，不会发生塌陷或破坏。

稳定性分析需要考虑桥梁的弹性、塑性和断裂特性。

3. 桥梁的种类与结构

根据设计和用途，有多种类型的桥梁，如拱桥、悬索桥、梁桥和浮桥等。

不同类型的桥梁有不同的受力和稳定性特性。例如，悬索桥能够跨越非常长的距离，但它们对风力和地震力非常敏感。

4. 材料选择

桥梁的材料对其受力和稳定性有很大影响。常用的桥梁材料包括钢、混凝土和木材。

材料的选择取决于桥梁的设计、预期使用寿命和环境条件。

桥梁的设计和分析是一个综合性的工程任务，需要考虑多种物理学和工程学原理，确保桥梁在其预期使用寿命内都能安全、稳定地运行。

4.5.2　桥梁受力分布的模拟与可视化

桥梁受力分布的模拟与可视化是一个关键的步骤，以确保桥梁结构的安全和稳定。这样的模拟可以帮助工程师了解在各种荷载和环境条件下，桥梁的哪些部分承受了最大的压力，以及桥梁的哪些部分可能是潜在的破裂点。以下是一个简化的模拟和可视化桥梁受力分布的过程。

1. 定义桥梁结构和材料属性

首先，需要定义桥梁的几何形状、尺寸、支点位置以及材料属性，如弹性模量、屈服强度等。

2. 定义外部载荷

在此阶段，可以定义各种外部荷载，如车辆荷载、风荷载、地震荷载等。这些荷载可以是静态的或动态的。

3. 进行有限元分析

使用有限元分析（Finite Element Analysis，FEA）软件，将桥梁结构划分为数千或数百万个小的、互相连接的元素。然后，将外部荷载应用到这些元素上，并计算每个元素的应力和应变。

4. 可视化受力分布

使用 FEA 软件的可视化工具，可以将计算出的应力和应变数据可视化。这通常是通过颜色编码来实现的，其中不同的颜色代表不同的应力或应变水平。

5. 结果分析

基于可视化结果，工程师可以确定桥梁结构中的受力集中区域，以及可能的破裂点或弱点。然后，可以根据这些信息对桥梁设计进行调整，尤其是其薄弱处，或者更改材料或进行加固，以确保桥梁的安全和稳定。

为了简化模拟，考虑一个均匀分布的荷载（例如汽车或行人）作用在桥梁上，并计算在这种荷载下桥梁的受力分布。

以下是模拟步骤：定义桥梁的长度、宽度和材料属性。使用有限差分法来离散化桥梁。将均匀分布的荷载应用到桥梁上。计算每个离散点的受力。可视化受力分布。

这与简单支撑梁的典型行为相符，其中桥梁的中间部分挠度最大，如图 4-3 所示。

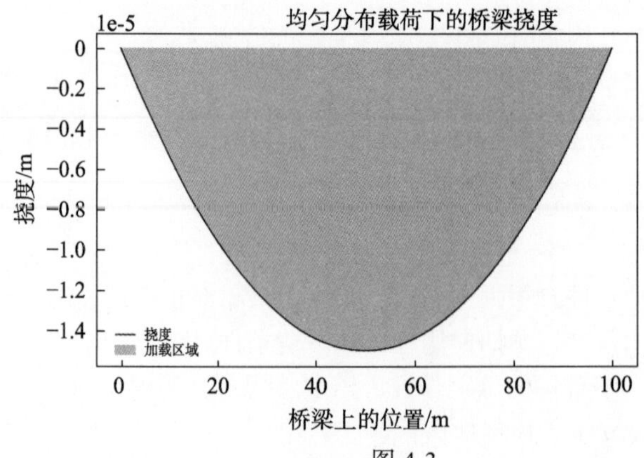

图 4-3

示例代码

4.5.3　桥梁设计中关键结构与支撑力的分析

桥梁是为了跨越障碍（如河流、峡谷或道路）而建造的结构。桥梁的设计考虑了许多因素，如预期荷载、地理位置、材料和预算。但在所有因素中，确保桥梁的稳定性和安全性是最重要的。

1. 关键结构

桥墩：支撑桥面的垂直结构。它们的稳定性对整座桥的稳定性至关重要。
桥塔：在斜拉桥和悬索桥中，桥塔是支撑主缆的关键结构。
主缆：在悬索桥中，主缆起着分担桥面重量的作用。
桥面：支撑交通荷载的部分，其设计必须能够承受交通、风力和其他环境因素的影响。
支撑梁和桁架：为桥面提供额外支撑，增加桥的承载能力。

2. 支撑力的分析

桥梁所受的力包括自重、交通荷载、风荷载、地震荷载等。桥的设计必须确保在所有预期荷载下都有足够的安全系数。

静态荷载：桥的自重和非移动荷载。它是持续存在的并且随时间不变。

动态荷载：如交通荷载、风荷载和地震荷载。这些荷载是变化的，可能会导致桥的振动或其他动态响应。

在桥梁设计中，关键的是确定最不利的荷载组合，并确保在这些条件下桥梁的结构完整性和安全性。

3. 稳定性分析

桥梁的稳定性取决于其自身的结构以及所受的荷载和支撑反应之间的平衡。

结构分析工具和软件可以帮助工程师模拟不同的荷载情况，预测桥梁的响应，并据此进行优化设计。

桥梁设计是一个复杂的过程，需要综合考虑结构、材料、荷载和环境因素。通过对关键结构的分析和对支撑力的准确计算，工程师可以确保桥梁的安全、稳定和耐用。

4.6　本章习题和实验或模拟设计及课程论文研究方向

习题

简答题：

（1）简述牛顿三大运动定律，并给出每个定律的应用实例。
（2）什么是万有引力定律？它如何解释地球上的物体下落？
（3）为什么现代船舶的设计通常是流线型的？
（4）说明摩擦力的起源及其与物体滑动的关系。

计算题：

（1）一个物体在水平面上受到 10N 的推力，且受到 2N 的摩擦力。如果物体的质量为 5kg，求物体的加速度。

（2）如果地球和月球之间的平均距离是 3.84×10^{8} m，则给定万有引力常数 $G = 6.674\times 10^{-11}\ \mathrm{N\cdot m^2/kg^2}$，地球的质量 M=5.972×10^{24} kg，月球的质量 m=7.342×10^{22} kg，计算地球对月球的引力。

（3）一个桥梁的一端受到 5000N 的垂直向上的支撑力，另一端受到 7000N 的垂直向上

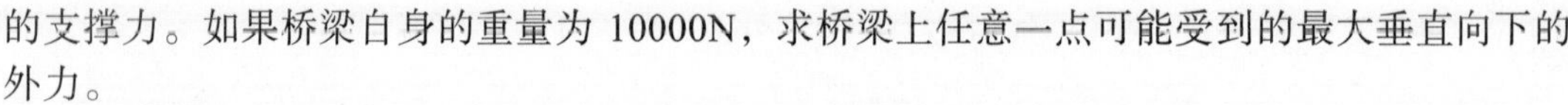

的支撑力。如果桥梁自身的重量为 10000N，求桥梁上任意一点可能受到的最大垂直向下的外力。

分析题：

（1）使用牛顿第二定律分析一个斜面上滑下的物体的加速度如何受到摩擦力和斜面角度的影响。

（2）说明为什么卫星（如国际空间站）在地球轨道上可以“自由落体”运动而不落回地球。

实验或模拟设计

实验：牛顿第三定律验证

目的：使用弹簧测力计验证作用力和反作用力的大小相等且方向相反。

材料：两个弹簧测力计、细绳。

步骤：

将两个测力计通过细绳连接起来。

一个人拉其中一个测力计，另一个人读取两个测力计的读数。

预期结果：两个测力计的读数应相等且方向相反。

模拟设计：卫星的自由落体模拟

目的：模拟并观察卫星如何在地球轨道上进行自由落体运动。

工具：计算机模拟软件。

步骤：

设定地球和卫星的初始参数。

启动模拟，观察卫星如何在地球周围进行自由落体运动。

预期结果：卫星会在地球周围形成一个稳定的轨道，不会落回地球，验证了自由落体的概念。

课程论文研究方向

牛顿与当代物理：研究牛顿的物理学思想如何影响了现代物理学的发展，特别是经典力学和量子力学。

桥梁工程的进化：分析过去几个世纪桥梁设计中力学原理的应用是如何发展的，以及现代桥梁设计中的创新。

天体的运动与宇宙的结构：研究行星如何围绕太阳运动，以及这些运动如何揭示了宇宙的基本结构和性质。

摩擦力在现代技术中的应用：从汽车轮胎到高速列车，分析摩擦力如何在现代技术中被利用和管理。

第5章 20世纪初的物理学革命

5.1 相对论的基础

5.1.1 狭义相对论：时空与速度的变换

20 世纪初，物理学界面临着一个伟大的挑战。当时的经典物理学理论，尤其是牛顿力学，已经在很多情况下得到了验证，但在某些极端条件下，它们的预测与实验观测存在着巨大的出入。例如，在接近光速的情况下，牛顿的公式不再适用。这促使物理学家们对现有的理论进行重新思考。

1905 年，阿尔伯特 · 爱因斯坦提出了狭义相对论，这是对牛顿经典物理学的一次革命性的更新。狭义相对论的基本思想可以归结为两个假设。

所有的惯性参照系都是等效的：在任何一个惯性参照系中，物理定律的形式都是相同的，无法通过任何实验来确定自己是在静止的还是在匀速直线运动中。

光速在真空中是恒定的，与光源的运动状态无关：这意味着，无论观察者相对于光源是静止的还是运动的，他们测得的光速总是恒定的，大约是 3×10^8 m/s。

这两个简单的假设导致了一系列令人惊奇的结果，其中最为人们所知的包括以下内容。

时间膨胀：当一个物体以接近光速的速度移动时，其上的时钟会比静止观察者的时钟走得慢。这意味着，对于高速飞行的宇航员来说，他们经历的时间将少于地球上的观察者。

长度收缩：当一个物体以接近光速的速度移动时，它在运动方向上的长度会比在静止时短。

质能等价：物质和能量是可以互相转化的，这可以通过公式 $E=mc^2$ 来描述，其中 E 是能量，m 是质量，c 是光速。

狭义相对论不仅改变了我们对时间和空间的看法，而且为后来的广义相对论和现代物理学其他领域的发展奠定了基础。

5.1.2 广义相对论：引力与时空曲率

在提出狭义相对论十年后，阿尔伯特 · 爱因斯坦再次为物理学界带来了革命性的理论：广义相对论。这一理论主要是对引力的重新描述。

在牛顿的引力理论中，物体之间因为它们的质量而相互吸引，这种吸引的力与两个物体的质量成正比，与它们之间的距离的平方成反比。但这种描述在某些极端情况下，比如黑洞附近或者大的天体上，与观测不符。

爱因斯坦提出，引力并不是因为质量而产生的吸引力，而是天体因为其存在的质量和能量造成其周围的时空弯曲，其他物体则沿着这个曲率的时空路径自由移动，这给人的感觉就像是存在一个引力。

广义相对论的主要观点和结果如下。

时空弯曲：大的质量或能量会导致其周围的时空发生弯曲。这是通过爱因斯坦的场方程来描述的，该方程连接了时空的几何结构和其中的物质和能量。

光的弯曲：光线在经过一个大质量的天体附近时，会因为时空弯曲而发生偏折。这一预测在 1919 年的日食期间被验证，从而为广义相对论提供了有力的证据。

黑洞的存在：如果一个天体的质量足够大，而半径足够小，那么其周围的时空弯曲会变得如此强烈，以致什么都不能从其内部逃逸，连光都不行。这样的天体就被称为黑洞。

宇宙的膨胀：广义相对论还预测了宇宙是在膨胀的，这一观点已被证实。

广义相对论为现代宇宙学和黑洞物理学提供了理论基础，并且在技术上也有应用，例如在全球定位系统（GPS）中考虑到了时空弯曲对于时间的影响，以确保位置的准确性。

5.2 量子物理的诞生与发展

5.2.1 黑体辐射与普朗克的量子假说

20 世纪初，传统物理学面临着一系列的挑战，其中之一就是黑体辐射问题。黑体是一个理想化的物体，它可以吸收所有入射到其上的电磁辐射，而不反射或透射任何辐射。当黑体被加热时，它会发出辐射，这种辐射的性质只取决于黑体的温度。

实验观察发现，随着温度的升高，黑体辐射的峰值会向更短的波长移动，这一现象可以由维恩位移定律描述。但是，经典物理学中的瑞利—金斯公式在描述高频（短波长）部分的辐射时会得到无穷大的结果，这与实验观测完全不符，这个问题被称为“紫外灾难”。

1900 年，德国物理学家马克斯 · 普朗克为了解决这个问题，提出了一个大胆的假设：能量并不是连续的，而是量子化的，即能量只能以离散的量来传递。他引入了一个常数——普朗克常数 h，并提出了能量与频率的关系：$E=hv$，其中，E 是能量，v 是频率。

普朗克的量子假说成功地解释了黑体辐射的实验曲线，并为后来量子物理学的发展奠定了基础。这一假设意味着物质和辐射的交互不再是连续的，而是以最小的“能量包”或“量子”进行的。这一观念彻底改变了物理学家对于自然界的认知，为量子物理学的诞生打下了坚实的基础。

5.2.2 光电效应与光的波粒二象性

光电效应是物质在光的照射下释放电子的现象。当光照射到某些金属表面时，可以从金属中剥离出电子。这个现象在 19 世纪末首次被观察到，但传统的物理学理论并不能很好地解释它。

光电效应的关键实验观察：

低于某一阈值频率的光，无论其强度如何，都不能激发出电子。

超过阈值频率的光能激发出电子，且电子的最大动能与光的频率成正比，与光的强度无关。

光电效应是即时的，也就是说，当光照射到金属时，电子立即被激发出来，没有任何延迟。

1905 年，阿尔伯特 · 爱因斯坦基于普朗克的量子假说，提出了一个解释光电效应的理论。他认为光不仅具有波动性，还具有粒子性，即光可以看作是由“光子”组成的，每个光子都带有一个特定的能量 $E=hv$，其中 h 是普朗克常数，v 是光的频率。

当一个光子撞击金属表面上的电子时，如果它的能量大于电子从金属中逸出所需的最小能量（叫作功函数），那么电子就会被释放出来。

爱因斯坦的这一理论不仅成功地解释了光电效应的各种实验观察，而且还预测了电子的动能和光的频率之间的关系，这一预测后来在实验中得到了验证。

光电效应的研究强烈地暗示，光同时具有波动性和粒子性，这种性质被称为光的波粒二象性。随后的研究发现，不仅光，其他许多微观粒子（如电子、质子等）也具有这种波粒二象性。这一发现为 20 世纪初量子力学的建立和发展打下了坚实的基础。

5.3　应用 1：现代 GPS 系统的校正

5.3.1　相对论效应在 GPS 中的影响

全球定位系统（GPS）依赖于地球上空的卫星系列来为用户提供精确的位置信息。这些卫星都带有高精度的原子钟，它们发射的信号被地面上的 GPS 接收器捕获，通过比较从不同卫星收到的信号的时间差，GPS 接收器可以计算出用户的精确位置。考虑到光速是 3×10^8m/s，即使微小的时间误差也会导致定位的巨大误差。因此，为了实现米级甚至厘米级的定位精度，我们需要非常精确的时间测量。

然而，相对论给 GPS 带来了挑战。由于狭义相对论和广义相对论的效应，卫星上的原子钟和地面的原子钟会有时间差异。

狭义相对论效应：根据狭义相对论，一个物体的时间会随着其速度的增加而变慢。因为 GPS 卫星以约 14 000km/h 的速度绕地球运行，所以卫星上的时钟相对于地面时钟会变慢。

广义相对论效应：广义相对论预测，在较强的引力场中的时间会变慢。因为 GPS 卫星远离地球，受到的地球引力较弱，所以卫星上的时钟相对于地面时钟会走得更快。

当我们考虑这两个效应时，广义相对论的效应比狭义相对论的效应大得多。由于这两个相对论效应的结合，没有校正的话，GPS 卫星上的时钟每天会比地面的时钟快大约 38μs。

如果不考虑这 38μs 的差异，GPS 的定位误差将达到 10km！因此，考虑到这些相对论效应，为了确保 GPS 的准确性，卫星上的原子钟在被发送到太空之前会被校正。

这是一个很好的例子，说明即使在日常应用中，相对论也是非常重要的。如果没有相对论，我们的 GPS 系统将无法如此精确地工作。

5.3.2　GPS 接收器在相对论效应下的时间校正模拟与可视化

为了模拟 GPS 接收器在相对论效应下的时间校正，我们可以首先计算由于狭义相对论和广义相对论效应导致的时间偏移。然后，我们可以可视化这些偏移，以及 GPS 系统如何进行校正。

1. 狭义相对论

$$\Delta t' = \Delta t\sqrt{1-\frac{v^2}{c^2}}$$

其中，$\Delta t'$ 是移动参照系中的时间间隔；Δt 是静止参照系中的时间间隔；v 是 GPS 卫星的速度（约 14 000km/h 或约 3 888.89m/s）。

这个公式描述了由于 GPS 卫星的高速运动，时间在卫星上相对于地面上的时间会变慢。

2. 广义相对论

$$\Delta t_{GM} = \Delta t \sqrt{1 - \frac{2GM}{rc^2}}$$

其中，Δt_{GM} 是在引力场中的时间间隔；Δt 是在无引力场中的时间间隔；c 是光速（3×10^8m/s）;G 是万有引力常数;M 是地球的质量;r 是 GPS 卫星离地球的距离(约 20 200km 或约 20 200 000m，考虑到地球的半径)。

由于卫星处于地球引力场中，时间在卫星上的运行会比在地面上更快。

3. 模拟 GPS 接收器的时间偏移

为了更深入地理解相对论效应如何影响 GPS 系统，我们模拟了一个 GPS 接收器在一天（86 400s）中的时间偏移。我们将未经校正的卫星时间与校正后的时间进行比较。这种比较展示了相对论效应对 GPS 系统时间的影响，同时也展示了通过校正这些效应，GPS 系统如何保持其准确性，如图 5-1 所示。

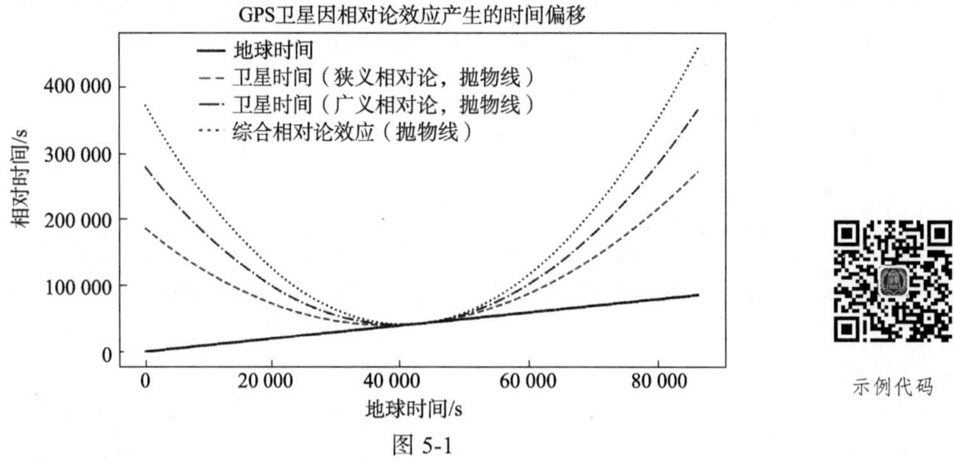

图 5-1

说明：橙色曲线：表示地球上的标准时间。由于没有受到任何相对论效应的影响，这条曲线是一条 45°的直线，即 $y=x$。

红色抛物线：展示了仅考虑狭义相对论效应下的卫星时间。由于卫星的高速运动，相对论效应使得卫星上的时间变慢，导致时间延迟。

蓝色抛物线：这条曲线展示了仅考虑广义相对论效应下的卫星时间。由于卫星在地球引力场中，卫星时间相对地球时间会变快。

粉色抛物线：表示同时考虑狭义相对论和广义相对论效应后的卫星时间。该时间既受到高速运动的减缓影响，又受到地球引力场的加速影响。

图形直观地展示了相对论效应对 GPS 卫星时间的不同影响。每条曲线都清晰地体现了相对论效应对时间的影响，使观众能够更容易理解这些效应的区别和综合作用。这种可视化方法不仅便于比较，还能直观地展示复杂的物理效应对时间的影响。

5.3.3 未经相对论校正的 GPS 定位误差分析

GPS（全球定位系统）的工作原理基于测量信号从卫星发射到接收器的时间。由于光速是恒定的，我们可以通过测量信号的传播时间来计算距离。然而，相对论效应对 GPS 卫星上的时钟产生了显著的影响。如果不考虑这些效应，GPS 定位的误差每天会增加大约 11.4 公里。

下面介绍这些相对论效应。

狭义相对论效应：由于 GPS 卫星以约 14 000km/h 的速度绕地球运行，根据狭义相对论，卫星上的时钟每天比地面上的时钟慢 7 微秒。

广义相对论效应：广义相对论预测，由于卫星在远离地球的重力场中，卫星上的时钟每天会比地面上的时钟快 45 微秒。

净效应：两种效应的净效果是卫星上的时钟每天快 38 微秒。

由于光速是 299 792 458 米/秒，38 微秒的时间差会导致大约 11 399 米的定位误差。这是一个非常大的误差，远远超过 GPS 的实际使用范围。

幸运的是，GPS 系统的设计者了解这些效应，并在系统中进行了纠正，使得今天的 GPS 定位精度可以达到几米。但这也强调了相对论在现代技术中的实际应用和重要性。如果没有考虑相对论，GPS 将完全无法工作。

5.4　应用 2：LED 与激光器的工作原理

5.4.1　半导体中的电子与空穴复合

在固态物理中，半导体是一种介于导体和绝缘体之间的物质。半导体的特点是它们的导电性随温度的变化而变化。最常用的半导体材料是硅和锗。

半导体中的电荷载体分为两类：电子和空穴。电子是负电荷载体，而空穴是正电荷载体。在半导体中，电子可以从价带跳跃到导带，留下一个空穴。这种从价带到导带的跃迁需要能量，这通常是通过热能或光能提供的。

当一个电子从导带返回到价带时，它会与一个空穴复合。这种电子与空穴的复合过程释放出能量。在某些半导体材料中，这种能量以光的形式释放出来，这就是 LED（Light Emitting Diode，发光二极管）发光的原理。

LED 发光的颜色取决于半导体材料和复合过程中释放的光子的能量。不同的半导体材料会释放不同颜色的光。

在整个过程中，量子物理学起到了关键作用。电子和空穴的能级、跃迁以及复合释放光子的过程都是基于量子力学原理的。

5.4.2　LED 发光的电子跃迁过程的模拟与可视化

模拟 LED 发光的电子跃迁过程需要考虑以下要点。

能级表示：在半导体中，存在价带和导带，它们之间有一个禁带。电子跃迁时从价带跃迁到导带，或从导带跃迁回价带。

电子跃迁：当电子获得足够的能量（如从外部电源获得能量）时，它会从价带跳到导带，形成空穴。

发光过程：当电子从导带跃迁回价带时，它会与空穴复合，释放出等于禁带能量的光子。

下面，我们模拟这一过程并进行可视化。在这个简化的模型中，我们只考虑电子跃迁和发光过程，并假设当电子从导带跃迁回价带时，它总是会发光。

为了简化，我们作以下处理：使用线条表示能级（价带和导带）。使用点表示电子。当电子跃迁时，显示一个向上或向下的箭头。当电子与空穴复合发光时，显示一个光亮的点或闪烁效果（图 5-2）。

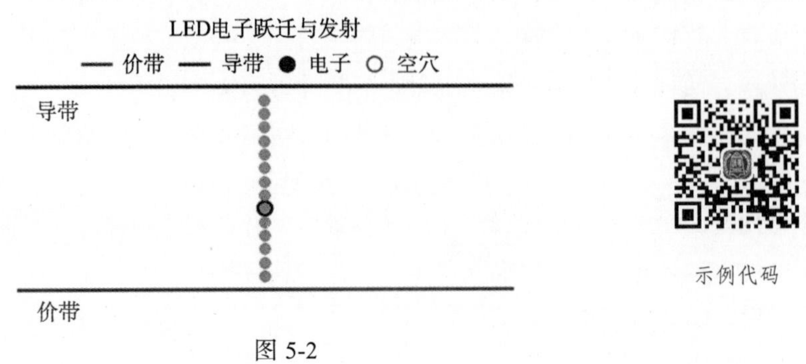

图 5-2

这是一个简化的 LED 发光电子跃迁过程的动画示意。绿色线代表价带，蓝色线代表导带，蓝色点代表电子，红色点代表空穴，黄色点代表由于电子与空穴复合而发出的光。

在动画中，电子首先从价带跃迁到导带，然后再跃迁回价带。当电子跃迁回价带时，与空穴复合并发出光。这个过程循环进行，模拟 LED 在工作时不断发光的效果。

5.4.3 不同材料 LED 发光颜色的分析

不同的半导体材料具有不同的禁带宽度，这决定了 LED 发出的光的颜色。以下是一些常见的半导体材料及其对应的 LED 颜色和禁带宽度。

（1）砷化镓铝（AlGaAs）：

禁带宽度：1.6～2.1eV；

颜色：红到黄。

（2）磷化镓（GaP）：

禁带宽度：2.26eV；

颜色：红、黄、绿。

（3）氮化镓（GaN）：

禁带宽度：3.4eV；

颜色：蓝、紫。

（4）碲化锌（ZnTe）：

禁带宽度：2.26eV；

颜色：红。

（5）硒化镉（CdSe）：

禁带宽度：1.74eV；

颜色：绿。

禁带宽度越大，释放的光子能量越高，对应的光波长越短，颜色也会从红色端向蓝色端移动。

在 LED 的实际应用中，为了得到特定的颜色，常常会使用不同的半导体材料或者在基础材料中掺杂其他元素来调整禁带宽度。此外，有些 LEDs 使用荧光粉来转换基础 LED 发出的颜色，这样可以得到更广泛的颜色范围，例如白光 LEDs。

5.5 应用 3：粒子加速器与相对论效应

5.5.1 大型强子对撞机（LHC）的工作原理

大型强子对撞机（Large Hadron Collider，LHC）是世界上最大和最强大的粒子加速器，位于欧洲核子研究组织（Conseil Européenn poar la Recherche Nucléaire，CERN）的地下。LHC 的设计目的是加速并碰撞两束高能质子束，以探索基本粒子的性质和宇宙的起源。

以下是 LHC 的工作原理。

预加速：在被注入 LHC 之前，质子首先在较小的加速器中预加速。这些预加速器逐步提高质子的能量，为它们进入 LHC 做好准备。

超导磁铁：LHC 使用超导磁铁来产生强大的磁场。这些磁场用于引导和加速两束质子。超导磁铁工作在超低温条件下，比深空还要冷。

碰撞：两束质子在 LHC 的特定点相互碰撞。当这些质子碰撞时，它们会释放出大量的能量和新的粒子。

探测器：LHC 有多个探测器，每个探测器都专门设计用来检测和分析从碰撞中产生的各种粒子。例如，ATLAS 和 CMS 是两个最大的探测器，用于寻找新的物理现象。

相对论效应：在 LHC 中，质子被加速到接近光速的速度。在这样的高速下，相对论效应变得非常重要。质子的相对论质量大大增加，时间变得相对较慢。

数据处理：LHC 产生的数据量是巨大的。为了处理这些数据，CERN 使用了一个全球的计算网格。

LHC 的主要目标之一是探测到希格斯玻色子，这是一个在标准模型中预测的粒子，与物体的质量有关。2012 年，CERN 宣布他们已经发现了与希格斯玻色子相符合的粒子，这是物理学的一个巨大突破。

5.5.2 粒子在加速器中的加速过程的模拟与可视化

模拟粒子在加速器中的加速过程需要考虑多种因素，例如电磁场、粒子的初始能量、相对论效应等。为了简化，我们可以创建一个一维的模型，模拟粒子如何随时间加速，并显示其随时间的速度和能量变化。

假设粒子开始时的速度为 0。电场对粒子施加一个恒定的力，使其线性加速。相对论效应开始显现，当粒子接近光速时，它的质量增加。

使用以下公式来计算粒子的速度和能量。

（1）$F = qE$，其中，q 是粒子的电荷，E是电场强度。

（2）$\alpha = \dfrac{F}{m_0}$，其中，m_0是粒子的静止质量。

（3）$v = v_0 + \alpha t$，其中，v_0是粒子在 t=0 时的速度。

（4）$E_{\mathrm{K}} = \dfrac{m_0 c^2}{\sqrt{1-\dfrac{v^2}{c^2}}} - m_0 c^2$，其中，$E_{\mathrm{K}}$ 是粒子的动能，c 是光速。

模拟粒子在加速器中的加速过程，并绘制其随时间的速度和能量变化图（图 5-3）。

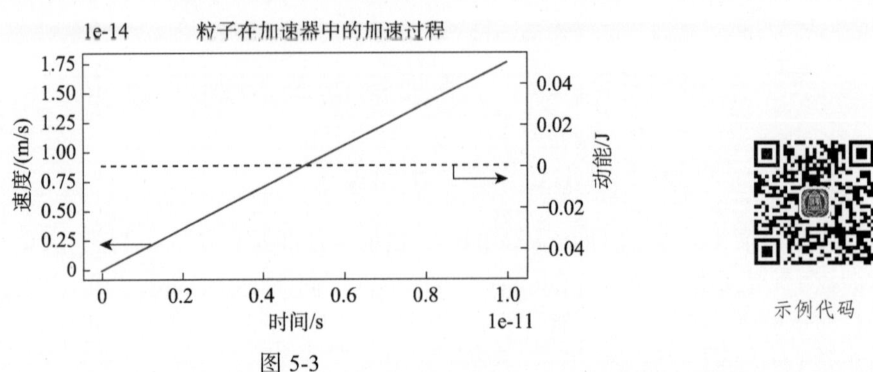

示例代码

图 5-3

图 5-3 展示了粒子在加速器中的加速过程。红线代表粒子的速度，蓝线代表其动能。

从图中可以观察到以下几点。粒子的速度线性增加，但当它接近光速时，增速放缓，因为其速度限制在光速以下。粒子的动能随时间增加，但增速逐渐减慢，这是由于相对论效应的影响。

这种模拟为我们提供了一个直观的方式来理解粒子在加速器中是如何被加速的，以及相对论效应是如何影响其动能的。

5.5.3 粒子加速与能量关系的分析

当粒子在加速器中被加速，它的速度会增加，但是根据狭义相对论，粒子的速度不能超过光速。所以，随着粒子接近光速，要进一步增加其速度需要越来越多的能量。这也是为什么大型加速器（例如 LHC）需要如此大量的能量来加速粒子。

下面让我们深入了解这一点。

1. 动能与速度的关系

在非相对论速度下，粒子的动能可以用经典公式描述：

$$E_{\mathrm{K}} = \frac{1}{2}mv^2$$

但是当速度接近光速时，动能的增加将不再是简单的二次关系。根据相对论，动能表示为：

$$E_{\mathrm{K}} = \frac{mc^2}{\sqrt{1-\left(\frac{v}{c}\right)^2}} - mc^2$$

其中，m 是粒子的静止质量，c 是光速，v 是粒子的速度。

2. 速度与能量的非线性关系

从上述公式可以看出，当 v 接近 c 时，分母接近零，这使得动能趋向无穷大。这意味着为了使粒子的速度有一个小的增加，需要有巨大的能量增加。

3. 实际应用

在实际的粒子加速器中，为了使粒子接近光速，需要巨大的磁场和电场。这也解释了为什么现代的粒子加速器如此巨大并消耗大量能源。

因此，粒子加速与能量之间的关系是相对论性的，而不是简单的线性关系。这也是为什么粒子物理实验需要如此复杂和昂贵的加速器来探索基本粒子性质的原因。

5.6　本章习题和实验或模拟设计及课程论文研究方向

习题

定义和简述：

（1）什么是狭义相对论中的时间膨胀？

（2）简述普朗克的量子假说。

（3）为什么粒子在加速器中能够接近光速？

计算题：

（1）如果一个宇航员在太空中以 $0.8c$（光速的 80%）飞行了 5 年，他在地球上度过了多长时间？

（2）使用爱因斯坦的质能方程，计算一个质量为 1kg 的物体的能量。

简答题：

（1）为什么说 GPS 系统需要考虑到相对论效应？

（2）简述光电效应，并解释为什么这证明了光的粒子性。

（3）为什么激光器发出的光线是同相的？

论述题：

（1）简述并讨论量子计算与经典计算在解决同一个问题时的差异。

（2）为什么现代物理学认为观察者在某些量子实验中扮演了关键角色？

实验或模拟设计

实验：光电效应实验

目的：观察光电效应，验证光的粒子性。

材料：低频光源、高频光源、光电池、电流表。

步骤：

将低频光源照射在光电池上。

观察并记录电流表的读数。

替换为高频光源，并重复观察。

预期结果：高频光源会使光电池产生电流，而低频光源则不会，验证光的粒子性。

模拟设计：狭义相对论的时间膨胀模拟

目的：模拟并观察在接近光速时时间膨胀的效果。

工具：计算机模拟软件。

步骤：

设定一个模拟的宇宙飞船在接近光速下行进。

比较飞船上的时间与静止观察者的时间。

预期结果：飞船上的时间将比静止观察者的时间过得慢。

课程论文研究方向

狭义相对论与宇宙学：探讨狭义相对论是如何为现代宇宙学提供理论基础的，特别是在宇宙的大尺度结构和宇宙的起源方面。

量子力学与技术的发展：研究量子物理学是如何影响现代技术发展的，包括但不限于量子计算、量子通信和量子加密。

GPS 和相对论：深入研究相对论如何影响 GPS 系统的精度，并探讨未来技术的潜在应用。

量子计算的未来：探索量子计算的当前技术发展，以及它可能如何在未来改变信息技术行业。

桥接经典与量子理论：研究经典物理学和量子物理学之间的过渡，以及在哪些情况下，经典理论无法解释实验结果，而需要量子理论来解释。

第6章 热力学与统计力学的发展

6.1 热力学的基本定律

6.1.1 热力学第一定律：能量守恒

热力学第一定律，也称为能量守恒定律，描述了能量在封闭系统中是如何被转换和转移的，但总能量始终保持恒定。这意味着能量不能被创造或消灭，只能从一种形式转换为另一种形式。

考虑一个封闭系统，其内部能量可以由其内部的各种微观粒子的动能和势能之和表示。当能量以热或做功的形式被添加到系统或从系统中移除时，系统的内部能量将相应地增加或减少。

数学上，热力学第一定律可以表示为：

$$\Delta U = Q - W$$

其中，ΔU 是系统的内部能量变化；Q 是加热量；W 是系统对外界做的功。

这个公式揭示了能量守恒的本质：当能量以某种形式被添加到系统中时，系统的内部能量将增加；当能量被移除时，系统的内部能量将减少。

在许多物理过程中，热力学第一定律是非常重要的。例如，在机械工作、电化学反应或任何涉及能量转换的过程中，这一定律都起着核心作用。

一个典型的应用是在汽车发动机中，燃油燃烧释放出热量，这部分热量被转化为活塞的机械工作，推动汽车前进，而剩余的热量则通过散热器和排气系统被释放到外部环境。在这个过程中，燃油中的能量既没有创造也没有消失，而只是从一种形式转化为另一种形式。

6.1.2 热力学第二定律：熵与不可逆过程

热力学第二定律是关于能量转移方向性的声明。它描述了某些过程的自然方向，即使它们并不违反能量守恒定律（热力学第一定律），也可能不会发生。核心内容如下。

能量转移：热能只能从高温物体自然流向低温物体。

熵：熵是度量系统无序程度的物理量。在一个封闭系统中，若不进行外部工作，其熵总是趋向于增加，直到达到最大值。这一状态称为热平衡。

不可逆过程：大多数自然过程都是不可逆的，这意味着它们只能在一个方向上发生。例如，冰自然融化为水，但在相同的条件下，水不会自然凝固为冰。

热力学第二定律的一个常见表述是：孤立系统的熵永远不会减少。这意味着在不与外界交换能量或物质的情况下，系统的熵或者保持不变（可逆过程）或者增加（不可逆过程）。

熵的增加与无序度的增加是等价的。例如，当冰融化时，水分子从相对有序的晶体结构变为较为无序的液体形态，因此熵增加。同样地，当气体从一个容器自由扩散到另一个容器时，其分子分布变得更为无序，所以熵也增加。

热力学第二定律有很多应用，例如：

制冷机：使用外部工作逆转自然的热流方向，从低温物体向高温物体传递热量。

热机：将高温热源的热量部分转化为有用的工作，而剩余的热量传递给低温热源。

此外，热力学第二定律还与时间和宇宙的终极命运等深奥的哲学和宇宙学议题有关。

6.1.3 热力学第三定律：绝对零度的热力学性质

热力学第三定律，也被称为能斯特定理（Nernst's Theorem），是关于温度趋近于绝对零度时物质的行为的描述。这一定律与系统的熵及其温度的关系有关。核心内容如下。

定律描述：随着一个纯物质的温度逐渐降低并趋近于绝对零度（0K），其熵值将趋向于一个常数。对于理想的晶体，这个常数就是零。

熵与可逆过程：这意味着在绝对零度下，理想的晶体的熵是零。这是因为在这个温度下，物质处于其最低的能量状态，即基态。

不可达性：尽管热力学第三定律描述了绝对零度时的理论行为，但实际上，物质永远不能完全达到这一温度。这也意味着，实际物质的熵不会完全为零。

应用：这一定律在低温物理学中具有极其重要的地位。它对超导现象、超流动现象以及其他低温现象的理解都起到了关键作用。

热力学第三定律的一个重要应用是计算其他温度下的熵变。由于在绝对零度时理想晶体的熵为零，因此可以通过测量从绝对零度到其他温度的热容量来估算物质的熵。

另外，热力学第三定律也对化学反应的平衡常数和反应速率在低温下的变化提供了理论基础，因为这些都与系统的熵变有关。

6.2 统计力学的兴起

6.2.1 微观与宏观的联系

统计力学为我们提供了一个桥梁，连接了微观的分子、原子或基本粒子的行为与宏观物质的整体性质。这个桥梁建立在统计原理的基础上，通过对大量微观状态进行平均，来预测和解释物质的宏观行为。核心内容如下。

微观状态与宏观观测：每一种特定的原子或分子的排列方式都被称为一个“微观状态”。而物质的宏观性质，如压强、温度和体积，是由其所有可能的微观状态决定的。

玻尔兹曼分布：这是统计力学中的一个基本原理，用于描述系统中粒子在各个能级上的分布。基于这一分布，我们可以预测系统在热平衡时的行为。

配分函数：配分函数是统计力学中的另一个关键概念，它描述了系统中粒子在所有可能的能级上的分布。通过配分函数，我们可以计算出系统的各种热力学性质，如能量、熵和热容量。

熵与微观状态：统计力学为我们提供了计算熵的另一种方法。熵可以被看作系统微观状态数量的一个度量，更具体地说，是系统所有可能微观状态数量的对数。

量子统计力学：经典统计力学主要处理经典粒子，而量子统计力学则处理量子粒子，如电子、质子和中子。费米—狄拉克统计和玻色—爱因斯坦统计是量子统计力学中的两个主要分支，分别描述了费米子和玻色子的行为。

统计力学的这些基本概念和原理为我们提供了理解和描述物质性质的强大工具，特别是在极端条件下，如非常高或非常低的温度，或非常高的压强。

6.2.2　玻尔兹曼统计与费米–狄拉克统计

统计力学中有几种不同的统计方法，用于描述不同类型的粒子。玻尔兹曼统计和费米—狄拉克统计是其中的两种重要方法，它们分别适用于经典粒子和费米子。

1. 玻尔兹曼统计

适用性：玻尔兹曼统计主要适用于那些不遵循泡利不相容原理的粒子，即经典粒子。在某些情况下，原子和分子也可以用玻尔兹曼统计来描述。

分布：玻尔兹曼分布描述了粒子在给定能级上的数目，它与能级的能量和温度成指数关系。

公式：给定能量 E 的粒子数分布为：

$$n(E) \propto \mathrm{e}^{-\frac{E}{\mathrm{K}T}}$$

其中，K 是玻尔兹曼常数，T 是温度。

2. 费米–狄拉克统计

适用性：费米–狄拉克统计适用于费米子，这是一类遵循泡利不相容原理的粒子。电子就是费米子的一个例子，它们在原子的电子云中占据特定的能级，并避免两个相同的电子占据同一个量子态。

分布：费米–狄拉克分布描述了在给定能量下粒子的数目，与能量、温度和费米能级有关。

公式：给定能量 E 的粒子数分布为：

$$n(E) = \frac{1}{\mathrm{e}^{\frac{E-\mu}{\mathrm{K}T}} + 1}$$

其中，μ 是化学势，也称为费米能级。

这两种统计分布都提供了理解和计算物质性质的方法，特别是在温度和压强变化时，如热容量、导电性和磁性等性质。

6.3　应用 1：热机与制冷机

热机是将热能转化为机械工作的装置，而制冷机则利用机械工作来传递热量，使之从低温体流向高温体。这两种设备都基于热力学的原理进行操作。

6.3.1　卡诺循环与最大效率

卡诺循环是理论上最理想的热机循环，设定了热机可以达到的最高效率。任何实际的热机都无法超越卡诺循环的效率。

系统在热源吸收热量 Q_h：系统从高温热源吸收能量，温度升高。

系统在冷源放热 Q_c：系统将剩余的能量释放到低温冷源，温度降低。

卡诺效率由两个温度（高温热源的温度 T_h 和低温热源的温度 T_c）决定，其公式为：

$$\eta = 1 - \frac{T_\mathrm{c}}{T_\mathrm{h}}$$

这个公式表明，温差越大，效率越高。

这种理论上的效率限制了实际工作中的热机效率，工程师们尽量接近这个效率，但在实际应用中，由于各种损耗和实际条件，实际效率总是低于卡诺效率。

卡诺循环不仅为我们提供了热机的最大可能效率，而且也为制冷机的效率提供了理论上的上限。在制冷机中，效率通常以“制冷系数”表示，它是制冷机从低温体提取的热量与执行此操作所需的工作之比。

6.3.2 不同工质在热机中的循环过程的模拟与可视化

在热机中，工质的选择直接影响到其效率、安全性和环境影响。常用的工质包括水（在蒸汽轮机中）、氮、氢、氟化氢以及各种制冷剂。这些工质的物理和热化学性质各不相同，这导致它们在热机中的行为也存在差异。

我们可以模拟不同工质在循环中的 *P*-*V*（压力—体积）图和 *T*-*S*（温度—熵）图，以直观地展示它们的循环特性。

以下是一个简化的模拟，展示了理想的卡诺循环在 *P*-*V* 图上的表现。在这个模拟中，我们假设所有的工质都表现为理想气体（这当然是一个粗略的假设，但对于这个示例来说是足够的）。

为了简单起见，我们仅比较两种工质：水蒸气和氮气。我们可以利用这两者的不同特性（如临界温度和压力）来模拟它们在热机中的行为。

图 6-1 是水蒸气和氮气的卡诺循环在 *P*-*V* 图上的表示。在这里，我们使用了两种不同的工质，即水蒸气和氮气。两者的卡诺循环是在相同的温度范围（$T_1 = 373\text{K}$ 和 $T_2 = 273\text{K}$）内进行的，但由于它们的临界压力不同，所以它们的循环路径略有不同。

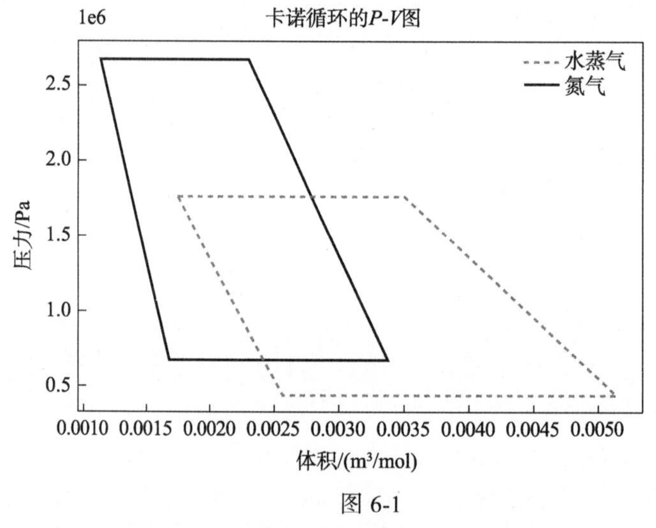

示例代码

图 6-1

6.3.3 循环过程中的 *P*-*V* 图和 *T*-*S* 图分析

循环过程中的 *P*-*V* 和 *T*-*S* 图为热力学过程提供了宝贵的见解。让我们对卡诺循环进行更详细的分析。

1. *P*-*V* 图

等温膨胀过程：在 *P*-*V* 图中，这一阶段表现为曲线从左下角到右下角的上升。在这个过程中，系统的体积增加，而压力减小。由于系统与高温热源 T_1 保持温度不变，因此吸收的热量转化为工作。

绝热膨胀过程：在 P-V 图上，这一阶段表现为从右下角到右上角的曲线。系统继续膨胀，但没有热交换。由于热不进入或离开系统，因此内部能量减小，导致温度降低。

等温压缩过程：这一阶段在 P-V 图中表现为从右上角到左上角的曲线。系统的体积减小，而压力增加。由于系统与低温热源 T_2 保持温度不变，因此放出的热量由工作转化而来。

绝热压缩过程：在 P-V 图中，这一阶段表现为从左上角到左下角的曲线。系统继续压缩，但没有热交换。由于没有热量流入或流出，系统的内部能量增加，导致温度升高。

2. *T-S* 图

等温膨胀过程：在 T-S 图中，这一过程表现为从左到右的水平线段。由于温度保持不变，系统吸收热量，导致熵增加。

绝热膨胀过程：在 T-S 图中，这一阶段表现为从右上到右下的斜线。由于没有热交换，系统的熵保持不变，而温度降低。

等温压缩过程：这一过程在 T-S 图中表现为从右到左的水平线段。由于温度保持不变，系统放出热量，导致熵减少。

绝热压缩过程：在 T-S 图中，这一阶段表现为从左下到左上的斜线。由于没有热交换，系统的熵保持不变，而温度升高。

通过 P-V 和 T-S 图，我们可以清晰地看到循环的每个阶段以及与之相关的热力学变量的变化。这些图形为工程师和科学家提供了在设计和分析热机时所需的关键信息。

6.4　应用 2：热传导与材料的热导率

6.4.1　材料的热导率

热传导是指热量在固体、液体或气体中由高温区域向低温区域的传输。热传导是由温度差引起的，不同材料的热传导性能不同，这种性能用热导率来描述。

傅里叶定律（Fourier’s Law）描述了热流与温度梯度之间的关系。对于一维情况，该定律可以表示为：

$$J_{\mathrm{T}} = -k\frac{\mathrm{d}T}{\mathrm{d}x}$$

其中，J_{T} 是热流密度，单位是 W/m^2。k 是材料的热导率，单位是 W/(m · K)；$\frac{\mathrm{d}T}{\mathrm{d}x}$ 是温度梯度，正负号表示热量总是从温度较高的区域流向温度较低的区域。

热导率（k）描述了材料导热的能力。高热导率的材料能够更快地传递热量，这在某些应用中是有利的（如散热片），而在其他应用中则不利（如保温材料）。

例如，金属通常具有较高的热导率，这意味着它们能够很快地传递热量。这也是金属容器会很快变热的原因。

相比之下，木材、泡沫和其他多孔材料具有较低的热导率，因此它们是很好的绝热材料。

在材料科学和工程中，了解和选择合适的热导率对于很多应用都是关键的，比如电子设备的冷却、建筑的保温以及车辆的热管理等。

6.4.2　不同材料的热传导过程的模拟与可视化

模拟不同材料的热传导过程需要考虑材料的热导率、初始温度、温度梯度以及模拟时间。

以下是一个简化的模拟，展示了三种不同热导率的材料（金属、木材和泡沫）的热传导过程。

在此模拟中，我们假设：所有材料的初始温度为 20℃。一个边界处的温度被固定在 100℃，模拟热源。我们使用一维的热传导方程。

模拟过程中，我们观察这些材料内部的温度分布变化（图 6-2）。

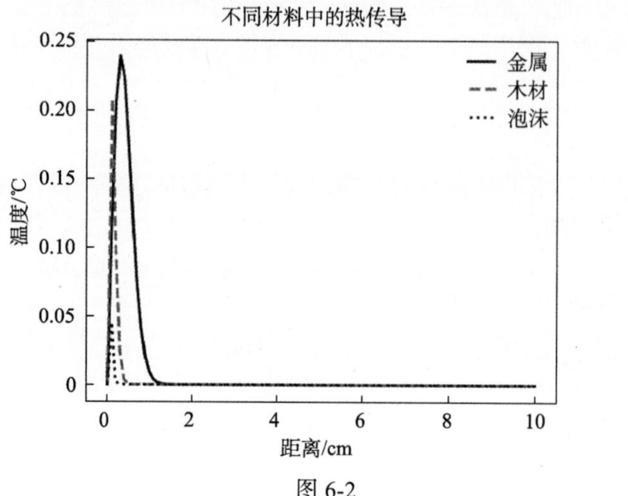

示例代码

图 6-2

模拟展示了三种不同材料的热传导效果，分别以红色、绿色和蓝色线表示金属（Metal）、木材（Wood）和泡沫（Foam）。从图 6-2 中可以看出，金属的温度分布更加均匀，而泡沫的温度在材料的开始部分之后迅速下降。这是因为金属的热扩散性较好，而泡沫的热扩散性较差。木材的热扩散性介于这两者之间。这些特性使得金属成为热传导的好材料，而泡沫则常用作绝热材料。

6.4.3 温度分布与时间关系的分析

当物体经历热传导时，其温度分布会随时间而变化。这种变化受到以下几个因素的影响。

热扩散系数：材料的热扩散系数决定了热量如何在材料内部传播。较高的热扩散系数意味着材料能更快地传导热量。

初始条件：如果物体的初始温度分布不均匀，那么随着时间的推移，这种不均匀性将逐渐减少，直到达到稳定状态。

边界条件：例如，如果物体的一端被保持在恒定的温度，那么这会影响整个物体的温度分布。

物体的几何形状：例如，细长的物体可能会比扁平的物体更快地传导热量。

内部热源：如果物体内部有热源（例如由于化学反应或辐射），这也会影响温度分布。

从模拟中可以得到以下结论：在给定的边界条件（例如一端固定温度）下，随着时间的推移，物体的温度分布会变得越来越均匀。

不同的材料会以不同的速率传导热量。在我们的模拟中，金属的热传导速率最快，泡沫最慢。

在较短的时间尺度上，热量主要在物体的表面层传播。随着时间的推移，热量会深入物体的内部。

要深入了解温度分布如何随时间变化，可以进行更多的模拟，例如在不同的时间点绘制温度分布图，或者对特定位置的温度随时间的变化进行绘图。

6.5　应用 3：理想气体与真实气体

6.5.1　气体分子的速率分布与麦克斯韦速率分布

在一个封闭的容器中，由于气体分子之间以及与容器壁的不断碰撞，各个分子具有不同的速度和方向。这些速度遵循一个特定的统计分布，这就是速率分布。

1. 麦克斯韦速率分布

19 世纪，詹姆斯·克拉克·麦克斯韦（James Clerk Maxwell）对理想气体的速率分布进行了理论分析，并得出了描述气体分子速率的概率分布函数。这一分布描述了在给定温度下，气体分子以某一特定速率运动的概率。

麦克斯韦的速率分布公式为：

$$f(v) = 4\pi\left(\frac{m}{2\pi \mathrm{K}T}\right)^{\frac{3}{2}} v^2 \mathrm{e}^{-\frac{mv^2}{2\mathrm{K}T}}$$

其中，$f(v)$是速率v的概率分布函数，m 是分子的质量，K 是玻尔兹曼常数，T 是气体的绝对温度。

2. 分布的特点

最可能速度：这是概率分布函数$f(v)$的峰值，对应于气体分子最有可能的速度。

平均速度：这是所有气体分子速度的平均值。

根均方速度：这是所有气体分子速度平方的平均值的平方根。

随着温度的升高，气体分子的平均动能增加，因此最可能速度、平均速度和根均方速度也会增加。但它们的相对大小关系不变。

6.5.2　气体分子随机运动的模拟与可视化

为了模拟气体分子的随机运动，我们可以使用以下方法（图 6-3）：定义一个封闭容器。在容器内放入多个气体分子。每个气体分子都有一个初始位置和速度。在每个时间步中，更新气体分子的位置。当气体分子碰到容器的边界时，它们会反弹。

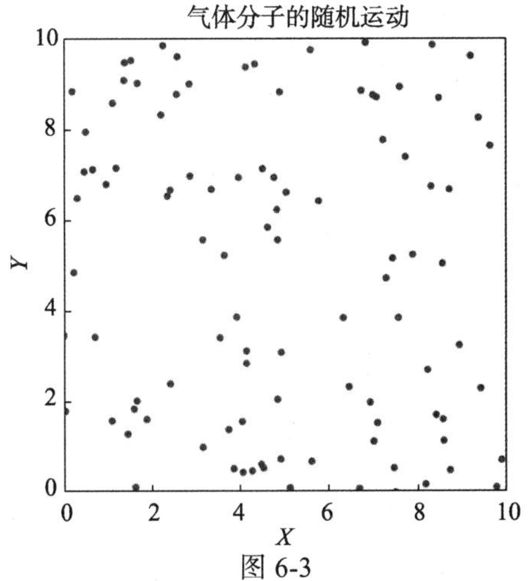

图 6-3

示例代码

可以使用麦克斯韦速率分布为气体分子分配初始速度。

使用 Python 来模拟和可视化气体分子的随机运动。

这是一个气体粒子在容器内随机运动的模拟。粒子用蓝色点表示，当它们到达容器的边界时，会反弹回来。这个模拟为我们提供了气体粒子随机运动的直观可视化，这是气体动力学理论中的一个基本概念。

6.5.3 分子速率分布变化的分析

麦克斯韦速率分布（Maxwell-Boltzmann distribution）是研究理想气体的重要工具。它描述了在给定温度下，气体分子具有某个速度的可能性，并且取决于温度和分子质量。

1. 分析速率分布的变化

1）温度的影响

温度增加时，气体分子的平均能量增加，速率分布向更高的速度方向偏移。这意味着最可能速度、平均速度和根均方速度都会增加。

2）分子质量的影响

质量较大的分子具有较小的速度分布范围，分布曲线较为陡峭和集中。

质量较小的分子具有较大的速度分布范围，分布曲线较为平缓和分散。

2. 应用

通过测量气体分子的速率分布，可以确定气体的温度。

理解速率分布对解释气体的扩散、热传导和声速等行为至关重要。

对复杂系统如等离子体或星体内部行为的理解，虽然可能需要更复杂的分布模型，但麦克斯韦速率分布提供了一个基本的框架。

6.6 本章习题和实验或模拟设计及课程论文研究方向

习题

简答题：

（1）简述热力学的第一、第二和第三定律。

（2）什么是麦克斯韦速率分布？它与温度有何关系？

（3）解释固态、液态和气态之间的基本区别。

计算题：

（1）一个理想气体从初始状态 P_1,V_1,T 经历等温膨胀到状态 P_2,V_2 。求此过程中的工作量。

（2）根据费米-狄拉克统计，计算给定温度下的电子速率分布。

（3）一个物质在固态到液态的相变中吸收了 Q 热量而没有温度变化，求其熔化热。

分析题：

（1）考虑一个热机工作在两个温度 T_h 和 T_c 之间，描述其可能的工作循环并分析其效率。

（2）为什么真实气体在低温和高压下会偏离理想气体的行为？

（3）使用相图分析物质在不同温度和压力下的状态。

应用题：

（1）设计一个制冷机循环，并分析其在不同工作条件下的效率。

（2）描述一个实际材料的热导率测量实验。

（3）为什么在制造半导体器件时，需要考虑材料的热导率？

实验或模拟设计

实验：理想气体定律实验

目的：验证波义耳定律和查理定律。

材料：气缸、压力计、温度计。

步骤：改变气体的体积或温度，测量压力或体积的变化。

预期结果：压力与体积成反比；体积与温度成正比。

实验：固—液相变实验

目的：测量熔化热。

材料：热量计、固态物质、热源。

步骤：加热固态物质直至熔化，测量吸收的热量。

预期结果：得到物质的熔化热。

课程论文研究方向

热力学在可再生能源中的应用：研究如何利用热力学原理优化太阳能、风能和其他可再生能源的转换效率。

高压物质的相变：在高压条件下研究物质的相变，以及这些变化如何影响材料的性质。

量子统计力学在纳米材料中的应用：考虑量子效应，研究纳米尺度下材料的热力学性质。

热传导在建筑设计中的应用：研究如何通过优化材料和设计来提高建筑物的能源效率。

热机与制冷机的创新设计：探讨新的热机和制冷机设计，以及如何利用先进材料和技术提高其效率。

第 7 章　电磁学的崛起

电磁学是物理学的一个核心领域，它研究电荷、电流以及它们产生的电场和磁场，以及这些场与物质间的相互作用。电磁学不仅仅是重要的理论，它也在日常生活中发挥着关键作用，如从电灯到无线通信，再到现代的电磁医学成像技术。

7.1　电学的基本定律

7.1.1　静电场：库仑定律与电势

库仑定律描述了两个点电荷之间的相互作用。它表明，两个点电荷之间的力与它们的电荷量成正比，与它们之间的距离的平方成反比。库仑定律的这种表述适用于真空中的静止电荷。电势则描述了一个电荷在电场中因为它的位置而具有的能量。在电场中移动电荷时，它的电势会发生变化。

定义和公式：

$$\text{库仑定律：} F=\frac{k\times q_1\times q_2}{r^2}$$

其中，F 是库仑力；k 是电荷的比例常数；q_1 和 q_2 是两个点电荷；r 是它们之间的距离。

$$\text{电势：} U=k\times\frac{q_1\times q_2}{r}$$

7.1.2　电流与电阻：欧姆定律

电流是电荷流动的量化表示，而电阻则描述了材料对电流的阻碍程度。欧姆定律是电学中的一个基本定律，它揭示了电流、电压和电阻之间的关系。

欧姆定律描述了在一些材料（尤其是金属）中，电流 I 与通过该材料的电压 V 之间的关系是线性的，这个关系是由材料的电阻 R 决定的。

$$V=I\times R$$

其中，V 是电压（单位：伏特），I 是电流（单位：安培），R 是电阻（单位：欧姆）。

电流：电流是电荷流动的速率，其大小与流过导线横截面的正电荷数量成正比，与时间成反比。电流的方向通常定义为正电荷的移动方向。

电阻：电阻描述了材料对电流流动的阻碍程度。它取决于材料的本质属性、长度、横截面积以及温度。

$$R=\frac{\rho\times L}{A}$$

其中，ρ 是材料的电阻率（单位：欧姆·米）；L 是材料的长度（单位：米）；A 是材料的横截面积（单位：平方米）。

7.2 磁学与电磁感应

7.2.1 磁场的来源：安培定律

安培定律描述了通过某--封闭回路的电流与该回路包围的磁场之间的关系。这一定律为我们提供了计算由电流产生的磁场的一种方法。

安培定律可以表示为：

$$\oint B \cdot \mathrm{d}l = \mu_0 I_{\mathrm{enc}}$$

其中，$\oint B \cdot \mathrm{d}l$ 是磁场 B 沿着封闭路径的线积分；μ_0 是真空的磁导率，其值约为 $4\pi \times 10^{-7}\,\mathrm{T \cdot m/A}$；$I_{\mathrm{enc}}$ 是流经封闭回路的电流。

安培定律表明一个电流会产生一个与其成正比的磁场。

7.2.2 法拉第电磁感应定律

法拉第电磁感应定律描述了变化的磁场如何在导体中诱导出电动势（或电压）。这一发现为电力工业的发展奠定了基础，因为它使我们能够通过改变磁场来产生电流。

法拉第电磁感应定律可以表示为：

$$\varepsilon = -\frac{\mathrm{d}\Phi_{\mathrm{B}}}{\mathrm{d}t}$$

其中，ε 是感应电动势，$\frac{\mathrm{d}\Phi_{\mathrm{B}}}{\mathrm{d}t}$ 是磁通量 Φ_{B} 随时间 t 的变化率。

这个定律有两个关键的含义：只有当磁场发生变化时，才会在导体中产生感应电动势；感应电动势的大小与磁场变化的速率成正比。

7.3 麦克斯韦方程组

麦克斯韦方程组是描述电场和磁场如何随时间和空间变化的四个基本方程。它们为电磁学提供了一个完整的数学框架，将之前由不同科学家独立发现的多个定律（如高斯定律、法拉第电磁感应定律、安培定律等）统一在一起。

7.3.1 电磁场的统一描述

麦克斯韦方程组包括以下四个方程。

麦克斯韦方程组统一了电场和磁场的描述，是现代电磁学的基础。它们通过描述电荷、电流以及电场和磁场之间的关系，揭示了电磁现象的本质。以下是麦克斯韦方程组在国际单位制（SI 单位制）中的形式及其变量注释：

1. 高斯定律（电场）

$$\nabla \cdot E = \rho / \varepsilon_0$$

其中，E 为电场强度；ρ 为电荷密度；ε_0 为真空电容率。

电场的散度与空间中的电荷密度成正比。这表明电场的源是电荷。

2. 高斯定律（磁场）

$$\nabla \cdot B = 0$$

其中，B 是磁感应强度。

磁场的散度为零，意味着磁场线是闭合的，没有源或汇。

3. 法拉第感应定律

$$\nabla \times E = -\partial B / \partial t$$

变化的磁场会在其周围产生一个旋转的电场。这是电磁感应的基本原理。

4. 安培–麦克斯韦方程

$$\nabla \times B = \mu_0 J + \mu_0 \varepsilon_0 E \cdot / \partial t$$

其中，μ_0 是真空磁导率，J 是电流密度。

磁场可以由电流或变化的电场产生。它结合了安培定律和麦克斯韦修正项。

麦克斯韦方程组通过这些方程将电场和磁场的变化与电荷和电流的分布联系起来。它们不仅解释了静电场和静磁场的性质，还揭示了电磁波（如光波）的传播机制。这些方程是现代电磁学和相关技术的基础。

7.3.2 电磁波的传播

电磁波是随时间和空间变化的电场和磁场的波动现象。它们在真空中以光速 c 传播。麦克斯韦方程组首次预测了电磁波的存在，并表明电磁波的速度等于真空中的光速。这一发现为电磁理论和光学的统一提供了基础。

1. 电磁波的基本性质

电磁波是横波，即电场和磁场的方向都垂直于波的传播方向。

电场和磁场总是彼此垂直。

电磁波在真空中的速度为 $c \approx 3 \times 10^8 \mathrm{m/s}$。

电磁波可以穿过真空，不需要物质媒介。

2. 电磁波谱

电磁波有一个广泛的频率范围，从极低频的无线电波到极高频的伽马射线。这些不同的频率对应于电磁波的不同应用，如无线电波、微波、红外线、可见光、紫外线、X 射线和伽马射线。

3. 电磁波的产生和检测

电磁波可以由加速的电荷、振荡电路或其他随时间变化的电磁源产生。它们可以被天线、电荷粒子或特定的传感器检测。

7.4 应用 1：发电机与变压器

7.4.1 电磁感应在发电机中的应用

电磁感应是现代电力系统的核心。当一个导体在磁场中移动或当磁场本身发生变化时，会在该导体中产生电动势，从而产生电流。这是发电机和变压器工作的基础原理。

1. 法拉第电磁感应定律

法拉第电磁感应定律描述了导体中产生的电动势与其周围磁场变化的速率成正比。数学上，它可以表示为：

$$\varepsilon = -\frac{\mathrm{d}\Phi_{\mathrm{B}}}{\mathrm{d}t}$$

其中，ε 是感应电动势，Φ_{B} 是磁通量，t 是时间。

2. 发电机的基本原理

发电机的工作原理基于电磁感应。在简单的发电机中，一个导体线圈在磁场中旋转，由于线圈的运动和磁场的变化，线圈中产生了电动势和电流。电流的方向和大小取决于线圈的旋转速度和磁场的强度。

3. 交流与直流发电机

交流发电机（AC 发电机）：产生交变的电压和电流。这是最常用的发电机类型，因为交流电可以很容易地通过变压器进行升压或降压。

直流发电机（DC 发电机）：产生恒定方向的电压和电流。它们在某些特定应用中是有用的，但不如交流发电机普及。

随着我们对电磁感应的深入研究，我们可以更好地理解其在电力生产和传输中的关键作用。

7.4.2 发电机工作过程的模拟与可视化

发电机是基于电磁感应原理工作的设备。当一个导体（如一个线圈）在磁场中移动或磁场本身发生变化时，导体中会产生电动势，从而产生电流。为了可视化这一过程，我们可以创建一个简单的模拟，显示线圈在磁场中是如何旋转的以及如何产生交流电的。

1. 模拟步骤

初始化场景：绘制一个固定的磁铁，表示恒定的磁场，并在其周围放置一个可旋转的线圈。

旋转线圈：模拟线圈在磁场中的旋转，这可以通过改变线圈的角度来实现。

计算电动势：根据线圈的旋转角度和磁场的强度，使用法拉第电磁感应定律来计算产生的电动势。

显示结果：在屏幕上绘制一个与时间相关的电动势图，表示线圈随着旋转产生的交流电。

2. 可视化效果

线圈在磁场中的旋转动画。

随着线圈的旋转，产生交流电的图表。

为了简化模拟并使其更为直观，我们可以模拟一个简单的交流发电机。以下是一个简单的模拟，其中线圈在恒定的磁场中旋转，从而产生交流电动势。

我们用一个简单的正弦函数来表示线圈在磁场中的旋转。

电动势（或电压）将随线圈的旋转而变化，可以使用正弦函数来表示。

通过改变线圈的旋转速度，我们可以观察电动势的变化（图 7-1）。

当线圈在磁场中旋转时，由于电磁感应，线圈中会产生交流电动势。这种电动势随时间变化，形成一个正弦波形。这正是我们在图 7-1 中看到的。

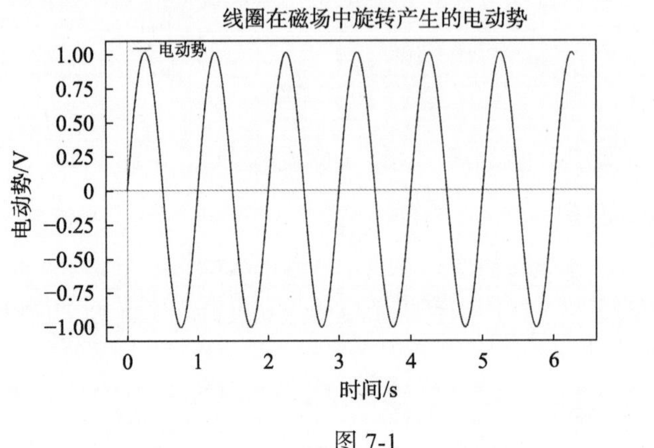

示例代码

图 7-1

7.4.3 电流、电压与时间关系的分析

发电机中，线圈在磁场中的旋转会导致电动势（电压）的产生。这个电动势会驱动电流流过电路。对于简单的发电机，电动势和时间的关系通常是正弦型的，这是因为线圈在旋转时经历的磁通变化是正弦型的。

1. 电动势与时间

当线圈在均匀磁场中旋转时，其产生的电动势 E 可以表示为：

$$E = E_0\sin(\omega t)$$

其中，E_0 是最大电动势，ω 是角速度，t 是时间。

2. 电流与时间

在一个简单的电路中，如果电路的电阻为 R，根据欧姆定律：$I = \dfrac{E}{R}$

电流随时间的变化为：

$$I(t) = \frac{E_0}{R}\sin(\omega t)$$

电流也会随时间呈正弦变化，与电动势的变化一致。

3. 分析

在线圈从磁场的一个极性移动到另一个极性时（即半个旋转周期内），电动势从 0 增加到最大值，然后减少到 0。

在下一个半周期内，电动势的极性会反转，因为线圈现在在相反的方向上移动。

由于电动势是正弦型的，所以在电路中的电流也是正弦型的。

电流的峰值取决于电动势的峰值和电路的总电阻。

在一个完整的旋转周期内，电流会经历两个峰值：一个正峰值和一个负峰值。

通过观察和分析电动势和电流随时间的变化，我们可以更好地理解发电机的工作原理以及如何调整其参数以获得所需的输出特性。

7.5 应用 2：无线通信与电磁波

7.5.1 电磁波的产生与传播

1. 电磁波的产生

电磁波是由交变的电场和磁场引起的。这些变化的电场和磁场可以由以下方式产生。

电荷的振荡：当电荷（如电子）在导线中上下振荡时，它会产生交变的电场。

交变电流：在电路中流动的交变电流会产生交变的磁场。这也是无线通信中常用的天线工作的基本原理，其中天线中的交变电流产生辐射的电磁波。

2. 电磁波的传播

电磁波在真空中以光速传播。电磁波的传播速度在其他介质（如空气、水或玻璃）中可能会减慢。

传播特性：电磁波不需要物质介质即可传播，这意味着它们可以在真空中（如太空）传播。这是我们可以接收到来自太空的无线电信号（例如，来自卫星的信号）的原因。

反射和折射：当电磁波遇到不同的介质时，它可能会被反射或折射。例如，当光从空气进入水时，它的速度会减慢，并且其传播方向会改变。这是水中物体看起来位置偏移的原因。

干扰和衍射：电磁波可以相互干涉，产生干涉图案。此外，当电磁波遇到障碍物时，它们会绕过障碍物，这称为衍射。

3. 电磁波的应用

通信：无线电广播、电视、手机等都依赖于电磁波进行通信。

医学：X 射线、MRI 和超声波都使用电磁波来检查人体内部。

导航：雷达和 GPS 系统使用电磁波来检测物体的位置和速度。

电磁波在我们的日常生活和许多科学技术领域中都起到了关键作用。了解它的基本原理和应用对于现代科学和工程至关重要。

7.5.2 电磁波的传播与干涉的模拟与可视化

当两个或多个电磁波在同一时间和空间中相遇时，它们的电场和磁场会相互作用，产生干涉效应。干涉的结果是，电场和磁场的振幅相加，形成一个新的波形。如果两个波的相位相差 180°，那么它们会相互抵消，导致波的消失；反之，如果它们的相位相同，则会导致波的增强。

图 7-2 是一个简单的电磁波干涉的模拟。我们模拟两个电磁波在同一平面上的干涉，并绘制出它们的合成波形。

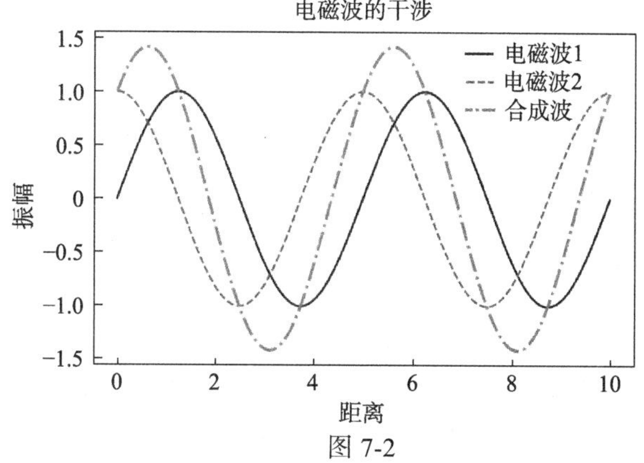

图 7-2

示例代码

我们考虑一维空间，并假设两个电磁波从不同的方向传播而来。每个波都由一个简单的正弦函数表示，具有特定的波长、幅度和相位。当它们相遇时，它们的振幅相加，形成干涉图案。

7.5.3 电磁波的干涉与衍射的分析

1. 干涉

电磁波的干涉是指两个或多个频率、相位和极化方向相同的电磁波在空间中叠加时产生的现象。最典型的例子是双缝干涉实验，其中两个波源发出的波在空间中相遇并叠加，形成明暗相间的干涉条纹。

构造性干涉：两个波的波峰与波峰、波谷与波谷重合，造成振幅增大，形成亮条纹。

破坏性干涉：一个波的波峰与另一个波的波谷重合，使振幅减小或消失，形成暗条纹。

2. 衍射

电磁波的衍射是指电磁波在遇到障碍物或通过狭缝时，沿着障碍物的边缘发生的弯曲现象。衍射使波在障碍物的后面形成新的波前，这一现象在日常生活中经常可以看到，如当波浪经过岛屿或其他障碍物时。

单缝衍射：波通过一个狭缝后，波前变得更加弯曲，形成中央明亮的主极大和两侧的多个次极大。

多缝衍射（衍射光栅）：多个平行的狭缝产生的衍射模式是多个单缝衍射模式的叠加。

3. 分析

干涉和衍射是电磁波的基本性质，反映了波动的本质。

在无线通信、光学、医学成像等领域，电磁波的这些性质都有重要的应用。

干涉和衍射为我们提供了研究物体结构的工具，如 X 射线衍射用于研究晶体结构，干涉仪用于测量非常小的距离变化等。

在无线通信中，多路径干涉是一个重要的问题，因为不同的路径上的信号可能会在接收器处相互干涉，造成信号退化。

为了更好地理解和利用干涉和衍射，研究人员必须考虑波的来源、波的相干性、障碍物的形状和大小以及观测位置等多种因素。

7.6 应用 3：电容器与电感

7.6.1 电容器与电感的工作原理

电容器：电容器是一个用于存储电能的设备，它主要由两块导电材料（通常称为“板”或“电极”）组成，这两块材料之间隔着一个绝缘材料，通常称为“电介质”。

当电压施加到电容器的两个电极上时，正电荷会在一个电极上积累，而负电荷会在另一个电极上积累。这种电荷积累产生一个电场，该电场存储能量。电容器的容量，通常用单位法拉（F）表示，是指电容器存储电荷的能力。其定义为每伏特电压下存储的电荷量。公式为：$C=\frac{Q}{V}$其中，C是电容量，Q是电荷量，V是电压。电容器在电路中有多种应用，包括滤波、耦合、调谐和能量存储等。

电感：又称为“线圈”或“螺线管”，是一个用于存储磁能的设备。它由一根或多根导线绕成的线圈组成，当电流流过线圈时，会在其周围产生磁场。

电感的基本原理基于法拉第电磁感应定律，即当电流变化时，会在线圈中产生感应电动势。电感的大小通常用单位亨利（H）表示，它与线圈的形状、尺寸、绕组数和线圈内的材料类型有关。

电感器对于变化的电流有“阻抗”作用，即它们会抵抗电流的变化。这种效应在交流电路中尤为重要，因为电流和电压在交流电路中是持续变化的。

电感器在电路中的应用包括滤波、电源管理、电磁干扰（EMI）抑制和能量存储等。

电容器和电感器都是电路中的基本元件，它们在调制、滤波和能量存储等多种应用中都发挥着关键作用。

7.6.2 电容器的充放电过程的模拟与可视化

电容器的充放电过程是经典的电路问题，通常涉及一个电阻和电容器串联的电路。电容器在电阻—电容器（RC）电路中的充放电行为可以通过以下方程来描述。

充电：

$$Q(t) = Q_{\max}\ (1 - \mathrm{e}^{-t/RC})$$

其中，$Q(t)$ 是时间 t 时的电荷，$Q_{\max}$ 是电容器满电时的电荷，R 是电阻，C 是电容。

放电：

$$Q(t) = Q_{\max}\mathrm{e}^{-t/RC}$$

我们可以模拟这两个过程，并可视化电容器上的电荷随时间的变化。

图 7-3 是电容器的充放电过程的模拟。在图中：蓝色曲线代表电容器的充电过程，可以看到电荷随时间逐渐增加，直到达到最大值 $Q_{\max}$。红色曲线代表电容器的放电过程，可以看到电荷随时间逐渐减少，直到为 0。

充电和放电的速度都与电阻 R 和电容 C 的乘积 RC 相关，这个乘积被称为时间常数。时间常数越大，充放电过程越慢。程序中使用了欧姆定律和电容器的充放电方程来模拟这个过程。

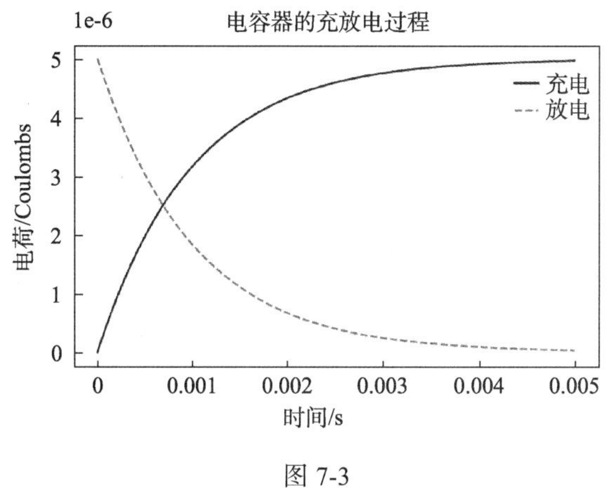

示例代码

图 7-3

7.6.3 电容器电压与时间关系的分析

电容器的充电和放电过程可以使用公式来描述。当一个电容器通过一个电阻 R 充电时，它的电压 $V(t)$与时间的关系为：

$$V(t) = V_{max}\left(1-\exp\left(-\frac{t}{R\cdot C}\right)\right)$$

其中，$V(t)$是时间 t 处的电容器电压；V_{max} 是电源的电压；R 是电阻的阻值；C 是电容器的电容值；exp 是自然对数。

这个公式描述了电容器电压随时间的增长方式。在 t=0 时，电压为 0。随着时间的增加，电压逐渐增加，但增长的速度逐渐减慢，直到 $V(t)$接近 V_{max}。

电容器的放电过程可以使用相似的公式来描述：

$$V(t) = V_{initial}\cdot\exp\left(-\frac{t}{R\cdot C}\right)$$

其中，$V_{initial}$ 是开始放电时的电容器电压。

从这个公式可以看出，电容器的电压随着时间指数级地减少。电容器的电压下降的速度取决于电阻 R 和电容 C 的乘积，即时间常数 $T=R\cdot C$。这个时间常数描述了电压下降到其初始值的 $\frac{1}{e}$（约为 37%）所需的时间。

7.7 本章习题和实验或模拟设计及课程论文研究方向

习题

选择题：

（1）以下哪个定律描述了电荷守恒？

A. 安培定律　　B. 库仑定律　　C. 欧姆定律　　D. 法拉第电磁感应定律

（2）在一个 RC 电路中，当时间为电阻与电容的乘积（即时间常数）时，电容器电压为多少？

A. V_{max}　　B. $\frac{V_{max}}{e}$　　C. $\frac{V_{max}}{2}$　　D. 0

填空题：

（1）电磁波在真空中的传播速度是______m/s。

（2）麦克斯韦方程组统一了______和______的理论。

简答题：

（1）简述欧姆定律。它在实际电路中有什么重要意义？

（2）为什么说麦克斯韦方程组是电磁学的基石？

计算题：

（1）一个电容为 2 μF 的电容器通过 1 kΩ 的电阻充电，求电容器充电到其最大电压的 63.2%所需的时间。

（2）在一个 RL 电路中，电感为 0.5 H，电阻为 10 Ω。求电流达到其最大值的 63.2%所需的时间。

实验或模拟设计

实验：验证欧姆定律的实验

材料：电阻器、伏特计、安培计、可变电源

步骤：
连接电阻器与电路，并使用伏特计和安培计分别测量电压和电流。
通过可变电源调整电压，记录不同电压下的电流值。
目标：验证电流与电压之间的线性关系，证明欧姆定律 $V=IR$。

模拟设计：RL 电路的瞬态响应模拟

材料：电感、电阻、示波器、电源。
步骤：
连接电感和电阻，形成 RL 电路，并与电源连接。
使用示波器观察在开关闭合和断开瞬间，电流随时间的变化曲线。
目标：观察电流在 RL 电路中如何随时间逐渐达到稳定值，展示瞬态响应。

实验：验证法拉第电磁感应定律的实验

材料：线圈、磁铁、伏特计。
步骤：
将线圈连接到伏特计。
快速移动磁铁接近或远离线圈，观察伏特计的电压变化。
目标：证明当磁通量发生变化时，线圈中会产生感应电动势，验证法拉第电磁感应定律。

模拟设计：无线充电模拟

材料：两个线圈、交流（AC）电源、LED 灯。
步骤：
连接一个线圈到 AC 电源，将 LED 灯连接到另一个线圈。
当两个线圈靠近时，观察 LED 灯是否亮起。
目标：展示无线能量传输，当两个线圈足够接近时，通过电磁感应使 LED 灯亮起。

实验：验证电荷守恒实验

材料：静电发生器、两金属球、绝缘杆、电荷传感器。
步骤：
使用静电发生器为两金属球带上电荷。
使两球接触并分开，测量各自的电荷变化。
目标：验证在接触过程中，电荷的总量保持不变，展示电荷守恒的原理。

课程论文研究方向

电磁场与健康：研究长时间接触电磁场（如手机、Wi-Fi 路由器等）对人体健康的潜在影响。

绿色能源与电磁学：探索电磁学在绿色能源领域（如太阳能、风能）中的应用和发展趋势。

无线充电技术的进步：分析近年来无线充电技术的进步，特别是其背后的电磁学原理。

超导与电磁学：探讨超导现象，以及它如何可能改变我们使用和理解电磁学的方式。

电磁干扰与现代电子设备：研究电磁干扰对现代电子设备（如医疗设备、飞机导航系统）的影响，以及如何减少这种干扰。

第 8 章　现代粒子物理与核物理的探索

8.1　原子结构的探索

8.1.1　汤姆逊的“布丁模型”与原子的电荷分布

19 世纪末，对原子结构的研究成为物理学的前沿领域。当时，已知原子是电中性的，但电子（带负电的粒子）的发现使科学家们开始考虑原子内部的结构。

1897 年，英国物理学家约瑟夫·约翰·汤姆逊首次提出了一个原子模型，该模型被称为“布丁模型”或“水果蛋糕模型”。在这个模型中，原子被视为一个均匀分布的正电荷“布丁”，其中嵌入着带负电的“葡萄”或电子。这种布局确保了原子的整体电中性。

此模型的一个关键假设是，电子在原子中是均匀分布的。这意味着如果你选择原子的任何一个小部分，你会发现正电荷和负电荷的总量相等。

但这个模型很快就受到了挑战。最著名的反驳来自恩斯特·卢瑟福的金箔实验。在这个实验中，卢瑟福发现大部分 α 粒子都穿过了金箔，而只有很少一部分被大角度偏转。这意味着大部分原子是空的，有一个小而重的正电核在中心。这与汤姆逊的“布丁模型”是不一致的。

尽管汤姆逊的模型被证明是错误的，但它为后续对原子结构的研究奠定了基础。卢瑟福的原子模型更接近我们现在对原子结构的理解。

8.1.2　卢瑟福的金箔实验与核心模型

恩斯特·卢瑟福在 1911 年进行了一次著名的实验，该实验彻底改变了我们对原子结构的看法。他的金箔实验是对汤姆逊“布丁模型”的直接挑战，并最终导致了我们现在所知的原子核模型的提出。

实验描述：

卢瑟福及其团队将带有正电的 α 粒子射向一个超薄的金箔。他们预测，根据汤姆逊的模型，α 粒子会轻微地被金箔中的电荷散射，但大多数应该直接穿过。

实验的结果令他们震惊。大多数 α 粒子确实直接穿过了金箔，但有些粒子被大角度偏转，甚至有些粒子几乎被反弹回来。

卢瑟福得出的结论是，原子的大部分是空的，带有正电荷的部分集中在原子的中心，这部分非常小但质量很大。而电子则在这个核周围旋转。这就是我们现在所说的原子核模型。

他的这一结论与汤姆逊的“布丁模型”形成了鲜明的对比。在卢瑟福的模型中，原子的所有正电荷和几乎所有质量都集中在核中，而电子则在核的外部运动，整个系统是由核的电荷吸引电子而保持稳定的。

这个实验对物理学产生了深远的影响。首先，它证实了原子核的存在，并且为了解原子内部的更多细节开辟了新的研究领域。这导致了量子物理学和核物理学的发展，为 20 世纪物理学的许多重大发现奠定了基础。

8.2 核物理学的发展

8.2.1 核反应与放射性衰变

随着对原子内部结构的深入了解，科学家们开始探索原子核的性质和行为。核物理学成为 20 世纪初的一个新兴领域，它集中研究原子核的性质、行为、相互作用以及与原子核相关的现象。

1. 核反应

核反应是指原子核内部或多个原子核之间发生的转变过程。这与化学反应不同，后者涉及外部电子的重新排列。在核反应中，原子核的组成和性质可能发生变化，这通常伴随着大量能量的释放或吸收。例如，氢核聚变是太阳和其他恒星产生能量的主要过程。在这个反应中，两个氢核合并，形成一个氦核，并释放出大量的能量。

2. 放射性衰变

放射性衰变是指不稳定的原子核自发地释放能量并转变为其他元素或同位素的过程。这种衰变过程是随机的，但对于大量的不稳定原子核，其衰变速率是恒定的。

放射性衰变可以通过以下三种主要方式进行。α 衰变：原子核释放一个 α 粒子（由 2 个质子和 2 个中子组成的粒子），导致原子数减少 2 和质子数减少 2。β 衰变：原子核中的一个中子转变为一个质子，并释放一个电子和一个反中微子。γ 衰变：原子核转移到更低的能量状态，并释放 γ 射线（高能量的电磁辐射）。

放射性物质衰变有许多应用，包括医学成像、癌症治疗和考古年代测定。

核物理学不仅使人们深入了解了物质基本性质，而且为我们提供了强大的能量源和医学工具。然而，它也带来了一些挑战，如核武器的扩散和核废料的处理。

8.2.2 质子、中子与核力

核物理学的发展导致了对原子核内部结构的更深入的了解。这种理解的核心是对原子核的组成和相互作用力的研究。

1. 质子与中子

原子核是由质子和中子组成的。这两种粒子被统称为核子。它们都是强子家族的成员，与夸克有关，并且受到强相互作用力的支配。

质子：带正电的核子。质子的存在是化学元素定义的基础，因为每个元素的质子数量（或原子序号）定义了它在元素周期表中的位置。

中子：不带电的核子。中子在原子核中起到“胶合”作用，使质子聚集在一起，而不会由于它们之间的电排斥力而被推开。

2. 核力

质子和中子在原子核内相互作用的力被称为核力。核力是自然界四种基本力之一，它是强于电磁力的短程力。核力的主要特点如下。

短程力：核力只在原子核尺度上有效，它的作用范围大约为 1fm。

强力：核力足够强，可以克服质子之间的电排斥力，使它们聚集在原子核中。

吸引与排斥：在适当的距离范围内，核子之间的核力是吸引力，但当它们太近时，这种力就变成排斥力。

核子交换：核力的一个理论模型是质子和中子通过介子交换来实现的。这些介子充当核子之间的“胶水”。

核力的研究对于理解原子核的稳定性、放射性衰变和核反应至关重要。此外，对这种力的深入了解还为核能和核武器的发展提供了理论基础。

8.3 粒子物理学的兴起

粒子物理学研究的是物质的最基本组成部分及其相互作用。自 20 世纪中叶以来，这一领域已经揭示了一系列新的粒子和相互作用力。

8.3.1 基本粒子与强相互作用

在量子场论的框架下，我们已经识别出了一系列被认为是自然界最基本的粒子。这些粒子可以归类为费米子和玻色子。

费米子：构成物质的粒子，包括夸克和轻子。夸克构成了如质子和中子这样的强子，而轻子包括电子、μ 子和 τ 子，以及它们的中微子。

玻色子：介导基本相互作用的粒子。这些粒子包括光子（电磁相互作用）、胶子（强相互作用）以及 W 和 Z 玻色子（弱相互作用）。

强相互作用是四种基本相互作用之一，主要负责核子（质子和中子）之间的相互作用，使它们结合在原子核中。其特点如下。

短程：强相互作用在非常小的距离范围内起作用，大约是核子的直径。

强度大：强相互作用是最强的基本力，比电磁力强得多。

胶子介导：强相互作用是通过胶子交换来实现的。胶子是强相互作用的介质粒子，可以被视为夸克之间的“胶水”。

自由夸克问题：尽管夸克是已知最基本的粒子之一，但它们从未单独地在实验中被观察到。这是因为强相互作用的强度随着夸克之间的距离增加而增加，导致它们永远被束缚在一起。

对基本粒子和它们的相互作用的研究已经揭示了自然界的一些最基本的规律，而且仍然是物理学的前沿研究领域。

8.3.2 大型强子对撞机（LHC）与希格斯玻色子

1. 大型强子对撞机（LHC）

大型强子对撞机（LHC）是位于欧洲核子研究组织（CERN）的一个粒子加速器。它是目前世界上最大、能量最高的粒子加速器。LHC 的主要目的是加速并对撞两束质子束，以此来探测和研究在高能条件下产生的各种粒子。

LHC 的一些关键特点如下。

环形结构：LHC 是一个环形加速器，直径约为 27km，位于瑞士和法国的边界地带 50～175m 的地下。

高能：LHC 可以加速质子到接近光速的速度，使其能量达到特拉电子伏特（TeV）级别。

超导磁铁：为了使质子束保持在轨道上，LHC 使用了大约 1232 个超导磁铁。

2. 希格斯玻色子

希格斯玻色子的发现是 LHC 的一个重大成果。它是一个零自旋、非常重的粒子，是标准模型中预测的一个关键组成部分。

希格斯玻色子与希格斯场有关，后者被认为是给予其他基本粒子质量的场。当其他粒子通过希格斯场移动时，它们与希格斯玻色子相互作用，从而获得了质量。

2012 年，CERN 宣布在 LHC 的两个实验 ATLAS 和 CMS 中都观测到了与希格斯玻色子一致的新粒子的迹象。这一发现为标准模型的完整性提供了关键的证据，并为彼得・希格斯和弗朗索瓦・恩格勒赢得了 2013 年的诺贝尔物理学奖。

希格斯玻色子的发现不仅是标准模型的一个关键组成部分，而且为我们理解宇宙的起源和结构提供了新的视角。

8.4　应用 1：粒子探测器与实验物理

8.4.1　云室与泡沫室的工作原理

1. 云室（Cloud Chamber）

云室是一种用于探测带电粒子的设备，尤其是用于观察宇宙射线。它是由一个饱和的酒精或水的环境组成的，当带电的粒子穿过这个环境时，会导致气体中的酒精或水分子离子化。

工作原理：

当带电粒子穿过饱和的酒精或水蒸气时，它会将沿其路径的气体原子或分子电离。

这些电离的原子或分子作为凝结核，使得酒精或水蒸气在其周围凝结成微小的雾滴。

这些雾滴形成的线状轨迹反映了带电粒子的路径，从而使得观察者可以看到粒子的轨迹。

2. 泡沫室（Bubble Chamber）

泡沫室是一种用于探测带电粒子，尤其是高能粒子的设备。它是由一个超饱和的液体（例如液氢）组成的，当带电的粒子穿过这个液体时，会导致液体在其路径上沸腾形成气泡。

工作原理：

泡沫室内的液体被冷却到一个低于其沸点的温度，但由于高压而保持液态，这使得液体变得超饱和。

当带电粒子穿过这个超饱和的液体时，它会导致液体沸腾并在其路径上形成微小的气泡。

这些气泡随后会扩大，形成可见的轨迹，反映了带电粒子的路径。

这两种探测器都提供了对带电粒子轨迹的直观可视化，帮助物理学家了解粒子的性质、能量和与其他粒子的相互作用。

8.4.2　粒子在探测器中的轨迹的模拟与可视化

模拟粒子在探测器中的轨迹可以为我们提供关于粒子类型、能量和方向的信息。以下是一个简单的模拟，展示不同种类的粒子（例如电子、正电子和宇宙射线）如何在云室中留下轨迹。

为了简化，我们假设：所有粒子都从探测器的顶部进入。电子和正电子留下直线轨迹，但方向和长度可能会有所不同。宇宙射线留下一个更加曲折的轨迹。

我们使用 Python 的 matplotlib 库来进行可视化。

图 8-1 是一个模拟粒子在探测器中轨迹的示意图。

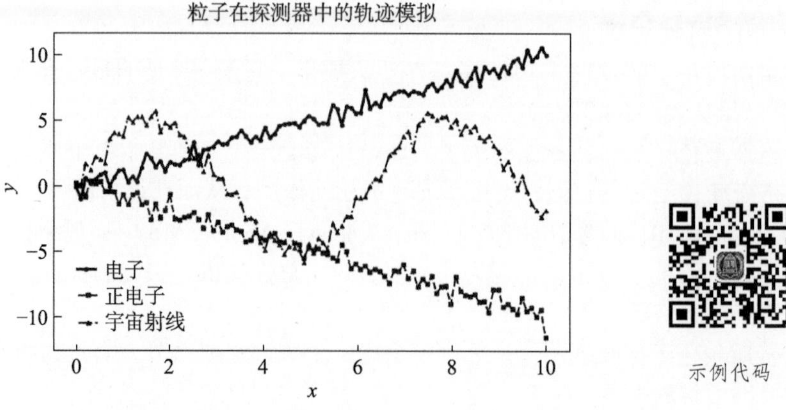

图 8-1

电子轨迹表示为一条近乎直线的路径，表明电子具有较小的质量和较大的速度。

正电子轨迹也是近乎直线的，但方向与电子相反。

宇宙射线轨迹更加曲折，代表宇宙射线在探测器中的相互作用。

8.4.3 不同粒子与探测器相互作用的效果分析

粒子探测器是为了观测和分析粒子而设计的装置。不同类型的粒子与探测器相互作用时，由于它们的质量、电荷和其他性质的差异，所产生的信号和轨迹也会有所不同。以下是对不同粒子与探测器相互作用的简要分析。

1. 电子和正电子

由于它们的质量较小，所以在磁场中的偏转较大。

它们的轨迹通常是直线或轻微的螺旋线。

正电子和电子在碰撞后可能会发生湮灭，产生两个或更多的高能光子。

2. 宇宙射线

宇宙射线是一种高能的粒子流，主要由质子、重离子和高能电子组成。

在探测器中，它们的轨迹可能会更加曲折，因为它们会与探测器中的原子核发生强烈的相互作用。

宇宙射线与物质相互作用时可能会产生次级粒子，如 π 介子、μ 介子等。

3. 中子

中子没有电荷，因此不会直接在电磁探测器中产生信号。

但是，中子可以与探测器中的核发生弹性或非弹性散射，导致核被激发或产生次级粒子。

特殊的中子探测器，如液体闪烁体探测器，可以用来探测中子与物质相互作用产生的光信号。

4. 重离子

由于它们的质量较大，所以在磁场中的偏转较小。

它们与物质的相互作用会产生大量的次级电子，导致强烈的信号。

5. 光子

光子没有质量和电荷，但它们可以在物质中产生电子—正电子对。

这对粒子会在探测器中产生信号，从而揭示了光子的存在和能量。

从上述分析中，我们可以看到，不同的粒子与探测器相互作用的方式是不同的，这为粒子物理学家提供了关于粒子性质和相互作用的重要信息。

8.5 应用 2：核医学与放射性同位素

8.5.1 放射性药物与医学诊断

放射性药物在医学领域的应用已经有很长的历史。这些药物的主要特点是它们会发射出放射线，这些放射线可以被外部仪器检测到，从而提供关于人体内部的详细信息。以下是关于放射性药物在医学诊断中的应用的简要介绍。

1. 放射性示踪剂

放射性示踪剂是放射性元素或其化合物，它们可以被身体吸收并在特定的生物过程中使用。这些示踪剂会发射出放射线，这些放射线可以被检测器捕获，从而为医生提供有关身体功能的信息。例如，碘-131 是一个常用的放射性示踪剂，用于评估甲状腺功能。

2. 正电子发射断层扫描（PET）

PET 是一种高级的医学成像技术，它使用放射性药物来评估身体的功能和代谢。这些药物会发射出正电子，当正电子与电子相遇时，它们会湮灭并产生两个光子。这些光子可以被 PET 扫描仪检测到，从而为医生提供有关身体内部的详细信息。

PET 常用于肿瘤、心脏病和神经疾病的诊断。

3. 放射性治疗

除了诊断外，放射性药物也可以用于治疗。例如，放射性碘可以用于治疗甲状腺癌。当这种药物被注入身体后，它会被甲状腺吸收并对癌细胞产生放射性损伤，从而杀死癌细胞。

其他放射性药物，如镭-223，也用于治疗其他类型的癌症，如前列腺癌。

放射性药物在医学诊断和治疗中都起到了关键的作用。它们提供了一种查看身体内部的方法，无须进行手术或其他侵入性程序。然而，使用放射性药物也存在风险，因为它们会对身体产生放射性损伤。因此，医生在使用这些药物时必须非常小心，确保患者的安全。

8.5.2 放射性同位素在人体内的分布与衰变的模拟与可视化

放射性同位素在医学中的应用，特别是在诊断和治疗中，很大程度上依赖于它们在体内的分布和衰变特性。为了帮助理解这些过程，我们可以模拟一个放射性同位素在体内的分布和衰变。

1. 模拟的基本步骤

初始化：选择一个特定的放射性同位素（如碘-131），并定义其半衰期、初始活度等参数。

进入体内：当放射性同位素进入体内时，它可能会首先进入血液循环，然后被特定的器官或组织吸收。例如，碘-131 主要被甲状腺吸收。

衰变过程：放射性同位素会随时间衰变，释放出放射线。我们可以使用衰变方程来模拟这一过程。

显示结果：我们可以通过图形显示放射性同位素在体内的分布和随时间的衰变情况。

2. 代码模拟

首先，我们需要定义一些基本参数，例如半衰期、初始活度等。然后，我们可以使用衰变方程来模拟放射性同位素随时间的衰变情况，并使用 matplotlib 库来可视化结果（图 8-2）。

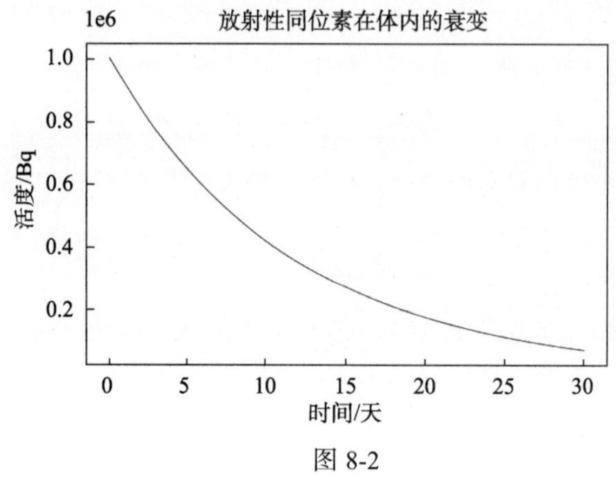

图 8-2

示例代码

图 8-2 是一个模拟放射性同位素在体内衰变的过程的图。纵轴表示放射性同位素的活度（单位：Bq），横轴表示时间（单位：天）。从图中可以看到，随着时间的推移，放射性同位素的活度逐渐降低，这是因为放射性同位素在衰变过程中，部分原子核转变成其他元素，释放出放射线，从而导致其数量减少。

这种模拟可以帮助我们理解和预测放射性同位素在医学应用中的行为，例如在放射性药物治疗或诊断过程中，如何预测放射性同位素在体内的分布和衰变，以及如何计算放射性剂量。

8.5.3 放射性药物在人体内的分布的分析

放射性药物在医学中的应用已经有了很长的历史，尤其在诊断学和放疗领域。这些药物释放出的放射线被仪器检测，从而得到关于人体内部情况的图像，或者用于治疗某些疾病。

目标导向的分布：很多放射性药物被设计成可以特异性地靶向某些组织或器官。例如，一些放射性同位素能够特异性地结合到癌细胞上，使得它们在放射性显像中更容易被检测到，或者在放疗中可以精确地对癌细胞进行放疗。

药物的分子特性与分布：放射性药物的分子大小、电荷和亲水性等特性会影响它们在体内的分布。例如，亲水性较强的放射性药物更可能分布在体液中，而亲脂性较强的药物则可能更容易穿透细胞膜并进入细胞内部。

生物半衰期与物理半衰期：放射性药物在体内的分布不仅受到其放射性衰减（物理半衰期）的影响，还受到其生物代谢和排泄（生物半衰期）的影响。理解这两种半衰期如何影响药物分布对于确保放射性显像的准确性和放疗的有效性至关重要。

其他因素：药物的剂量、注射方式（如静脉注射、口服或局部注射），以及患者的生理状况（如肾功能、肝功能）都可能影响放射性药物在体内的分布。

在设计和使用放射性药物时，医生和医学物理师需要仔细考虑这些因素，以确保放射性药物的安全和有效。通过对放射性药物在体内分布的深入了解，可以更好地利用它们在诊断和治疗中的潜力。

8.6 应用 3：粒子加速器的设计与应用

8.6.1 粒子加速基本原理

1. 粒子加速器概述

粒子加速器是一种可以使带电粒子（通常是质子、电子或重离子）达到极高能量的设备。这些加速的粒子可以用于各种物理实验，探索物质的基本结构、物质之间的相互作用以及宇宙的基本力量。

2. 静电加速

最简单的粒子加速原理是静电加速。在这里，带电粒子通过一个电场，得到能量并加速。这种方式的代表是范德格拉夫加速器。

3. 循环加速器

为了达到更高的能量，粒子需要在一个闭合的路径上被反复加速。圆形或螺旋形的加速器，如回旋加速器和同步加速器，就是基于这个原理。在循环加速器中，粒子在一个闭合的轨道上运动，并在每次通过加速区域时获得额外的能量。

4. 加速技术

射频腔：它们是粒子加速器中的关键组件，用于在粒子经过时提供能量。

磁场：在循环加速器中，强磁场使粒子保持在其轨道上。此外，磁场还用于“聚束”粒子束，使其保持紧凑。

5. 线性加速器

与循环加速器不同，线性加速器是直线形状的，粒子只经过一次。粒子在一系列的射频腔中被加速，每一个射频腔都提供一定的能量。

6. 碰撞与探测

加速器的主要目的之一是使粒子发生碰撞，从而产生新的粒子或放射线。这些碰撞产生的新粒子或放射线被粒子探测器检测，为物理学家提供有关基本粒子性质的信息。

粒子加速器是现代物理研究的基石，它们提供了一种方法，使科学家能够在极端条件下探索物质的基本性质。

8.6.2 粒子在加速器中的轨迹与能量增加的模拟与可视化

模拟粒子在加速器中的轨迹和能量增加需要考虑一些物理原理和参数。以下是简化的模拟，主要基于以下几点。

加速原理：在加速过程中，粒子每经过一个加速单元都会获得一定的能量。

循环加速器：在此模型中，我们考虑一个简单的循环加速器，例如回旋加速器。粒子在闭合的圆形轨道上运动，并在每圈获得额外的能量。

轨迹：由于磁场的存在，粒子将继续在圆形轨道上运动，直到达到所需的能量或加速器的极限。

我们可视化以下内容：粒子的轨迹（表示为圆形轨道）。随着时间的推移，粒子能量不断增加（通过颜色表示）。

图 8-3 是一个简化的模型，展示了粒子在加速器中的轨迹，随着时间的推移，粒子会经过多次循环，每次都会获得额外的能量。在这个模型中，我们展示了 10 个循环，每个循环都有一个独特的轨迹和相应的能量。

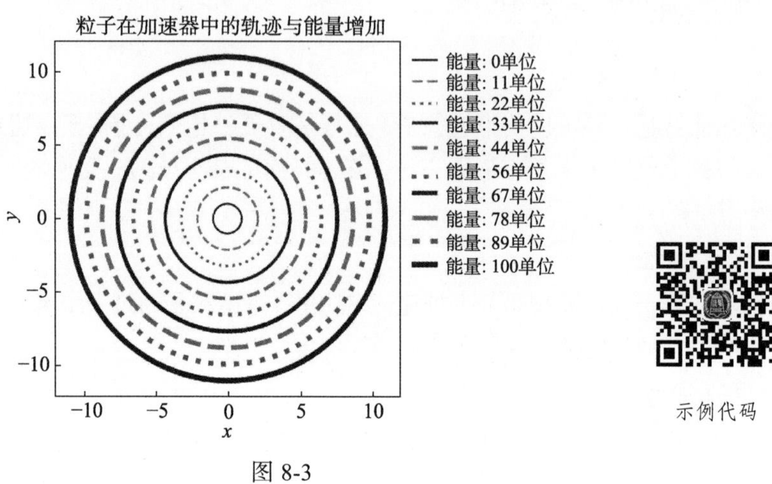

图 8-3

从图中我们可以看到：随着时间的推移，粒子的轨迹逐渐扩大，这是因为它获得了更多的能量。每条轨迹都对应一个特定的能量，从内到外能量逐渐增加。

这只是一个简化的模型，真实的粒子加速器要复杂得多，但这个模型可以帮助我们理解粒子如何在加速器中获得能量。

8.6.3 不同设计的加速器效率对比分析

粒子加速器是现代物理研究的关键工具。不同的加速器设计针对不同的应用和需求。这里，我们对比三种主要的加速器类型：线性加速器、循环加速器和同步加速器。

1. 线性加速器

描述：粒子在直线路径上被加速。

优点：设计简单，没有上限的能量，因为粒子只通过一次，不会经历能量损失。

缺点：由于长度的限制，可能需要很大的空间来获得高能量。

主要应用：放射治疗、工业应用。

2. 循环加速器

描述：粒子在圆形或螺旋形的轨道上被加速，经过多次循环。

优点：可以在有限的空间内获得高能量。

缺点：由于同步辐射，粒子可能会丧失能量；需要复杂的磁场来控制粒子的轨迹。

主要应用：高能物理实验。

3. 同步加速器

描述：这是循环加速器的一种，其中粒子群与加速电场同步。

优点：能量损失较小，可以获得很高的能量。

缺点：需要更复杂的同步机制。

主要应用：大型强子对撞机（LHC）。

4. 效率分析

从空间效率的角度看，循环和同步加速器优于线性加速器，因为它们可以在有限的空间内获得高能量。

从能量效率的角度看，线性加速器可能是最有效的，因为粒子不会丧失能量。

从成本效率的角度看，线性加速器可能更便宜，尤其是对于低能应用，如放射治疗。

从应用的广泛性来看，循环和同步加速器更适合高能物理研究，而线性加速器更适合医学和工业应用。

选择哪种加速器取决于特定的需求和应用。不同的设计有其独特的优点和缺点，物理学家和工程师需要权衡这些因素，以确定最适合他们需求的设计。

8.7 本章习题和实验或模拟设计及课程论文研究方向

习题

选择题：

（1）汤姆逊的“布丁模型”中，哪一个描述是正确的？

①电子均匀分布在正电荷中。

②原子主要由空隙组成。

③电子沿固定轨道运动。

④原子的核心是空的。

（2）在卢瑟福的金箔实验中，大多数 α 粒子的行为是什么？

①被金箔吸收。

②被金箔散射。

③直接穿过金箔。

④在金箔上产生放射性衰变。

简答题：

（1）简述卢瑟福金箔实验的主要发现及其对原子结构理论的影响。

（2）简述核反应与放射性衰变的区别。

（3）什么是希格斯玻色子？它在粒子物理中的意义是什么？

计算题：

（1）如果一个放射性同位素的半衰期为 5 年，那么 10 年后，原始样品百分之多少仍然存在？

（2）一个粒子加速器将一个粒子加速到 $3\times10^7\,\mathrm{m/s}$。如果这个粒子的静止质量是 m，求其在这个速度下的相对论性质量。

实验或模拟设计

实验：模拟金箔实验

目的：理解卢瑟福如何使用金箔实验来提出原子的核心模型。

描述：使用薄片（作为金箔）和小球（作为 α 粒子）进行模拟。要求学生观察小球与薄片的交互，以及小球的散射和穿透行为。讨论卢瑟福实验的结果和学生的观察之间的相似性和差异。

模拟设计：放射性衰变模拟

目的：理解放射性物质的衰变过程。

描述：使用一个装满小球的容器和一个骰子来模拟。每次掷骰子，如果骰子上的数字满足特定条件（如掷出 6），则移除一个小球，模拟放射性衰变。经过多次模拟，学生可以绘制衰变曲线，了解半衰期的概念。

实验：粒子加速器模型

目的：理解粒子加速器的工作原理。

描述：使用一个长的塑料管道、一个小球和一些磁铁。要求学生使用磁铁为小球提供推力，使其在管道内加速。通过测量小球的初速度和最终速度，讨论粒子加速器的工作机制。

模拟设计：希格斯玻色子探测模拟

目的：理解希格斯玻色子如何在 LHC 中被探测到。

描述：使用计算机模拟软件，模拟 LHC 中的粒子碰撞和产生的各种粒子轨迹。要求学生识别可能的希格斯玻色子的衰变路径，并与实际的实验数据进行比较。

课程论文研究方向

原子模型的发展：研究原子模型从早期的“布丁模型”到现代电子云模型的演变过程，以及各个阶段的实验验证方法。

核能在现代社会的应用与争议：探索核能在电力、医学等领域的应用，同时分析核能的利弊，如核废料处理、核泄漏的风险等。

粒子探测技术：深入研究如何使用云室、泡沫室和其他探测器来观察和分析基本粒子的行为。

量子场论与标准模型：探讨现代粒子物理中的标准模型，分析其预测的各种粒子，如夸克、轻子和玻色子，以及希格斯机制的作用。

大型强子对撞机（LHC）的技术与应用：研究 LHC 的工作原理，以及它如何帮助物理学家探索粒子物理的前沿问题，如暗物质、超对称性等。

第2部分
物理学与文明的交织

第 9 章　古代文明中的物理学观念

9.1　古埃及的物理学知识

9.1.1　建筑与测量：金字塔与尼罗河的测量技术

古埃及文明是人类历史上最早的文明之一，而在其建筑与测量技术中，我们可以窥见古人对物理学的一些基本理解。

金字塔是古埃及最广为人知的建筑物之一。为了建造金字塔，古埃及人不仅需要对建筑材料有深入的了解，而且需要对测量技术和力学有基本的掌握。他们使用了各种简单的工具，如绳子和木棒，来进行精确的测量，确保金字塔的各个部分都能精准地对齐。

尼罗河是古埃及的生命线。每年洪水都会为河岸带来肥沃的淤泥，这对农业生产至关重要。为了更好地管理和利用这些资源，古埃及人发展了一套测量技术，来预测洪水以及淤泥的分布。他们使用简单的工具（如测量杆），来测量水位，从而为农业生产提供宝贵的数据。

古埃及人在建筑和测量技术上的成就，不仅展现了他们对物理学原理的基本掌握，而且也为后来的文明提供了宝贵的经验。

9.1.2　天文观测与时间计算：日晷与星座

古埃及文明对于天文的探索与理解，不仅仅是出于好奇，更多的是为了解决实际生活中的问题。通过对天体的观察，古埃及人可以准确地划分时间、决定播种与收获的时机，甚至预测洪水。

日晷：古埃及人很早就开始使用日晷来测量时间。日晷是最早的时间测量工具之一，它通过太阳的影子在平面上移动的轨迹来划分一天的时间。古埃及的日晷设计非常简单，通常是一个竖立的棒子，棒子的影子随着太阳的移动而移动。通过标记棒子影子的位置，古埃及人可以大致知道当时是一天中的什么时候。

星座与天文观测：古埃及的天文学家不仅仅关注太阳，他们还对夜空中的星星进行了长时间的观察。通过观察，他们发现了一些固定的星群，即我们现在所说的星座。这些星座在每年的特定时间出现在同一位置，这为古埃及人提供了一个准确的时间参考。此外，某些特定的星星和星座的出现还与尼罗河泛滥的季节相关，这对于古埃及这样高度依赖河流的文明来说，具有至关重要的意义。

古埃及人对天文的观测和理解，不仅为他们的日常生活提供了方便，还为后来的文明留下了宝贵的天文观测记录。

9.2 古希腊的物理学探索

9.2.1 自然哲学家与原子论的起源

古希腊文明是西方哲学和科学的摇篮。古希腊的自然哲学家试图寻找解释自然界现象的基本原理和法则，他们对宇宙的起源和结构进行了深入的思考。

自然哲学家：古希腊的自然哲学家，如泰勒斯、阿那克西曼德和赫拉克利特等，试图理解物质的本质和宇宙的起源。例如，泰勒斯认为水是所有事物的起源，而赫拉克利特则认为“火”是宇宙的基本元素。这些哲学家的思考为后来的物质学说打下了基础。

原子论的起源：古希腊自然哲学家最为重要的贡献之一是原子论的提出。留基波和德谟克里特是古希腊原子论的主要创立者。他们认为物质是由不可分割的小颗粒（即“原子”）组成的，这些原子在空间中移动并组合，形成复杂的物体。尽管他们的原子观念与现代物理学中的原子有所不同，但他们的思想为现代化学和物理学的发展奠定了基础。

这些古希腊的思想家，通过观察、思考和推理，试图找到解释自然界的统一原理，他们的工作为后来的科学发展打下了坚实的基础。

9.2.2 亚里士多德的四元素学说与运动的观点

亚里士多德是古希腊最著名的哲学家之一，他的哲学和科学观点影响了西方文明长达两千年之久。在物理学方面，他提出了许多理论和概念，其中最为人所知的是四元素学说和他对运动的描述。

四元素学说：亚里士多德提出，所有物质都是由四种基本元素组成的：土、水、火和气。这四种元素通过两对对立的性质（冷/热和湿/干）相互转化。例如，火（热且干）可以转化为气（热且湿）或土（干且冷），依此类推。这一理论在中世纪的欧洲得到了广泛的接受，并成为了炼金术和早期化学的基础。

运动的观点：亚里士多德对物体运动的观点与现代物理学有很大的不同。他认为，一个物体的自然状态是静止的，除非有外力作用于它。他还提出了“动力”和“形式”的概念来解释物体的运动。对于物体的自由落体运动，亚里士多德认为，重的物体下落得更快，这与伽利略后来的实验发现相矛盾。

亚里士多德的观点虽然在很多方面都被后来的科学家证明是错误的，但他的哲学和科学方法为后来的科学研究奠定了基础，特别是他强调观察和逻辑推理的方法。

9.3 古代中国的物理学实践

9.3.1 机械与制造：木工与冶金技术

古代中国在科技和工艺领域取得了许多重要的成就。尤其在机械和冶金技术方面，中国的发展达到了世界领先水平。

木工技术：古代中国的木工技术高超，他们制作的家具、建筑和机械结构都表现出对力学的深入理解。例如，古代的榫卯结构，这是一种利用凹凸连接部分固定木材的技术，不仅坚固，而且可以承受重压和侧向压力。这种结构避免了使用钉子或其他连接件，显示出了古代工匠对材料和力学的精确认识。

冶金技术：古代中国在冶金领域的技术同样出类拔萃。早在公元前，中国就已经开始使用炼铁技术，生产出高质量的铁和钢。这种高温冶炼技术要求对材料的性质、燃料和气体动力学有深入的理解。除此之外，古代中国还掌握了青铜、金、银等多种金属的加工技术，制作出各种精美的器物和雕塑。

这些古代工艺的发展不仅仅是技术上的突破，也反映了古代中国人对物理世界的观察和思考，以及古代工匠们在实践中不断摸索和改进的创新精神。这种融合了实践和理论的方法，为中国古代科技的繁荣打下了坚实的基础。

9.3.2 天文与历法：古代天文观测与历书

古代中国在天文学和历法制定方面拥有丰富的传统和深厚的积累。中国古代的天文观测起源于古老的祭祀文化和对天文现象的好奇心。

天文观测：为了更好地规划农业活动和祭祀仪式，古代中国人开始观测太阳、月亮和星星的运动。他们建立了多个观测站点，如明清两代的观象台。通过长时间的观测，古代天文学家们记录下了许多重要的天文事件，如日食、月食和彗星的出现。

历书制定：基于这些观测数据，中国古代制定了多种历法。《夏小正》是中国最早的历书，之后又有了《大明历》《戊寅元历》等。这些历法包含了对天文现象的计算和预测，如月相、潮汐和节气。其中，二十四节气是中国古人根据太阳在黄道上的位置划分的，它为农事活动提供了准确的时间指南。

仪器与技术：为了更准确地进行天文观测，古代中国还发明了多种天文仪器，如浑仪、圭表和水钟。这些仪器的设计和制造都体现了古代中国人对物理学原理的深入理解。

古代中国的天文学和历法制定是基于对自然现象的仔细观察和科学计算。它们不仅为古代社会提供了时间的参考，还为后代留下了宝贵的科学遗产。

9.4 应用 1：古代建筑技术与物理学原理

9.4.1 重力、杠杆原理与测量在古代建筑中的应用

古代文明在建筑技术的发展中显示出了对物理学原理的深入理解，尤其是重力、杠杆和测量原理。这些基本原理在古代的建筑实践中得到了广泛应用，并为古代建筑的宏伟和稳固奠定了基础。

重力：重力是古代建筑的核心原理。为了确保建筑物的稳定性，古代工匠会为建筑物选择坚硬的基石，并确保每块石头都被均匀地压在下面的石头上，从而确保整个结构的稳定。例如，古埃及的金字塔和古希腊的神庙都采用了这种方法。

杠杆原理：杠杆原理在古代建筑中也起到了关键作用。当需要移动重物时，工匠们会利用木梁和滑轮来放大他们的力量，从而更容易地移动和提升重物。古代中国的《墨经》中就有对杠杆原理的描述，而古希腊的阿基米德曾经说过："给我一个支点，我可以翘起整个地球。"

测量：测量是古代建筑中的另一个关键技术。无论是建筑的布局还是石头的切割，准确的测量都是至关重要的。古代的建筑师和工匠使用了各种测量工具，如绳子、铅锤和量尺，来确保建筑的准确性和对称性。古埃及的金字塔建筑就是准确测量的典范，每块石头都被精确地切割和放置，以确保整个结构的完美对称。

古代文明在建筑技术中的成功得益于其对基本物理学原理的理解和应用。通过将这些原理融入实际的建筑实践中，古代工匠创造出了许多至今仍然屹立不倒的建筑奇迹。

9.4.2 古代建筑结构的受力分析与稳定性的模拟与可视化

古代的建筑师们，虽然没有现代的工程学和物理学知识，但他们通过长期的实践，掌握了许多关于建筑物稳定性和受力分析的原理。例如，古希腊的多立克柱、古埃及的金字塔和古代中国的多层宫殿，都是古代建筑智慧的代表。

受力分析：任何建筑物都需要承受其自身的重量，并在外部力（如风、地震）作用下保持稳定。为了确保建筑物的稳定性，古代工匠会为建筑物选择合适的基石，并确保建筑物的重心与基础的中心一致。

模拟与可视化：现代科学家和工程师可以使用计算机模拟技术对古代建筑的结构进行受力分析，并可视化建筑物在不同条件下的稳定性。

为了简化模拟，我们可以选择一个具有代表性的古代建筑物（例如金字塔），并根据其结构和材料参数进行模拟。

以下是一个简单的模拟古代建筑物受力分析的示例（图 9-1）。

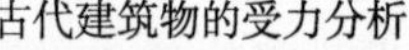

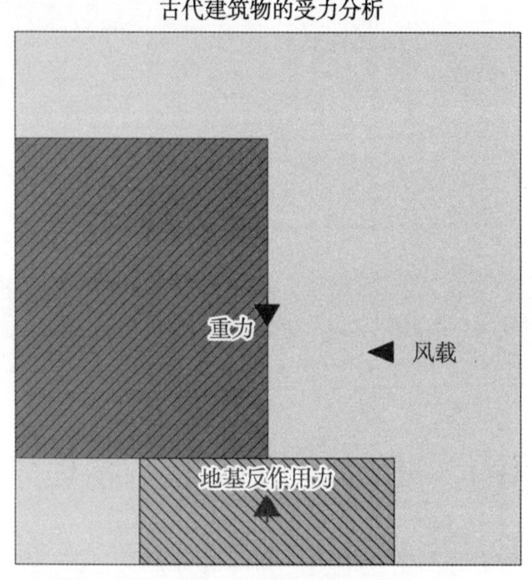

示例代码

图 9-1

图 9-1 展示了古代建筑物在重力、地基反作用力以及风载作用下的受力情况。通过这种可视化方式，我们可以更直观地理解各种力如何影响建筑物的稳定性。

在图中，可以看到：建筑物主体及其地基部分。重力作用于建筑物的中心，指向下方。地基提供的反作用力，与重力大小相同、方向相反。风载作用于建筑物的侧面，产生一个横向的力。这些力的相互作用决定了建筑物的稳定性和设计要求。

9.4.3 古代建筑结构的稳定性与设计原理的分析

古代的建筑师并没有现代的计算机和复杂的物理公式，但他们的建筑作品经受住了时间的考验，并为我们展示了他们对结构稳定性的深入理解。以下是古代建筑结构稳定性与设计原理的一些关键点。

1. 基础与地面

一座建筑的稳定性首先取决于其基础。古代的建筑师非常重视地基的选择和处理。

地基需要平整、坚固，能够支撑上面的建筑结构。例如，金字塔的底部广大，是为了确保其重量均匀分布在地面上。

在地震频发的地区，建筑的基础设计也考虑到了地震的因素，通过柔性的连接和其他技术增加建筑的抗震能力。

2. 材料选择与应用

古代的建筑师会根据可用的材料和当地的气候条件来选择最适合的建筑材料。例如，古埃及人使用了大量的石材来建造金字塔和庙宇，而古罗马人则优先使用混凝土和砖块。

这些建筑材料的选择不仅基于其可用性，还基于其物理性质，如强度、耐候性和隔热性。

3. 结构设计

桥梁、拱门和穹顶都是古代建筑师用来分散和传递重量的结构元素。

拱门和穹顶，特别是罗马风格的，能够分散重量，使建筑物更加稳固。

杠杆和滑轮系统在建筑过程中也起到了关键作用，特别是在搬运和定位重物时。

4. 自然环境的考虑

古代的建筑师充分考虑了自然环境对建筑的影响。例如，考虑到风向和太阳位置来设计建筑的方向和窗户位置，从而实现良好的通风和光照。

雨水的排放也是一个关键因素，特别是在雨季频繁的地区。屋顶的设计和排水系统都是为了确保雨水迅速流走，不会积聚在建筑物上。

5. 审美与实用

虽然稳定性和功能性是古代建筑的关键，但审美也是其不可分割的一部分。通过雕刻、绘画和装饰，古代的建筑师确保了他们的作品不仅坚固，而且美观。

建筑的形状、大小和装饰都反映了当时的文化、信仰和社会结构。

古代的建筑师通过实践和试验，发展出了一套有效的设计原则和技术，确保了他们的建筑作品既美观又稳固。这些建筑的持久性证明了他们在物理和工程方面的深入理解。

9.5 应用 2：天文观测与时间计算

9.5.1 古代天文观测工具与方法

古代文明对天文的兴趣不仅来源于对宇宙的好奇，还与他们的日常生活、农业、宗教和文化紧密相连。为了更准确地观测天体，各个文明发展出了一系列的观测工具和方法。

1. 裸眼观测

在古代，裸眼观测是最基本的天文观测方法。不同文明的人们都会在特定的时间（如夏至、冬至）观察日出和日落的位置，以确定季节和时间。

古埃及和石圈的建造者都使用了裸眼观测来确定建筑的方向，以与太阳和其他天体的相关位置相一致。

2. 日晷

日晷是古代最常见的时间测量工具。通过观测日晷上风标的阴影，人们可以大致判断一天中的时间。

从古埃及到古罗马，日晷在各种文明中都有应用，形状和设计也因地域和文化而异。

3. 星盘和天文仪

古希腊和古代中国的天文学家使用了星盘和天文仪来帮助他们确定星星的位置和运动。

这些工具使天文学家能够更准确地测量和记录星星的位置，为后来的天文研究打下了基础。

4. 天文台和观测塔

为了更好地观测天体，某些文明建造了天文台和观测塔。例如，古代玛雅文明的奇琴伊察有一座专门用于观测金星运动的天文台。

这些建筑不仅为观测提供了高点，还经常与宗教和仪式活动相结合。

5. 天文历书和记录

观测结果的记录同样重要。古代的天文学家会将他们的观测结果记录下来，编制成天文历书。

这些记录不仅帮助他们预测未来的天文事件，如日食和月食，还为现代天文学家提供了宝贵的历史资料。

9.5.2 古代天文观测设备的工作原理的模拟与可视化

古代天文观测设备主要包括日晷、星盘、天文仪等。我们可以模拟日晷的工作原理，因为其原理较为简单并且与物理学原理紧密相关。

日晷的工作原理基于太阳在天空中的运动。当阳光照射到日晷的指针（称为“风标”）上时，会在日晷的表面产生一个阴影。随着太阳在天空中的移动，这个阴影也会移动，从而表示时间的流逝。

我们可以模拟太阳在一天中不同时间的位置，然后计算出风标在日晷上的阴影位置。为了简化，我们假设观察者位于赤道附近，并且日晷是水平放置的（图 9-2）。

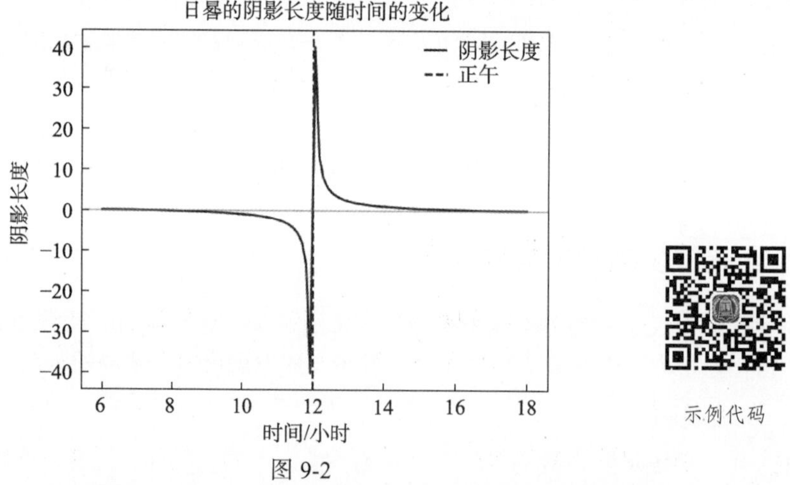

图 9-2

示例代码

图 9-2 展示了一个简化的日晷模型，其中太阳的位置随时间的变化而变化，从而导致日晷的阴影长度也随时间变化。正午时，太阳位于最高点，此时阴影长度最短。上午和下午，太阳位置较低，则阴影长度较长。

9.5.3 不同古代文明的天文观测成果与技术的分析

古人对于宇宙的好奇心驱使他们进行天文观测，他们的观测成果和技术反映了各自文明的特色和成就。

1. 古埃及

日晷与日历：埃及人使用日晷来计算时间，并基于天文观测制定了第一个太阳历。

尼罗河的涨退：埃及文明依赖尼罗河，他们发现涨水与天狼星的出现相吻合，从而利用天文事件来预测尼罗河的涨退。

2. 古希腊

地心说：古希腊天文学家托勒密认为地球位于宇宙中心，他的模型在中世纪被广泛接受。

测量地球周长：古希腊天文学家埃拉托色尼通过太阳影子的差异测量了地球的周长。

3. 古代中国

历书与天文观测：中国有长达数千年的天文记录，如《春秋》中的日食和彗星记录。

浑天仪：中国古代的天文学家使用这种大型仪器来观测星星，它可以模拟天空的运动。

4. 玛雅文明

玛雅日历：玛雅人基于行星运动，尤其是金星的运动，制定了非常精确的日历。

建筑与天文事件对齐：例如奇琴伊察的金字塔在特定的日子上，其建筑结构与太阳和阴影的对齐展现了精妙的天文现象。

5. 古巴比伦

记录天文事件：古巴比伦天文学家详细记录了日食、月食和行星的运动。

数学与天文：古巴比伦人使用了先进的数学技巧来预测天文事件。

每一个古代文明都有其独特的天文观测成果和技术，这些成果和技术为今天的天文学提供了宝贵的历史数据和研究基础。而对于这些文明来说，他们的观测成果不仅仅是为了满足好奇心，更多的是为了解决实际问题，如农业种植、节气更替、宗教仪式等。

9.6 应用 3：古代机械与自动装置

9.6.1 古希腊与古代中国的自动机械

在古代文明中，自动机械和装置代表了科技和工程的巅峰。古希腊和古代中国都有着丰富的自动装置和机械的历史，它们展示了人类对于机械原理和自动控制的深入理解。

1. 古希腊的自动机械

赫罗的自动剧院：赫罗是古希腊的一位著名工程师和数学家，他设计了一个能够自动播放 10 分钟剧目的小型剧院。这个装置利用了精密的齿轮和计时机制。

安提基特拉机械：这是一个古希腊的天文时钟，使用一系列复杂的齿轮来预测天文事件，如太阳和月亮的位置以及月食。

自动开门装置：赫罗还设计了一种自动开门的系统，使用热膨胀原理。当火燃烧并加热空气时，空气膨胀并推动一个机械装置，从而打开大门。

2. 古代中国的自动机械

水钟：古代中国的水钟使用流水来推动一系列的齿轮和悬挂的球，从而精确地计时。

自动人偶：古代中国的皇宫和寺庙中常常有自动人偶，它们可以在特定的时间做出一系列动作，如倒茶、打鼓。

张衡的地动仪：这是一个自动装置，用于检测地震。当地震发生时，装置内的铜球会从龙的嘴中滚出并落入青蛙的嘴中，从而发出警报。

古希腊和古代中国的自动机械代表了两个文明在机械工程和自动控制方面的巅峰。它们展示了古代人类对于科学原理和实际应用的卓越理解，为后来的机械和电子工程打下了基础。

9.6.2 古代机械的工作过程与机械原理的模拟与可视化

模拟古代机械的工作过程可以为学生提供一个更直观的方式来理解这些机械是如何工作的，以及它们背后的物理学原理。以下是一些模拟活动和可视化内容。

1. 安提基特拉机械

模拟内容：展示如何使用齿轮和杠杆来计算天文事件。

可视化：通过 3D 模型展示机械内部的结构，以及齿轮是如何转动的（图 9-3）。

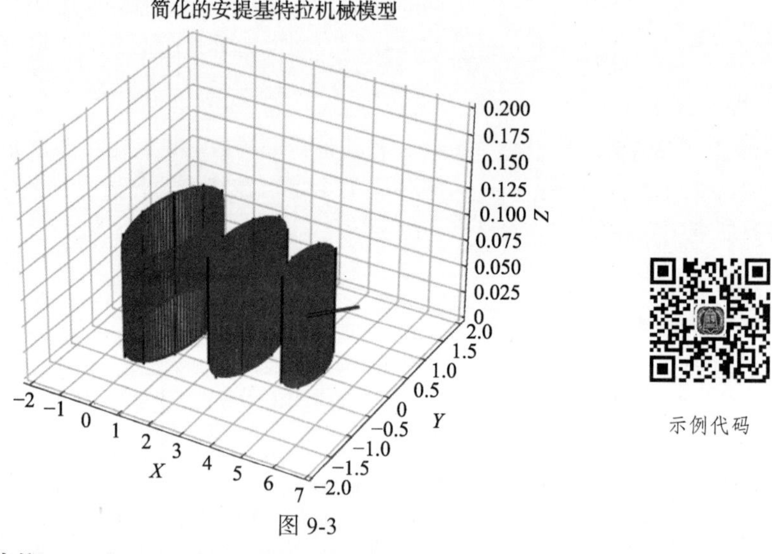

示例代码

图 9-3

2. 张衡的地动仪

张衡的地动仪是一个古代的测定地震发生的方向的仪器，设计得非常精巧。它有 8 个龙头，每个龙头朝向一个不同的方向。每个龙头的嘴里都含有一个铜球。龙头下面有一个铜蛙，口开朝上，准备接住从龙嘴里落下的铜球。当某个方向发生地震时，对应那个方向的龙会因为震动而放下铜球，铜球落入蛙口，发出声音，从而通知人们那个方向发生了地震。

模拟内容：展示地震波是如何导致装置内的机械结构移动的。

可视化：通过 3D 模型展示地动仪的内部结构，以及地震波如何触发铜球从龙的嘴中掉落。

图 9-4 是一个简化的张衡地动仪的模型。在此模型中，当地震发生时，铜球会从一个龙口落下（此处我们简化为一个红色的点）。

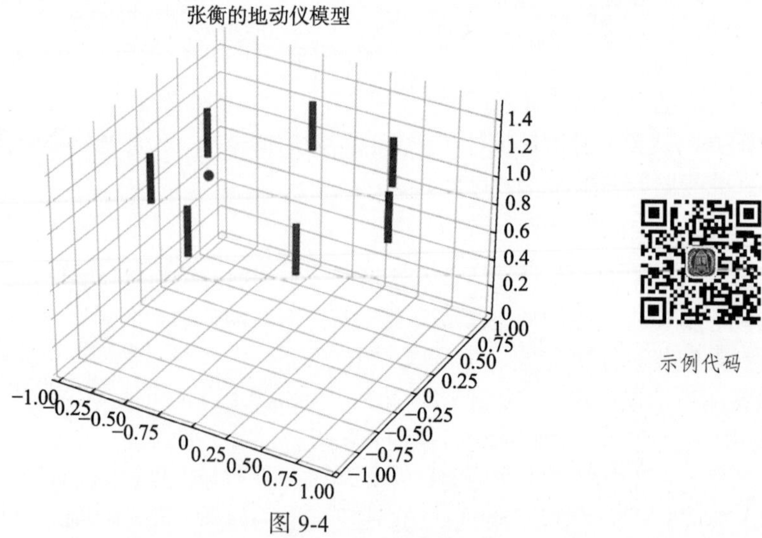

示例代码

图 9-4

3. 水钟

模拟内容：展示流水如何推动齿轮，从而计时。

可视化：使用动画展示水如何流动，以及齿轮如何随着水的流动而转动（图 9-5）。

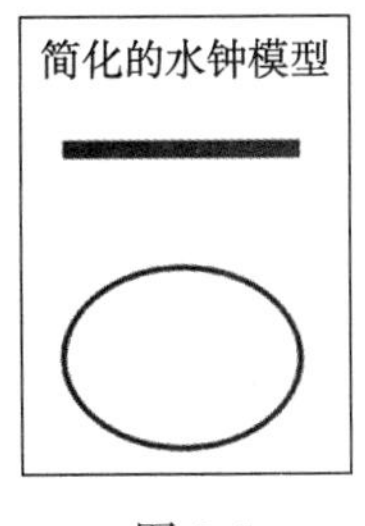

示例代码

图 9-5

图 9-5 展示了一个简化的水钟模型，其中蓝色的矩形条模拟流水，它从顶部流到齿轮。当水接触到齿轮时，齿轮开始转动。这个模型展示了水流如何驱动齿轮转动，从而模拟古代水钟的工作原理。

9.6.3 古代机械设计与现代机械的对比分析

古代的机械设计和现代的机械设计在多个方面都存在显著的差异。以下是一些关键点的对比。

1. 材料选择

古代：古代机械主要使用木材、青铜、铁和其他基本材料。

现代：现代机械使用了各种先进材料，如不锈钢、铝合金、碳纤维、陶瓷以及各种高性能塑料。

2. 精确度与公差

古代：古代的制造技术受限于手工制作，因此精确度较低，公差较大。

现代：现代制造技术，如数控机床和 3D 打印，可以实现极高的精确度和较小的公差。

3. 能源与动力

古代：古代机械主要依赖人力、动物力或自然力（如风、水）。

现代：现代机械可以使用电力、石油、天然气等多种现代能源。

4. 复杂性与功能性

古代：虽然古代的一些机械（如安提基特拉机械）非常复杂，但它们通常只有一个或少数几个功能。

现代：现代机械，如多功能机床、机器人和汽车，具有多种功能和高度复杂性。

5. 尺寸与效率

古代：古代机械往往较大，效率不高。

现代：现代机械通过优化设计和材料使用，通常更小、更轻且效率更高。

6. 维护与耐久性

古代：古代机械需要经常维护，耐用性可能会受到材料和制造技术的限制。

现代：现代机械由于使用高质量的材料和先进的制造技术，维护需求减少，耐用性增强。

7. 自动化与控制

古代：古代的机械操作主要依赖手工，缺乏自动化。

现代：许多现代机械都配备了电子控制系统，可以实现高度自动化和精确控制。

尽管古代的机械设计展现了人类的创造力和工程才能，但现代的机械设计在许多方面都有所进步，特别是在技术、材料和功能上。不过，对古代机械的研究仍然非常有价值，因为它们为我们提供了一个了解古代文明技术和工程能力的窗口。

9.7 本章习题和实验或模拟设计及课程论文研究方向

习题

选择题：

（1）古埃及的测量技术主要用于哪一方面？

A. 宗教仪式　　B. 建筑　　C. 纺织　　D. 农业

（2）亚里士多德提出的四元素学说中，以下哪一项不是基本元素？

A. 水　　B. 火　　C. 木　　D. 土

简答题：

（1）简述古希腊原子论的基本观点。

（2）古代中国的木工与冶金技术有哪些显著的成果？

（3）解释张衡的地动仪如何测定地震方向。

计算题：

如果古代的日晷用于计算时间，当阳光的角度变化为45°时，则经过了多长时间？

论述题：

（1）分析古代文明中的物理学观念对现代科学的影响。

（2）讨论古代机械与现代机械在设计、制造和应用上的主要差异。

实验或模拟设计

实验：制作原子模型

目的：理解不同的原子模型。

描述：提供给学生一组材料（如小球、细线、橡皮泥等），要求他们根据不同的原子模型（如汤姆逊的布丁模型、玻尔的太阳系模型等）制作模型。之后，讨论每个模型的特点和局限性。

实验：日晷的制作与使用

目的：了解古代测量时间的方法。

描述：提供给学生一块扁平的板子、一个直立的棍子和指南针。要求学生使用指南针确保板子平放，并将棍子垂直插入板中心。在阳光下，观察棍子的影子，并每隔一小时标记影子的位置。讨论阳光角度与时间的关系。

模拟设计：古代杠杆模拟

目的：理解杠杆原理。

描述：提供给学生一块长木板、一个支点（如一个三角形木块）和一些重物。要求学生模拟不同的杠杆原理（如第一类杠杆、第二类杠杆等），并观察力和距离的变化。

实验：制作张衡的地动仪模型

目的：理解古代地震方向测定技术。

描述：提供给学生一组材料，如小球、细线、铜盘等，要求他们制作一个简化的地动仪模型。讨论其工作原理。

课程论文研究方向

古代文明与现代物理学的交汇：研究古代文明的物理观念如何为现代物理学的发展奠定基础。

天文学在古代文明中的应用：深入研究古埃及、古希腊和古代中国在天文观测和时间计算中使用的技术和工具。

古代材料科学的探索：研究古代冶金、陶瓷和玻璃制造技术，以及它们如何影响现代材料科学的发展。

古代机械设计与现代机械工程：分析古代的机械设计原理，并与现代机械工程进行比较。

古代的科学方法与现代科学方法的对比：研究古代如何通过观察、实验和推理来发现和解释自然现象，以及这些方法与现代科学方法的相似之处和不同之处。

第 10 章　中世纪与文艺复兴时期的物理学探索

10.1　中世纪的物理学观念

10.1.1　宗教与自然哲学：中世纪欧洲的学术氛围

在中世纪的欧洲，学术研究活动主要集中在修道院和大教堂学校。这个时期，宗教对学术和哲学的思考有深远的影响，而与此同时，许多古典时期的科学知识被遗忘或被忽视。

学术氛围的限制：由于宗教的主导地位，自然哲学的许多观念都受到了限制，只有那些与基督教教义相一致的观念才被接受。宇宙的地心说视角和静止的天空是这一时期普遍接受的观点。

学者与神秘主义：许多中世纪的学者，如圣奥古斯丁和托马斯·阿奎那，都试图将基督教教义与古代哲学家的思想相结合。他们尝试使用逻辑和哲学来证明宗教的真理。

古代知识的保存：在中世纪早期，许多古典时期的文献和知识在欧洲被遗忘。然而，这些作品在伊斯兰世界得以保存并翻译成阿拉伯语。随着时间的推移，这些知识又被翻译回拉丁文，并逐渐回归欧洲。

大学的崛起：到了 12 世纪和 13 世纪，随着大学的出现，学术研究开始脱离宗教的束缚。在这些大学中，学者们开始重新探索古典知识，并开始对宗教教义提出质疑。

实验方法的萌芽：尽管中世纪的学术研究主要基于权威和逻辑推理，但也有一些学者开始强调经验和观察的重要性，为文艺复兴时期科学的繁荣奠定了基础。

中世纪欧洲的学术氛围在宗教的影响下是受限的，但随着时间的推移，学者们开始重新探索古典知识，并为后来的科学革命奠定了基础。

10.1.2　阿拉伯世界的科学传统：对古希腊知识的保存与发展

在中世纪，当欧洲深陷宗教思想的束缚时，阿拉伯世界经历了一次科学与文化的繁荣时期。这一时期，通常被称为“伊斯兰黄金时代”，从 8 世纪到 13 世纪，持续了大约 5 个世纪。

古典知识的保存：许多古希腊的哲学、医学和科学文献在阿拉伯帝国的统治下被翻译成阿拉伯语。伊斯兰学者不仅保存了这些文献，而且在此基础上进行了扩展和发展。

学术中心的建立：巴格达、科尔多瓦和其他伊斯兰城市成为学术和文化的中心。巴格达的“智慧之家”是一个著名的翻译和研究中心，吸引了来自不同文化和宗教背景的学者。

科学的发展：阿拉伯学者在数学、天文学、医学、化学和其他领域做出了重要贡献。例如，阿尔·花拉子米在代数学上的工作为后来的数学发展奠定了基础；阿维森纳的《医典》在欧洲被视为权威的医学教材达数百年。

与其他文化的交流：伊斯兰学者不仅研究古希腊的知识，还与印度、中国和其他文明交流，从而取得了新的知识，如印度的数学概念和中国的造纸术。

科学与宗教的关系：与中世纪欧洲不同，伊斯兰学者通常不认为科学与宗教之间存在冲突。相反，他们认为，通过学习自然世界，可以更好地理解神的创造。

知识的传播：到了中世纪末期，随着十字军东征和伊比利亚半岛的再基督教化，许多阿拉伯的科学文献被翻译成拉丁文，进而传播到欧洲，为文艺复兴时期的学术繁荣做出了贡献。

伊斯兰世界在中世纪的科学传统不仅保存了古希腊的知识，还对其进行了增强和扩展，为后来的文艺复兴奠定了基础。

10.2 文艺复兴与科学革命

10.2.1 天文学的革命：从地心说到日心说

文艺复兴时期，随着欧洲对古希腊和罗马文献的重新发现，科学和艺术都经历了巨大的变革。尤其在天文学领域，人们的观念发生了深刻的转变。

地心宇宙模型：古希腊哲学家克劳狄乌斯·托勒密提出了地心宇宙模型，即所有的星体围绕地球旋转。这一观念被基督教所接受，并成为中世纪欧洲的正统观念。

哥白尼的日心说：尼古拉·哥白尼于 1543 年提出了日心宇宙模型，即地球和其他行星围绕太阳旋转。这一理论对传统的宇宙观念提出了挑战。

第谷·布拉赫的观测：虽然第谷·布拉赫仍然坚持地心说，但他的精确观测为后来的日心说提供了重要数据。

约翰内斯·开普勒的行星运动定律：基于第谷·布拉赫的数据，开普勒发现了描述行星运动的三个定律，这为牛顿的万有引力理论奠定了基础。

伽利略的望远镜观测：伽利略·伽利雷是首位使用望远镜进行天文观测的人。他观察到了木星的四颗卫星、金星的相位和太阳表面的黑子，这些都为日心说提供了有力的证据。

科学方法的革新：除了天文学的具体成果，文艺复兴时期的天文学家还重视实证和观测，为现代科学方法的形成打下了基础。

从地心说到日心说的转变不仅是天文学的一个革命，更是人类对宇宙、自身地位以及知识获取方法的彻底重新思考。这一变革为后来的科学革命奠定了基础，并深刻影响了欧洲的文化、哲学和宗教观念。

10.2.2 早期的实验方法：从观察到实验

中世纪的学术研究往往基于权威的文献和哲学推理，而对实证观测和实验的重视在文艺复兴时期逐渐增强。这一转变为后来的科学革命提供了关键的推动力。

哲学推理到实证观测：在中世纪，学者们通常接受古典文献中的观点，如亚里士多德的自然哲学。但到了文艺复兴时期，人们开始更加重视实证观测，认为观察自然界是获取知识的关键。

实验的引入：伽利略·伽利雷被誉为现代实验方法的奠基人。他不仅进行了天文观测，还进行了一系列关于运动的实验，如斜坡实验。

实验工具的创新：文艺复兴时期，随着技术的进步，许多新的实验工具和技术应运而生。例如，温度计、气压计和改进的天平都为实验研究提供了工具。

实验与数学的结合：文艺复兴时期的学者开始尝试使用数学描述自然现象。伽利略和其他学者的研究表明，自然界的很多现象都可以用数学公式来描述。

实验室的兴起：17 世纪初，随着实验研究的普及，开始出现了专门用于科学实验的场所，即实验室。这标志着科学研究从业余爱好者的活动转变为专业化的研究。

文艺复兴时期，对实证观测和实验的重视为后来的科学革命奠定了基础。实验不仅为学者们提供了观察和验证理论的方法，而且也为科学研究提供了新的方向。这一时期的科学研究方法与中世纪的研究方法有着本质的区别，为现代科学方法的形成打下了坚实的基础。

10.3 应用 1：中世纪的天文观测

10.3.1 天体观测与宗教仪式

在中世纪，天文观测在欧洲文化和宗教中占据了重要的地位。教会是当时知识的中心，而宗教活动，特别是基督教的重要节日，往往与天文事件有关。因此，准确的天文观测成为了宗教仪式中不可或缺的部分。

复活节的确定：复活节是基督教的重要节日，其日期与春分和满月有关。为了确定复活节的日期，教会需要准确地知道春分和满月的日期。这就需要对天文事件进行准确的观测。

日晷和宗教仪式：在中世纪的教堂中，日晷被用来确定祷告的时间。因此，对太阳的观测对于教会的日常活动至关重要。

夜空与《圣经》：夜空中的星星和行星经常被用来解释《圣经》中的一些事件。例如，三博士星被认为是一颗特殊的星星或行星，它预示了耶稣的诞生。

宗教与天文学的结合：中世纪的天文学家往往是修道院的僧侣。他们的研究不仅仅是出于科学的好奇心，更多的是为了满足教会的需要。因此，宗教和天文学在中世纪是紧密结合的。

在中世纪，天文观测在宗教仪式中发挥了关键作用。教会需要准确的天文数据来确定重要的宗教节日，而这些数据是通过对天体的观测获得的。这种宗教和科学的结合使天文学在中世纪欧洲得到了快速的发展。

10.3.2 中世纪天文观测工具使用的模拟与可视化

在中世纪，尽管科学技术远不如现代发达，但当时的学者和观测家们已经开始使用一系列天文观测工具。其中最为突出的是星盘（Astrolabe）和早期的天文仪器。

星盘（Astrolabe）：这是一个复杂的手持仪器，可以用来测量星星或太阳的高度，并确定时间和纬度。星盘在中世纪的天文学中扮演了重要角色，被广泛使用于航海和天文观测。

四分仪（Quadrant）：这是一个四分之一圆的仪器，虽然在中世纪末期开始流行，但主要在文艺复兴时期被更广泛地使用。使用者可以通过测量星星或太阳与地平线的角度来确定其高度。

简易天文望远镜：虽然望远镜是在文艺复兴后期才被发明的，但它的发明对天文学的影响是巨大的，特别是在观测行星和其他深空天体时。

可视化模拟星盘的使用：

展示一个星盘的 3D 模型（图 10-1）。

用户可以旋转星盘，选择一个星星或太阳，并测量其高度。

根据测量的高度，计算出时间和纬度。

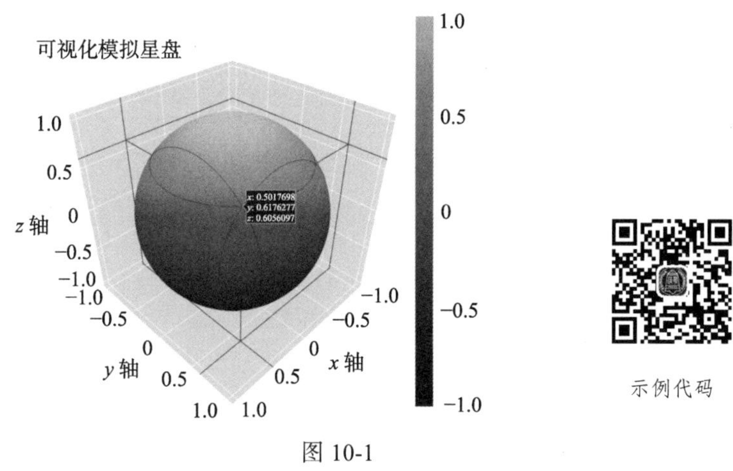

图 10-1

10.3.3　中世纪天文观测的准确性与限制的分析

中世纪的天文观测在其时代背景下取得了许多令人瞩目的成果，但由于技术和知识的局限性，其准确性和可靠性也受到了一定的制约。以下是对中世纪天文观测准确性与限制的简要分析。

1. 技术限制

观测工具的局限性：中世纪的天文观测主要依赖于肉眼和简单的观测工具，如日晷、星盘和测星仪。这些工具的精确度远远低于现代的望远镜和电子测量设备。

记录方法的简化：在没有计算机和高精度计算工具的时代，天文数据的记录和处理大多依赖于手工方法，这可能导致数据的误差和丢失。

2. 知识背景的制约

地心说：直到文艺复兴时期，欧洲学术界普遍接受地球为宇宙中心的观念。这一观念使得天文学家很难解释某些天文现象，如行星的逆行。

缺乏物理学背景：在牛顿万有引力定律之前，科学家们缺乏解释天体运动的物理学理论，这影响了他们对天文现象的深入理解。

3. 文化和宗教的影响

宗教教义的制约：在中世纪，教会在学术界有着巨大的影响力。任何与教义相抵触的观点，如日心说，都可能遭到打压。

文化传统：尽管阿拉伯世界在天文学上取得了很大的进展，并保存了古希腊的许多知识，但欧洲直到文艺复兴时期才开始广泛地接受这些知识。

尽管中世纪的天文观测受限于技术和知识，但这些工作为后来的科学革命奠定了基础。许多中世纪的天文学家，如托勒密・查尔卡利和白塔尼，都为天文学的发展做出了重要贡献。

10.4　应用 2：文艺复兴时期的艺术与物理

10.4.1　透视法在绘画中的应用

透视法是一种在二维平面上模拟三维空间深度和距离的技法。它起源于文艺复兴时期，为绘画和建筑提供了一种更接近真实的、科学化的表示方法。透视法在绘画中的应用标志着艺术与科学的交融，为西方艺术的发展开辟了新的视角。

1. 线性透视

一点透视法：所有的线条都汇聚于一个消失点。这种透视法适用于正面观看的场景，如走廊或直路。

两点透视法：用于表示从角度看到的物体。这种方法有两个消失点，通常位于画布的两侧。

三点透视法：引入了第三个消失点，通常位于画布的上方或下方，用于表示从低或高角度观察的场景。

2. 大气透视

这是一种模拟空气中颜色和对比度随距离变化的技法。远处的物体颜色会变得更浅，细节也会减少，模仿真实环境中的视觉效果。

3. 重叠与大小

在画布上，更大的物体会显得更近，而被遮挡的物体则显得更远。艺术家通过调整物体的大小和位置来模拟深度。

透视法在文艺复兴时期得到了广泛的应用。艺术家如达·芬奇、拉斐尔和米开朗基罗都在他们的作品中使用了透视技巧，使画面更具深度和真实感。这不仅展示了他们对科学和数学的了解，而且也体现了他们对观察和模拟现实世界的热情。

10.4.2 透视法原理与绘制过程的模拟与可视化

透视法的核心原理是将三维空间中的点投影到一个二维平面上。这种投影会根据观察者的位置和视角以及物体与观察者的相对距离产生不同的效果。在模拟和可视化这个过程时，我们可以使用简单的数学方法来描述这种变换，并通过图形来展示透视效果。

下面将模拟一个简单的一点透视法的绘制过程。创建一个三维空间中的简单物体（例如一个立方体，见图 10-2）。将这个物体的每个顶点投影到二维平面上。在二维平面上绘制投影后的图形。

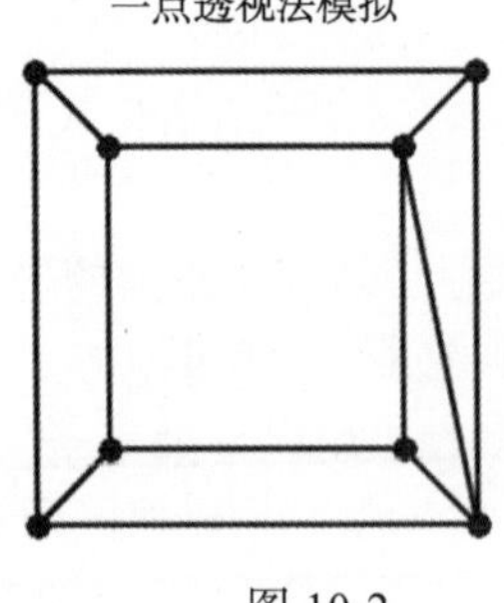

图 10-2

示例代码

10.4.3 透视法如何影响画面深度感的分析

透视法在文艺复兴时期成为了绘画技术的核心，它对于创造出三维空间深度的感觉起到了关键作用。以下是透视法如何影响画面深度感的一些主要分析点。

消失点与视线：在一点透视法中，所有的平行线都汇聚于一个消失点。这个消失点位于观察者的视线上，它为观众提供了一个焦点，并给予画面一种深度。

物体大小与距离：透视法使得画面中更远的物体显得更小，而近处的物体则显得更大。这种大小变化提供了空间感和深度感。

垂直位置：在画面中，位置较高的物体通常被解释为距离较远的物体，而位置较低的物体则看起来更近。

重叠：当一个物体部分遮挡另一个物体时，被遮挡的物体似乎更远。通过这种重叠，艺术家可以创建出层次感和深度。

阴影与光线：透视法与光线和阴影的应用相结合可以增强三维效果。通过对光线和阴影的精确描绘，物体之间的相对位置和深度关系变得更加明确。

颜色与大气透视：随着距离的增加，物体的颜色会受到大气的影响，变得更加淡化和蓝调。艺术家利用这一点来增强深度感。

清晰度与细节：近处的物体描绘得更加清晰和更具细节，而远处的物体则较为模糊。这也帮助观众理解物体在空间中的相对位置。

透视法提供了一种工具，使艺术家能够在二维平面上创造出三维空间的错觉。这种技法的运用标志着文艺复兴艺术的一大进步，它使得画面更加真实，更加接近人类的真实视觉体验。

10.5 应用 3：早期的光学研究

10.5.1 透镜与放大镜的使用与制造

在文艺复兴前后，随着科学与技术的进步，透镜技术得到了很大的发展。透镜的使用不仅仅局限于科学实验，它还在医学、天文学、艺术以及日常生活中扮演了重要角色。

1. 透镜的种类

凸透镜：中央部分比边缘厚，能将平行光汇聚于一点。

凹透镜：中央部分比边缘薄，能将平行光散开。

2. 制造方法

早期的透镜制造涉及选择合适的材料，如玻璃或水晶。这些材料首先被粗略地切割成所需的形状，然后通过研磨和抛光达到所需的精度。

透镜的质量取决于材料的纯净度、研磨的精确度以及透镜的设计。

3. 应用

放大镜：凸透镜用作简单的放大镜，帮助人们观察细小的物体或文本。

眼镜：早期的眼镜大多使用凸透镜，帮助远视的人阅读。随后，凹透镜也被用来纠正近视。

天文望远镜：①伽利略式望远镜：由一个凸透镜和一个凹透镜组成，用于天文观测。②开普勒式望远镜：由两片凸透镜组成，能够放大并观察远处的天体，图像倒置但放大倍数更高。

显微镜：使用组合透镜放大并观察微小物体。

4. 透镜与艺术

透镜的使用也影响了艺术，特别是绘画。艺术家开始使用透镜帮助他们观察和描绘细节，这在文艺复兴时期的绘画中尤为明显。

透镜的制造与使用为科学、艺术和日常生活带来了革命性的变化，它扩大了人们的视野，帮助人们更加深入地了解世界。

10.5.2 透镜成像原理的模拟与可视化

透镜成像原理的模拟与可视化主要包括了以下几个方面。

光线追踪：通过透镜的折射定律，我们可以模拟光线在经过透镜时的变化轨迹。

焦点与焦距：不同的透镜有不同的焦距，当平行光经过凸透镜时，它们会汇聚在一点上，这个点被称为焦点。

物体、透镜和成像的关系：物体、透镜和成像之间的距离关系遵循透镜公式。

我们可以模拟一个简单的透镜成像实例，并进行可视化。我们展示一个物体在透镜前的位置，以及它经过透镜后在屏幕上的成像位置（图 10-3）。

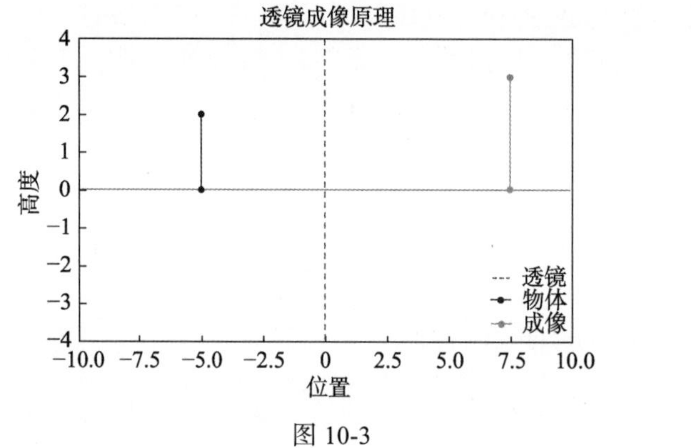

示例代码

图 10-3

如图 10-3 所示，这个模型展示了物体经过透镜后的成像原理。从图中可以看到，当一个物体被放在一个透镜的前面时，它经过透镜的折射后在另一侧形成了一个实际的像。

在这个模型中，蓝色代表物体的位置和高度。红色代表该物体经过透镜后形成的像的位置和高度。绿色虚线代表透镜的位置。

10.5.3 不同透镜的成像特点与应用的分析

透镜在光学中有着广泛的应用，其成像特点主要受其形状、折射率和配置等因素的影响。基于其形状，透镜可以大致分为凸透镜和凹透镜。

1. 凸透镜（收敛透镜）

成像特点：凸透镜可以将平行于其主光轴的入射光线收敛于一个点，这个点称为焦点。

应用：①相机镜头：用于聚焦并在感光元件上形成清晰的像。②放大镜：用于放大物体，使其看起来更大。③眼镜：矫正远视。④望远镜的目镜和物镜。

2. 凹透镜（发散透镜）

成像特点：凹透镜会使平行于其主光轴的入射光线发散。这些光线似乎是从一个虚拟的焦点发出的。

应用：①眼镜：用于较正近视。②一些特殊的相机和望远镜设计。③扩束器：用于扩大光束的直径。

除此之外，透镜的设计还涉及复杂的组合，如复眼镜、望远镜和显微镜等都使用了多个透镜，以达到特定的成像效果和放大率。

随着技术的进步，现代的透镜设计已经非常复杂，旨在消除球面像差、色差和其他光学缺陷，从而获得高质量的图像。这种进步不仅仅局限于透镜的物理形状，还涉及使用不同类型的材料和涂层，以达到特定的光学效果。

10.6　本章习题和实验或模拟设计及课程论文研究方向

习题

选择题：

（1）在中世纪，以下哪一种观点在欧洲占据主导地位？

A. 地心说　　B. 日心说

C. 火星中心说　　D. 木星中心说

（2）谁是日心说的主要提倡者？

A. 伽利略　　B. 牛顿

C. 达・芬奇　　D. 哥白尼

（3）在文艺复兴时期，透视法在绘画中的主要作用是什么？

A. 为了使画面更加有趣　　B. 增加画面的深度感和三维感

C. 提高画的售价　　D. 使颜色更加鲜艳

简答题：

（1）简述阿拉伯学术在中世纪对欧洲学术的影响。

（2）简述文艺复兴时期的透视法如何改变了绘画的风格和技巧。

分析题：

（1）分析日心说与地心说的主要区别，并解释为什么日心说最终在学术界获得了认可。

（2）从物理学的角度分析达・芬奇的机械设计的特点和创新之处。

实验或模拟设计

实验：模拟地心说与日心说

目的：理解地心说和日心说的基本原理。

描述：使用一个大球代表太阳，小球代表地球，并用一条绳子连接它们。首先，将大球固定在中心，模拟日心说时，小球围绕大球移动。然后，将小球固定在中心，模拟地心说时，大球围绕小球移动。观察并记录两种模型的差异。

实验：透视法绘画

目的：理解透视法如何增加绘画的深度感。

描述：提供给学生一张纸、一支笔和一个简单的物体（如一个立方体）。要求学生首先尝试不使用透视法绘画物体，然后使用透视法绘画同一个物体。比较两幅画的差异。

实验：达・芬奇机械设计

目的：探索文艺复兴时期的机械设计原理。

描述：提供给学生一组简单的机械零件（如齿轮、杠杆、滑轮等），要求学生设计并构建一个简单的机械设备，例如一个升降机或一个传动装置。讨论其工作原理并与达·芬奇的设计进行比较。

论文研究方向

中世纪宗教观念对科学发展的影响：探讨宗教在中世纪如何塑造或限制了科学的发展，特别是在天文学和物理学领域。

文艺复兴时期艺术与科学的交汇：研究透视法、光学和物理学知识如何为绘画和雕塑提供了新的技巧和工具。

阿拉伯世界的科学传统与其对欧洲的贡献：深入研究阿拉伯学者如何保存和传承古希腊和罗马的科学知识，以及他们的原创贡献。

文艺复兴时期机械设计的革命：分析达·芬奇和其他文艺复兴时期工程师的机械设计如何预示了现代机械工程的发展。

天文学在中世纪到文艺复兴时期的转变：探索天文学观点如何从地心说转向日心说，以及这一转变背后的科学、哲学和社会因素。

第 11 章　工业革命与物理学的进步

11.1　工业革命的起源

11.1.1　机械化与工厂制造：早期的工业化进程

工业革命，始于 18 世纪的英国，是近现代史上最重要的经济和技术变革之一。它标志着从手工劳动到机器生产的转变，从农业社会到工业社会的过渡。这一进程带来了巨大的社会、经济和技术变革，对世界的发展产生了深远的影响。

在工业革命之前，大多数生产活动都是在家中或小作坊中进行的，人们主要依靠手工工具和简单的机械进行生产。但在 18 世纪中期，随着蒸汽机、纺织机和其他机械的出现，生产方式发生了根本性的变化。

1. 蒸汽机的革命性影响

蒸汽机的发明是工业革命的关键。它不仅使得工厂能够摆脱对风能和水能的依赖，更重要的是，它提供了前所未有的动力，使得生产能够在更大规模和更高效率上进行。这一创新导致了生产力的巨大增长，为工业化的快速发展奠定了基础。

2. 工厂制造的崛起

随着机械化的发展，工厂制造开始取代传统的手工业。这一转变不仅改变了生产方式，还改变了人们的工作和生活方式。大量的劳动力从农村流向城市，寻找工厂工作，这导致了城市的迅速扩张和城市化的进程。

3. 工业化带来的社会变革

工业化不仅仅是一个经济现象，它还带来了深刻的社会和文化变革。新的生产方式和工作方式改变了人们的生活节奏，催生了新的社会阶层，如工人阶级和资本家。此外，工业化还导致了许多社会问题，如环境污染、劳工剥削和城市化带来的问题。

工业革命是近现代史上最重要的变革之一，它不仅改变了生产方式，还深刻地影响了社会结构、文化和人们的生活方式。

11.1.2　蒸汽机的革命：从纽科门到瓦特

蒸汽机的出现与完善无疑是工业革命中最具突破性的技术进步之一。它的发展不仅推动了工业生产的机械化，还为交通和能源产业的革命铺设了道路。

1. 纽科门的初步尝试

早期的蒸汽机，如纽科门在 1712 年设计的大气式蒸汽机，主要用于抽水。这种机器的工作原理是利用蒸汽产生的压力使活塞上下移动，从而驱动泵抽取水。尽管纽科门的设计相对简单且效率不高，但它是第一个实用的蒸汽机，为后续的改进与发展奠定了基础。

2. 瓦特的改进与完善

詹姆斯·瓦特在 1769 年获得了他的第一个蒸汽机专利。他对纽科门的设计进行了许多改进，其中最重要的是引入了一个独立的冷凝器，使得主汽缸可以保持热态。这大大提高了蒸汽机的效率。此外，瓦特还引入了一个调节机制，使得蒸汽机可以保持恒定的速度，这对于工厂中的生产线至关重要。

瓦特的改进使蒸汽机从单纯的抽水设备转变为广泛应用于各种工业生产中的动力来源。他与商业伙伴马修·波尔顿合作，建立了制造和销售蒸汽机的企业，为工业革命中的机械化生产提供了关键的动力。

3. 蒸汽机的社会影响

蒸汽机的广泛应用带来了生产力的巨大增长，同时也引发了一系列社会与文化的变革。大量的农村劳动力涌入城市，寻找工厂工作，导致了城市化的快速发展。同时，蒸汽机的应用也催生了铁路和蒸汽船的发展，为交通运输带来了革命性的变革。

从纽科门的初步尝试到瓦特的改进与完善，蒸汽机的发展不仅推动了工业革命的进程，还深刻地改变了社会、经济和文化的面貌。

11.2　物理学在工业革命中的角色

11.2.1　热力学与蒸汽机的优化

工业革命期间，蒸汽机的广泛应用和对其性能的持续追求，使得工程师和科学家开始对蒸汽机的工作原理进行深入研究，这为热力学的形成和发展创造了条件。

1. 热力学的早期研究

在蒸汽机开始广泛应用之初，人们对其工作原理知之甚少。但随着技术的进步和对蒸汽机性能的进一步需求，研究者开始对蒸汽机内部发生的物理过程进行深入探讨。萨迪·卡诺在 1824 年提出了著名的卡诺循环，这是热力学历史上的一个里程碑。

2. 卡诺循环与蒸汽机的优化

卡诺深入研究了理想化的热机，并提出了卡诺循环的概念。他认为，热机的效率是由其工作介质在两个温度之间进行循环所决定的。通过这一理论，卡诺得出了热机可能达到的最高效率。这一发现对后来热机的设计和优化起到了关键作用。

3. 热力学定律的形成

随着研究的深入，热力学定律逐渐形成。热力学第一定律，也称为能量守恒定律，说明能量不能被创造或消失，但可以从一种形式转化为另一种形式。热力学第二定律则与熵有关，它描述了自然过程中熵的增加，从而为热机的效率设定了上限。

4. 对蒸汽机的实际应用

热力学的基本定律为蒸汽机的设计者提供了理论基础，使他们能够优化蒸汽机的性能。例如，通过选择合适的冷却剂，工程师可以有效地提高蒸汽机的效率。此外，对于不同应用场合，工程师还可以选择不同类型的蒸汽机。

热力学在工业革命中起到了关键作用，为蒸汽机的优化提供了理论支持，从而推动了工业生产的进一步发展。

11.2.2 电学的兴起与电力工业的发展

工业革命的中后期，电学的发展与应用为社会带来了深远的变革。电力不仅彻底改变了人们的日常生活，还推动了工业生产的现代化。

1. 电学的早期研究

电的现象自古就为人所知，但长时间内，人们对其知之甚少。18 世纪中期，本杰明·富兰克林等学者开始进行系统的实验研究，对电现象进行了初步的理解和分类。

2. 伏特、安培和欧姆的贡献

19 世纪初，意大利物理学家伏特发明了第一个电池，为电学实验提供了稳定的电源。此后，安培、欧姆等学者对电流、电压和电阻之间的关系进行了深入研究，为电学理论的发展奠定了坚实的基础。

3. 法拉第与电磁感应

迈克尔·法拉第的实验研究揭示了电磁感应现象，这一发现为电力工业的发展打开了大门。通过电磁感应，人们可以利用机械能来产生电能，这为电力的大规模生产和应用提供了可能。

4. 电力工业的兴起

随着对电学理论的深入了解和技术的进步，电力工业迅速崛起。托马斯·爱迪生、尼古拉·特斯拉和乔治·威斯汀豪斯等先驱者为电力系统的建设和发展做出了巨大贡献。

5. 电力的社会影响

电力的应用彻底改变了社会。工厂、交通、通信、家庭生活等各个领域都受到了电力的深刻影响。电力的普及使得工业生产更加高效，城市化进程加速，信息传播速度大大提高。

电学的兴起与电力工业的发展是工业革命中的一个重要里程碑。电力不仅推动了工业的现代化，还为社会带来了深远的变革，为人类的进步开辟了新的道路。

11.3 应用 1：蒸汽机与热力学

11.3.1 蒸汽机的工作原理与热力学定律

1. 蒸汽机的工作原理

蒸汽机是利用蒸汽膨胀产生动力的机器。它的基本原理是，当水在锅炉中加热变成蒸汽时，蒸汽的体积会迅速膨胀。这种膨胀的蒸汽被引导到活塞上，使活塞产生运动。活塞的运动可以通过连杆转化为旋转运动，从而驱动机器或车辆。

2. 热力学与蒸汽机

蒸汽机的设计与优化与热力学定律紧密相关。热力学第一定律，也称为能量守恒定律，告诉我们能量不能被创建或消失，只能从一种形式转化为另一种形式。在蒸汽机中，化学能（燃烧煤或木头）被转化为热能，然后再转化为机械能。

热力学第二定律涉及能量转化的效率。它告诉我们，不可能设计出一个能量转换效率为100%的热机。这是因为当热能从高温源转移到低温源时，总会有一部分热能转化为无用的熵。在蒸汽机中，这意味着总会有一部分燃料的能量被浪费，不能转化为有用的机械工作。

3. 蒸汽机与工业革命

蒸汽机在工业革命中发挥了关键作用。它为各种机器提供了动力，推动了工业生产的现代化。蒸汽机的广泛应用促进了社会经济的快速发展。

蒸汽机与热力学定律之间的关系是密不可分的。理解热力学定律不仅有助于我们了解蒸汽机的工作原理，还可以帮助我们设计出更加高效和经济的机器。

11.3.2 蒸汽机工作循环与效率的模拟与可视化

模拟蒸汽机的工作循环和效率涉及热力学的基本定律，特别是奥托循环和卡诺循环。在这里，我们简化地模拟一个蒸汽机的工作循环，并可视化其在 *P-V*（压力-体积）图上的表现。我们同时计算其效率，但为了简化，我们使用卡诺效率公式：

$$\text{效率} = 1 - \frac{T_c}{T_h}$$

其中，T_c 是低温热源的温度（例如环境温度），T_h 是高温热源的温度。

首先，我们可以模拟蒸汽机的 *P-V* 循环，并在图 11-1 上显示其工作过程。然后，我们计算该循环的效率。

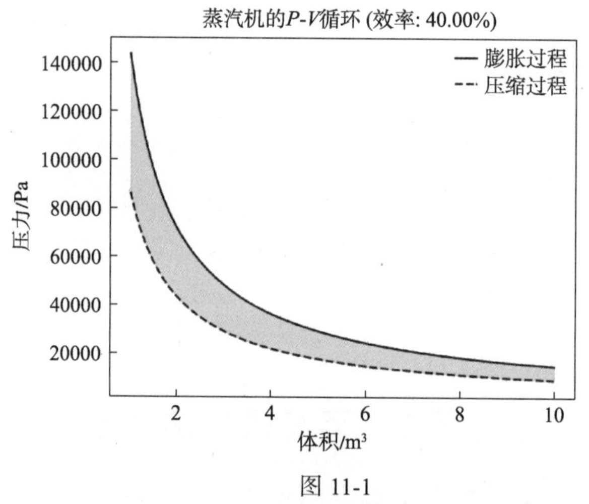

图 11-1

示例代码

11.3.3 蒸汽机工作过程中的能量转换与利用的分析

蒸汽机是工业革命中的一项关键发明，它使得能量可以从一个形式转换为另一个形式，并在机器中得到应用。在这部分，我们深入探讨蒸汽机工作过程中的能量转换和利用。

1. 热能到机械能的转换

煤或其他燃料在锅炉中燃烧时，会产生大量的热能。

这种热能被用来加热水并转化为蒸汽。

高压蒸汽随后驱动一个活塞或涡轮，从而将热能转化为机械能。

2. 活塞的往复运动

蒸汽机的关键部分是一个活塞，它在一个缸内往复运动。

当蒸汽进入缸并对活塞施加压力时，活塞会移动，从而完成一个行程。

当蒸汽被冷却并凝结回水时，活塞返回其原始位置，准备下一次的膨胀。

3. 机械能的利用

通过与其他机械部件（如曲轴、齿轮和带）的连接，活塞的往复运动可以被转化为旋转运动。

这种旋转能量可以用来驱动各种机器，如纺织机、磨坊、火车等。

4. 效率的考虑

虽然蒸汽机极大地提高了能量的利用率，但其效率仍受到许多因素的限制，如热损失、摩擦和锅炉的效率。

蒸汽机的设计和改进一直是为了提高其转换效率，减少热损失并提高其总体性能。

5. 环境影响

虽然蒸汽机带来了许多工业和社会方面的好处，但它也对环境产生了影响。燃烧煤炭产生的排放导致了大气污染，并对全球气候变化有所影响。

随着时间的推移，研究人员和工程师开始寻找更干净、更高效的能量转换方法，导致了更多的技术创新和发展。

蒸汽机是能量转换和利用的一个里程碑，它不仅改变了工业生产的方式，而且塑造了现代社会的许多方面。其设计和工作原理为现代热力学的发展奠定了基础，并继续对当今的技术和创新产生影响。

11.4 应用 2：电力系统与电磁学

11.4.1 早期的电力发电与输电技术

电的发现和应用彻底改变了现代社会。从早期的实验到实际的电力应用，电力技术的发展迅速，为工业革命提供了强大的支持。

1. 静电

电的发现可以追溯到古希腊时期，当时人们发现琥珀在摩擦后会吸引轻微的物体。这种现象后来被称为静电。

这种对静电的早期认识为后来的研究和实验奠定了基础。

2. 伏打电堆

1800 年，意大利科学家亚历山德罗·伏打发明了世界上第一个化学电池，称为“伏打电堆”。它使用两种不同的金属和盐水作为电解质来产生电流。

这个发明是电力技术的重大突破，它首次提供了一种可靠的电能来源。

3. 法拉第的发电机

1831 年，迈克尔·法拉第发现了电磁感应，即导体切割磁力线可以产生电流。这一发现为发电机的发明奠定了基础。

法拉第设计了第一个简单的发电机，它使用磁场和线圈来产生电流。

4. 早期的发电和输电

19 世纪后期，随着电力需求的增加，人们开始建设大型的发电站。

初始的电力输送主要使用直流（DC），但这种方式在长距离传输中存在效率损失。

尼古拉·特斯拉和乔治·威斯汀豪斯开发了交流（AC）输电技术，这一技术可以有效地在长距离内传输电力，而且可以利用变压器进行电压的升降。

5. 电线与绝缘

为了安全和高效地传输电力，电线和绝缘材料的发展变得至关重要。

起初，裸露的导线被用于短距离的电力传输，但这存在安全风险。

随着时间的推移，人们开始使用橡胶和其他材料作为绝缘，以防止电击和短路。

这些早期的发现和发明为现代电力系统的建立奠定了基础，并为全球的工业化和现代化提供了支持。电力技术的进步使得我们能够更有效地生产、传输和使用电能，从而推动了社会和经济的进步。

11.4.2 电力系统中的电流、电压与功率分布的模拟与可视化

为了模拟电力系统中的电流、电压和功率分布，我们可以考虑一个简化的模型：一个发电站通过输电线向几个家庭和工业用户供电。

模型参数。发电站的总功率为 P_{total}。我们有几个用户，每个用户的电压需求和功率需求都是已知的。输电线的电阻也是已知的。

计算。根据欧姆定律，我们可以计算每个用户的电流需求。根据功率公式，我们可以计算每个用户的功率需求。我们还可以考虑输电线上的功率损失。

图 11-2 为我们展示了三个不同部门（住宅、商业和工业）在一天内的电流、电压和功率的分布情况。

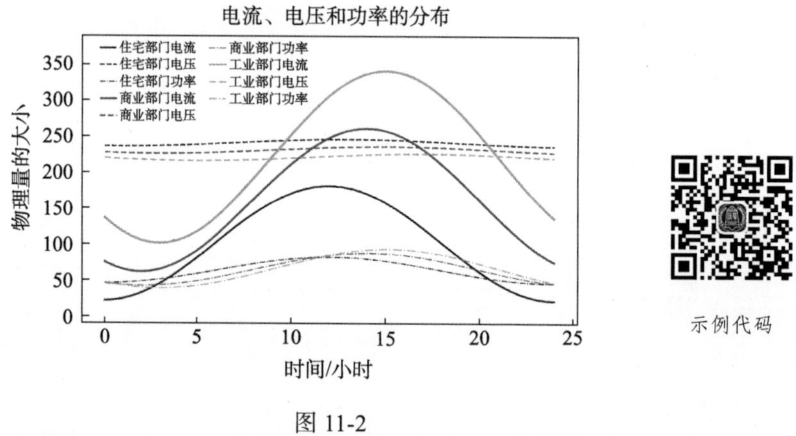

图 11-2

电流分布：从图中可以看出，每个部门的电流需求都有其特定的高峰和低谷。例如，住宅部门在早上和晚上的用电量最大，而在夜间最小；商业部门在工作时间内电流需求增加，而在非工作时间则减少；工业部门的用电则相对稳定，但在工作高峰期也会有所增加。

电压分布：住宅部门的电压略有波动，这可能是由家用设备的启动和关闭造成的。商业和工业部门的电压则相对稳定。

功率分布：功率是电流和电压的乘积。由于电压相对稳定，因此功率的变化趋势与电流相似。我们可以看到，每个部门的功率需求与其电流需求的变化趋势相同。

通过这种方式，我们可以更好地了解各个部门的用电习惯和需求，以便于电力供应商进行更有效的电力分配和调度。

11.4.3 电力网络的稳定性与优化策略的分析

1. 电力网络的稳定性

电力网络的稳定性是指在电网内外部扰动下，系统能维持正常运行状态或在扰动消失后能恢复到正常状态的能力。电力系统的稳定性主要包括以下几方面。

瞬态稳定性：在大的扰动（如线路断开、故障清除等）后，系统能否迅速恢复到新的稳定运行状态。

长时稳定性：与慢速变化的系统状态有关，例如负荷的逐渐增加或发电机输出功率的逐渐减小。

电压稳定性：在扰动后系统内某一点或某一区域的电压能否维持在规定的范围内。

2. 优化策略

负荷预测与调度：通过对电力需求的预测，可以提前进行发电计划调整，保证电力供应与需求之间的平衡。

多源供电：多个电源并联供电可以增加系统的鲁棒性，当某个电源出现问题时，其他电源可以迅速接管，保证电力供应不中断。

储能装置的使用：例如蓄电池、飞轮等储能装置可以在电力需求高峰期提供额外的电力，避免供电短缺。

网络重构：根据实际情况，对电网进行结构优化，提高其稳定性和可靠性。

引入智能电网技术：通过引入先进的传感器、通信技术和控制策略，实现电网的智能化管理，提高其调度效率和稳定性。

电力市场机制：引入市场机制，鼓励电力用户在需求高峰期减少用电，鼓励发电企业增加发电量，从而实现供需平衡。

随着电力系统的复杂性增加，保持其稳定性和可靠性变得越来越重要。通过上述策略，我们可以有效地提高电力系统的稳定性，确保电力供应的连续性和可靠性。

11.5 应用 3：机械制造与物理学原理

11.5.1 早期的机床设计与制造技术

在工业革命之前，大多数制造工作都是手工完成的。但随着科技和工程技术的进步，人们开始开发用于特定任务的机械设备，即机床。这些机床在制造业中扮演了关键的角色，极大地提高了生产率、精度和效率。

车床：这是最早的机床之一，用于加工旋转的工件。通过固定工件并使其旋转，同时将刀具按照特定的路径推向工件，从而去除多余的材料。

钻床：用于在固定的工件上钻孔。工件固定在工作台上，而钻头则通过旋转和垂直运动来钻孔。

磨床：用于磨削工件，提高其表面精度。这是通过一个旋转的砂轮完成的，通过该砂轮研磨表面去除工件的表层。

铣床：铣床与车床相似，但是它是用来加工不旋转的工件的。工件固定在工作台上，而刀具则在多个轴上移动，去除多余的材料。

这些早期的机床设计注重简单、稳固和可靠。使用铸铁和其他重型材料制造，确保机床在高应力和重复应用下的稳定性。早期的机床大多是手动操作的，但随着蒸汽动力和电动机的发展，许多机床开始自动化，从而进一步提高了生产效率。

此外，物理学对机床的设计和功能有深远的影响。如杠杆原理、动量守恒定律和能量守恒定律，都在机床的设计和操作中发挥了关键作用。这些物理学原理帮助工程师理解和预测机床在操作过程中的行为，从而设计出更为高效和精确的机器。

11.5.2 机床工作原理与物理特性的模拟与可视化

为了模拟和可视化机床的工作原理和物理特性，我们选择一个具体的机床——车床来作为示例。车床主要用于加工旋转的工件。

车床的工作原理：

工件被固定在一个旋转的夹头或者中心点上。

旋转的工件会在一个刀具前面旋转。

刀具会在特定的路径上移动，从而在工件上切割出所需的形状。

车床的物理特性模拟：

旋转动力：这是由车床的主轴驱动的，通常是通过电机提供动力的。我们可以模拟电机的转速和旋转的动力对工件的影响。

切削力：当刀具接触旋转的工件时，它会施加一个切割力。这种力的大小和方向取决于刀具的形状、材料和切割深度。

热量：切割过程中会产生热量，这可能会影响工件的材料特性和尺寸。我们可以模拟切割时产生的热量，并考虑其对工件的影响。

现在，我们来模拟和可视化车床的工作过程。为了简化模型，我们仅考虑旋转速度和切割深度对切割力的影响。在图 11-3 中，浅灰色的圆代表原始的工件，深入的蓝色椭圆表示刀具在不同深度进行切割，颜色的深浅变化代表刀具深入工件的不同深度。

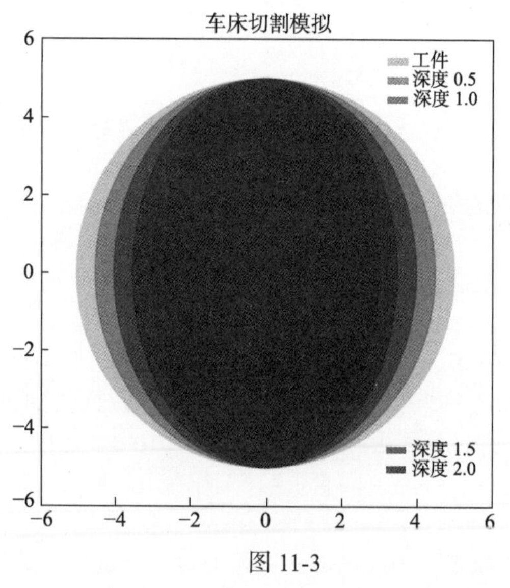

图 11-3

示例代码

从图中可以看出，刀具逐渐深入工件，模拟了车床的切割过程。

11.5.3 机床精度与效率的对比分析

在工业革命期间，机床的发展对于规模化生产和工业化进程起到了至关重要的作用。机床的主要功能是将原材料转化为具有特定尺寸和形状的部件。为了满足生产的需求，机床必须同时考虑精度和效率。以下是机床精度与效率的对比分析。

1. 机床精度

定义：机床精度是指机床制造出的零件尺寸、形状和位置的精确度。

影响因素：工具磨损、机床刚性、工作温度、操作技能等。

优点：生产出的零件具有更好的质量和更长的使用寿命。可以满足特定的工业应用和标准。减少了零件之间的变差，提高了装配效率。

缺点：高精度的机床通常更昂贵。高精度切割可能会降低生产速度。

2. 机床效率

定义：机床效率是指机床在单位时间内完成工作的能力。

影响因素：机床的动力、操作速度、自动化程度、刀具更换时间等。

优点：高效率意味着更快的生产速度。可以更快地满足大规模生产的需求。降低了单位产品的生产成本。

缺点：过高的效率可能会牺牲精度。机床可能会因为持续高速操作而过热或磨损。

3. 权衡与应用

在某些工业应用中，例如，航空或医疗器械，精度可能比效率更重要。在大规模生产和消费品制造中，效率可能是更主要的考虑因素。随着技术的发展，现代机床往往在保证精度的同时也实现了较高的效率。

机床的精度与效率是两个相互关联但有时又相互矛盾的因素。制造商和操作者需要根据具体的生产需求和标准来权衡这两个因素，以达到最佳的生产效果。

11.6 本章习题和实验或模拟设计及课程论文研究方向

习题

选择题：

（1）蒸汽机的工作原理基于：

A. 磁力作用 B. 电化学反应

C. 液体到气体的相变 D. 弹性形变

（2）以下哪项技术在工业革命中起到了关键作用？

A. 电子计算机 B. 蒸汽机

C. 核反应 D. 太阳能

（3）早期电力发电主要依赖：

A. 风力 B. 太阳能

C. 水力 D. 石油

简答题：

（1）解释蒸汽机在工业革命中的重要性。

（2）简述电力如何改变了 19 世纪的工业和家庭生活。

（3）讨论热力学定律如何影响蒸汽机的效率和设计。

应用题：

设计一个简单的蒸汽机模型，并解释其工作原理。

给定一个电力分布图，分析电流、电压和功率的变化，并提出优化建议。

论述题：

讨论工业革命对环境和社会的影响，以及如何在现代社会中解决这些问题。

实验或模拟设计

模拟设计：蒸汽机模拟

目的：理解蒸汽机的基本工作原理。

描述：使用一个容器、水和加热元件模拟蒸汽机的操作。当水被加热到沸腾时，产生的蒸汽会推动一个小型活塞或轮子。观察并记录不同温度下活塞的移动速度。

模拟设计：简单电路模拟

目的：理解电流、电压和电阻的关系。

描述：使用电池、导线、电阻、开关和灯泡建立一个简单的电路。通过改变电阻值和观察灯泡的亮度，学生可以学习欧姆定律。

模拟设计：水力发电模拟

目的：理解水力发电的基本原理。

描述：使用一个小型水轮和发电机来模拟水力发电站的工作原理。将水从一定的高度倒入水轮上，使其转动，进而驱动发电机产生电流。使用电流表和电压表测量输出。

课程论文研究方向

蒸汽机的历史与技术演进：研究蒸汽机从初步设计到其在工业革命中的主导地位的历史和技术发展。

电力网络的早期发展：探讨电力如何从实验室走向大众，以及早期电力网络的设计和挑战。

机械制造与物理学原理：深入研究早期机床的设计原理，以及如何通过物理学原理优化其性能。

交通工具的革新：分析火车、汽车和船只如何改变了人类的生活方式，以及物理学在其中扮演的角色。

工业革命中的环境挑战：探索工业革命如何对环境产生影响，以及如何应对这些挑战。

这些论文研究方向旨在帮助学生更深入地了解工业革命期间物理学的应用，以及这些应用如何推动技术和社会进步。

第 12 章　20 世纪的物理学与社会变革

12.1　两次世界大战与物理学

12.1.1　一战时期的技术与物理应用

一战是 20 世纪初的全球性军事冲突，涉及了多数世界大国。尽管一战是由政治、经济和文化因素导致的，但技术进步在战争中起到了关键作用。

无线电通信：在一战中，无线电开始作为军事通信的重要工具。无线电使得指挥官能够在战场上更加迅速、准确地传达命令，提高了军队的行动效率。

毒气：虽然毒气的使用在现代被视为不人道，但在一战中，它是一种新的、致命的武器。物理学和化学在毒气的研发中起到了关键作用。

飞机：虽然飞机在一战前就已经出现，但它在战争中首次被用作侦查和轰炸工具。物理学在飞机设计、空气动力学以及飞行原理中都有所应用。

声呐技术：为了对抗潜艇，声呐技术在一战中首次得到了应用。它利用声波在水中的传播来检测并定位潜艇。

防护设备：一战中的士兵面临各种新型武器的威胁，如毒气和机枪。为了保护士兵，研发了如防毒面具和钢盔等防护设备。物理学在这些设备的设计和材料选择中起到了关键作用。

这些技术进步不仅改变了战争的面貌，而且在战后的和平时期，为社会和经济的发展提供了新的技术和工具。

12.1.2　二战与原子弹：物理学的军事应用

二战是 20 世纪中叶的全球性军事冲突，涉及了世界上几乎所有的大国。这场战争的规模和影响都超过了一战。物理学在二战中起到了至关重要的作用，尤其是在原子弹的研发中。

曼哈顿计划：这是美国在二战中启动的一个秘密项目，目的是研发原子弹。该项目集合了数百名世界顶级的物理学家，包括罗伯特·奥本海默和理查德·费曼。经过多年的研究，他们成功地在 1945 年爆炸了世界上第一颗原子弹。

核裂变：原子弹的能量来源于核裂变，这是一个物理过程，其中原子核分裂成两个或更多的较小核，同时释放出巨大的能量。这个过程是由物理学家奥托·哈恩和弗里茨·斯特拉斯曼首次发现的。

原子弹的影响：当原子弹在日本的广岛和长崎爆炸时，它们瞬间造成了数万人的死亡，并在随后的几年中导致了更多人死亡。这两次爆炸加速了日本的投降，从而结束了二战。但同时，这也引发了冷战时期的核军备竞赛。

科学、道德与社会：原子弹的使用引起了关于科学、道德和社会责任的广泛讨论。一些参与原子弹研发的科学家后来成为核裁军的倡导者，他们认为科学家有责任确保他们的发现被用于和平目的。

核能的和平利用：尽管原子弹是核能的军事应用，但核能也被用于和平目的，如核电站。这再次显示了物理学在现代社会中的双重角色。

二战结束后，物理学继续发展，为社会带来了许多新的技术和工具。但原子弹的影响仍然深远，它是科学、技术和道德之间复杂关系的一个重要例子。

12.2 冷战与太空竞赛

冷战时期是 20 世纪中叶到后期的一个时期，主要是由两个超级大国——美国和苏联——之间的政治和军事紧张关系所定义的。在这一时期，太空竞赛成为两国间竞争的重要方面，它不仅推动了火箭技术和宇宙探索的发展，还成为民族自豪和技术实力的象征。

12.2.1 火箭技术与宇宙探索

V-2 火箭：在二战期间，纳粹德国发明了 V-2 火箭作为武器，它是世界上第一个弹道导弹。战后，美国和苏联都获取了 V-2 火箭的技术，并在此基础上发展了自己的火箭项目。

人造卫星：1957 年，苏联成功地发射了世界上第一颗人造卫星——斯普特尼克 1 号，这标志着太空竞赛的开始。一年后，美国也发射了自己的第一颗人造卫星——探险者 1 号。

载人航天：1961 年，苏联宇航员尤里・加加林成为了第一个进入太空的人。不久之后，美国也开始了载人航天计划，如水星计划和宇宙飞船计划。

登月竞赛：在 20 世纪 60 年代，登月成为太空竞赛的主要目标。1969 年，美国的阿波罗 11 号任务成功地将两名宇航员——尼尔・奥尔登・阿姆斯特朗——送到了月球表面。

太空探索的科学价值：除了政治和军事目的外，太空探索也为科学带来了巨大的收益。从太空望远镜到火星车，宇宙探索提供了大量关于宇宙、星系、行星和生命起源的信息。

太空竞赛不仅推动了火箭和航天技术的发展，还为科学、工程和数学教育带来了新的视野和发展。尽管冷战现已结束，但太空探索仍然是人类科学和技术发展的前沿。

12.2.2 通信卫星与全球信息网络

随着 20 世纪中叶的太空竞赛，通信卫星技术的发展和应用逐渐成为一个重要的焦点。这一技术的进步为全球通信网络的建立奠定了基础，从而彻底改变了信息传播和全球互联的方式。

早期的通信卫星：1962 年，美国成功发射了世界上第一颗主动通信卫星——特勒星。这一创举标志着通信卫星技术的开始，而后续的几十年内，多个国家纷纷投入了这一领域，建立了自己的通信卫星网络。

全球覆盖与即时通信：随着更多的通信卫星被发射到地球上空的各个轨道，它们开始为全球提供即时通信服务。这使得电话、电视和无线电广播之间的实时跨洲对话成为可能。

互联网与通信卫星：随着互联网的兴起，通信卫星开始扮演为偏远地区提供网络连接的角色，特别是在那些地理环境复杂、布线困难的地方。

导航与定位系统：除了传统的通信服务外，卫星技术也被用于全球定位系统（如 GPS）。这种技术的应用范围从民用导航到军事定位，几乎无所不包。

未来的趋势：随着技术的进步，通信卫星变得更加小巧、高效。低轨道的卫星群（如 SpaceX 的 Starlink）有望提供更高速、更低延迟的全球宽带互联网服务。

20 世纪的通信卫星技术为全球化的社会和经济带来了革命性的变革。它不仅使得信息能够在瞬间跨越大洋，而且还为偏远地区的人们提供了接入世界的窗口。

12.3　20 世纪的物理学突破

12.3.1　量子力学与半导体革命

20 世纪初，物理学领域面临着一系列未解之谜，如黑体辐射和光电效应等。这导致了一个全新理论体系的诞生——量子力学。量子力学为我们提供了描述微观世界行为的工具，从而使我们能够深入理解物质的基本性质。

量子力学的诞生：量子力学的基础理论起源于普朗克、爱因斯坦、德布罗意和玻尔等人的工作。这一理论为物理学界带来了革命性的变革，使我们能够描述和理解原子、分子和固体物质的行为。

半导体与晶体管：量子力学的发展为半导体物理的发展打下了坚实的基础。20 世纪中叶，贝尔实验室的研究人员发明了晶体管，这一发明为信息技术革命铺平了道路。晶体管取代了电子管，使电子设备变得更小、更便宜、更高效。

集成电路与微处理器：随着半导体制造技术的进步，更多的晶体管可以集成到单片硅片上。这导致了集成电路和微处理器的发展，为现代计算技术的崛起创造了条件。

半导体在现代社会的应用：从个人计算机到智能手机，再到现代的互联网基础设施，半导体技术无处不在。它为数字时代的来临和信息技术的革命提供了动力。

量子力学的突破不仅仅在于其纯粹的科学价值，还在于它如何推动了技术和社会的进步。半导体革命使得信息处理和通信技术取得了前所未有的发展，从而深刻地改变了我们的日常生活和工作方式。

12.3.2　相对论与现代通信

爱因斯坦的狭义相对论和广义相对论在 20 世纪初提出，并迅速成为现代物理学的基石。尽管当初提出相对论的初衷是为了解释光的性质和引力的来源，但其在技术和日常生活中的应用也变得越来越广泛。

全球定位系统（GPS）与相对论：GPS 是相对论在日常技术中的一个关键应用。由于地球上的卫星与地面接收器之间的相对速度和地球的引力场，时间膨胀效应会对 GPS 的精确度产生影响。没有考虑相对论效应的 GPS 可能每天都会有数千米的误差。

现代通信与数据传输：在光纤通信中，光的速度与介质的性质有关，这与狭义相对论中关于光速在真空中是常数的观点相吻合。此外，高速电子设备中的信号传输也需要考虑到狭义相对论的效应，尤其是在接近光速的数据传输中。

同步与标准化时间：在全球范围内同步时间变得越来越重要，特别是在金融交易和全球通信中。相对论确保我们理解不同参考系下的时间是如何流动的，这对于同步全球的各种通信设备至关重要。

核能与 $E = mc^2$：爱因斯坦的质能方程 $E = mc^2$ 描述了物质与能量之间的关系。这一方程是现代核能技术的基础，无论是在核电站还是在医疗放射治疗中，都有广泛的应用。

相对论不仅仅是理论物理的一个分支，它在许多现代技术和应用中都发挥着核心作用。从日常的导航系统到高精度的卫星通信，相对论在悄然塑造着我们的世界。

12.4 应用 1：核能与社会

12.4.1 从核裂变到核聚变：能源的未来

核能作为一个能源来源，自 20 世纪以来一直备受关注。从最初的军事应用到为公众提供电力，核能经历了许多变革。两种主要的核反应是核裂变和核聚变，它们都释放出巨大的能量，但它们的原理和应用领域是不同的。

核裂变：核裂变是一个重原子核（如铀或钚）分裂成两个或更多的较小原子核的过程，同时释放出大量的能量。这是制造原子弹的原理，并且是现在大多数核电站的工作原理。尽管核裂变电站可以产生大量的电力，但它们产生的放射性废料存储和处理问题一直是个挑战。

核聚变：核聚变是两个轻原子核（如氢的同位素）结合成一个重原子核的过程，同时释放出大量的能量。这是太阳和其他恒星产生能量的方式。与核裂变相比，核聚变有许多潜在的优点，如产生的能量更多、产生的放射性废料较少。但是，实现可控的核聚变仍然是一个科技挑战，尽管有了 ITER 和其他实验设备的进展。

能源的未来：核能是满足未来全球能源需求的关键之一。与化石燃料相比，核能产生的温室气体排放量极低。但是，核事故、放射性废料处理和核扩散问题是核能发展的主要障碍。核聚变作为一个潜在的清洁、安全和丰富的能源来源，被许多科学家和工程师视为 21 世纪的“圣杯”。

核能提供了一个强大而有效的能源来源，但它也带来了许多技术和社会挑战。未来的核能研究将集中在如何更安全、更经济地利用这一能源，以及如何解决与之相关的环境和社会问题。

12.4.2 核反应堆工作过程的模拟与可视化

核反应堆是用来控制核裂变反应并将释放出的能量转化为电能的设备。核裂变反应产生的热量被用来加热水，产生蒸汽，这个蒸汽再驱动涡轮机和发电机，产生电能。下面我们简化地模拟核反应堆的工作原理并进行可视化。

1. 核反应堆的主要组成部分

燃料棒：通常由铀或钚制成，这些燃料在接受中子轰击时会发生核裂变反应。

控制棒：用来控制反应速率，它们可以吸收中子，从而减缓或停止反应。

冷却剂：通常为水，用来将核反应产生的热量带走并转化为蒸汽。

涡轮机与发电机：蒸汽驱动涡轮机旋转，涡轮机再驱动发电机，从而产生电能。

2. 模拟核反应堆的工作过程

初始化核反应堆的状态：燃料棒、控制棒的位置和冷却剂的温度。

当燃料棒受到中子轰击时，模拟核裂变反应，产生热量并释放更多的中子。

控制棒根据需要插入或抽出，以控制反应的速率。

模拟冷却剂的加热过程，当其温度升高时转化为蒸汽。

蒸汽驱动涡轮机和发电机，产生电能。

这里，我们可以使用动画来使这一过程可视化：显示燃料棒中的核裂变反应、冷却剂的流动、蒸汽的产生以及涡轮机和发电机的旋转。

由于核反应堆的模拟与可视化涉及复杂的物理和工程原理，这里我们提供的只是一个简化的概述。在实际的课程中，可以深入探讨每个部分的工作原理，并使用专业的软件工具进行更为详细的模拟和分析。

使用不同的颜色表示燃料棒、冷却剂的温度和蒸汽。

当冷却剂的温度升高时，其颜色会逐渐变深。

当蒸汽产生时，会有一个箭头表示其流动方向，驱动涡轮机旋转。

3. 核反应堆工作模拟分析

当核燃料棒产生核裂变反应时，会产生大量的热量。这使得冷却剂的温度逐渐上升，如图 12-1 中的红色所示。

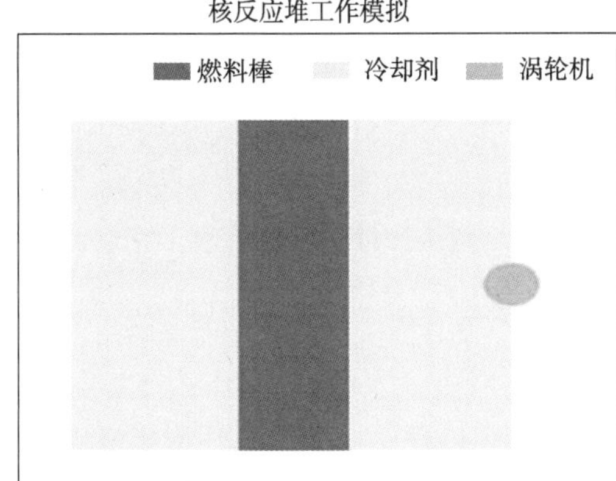

图 12-1

当冷却剂的温度达到一定高度时（在我们的模型中，当它变为深红色时，见右图），它会被转化为蒸汽。这可以通过蓝色的箭头表示，表示蒸汽的流动方向。

蒸汽会驱动涡轮机旋转，从而驱动发电机产生电能。当涡轮机工作时，它的颜色会变为橙色。

示例代码

12.4.3　核能的效益与潜在风险的分析

1. 效益

高能量产出：与化石燃料相比，核燃料如铀和钚能产生巨大的能量，这使得核电站能为数百万人提供电力。

减少温室气体排放：核电站在运行过程中几乎不排放温室气体，与燃煤电站相比，有助于减缓全球气候变化的影响。

燃料持续性：当前的铀储量可以支撑数十年的核电发展，而新的技术和其他核燃料（如钍）可能会进一步延长这一时间。

经济效益：尽管初期投资较大，但核电站的运营成本相对较低，且能量输出稳定。

2. 风险

核事故：历史上的切尔诺贝利和福岛核事故都显示出了核事故的严重后果。放射性物质的泄漏会对环境和人类健康造成长期的影响。

核废料处理：核反应产生的放射性废料需要安全储存数千年，目前还没有完全可行的长期储存解决方案。

核扩散风险：核技术的扩散可能被用于非和平目的，如制造核武器。

高初期投资成本：建设核电站需要巨大的初期投资，包括设施建设和安全措施。

有限的燃料资源：虽然铀和钍的储量相对丰富，但它们仍然是有限的不可再生资源。

核能为我们提供了一个高效、清洁的能源选择，但也带来了一系列的挑战和风险。在考虑使用核能之前，需要仔细权衡这些效益和风险，并采取适当的措施来确保核电站的安全运营。

12.5 应用 2：宇宙探索与物理学

12.5.1 火箭发射与轨道机动

火箭技术是 20 世纪最重要的科技发展之一，它不仅为人类提供了进入太空的途径，而且在军事、通信和其他领域也有广泛应用。火箭的工作原理基于牛顿第三定律，即每一个作用都有一个相等且反方向的作用。

1. 火箭的工作原理

推进剂燃烧：火箭使用液态或固态推进剂作为燃料。当这些推进剂燃烧时，它们会产生大量的热气体。

喷嘴加速：这些高温、高压的气体在火箭的喷嘴中被加速，并从火箭的尾部喷出，产生向前的推力。

牛顿第三定律：随着气体向后喷射，火箭受到一个相反方向的力，使其向前运动。

2. 轨道机动

进入太空：火箭必须首先克服地球的引力并进入太空，这通常需要速度超过第一宇宙速度（约 7.9 km/s）。

轨道调整：一旦火箭达到所需的轨道高度，它可以进行轨道机动，改变其速度和方向，以调整到所需的轨道。

推进系统：轨道机动通常使用火箭的辅助推进系统（如姿态控制推进器）来完成，这些系统可以提供精确的推力，确保火箭正确地调整其轨道。

火箭技术和轨道机动是现代航天工程的基石，它们使得人类能够将卫星、探测器甚至宇航员送入太空，进行各种科学和商业任务。

12.5.2 火箭的发射与轨道转移的模拟与可视化

模拟火箭的发射与轨道转移涉及一系列的物理因素，包括火箭动力学、重力、空气阻力等。为了简化模拟，我们可以考虑以下几个主要步骤。

火箭垂直发射：火箭从地面垂直起飞，克服地球引力，直到达到一定的速度和高度。

进入轨道：火箭达到一定的速度和高度后，改变方向，以达到稳定轨道。

轨道转移：火箭在稳定轨道上进行进一步的机动，如从低地球轨道转移到更高的轨道。

为了进行这样的模拟，我们可以使用 Python 中的 matplotlib 库来可视化火箭的轨迹。以下是一个简化的模拟示例，显示了火箭从地面发射并进入轨道的过程。

火箭的速度 vs.时间：图 12-2 显示了火箭的速度随时间的变化。在火箭点火后的 150s，速度迅速增加。燃烧结束后，由于地球的重力，速度开始减慢。

示例代码

火箭的高度 vs.时间：图 12-3 显示了火箭的高度随时间的变化。可以看到，在火箭点火后的150s，高度迅速增加。燃烧结束后，高度的增长速度减慢。

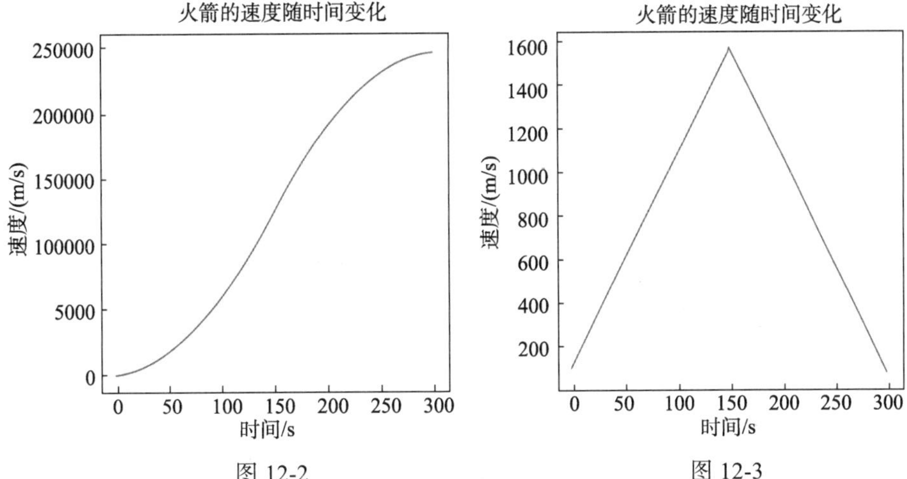

图 12-2　　图 12-3

12.5.3　火箭动力学与轨道机制的分析

火箭动力学是研究火箭如何运动的学科，尤其是在外部力（如推力和重力）的作用下。以下是关于火箭动力学与轨道机制的基本分析。

1. 基本动力学

火箭的运动受其发动机产生的推力和其他外部力（如重力和空气阻力）的影响。

在火箭燃料燃烧时，它会向外喷射气体，根据牛顿第三定律，这个喷射动作会在火箭上产生一个相反方向的力，即推力。

当推力大于火箭受到的重力和空气阻力时，火箭会加速上升。

2. 进入轨道

为了使火箭进入稳定的轨道，它需要达到足够的速度（称为轨道速度）以确保其离心力与向心力（重力）平衡。

在低地球轨道（LEO）上，这个速度大约是 7.9km/s。

3. 能量考虑

发射火箭到轨道需要巨大的能量。这种能量主要用于克服重力并为火箭提供足够的动能以使其保持在轨道上。

当火箭在大气中上升时，它还必须克服空气阻力，这也需要能量。

4. 轨道转移

一旦火箭达到一个轨道，要去另一个轨道就需要能量推进。这通常通过所谓的霍曼转移轨道来实现，这是一种两段推进的方法，可以将火箭从一个轨道转移到另一个轨道。

5. 引力助力

在某些任务中，火箭可能会利用行星或其他大型天体的引力来增加其速度或改变其轨道方向。这被称为引力助力或引力弹弓效应。

6. 轨道稳定性

一旦火箭或卫星进入所需轨道，维持其稳定性需要特定的操作和技术。由于地球的非均匀质量分布和其他因素（例如太阳和月亮的引力效应），卫星可能会逐渐偏离其初始轨道。

使用推进器进行定期的轨道修正是常见的维持方法。某些卫星也使用陀螺仪来控制其姿态并确保其面对正确的方向。

7. 再入大气层

对于返回地球的航天器，如载人舱或返回式卫星，它们必须经历再入大气层的过程。在这个过程中，航天器会与大气分子发生高速碰撞，产生大量的热量。

为了保护航天器和其内部的乘员或设备，通常使用耐热盾来吸收和散发这些热量。

奇奥尔科夫斯基公式描述了火箭的最大速度变化与其初始质量、最终质量和有效排气速度之间的关系。这是火箭动力学的基本原理，并为火箭的设计和性能分析奠定了基础。

8. 未来的创新

为了提高火箭的效率和减少成本，许多新技术和方法正在研发中，包括可重复使用的火箭、电推进和核热推进。

12.6 应用 3：信息时代与物理学原理

12.6.1 半导体、晶体管与现代电子学

在 20 世纪中叶，物理学家们对固态物理的深入研究，尤其是对半导体的性质的理解，为现代电子学的崛起铺设了基石。以下是半导体、晶体管和现代电子学的关键概念和里程碑。

1. 半导体的特性

半导体在其纯净状态下并不是很好的导电体，但当其受到轻微的杂质污染（即掺杂）时，其导电性能会显著改善。这种特性使其在电子设备中具有广泛的应用。

2. P 型和 N 型半导体

当半导体掺杂有给予额外电子的杂质时，它变成了 N 型半导体。

当半导体掺杂有接受额外电子的杂质时，它变成了 P 型半导体。

3. 晶体管的工作原理

晶体管是一种利用半导体特性的电子设备，通常由 P 型和 N 型半导体的交替层组成。

它可以用作放大器或开关，是现代电子设备的核心组件。

4. 集成电路

随着技术的进步，工程师们发现了将数以千计的晶体管集成到一个单一的硅片上的方法，这就是集成电路（IC）的诞生。这大大加快了计算机和其他电子设备的发展速度。

5. 摩尔定律

英特尔的共同创始人戈登·摩尔观察到，每 18～24 个月可放在单个芯片上的晶体管数量就会翻倍。这一观察被称为摩尔定律，并在几十年内得到了验证。

6. 从真空管到晶体管

在晶体管被发明之前，电子设备主要依赖真空管。但真空管体积大、热效应强、效率低，而晶体管的出现彻底改变了这一切，使得设备更小、更便宜、更高效。

半导体物理的突破为现代电子和信息技术的快速发展奠定了基础。从基本的晶体管到复

杂的集成电路，物理学原理在每一步都发挥着核心作用。

12.6.2 半导体器件工作原理的模拟与可视化

半导体器件的工作原理是电子工程和固态物理学的核心内容。为了模拟和可视化半导体器件的工作原理，我们可以从最基础的组件——PN 结开始。

PN 结是由 P 型和 N 型半导体连接而成的。在这个结的界面，P 型和 N 型半导体之间会有一个内建电位，导致电子从 N 型区域移向 P 型区域，而从 P 型区域移向 N 型区域的是空穴。这个过程创建了一个耗尽区，该区域内不再有可移动的载流子。

当我们对 PN 结施加外部电压时：

正偏（将正电极连接到 P 区，将负电极连接到 N 区）：耗尽区变窄，使得电子能够从 N 区越过结并进入 P 区，形成一个电流。

反偏（将正电极连接到 N 区，将负电极连接到 P 区）：耗尽区变宽，进一步阻止电子从 N 区进入 P 区，形成一个非常小的电流。

我们可以通过以下的简单模拟来可视化这一过程（图 12-4）：

显示 P 型和 N 型半导体的简单表示。

在两者接触的地方，显示耗尽区的宽度。

允许用户调整施加在 PN 结上的电压，并实时显示耗尽区的变化。

显示由于正偏和反偏产生的电流方向。

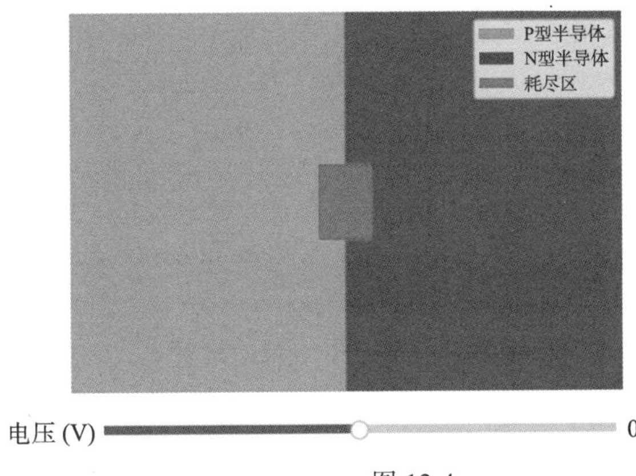

示例代码

图 12-4

在该模拟中，我们使用了一个滑块来代表施加在 PN 结上的电压。当电压改变时，耗尽区的宽度会相应地改变。正偏电压会使耗尽区变窄，而反偏电压会使其变宽。在实际应用中，耗尽区的行为会受到多种因素的影响，包括半导体的材料特性、温度和杂质浓度。

12.6.3 电子流动与器件特性的分析

半导体器件的核心特性是它们能够控制电子的流动。不同于金属，半导体的导电性可以通过掺杂、温度和外加电压来调整。这使得半导体器件可以在各种应用中实现特定的功能，如信号放大、开关和整流。

1. 耗尽区与电场

在 PN 结中，耗尽区是电子和空穴不能自由流动的区域。当结两边的电压变化时，耗尽区的宽度会相应地改变。耗尽区中存在一个内部电场，这是由于 P 区和 N 区之间的载荷不平衡引起的。这个电场阻止了电子和空穴在没有外加电压的情况下跨越耗尽区。

2. 正偏与反偏

当给 PN 结加正偏电压时（即 P 端正、N 端负），耗尽区变窄，使得电子从 N 区跃入 P 区变得容易。相反，反偏会使耗尽区变宽，进一步阻止电子流。

3. 导电机制

在半导体中，电流是由电子和空穴的运动产生的。掺杂会引入额外的电子或空穴，增强材料的导电性。N 型半导体具有额外的电子，而 P 型半导体具有额外的空穴。

4. 晶体管的工作原理

晶体管是半导体技术的核心组件，它通过控制一个小的输入电流来控制一个较大的输出电流。在场效应晶体管（FET）中，电流是通过一个电场来控制的，而该电场是由一个电压产生的。

5. 器件的温度依赖性

半导体的导电性与温度有关。随着温度的升高，更多的电子和空穴会被激发，导致导电性增强。但高温也会增加杂质和缺陷的影响，可能导致器件的性能下降。

6. 半导体器件的应用

半导体器件在现代电子技术中有广泛的应用，包括计算机、手机、医疗设备等。它们的高集成度、低功耗和低成本使得这些应用得以实现。

半导体物理为现代电子技术提供了基础。理解电子如何在这些材料中流动，以及如何设计器件来利用这些特性，对于推动技术进步至关重要。

12.7 本章习题和实验或模拟设计及课程论文研究方向

习题

选择题：

（1）在第一次世界大战中，哪种技术的应用对战争有决定性的影响？

A. 核能　B. 火箭　C. 雷达　D. 卫星通信

（2）量子力学中，哪项原理解释了粒子也可以表现出波动性？

A. 测不准原理　B. 超越速度　C. 波函数坍缩　D. 德布罗意假说

（3）什么设备是在二战期间开发，并导致了广泛的军事和民用应用？

A. GPS　B. 电子计算机　C. 激光　D. 3D 打印机

简答题：

（1）解释为什么蒸汽机在工业革命中起到了关键作用。

（2）简述文艺复兴时期对天文学的主要贡献。

（3）解释 GPS 如何使用相对论来提高其精度。

论述题：

（1）分析第二次世界大战如何影响了物理学的发展，特别是在核物理领域。

（2）讨论量子计算的原理，以及它是如何改变我们的计算能力的。

（3）描述相对论是如何在现代通信技术中得到应用的。

实验或模拟设计

模拟设计：雷达技术模拟

目的：理解雷达如何检测和定位物体。

描述：使用一个简单的无线电发射器和接收器模拟雷达操作。当无线电波被一个移动的物体反射时，观察接收到的信号如何变化。使用信号的时间延迟来估算物体的距离。

模拟设计：GPS 定位模拟

目的：理解 GPS 如何使用多个卫星信号来确定位置。

描述：使用三个或四个不同位置的无线电信号源模拟 GPS 卫星。接收器接收来自每个信号源的信号，并使用信号的时间延迟来计算其位置。

课程论文研究方向

物理学与战争技术：探讨 20 世纪初物理学的发展如何导致了新军事技术的出现，以及这些技术如何改变了战争的方式。

相对论在日常技术中的应用：分析相对论如何在 GPS、光纤通信和其他现代技术中进行实际应用。

冷战物理学：探讨冷战期间物理学的发展如何受到政治和军事需求的影响。

物理学与社会伦理：研究原子弹和其他核武器的发展如何引发了关于科学、技术和社会责任的讨论。

第 13 章　物理学与现代生活

13.1　物理学与家庭技术

13.1.1　从冰箱到微波炉：家用电器的物理学原理

随着科学和技术的进步，我们的家庭生活也发生了翻天覆地的变化。许多现代家用电器的运作都基于物理学的基本原理。这些电器不仅使我们的生活更加便捷，而且提高了我们的生活质量。

冰箱：冰箱的工作原理基于热力学的基本定律。现在冰箱通常使用的制冷剂是一种特殊的气体，当被压缩时会变热，当扩张时会变冷。在冰箱的冷凝器中，制冷剂被压缩并释放出热量，变成液体。然后，它在蒸发器中扩张，吸收周围的热量，并再次变成气体。这个过程不断循环，使冰箱内部保持低温。

微波炉：微波炉使用的是电磁波的原理。它产生的微波能够穿透食物，并使食物中的水分子振动。这种振动产生的摩擦热能够迅速地加热食物。由于水分子在电场中的偶极性，微波能够高效地加热食物。

这两种家用电器只是现代家庭中众多基于物理学原理工作的设备的例子。从电视到空调，从吸尘器到洗衣机，物理学在我们日常生活中无处不在。

13.1.2　无线技术与家庭网络

随着技术的不断进步，我们的家庭已经进入了一个全新的无线时代。从无线电话到 Wi-Fi 网络，从智能家居设备到流媒体服务，无线技术正在重新定义我们的日常生活。

无线通信的基础：无线通信基于电磁波的传播。无线设备，如手机或路由器，使用天线发送和接收电磁信号。这些信号可以跨越大的距离，而不需要任何实体的连接。

Wi-Fi：Wi-Fi 是无线局域网的一种标准，允许设备通过无线方式连接到互联网。Wi-Fi 工作在无线电频率上，如 2.4 GHz 和 5 GHz，这使得数据可以在设备之间高速传输。

蓝牙：蓝牙是一种短距离无线通信技术，主要用于连接设备，如手机、耳机、键盘和鼠标。它工作在 2.4 GHz 的 ISM 频段，并使用复杂的调制技术来确保数据的安全和完整性。

智能家居与物联网：物联网（IoT）是指将各种物理设备连接到互联网的概念。这包括智能家居设备，如灯泡、恒温器和安全摄像头。通过无线技术，这些设备可以远程控制，并发送数据到云端进行分析。

安全性与隐私：虽然无线技术为我们带来了极大的便利，但它也带来了安全和隐私的挑战。黑客可能会试图入侵无线网络，窃取数据或进行恶意活动。因此，保护无线网络的安全性至关重要。

13.2 交通与通信的物理学

13.2.1 高铁与飞机：现代交通工具的背后

随着科技的进步，现代交通工具已经取得了巨大的发展。高速铁路和飞机是我们时代的两大代表性交通工具，它们的出现极大地缩短了地理距离，使得国际和国内的交流变得更加便捷。

1. 高铁的物理学原理

磁悬浮技术：某些高速铁路系统，如日本在建的中央新干线，使用磁悬浮技术。这种技术利用磁场使列车悬浮在轨道上，从而减少摩擦并达到更高的速度。

空气动力学：为了在高速下减少空气阻力，高铁车头通常采用流线型设计。

噪声控制：高铁在高速行驶时会产生大量噪声，特别是在进出隧道时。因此，高铁的设计也考虑到了噪声控制，如使用隔音墙和特殊的轨道设计。

2. 飞机的物理学原理

空气动力学：飞机的机翼采用特殊的形状，使得机翼上方的气流速度比下方快，从而产生升力。

发动机原理：现代飞机使用涡轮喷气发动机，这种发动机利用高速气流推动飞机前进。

控制与导航：飞机使用各种仪器和系统进行导航和控制，包括陀螺仪、雷达和 GPS。

环境考虑：随着对全球气候变化的关注，现代交通工具的环境影响也受到了广泛关注。飞机和高铁都在努力提高能效，并减少温室气体排放。

高铁和飞机是现代社会的重要交通工具，它们的设计和运作都涉及许多复杂的物理学原理。理解这些原理不仅可以帮助我们更好地欣赏这些令人惊叹的技术成就，还可以帮助我们更加明智地选择和使用交通工具。

13.2.2 光纤、5G 与现代通信技术

在现代社会，高速、高效的通信已经成为生活中不可或缺的部分。随着科技的进步，光纤和 5G 技术已经逐渐成为主流的通信方式，它们都带来了前所未有的速度和便利。

1. 光纤的物理学原理

全反射：光纤通信的基础是全反射原理。当光从一个介质进入另一个折射率较低的介质时，如果入射角大于某个特定角度（临界角），光会在边界处全反射。

数据传输：光纤通过激光或 LED 发射光脉冲，这些脉冲在光纤内部反射并传输，代表数字信号的 0 和 1。

带宽和速度：由于光的频率非常高，光纤提供了非常高的数据传输速度和带宽。

2. 5G 技术的物理学原理

高频段传输：5G 技术使用的是高于 4G 的频段，通常在 30～300GHz 之间，这些高频段可以提供更高的数据速度。

小型化基站：与传统的大型基站不同，5G 网络使用了大量的小型基站，这增加了网络的覆盖范围并提供了更高的数据传输速度。

多输入多输出技术（MIMO）：5G 技术使用多输入多输出技术来增加数据传输速度和效率。这意味着同时使用多个发射器和接收器来传输数据。

3. 现代通信技术的挑战与机遇

安全性：随着数据传输速度的提高，保证数据的安全性也变得越来越重要。加密技术和安全协议不断更新，以保护用户的数据。

覆盖范围：5G 技术虽然提供了高速的数据传输，但其传输距离较短，需要更多的基站来保证覆盖范围。

与其他技术的整合：光纤和 5G 技术与物联网、云计算和人工智能等其他技术整合，为用户提供更为丰富的服务。

光纤和 5G 技术为现代社会带来了高速、高效的通信手段。理解这些技术背后的物理原理可以帮助我们更好地理解和利用这些先进的通信工具。

13.3 娱乐与物理学

13.3.1 从电视到虚拟现实：图像与声音的物理学

随着科技的发展，人们对娱乐的需求和方式也发生了巨大的变化。从最初的电视到现代的虚拟现实技术，背后蕴含着丰富的物理学原理。

1. 电视的物理学原理

阴极射线管（CRT）：传统的电视使用 CRT 技术，其中电子从一个或多个电子枪发射，然后通过磁场或电场导引到荧光屏上的特定位置。当电子撞击屏幕时，会激发特定颜色的荧光。

液晶显示器（LCD）：现代电视和显示器大多使用 LCD 技术。液晶是一种特殊的物质，它可以改变其分子结构来调节通过的光量，从而显示不同的颜色。

2. 虚拟现实的物理学原理

立体显示：虚拟现实头盔使用两个独立的显示器（或单一显示器上的两个独立区域），为每只眼睛提供略有不同的图像，从而创造出三维效果。

跟踪与交互：虚拟现实设备使用各种传感器来跟踪用户的头部和手部位置，以及其他身体部位的运动。这些数据被用来更新虚拟环境，使其与用户的动作同步。

3. 声音的物理学原理

声波：声音是由物体的振动产生的，这种振动在空气中传播，形成声波。人类的耳朵可以感知这些声波，并将其转化为神经信号，从而使我们听到声音。

数字音频：在现代娱乐系统中，声音通常以数字形式存储和传输。数字音频将连续的声波转化为离散的数字值，这些值可以被电子设备存储、处理和播放。

无论是观看电视还是体验虚拟现实，我们都在与物理学互动。这些技术背后的物理学原理为我们提供了丰富的娱乐体验，而对这些原理的深入了解则可以帮助我们更好地利用和欣赏这些技术。

13.3.2 音响、音乐与声波物理学

音乐与声音一直是人类文化的重要组成部分。无论是古老的打击乐器，还是现代的高科技音响，背后都蕴藏着声波物理学的奥秘。

1. 声波的基础知识

声波的产生：当物体（如音乐乐器的琴弦或音响的扬声器）振动时，会使周围的空气分

子振动。这种振动在空气中传播，形成声波。

频率与音高：声波的频率决定了声音的音高。频率越高，音调越尖锐；频率越低，音调越低沉。

振幅与音量：声波的振幅决定了声音的音量。振幅越大，音量越大；振幅越小，音量越小。

2. 音乐与和声

基础音与泛音：当乐器发声时，通常不仅产生基础音（主音），还会产生一系列的泛音或谐波。这些泛音与基础音的组合决定了乐器的音色。

和弦与和声：和弦是由三个或更多的音符同时发出的声音组合。和声则是研究这些音符如何相互组合以及它们如何与主旋律相互作用的学科。

3. 音响技术

模拟与数字：早期的音响系统主要是模拟的，而现代音响系统则使用数字技术来捕捉、存储和再现声音。

立体声与环绕声：立体声系统使用两个扬声器来创建空间感，而环绕声系统使用多个扬声器在房间中创建三维声场。

噪声与失真：噪声是不需要的声音，通常是由电子干扰或其他外部因素引起的。失真是声音在被放大或传输时的变形。

音响、音乐与声波物理学是一个非常丰富和有趣的领域。了解这些知识不仅可以帮助我们更好地欣赏音乐和声音，还可以帮助我们更好地理解和使用音响技术。

13.4　应用 1：家用电器的工作原理

13.4.1　电磁学与家用电器的应用

电磁学是物理学的一个分支，主要研究电与磁的现象以及它们之间的相互关系。电磁学在家用电器中的应用十分广泛，涉及我们日常生活中的许多设备。

变压器与适配器：变压器利用电磁感应原理，对交流电进行升压或降压。它是家中电视、冰箱等大型电器的关键组件，也是手机、计算机等设备充电适配器的核心部分。

电动机：电动机在许多家用电器中都能找到，如洗衣机、电风扇、吹风机等。电动机通过电磁感应将电能转化为机械能，驱动设备运行。

感应炉与微波炉：感应炉使用高频交流电通过铜线圈产生变化的磁场，这个磁场又在锅底产生涡流，产生的热量用来加热食物。而微波炉则使用电磁波来加热食物。

无线充电：现代智能手机和其他设备上越来越普及的无线充电技术也是基于电磁学原理，使用线圈产生的变化磁场来为设备充电。

电磁学在家用电器中的应用无处不在，它不仅使我们的生活更加便捷，而且不断为我们带来新的技术和产品。了解电磁学的基本原理可以帮助我们更好地理解这些设备的工作机制，也为我们提供了更多关于如何提高其效率和性能的思路。

13.4.2　冰箱制冷循环的模拟与可视化

制冷循环是冰箱工作的核心原理。冰箱的制冷系统基于压缩和膨胀过程中的相变热原理。以下是冰箱制冷循环的基本步骤。

压缩：冰箱里的压缩机压缩低温、低压的气态制冷剂，使其变为高温、高压的气态。

冷凝：高温、高压的气态制冷剂流经冷凝器（通常位于冰箱的背部），在这里，它释放热量并冷凝成液态。

膨胀：液态制冷剂通过一个节流阀或膨胀阀，这导致其压力和温度骤降，使其部分蒸发成气态。

蒸发：低温、低压的气态和液态混合物流经蒸发器（位于冰箱的冷冻和冷藏部分）。制冷剂从液态蒸发为气态，吸收周围的热量，使冰箱内部冷却。

返回压缩机：现在已经变为低温、低压的气态制冷剂返回压缩机，循环继续。

图 13-1 展示了制冷循环的四个主要部分：压缩机、冷凝器、膨胀阀和蒸发器。箭头表示制冷剂在循环中的流动路径。

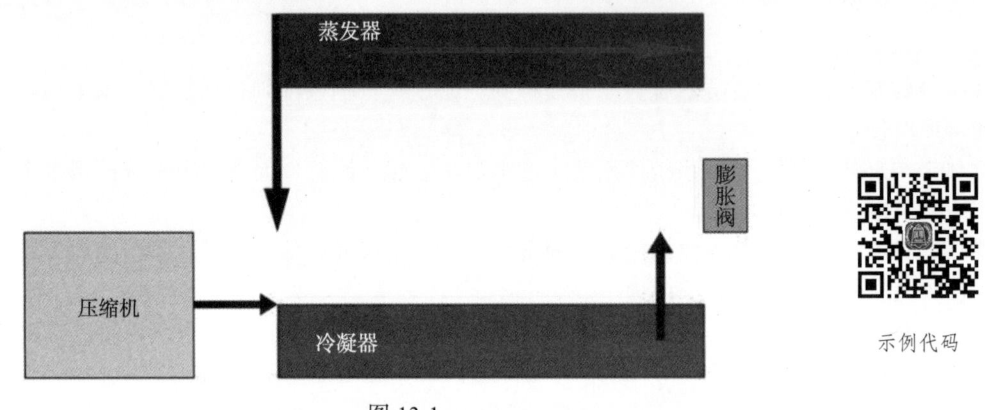

图 13-1

压缩机：将低压气态制冷剂压缩成高压气态。

冷凝器：在这里，高压气态制冷剂释放热量并冷凝为液态。

膨胀阀：液态制冷剂经过这里时，其压力和温度骤降。

蒸发器：制冷剂在这里从液态蒸发为气态，吸收热量并冷却冰箱内部。

13.4.3 家用电器效率与能耗的分析

随着科技的进步，家用电器已经成为现代生活中不可或缺的部分。从洗衣机到空调，这些设备都旨在提高我们的生活质量。然而，这些设备的运行也需要能量，通常是电能。因此，了解家用电器的效率和能耗是非常重要的，不仅为了降低电费，还为了减少碳足迹。

效率是指设备实际输出与输入之间的比率。对于电器来说，这通常是指设备实际完成的工作与消耗的电能之比。例如，一个效率为 90%的电冰箱意味着它的 90%的电能被用于制冷，而其余 10%可能因各种原因（如机械摩擦、电气损耗等）而浪费。

能耗是指设备在一段时间内消耗的总电能，通常用千瓦时（kWh）来表示。为了降低能耗，许多现代电器都配备了节能功能或模式。

使用更高效的电器可以显著降低能耗。例如，与传统灯泡相比，LED 灯泡的效率更高，因此它们消耗的电能更少。

考虑设备的效率和能耗在购买新电器时是很重要的。许多国家都会有能效标签来帮助消费者选择。

除了购买高效电器，消费者还可以通过定期维护和正确使用电器来降低能耗。例如，定期清洁空调滤网可以提高其效率。

从环境角度看，减少能耗不仅可以降低电费，还可以降低碳足迹，因为电力生产通常涉及燃烧化石燃料，这会产生温室气体排放。

了解和管理家用电器的效率和能耗对于节省能源、降低电费和减少环境影响都是至关重要的。

13.5　应用 2：现代交通工具的物理学

13.5.1　动力学与现代交通工具设计

动力学是物理学的一个分支，主要研究力和运动的关系。现代交通工具，无论是地面、空中还是海上，都深受动力学原理的影响。以下是一些关于动力学在现代交通工具设计中的应用。

1. 气动/水动力学

飞机、汽车、高速火车和船舶的外形设计都要考虑到流体动力学，特别是气动力学和水动力学，以最大限度地减少空气或水的阻力。例如，飞机的机翼设计必须考虑到提供足够的升力，同时最大限度地减少阻力。

2. 悬挂系统

车辆的悬挂系统是基于动力学原理设计的，旨在提供平稳的乘坐感受，同时保持车辆在路面上的稳定性。高速火车、汽车和其他地面交通工具都使用了高度复杂的悬挂系统来应对各种地形和速度。

3. 发动机和传动系统

动力学原理也适用于交通工具的动力系统，包括发动机、电动机和涡轮机。这些系统必须提供足够的推力或扭矩，以克服阻力和摩擦，并使交通工具达到所需的速度。

4. 刹车系统

基于动力学原理，刹车系统被设计为在短时间内减速或停止车辆，同时提供足够的摩擦力来防止滑动。现代车辆还配备了防抱死刹车系统（ABS）和其他先进技术，以提高刹车效果和安全性。

5. 转向和稳定性

车辆的转向系统也基于动力学设计，提供精确的控制和高速稳定性。例如，飞机的舵面、汽车的转向系统和船舶的舵都是为了在不同的速度和条件下提供稳定的操控性能。

13.5.2　高铁或飞机的动力学特性的模拟与可视化

模拟高铁或飞机的动力学特性需要考虑多个因素。这里，我们简单地展示一个高铁加速和减速的模拟，并可视化其速度随时间的变化。这种模拟可以帮助理解高铁如何在短时间内达到高速，并在接近目的地时减速。

下面模拟高铁在一段距离上的加速、巡航和减速过程：

高铁从静止开始，以一个初始加速度启动。

当速度增加时，由于空气阻力和其他因素，加速度逐渐减小。

达到巡航速度后，高铁保持这个速度一段时间。

减速阶段，高铁开始逐渐降低速度直至停车。

图 13-2 是一个关于高铁速度与位置如何随时间变化的模拟。在这个模型中：

蓝线表示高铁的速度。我们可以看到，高铁从静止开始加速，直到达到巡航速度（约 250km/h），然后继续保持这个速度一段时间，然后开始减速直到最后停车。

红线表示高铁的位置，显示了高铁随时间如何移动。

分析：

在开始阶段，高铁迅速加速。但由于空气阻力和其他因素，它的加速度逐渐减小。

高铁在大约 250 km/h 的速度下巡航了一段时间。

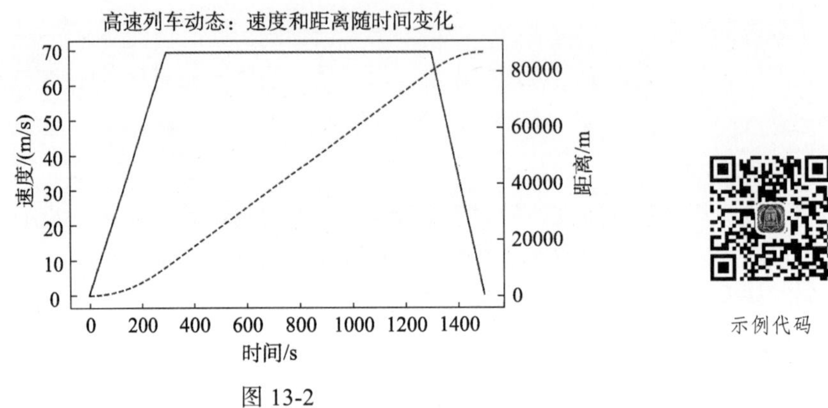

示例代码

图 13-2

在距离超过 80km 后，高铁开始减速，这可能是为了在预定的站点停车或为了确保乘客的舒适度。

空气阻力对高铁的加速和减速有显著的影响。这是因为随着速度的增加，空气阻力也增加，这导致加速度降低。

13.5.3 交通工具的性能与稳定性的分析

交通工具的性能和稳定性是现代交通工具设计中的两个关键因素。无论是飞机、火车、汽车还是其他交通工具，都需要确保其在各种条件下的稳定性和最佳性能。

1. 性能指标

加速性能：指的是交通工具从静止状态到其最大速度所需的时间。这通常与该工具的动力和扭矩有关。

巡航性能：交通工具应在达到指定的巡航速度后，能够稳定地保持这一速度，确保持续的高效运行和乘客的舒适体验。

燃料效率：燃料效率是评估交通工具性能的关键指标，它表示交通工具在单位燃料下可以行驶的距离。

有效载荷：交通工具应能携带的最大载荷，包括乘客、货物和燃料。

2. 稳定性考虑因素

气动/流体动力稳定性：飞机和火车在高速行驶时都会受到气流的影响。设计师需要确保其形状能够抵抗气流造成的影响。

悬挂系统：对于陆地交通工具如汽车和火车，悬挂系统在确保舒适性的同时也要确保稳定性。

重心位置：交通工具的重心位置对其稳定性至关重要。例如，飞机的重心位置会影响其飞行稳定性和机动性。

控制系统：现代交通工具，尤其是飞机，通常配备有先进的控制系统，以自动调整其动作，确保在各种条件下的稳定性。

3. 性能与稳定性的权衡

虽然提高性能通常是设计师的目标，但这可能会牺牲稳定性。例如，为了提高飞机的最大速度，可能需要使机翼更薄、更锋利，但这可能会降低其低速飞行的稳定性。

反之，为了提高稳定性，可能需要牺牲某些性能指标。例如，为了确保汽车在湿滑的路面上的稳定性，可能需要牺牲一些加速性能。

13.6　应用 3：音像技术与物理学原理

13.6.1　光学与电影投影技术

电影投影技术自其诞生之初就与物理学，特别是光学领域紧密相关。在早期，电影是通过一系列静态图片的快速连续播放来产生动态效果的。而这些静态图片是通过投影仪上的一个光源投射到大银幕上，使观众能够看到放大的影像。

1. 光源

早期的电影投影仪使用的是碳弧灯，这是一种通过电弧放电产生亮光的方法。

随着技术的发展，更加先进和高效的光源，如氙气灯，开始被广泛使用。

2. 透镜系统

投影仪内部有一个复杂的透镜系统，它负责将胶片上的图像聚焦并放大到屏幕上。

透镜的设计和制造涉及复杂的光学原理，需要确保图像的清晰度和色彩准确性。

3. 胶片与数字

传统的电影投影使用物理胶片，它们是通过化学过程制成的，并在播放时通过光源投影。

现代的电影院更多地使用数字投影技术，这种技术使用数字光处理（DLP）或液晶显示（LCD）技术来显示图像。

4. 彩色与立体声

早期的电影是黑白的，但随着技术的进步，彩色电影开始出现。彩色电影使用不同的化学方法来捕捉和再现颜色。

音响技术也经历了从单声道到立体声，再到多声道的发展过程，为观众带来了更加沉浸式的观影体验。

电影投影技术从其早期的简单形式发展到今天的高度先进的形式，背后都离不开物理学，特别是光学的基本原理。随着技术的持续进步，我们可以期待更多创新的电影投影技术在未来出现。

13.6.2　音响设备声音传播的模拟与可视化

音响设备的工作原理基于声波的产生、传播和接收。声波是由空气中的粒子振动产生的纵向波。当音响设备的扬声器振膜振动时，它会使周围的空气粒子振动，从而产生声波。这些波随后在空气中传播，并被我们的耳朵接收。

1. 模拟声音传播的过程

扬声器振膜的振动：扬声器接收到电信号，转化为机械能使扬声器的振膜振动。

声波的产生：振膜的振动导致空气粒子振动，从而产生声波。

声波的传播：声音波在空气中以纵向波的形式传播。

声音的接收：这些波到达我们的耳朵，使耳膜振动，然后通过听觉神经传递给大脑，从而使我们听到声音。

在这个模拟中，我们展示了声波的传播。图 13-3 中展示的是时间与振幅的关系，模拟了一个单一频率（440 Hz，即 A4 音符）的声波。扬声器振膜的振动会导致空气中的粒子振动，产生这种声波。

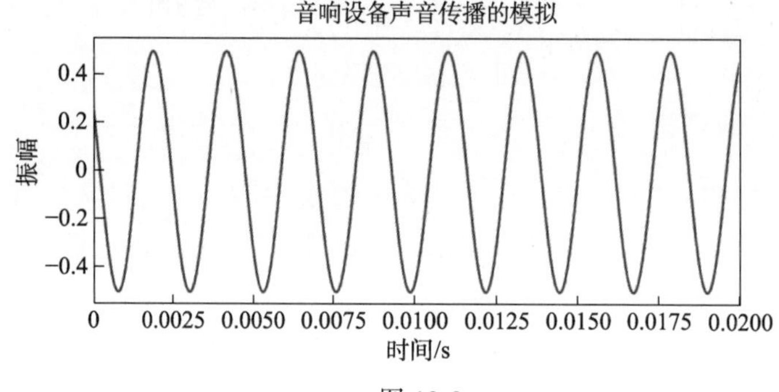

示例代码

图 13-3

2. 分析

振幅表示的是声音的响度，更高的振幅表示声音更响。

频率（这里是 440 Hz）表示声音的音调。更高的频率表示更高的音调。

在音响设备中，音频信号会转化为电信号，这电信号再驱动扬声器的振膜振动。振膜的振动使空气中的粒子振动，产生声音波。

这个模拟中的波形是一个简单的正弦波，代表了一个纯音。在真实情况下，复杂的声音，如音乐或语音，由多个不同频率和振幅的波组合而成。

这只是声音传播的一个简化模型。在真实环境中，声音的传播会受到多种因素的影响，如介质、温度、湿度等。但这个模拟为我们提供了一个基础的理解，即如何产生和传播声音。

13.6.3 音响效果与物理特性的关系分析

音响效果，简单地说，是声音在特定环境中所呈现的特质。音响效果受到多种物理特性的影响，这些物理特性共同决定了声音的最终表现。以下是一些关键的物理特性与它们如何影响音响效果的简要概述。

频率响应：频率响应描述了音响设备在不同频率下的放大或减小声音的能力。理想的音响设备应该在所有听觉范围内都有平坦的频率响应。但在实际中，某些频率可能被强化，而其他频率可能被削弱，导致音质失真。

共鸣：当声音的频率与物体的自然振动频率相匹配时，该物体会产生共鸣。在音响设计中，不希望发生不必要的共鸣，因为它会导致音响效果不真实。

反射与吸收：声音在遇到不同材料的表面时会被反射或吸收。硬平滑的表面（如石材、玻璃）会导致声音反射，而柔软的材料（如泡沫、窗帘）可以吸收声音。室内的声学效果在很大程度上取决于其内部材料的反射和吸收特性。

扩散：与反射相对的是扩散，这是声音在遇到不规则表面时向多个方向传播的现象。扩散有助于均匀分布声音，防止声音在某一点集中。

相干与相位：当两个或多个声源同时发声时，它们的声波可能会相互增强（相长干涉）或相互抵消（相消干涉）。这在多扬声器系统中尤为重要，例如立体声或家庭影院系统。

声音的速度：声音在不同介质中传播的速度是不同的。在温度、压力和湿度变化时，空气中的声速也会受到影响。这在高精度的音响应用中可能很重要。

音响效果是由多种物理特性共同决定的。理解以上物理特性如何影响声音可以帮助我们更好地设计和评估音响设备和环境，从而达到理想的音响效果。

13.7　本章习题和实验或模拟设计及课程论文研究方向

习题

选择题：

（1）在以下哪种家用电器中，电磁学起到了关键作用?

A. 电风扇　　B. 冰箱　　C. 微波炉　　D. 所有上述设备

（2）以下哪种通信技术主要依赖于光学原理?

A. Wi-Fi　　B. 4G　　C. 光纤　　D. 卫星通信

（3）哪种医学成像技术使用磁场和无线电波来产生身体图像?

A. X 光　　B. MRI　　C. 超声波　　D. CT 扫描

填空题：

（1）在电影和电视技术中，_______是用于捕捉并再现图像的主要物理原理。

（2）高铁的速度可以达到_______ km/h。

（3）虚拟现实技术依赖于_______和_______来创建沉浸式体验。

简答题：

（1）简述冰箱如何利用热力学原理进行制冷。

（2）解释如何通过超声波成像来捕捉身体内部的图像。

应用题：

（1）设计一个简单的电路，其中包括一个开关、一个电阻和一个电源。当开关关闭时，描述电流如何流动。

（2）为什么说 MRI 对于观察身体的某些部位特别有用，而 X 光可能不是最佳选择?

（3）如果你在家中使用 Wi-Fi，考虑可能会干扰信号的各种因素，并提出解决方案。

实验或模拟设计

实验：电磁铁制作

目的：理解电流如何产生磁场。

描述：利用铜线、电池和一根铁钉制作一个简单的电磁铁。将铜线绕在铁钉上，然后连接到电池。观察当电流流过铜线时，铁钉如何被磁化，并能吸引其他小金属物体。

实验：模拟光纤通信

目的：理解光如何在光纤中传输数据。

描述：使用激光笔、一小段光纤和一个光探测器。将激光笔的光照入光纤的一端，观察光如何传播到另一端，并被探测器检测。

实验：简单的电路构建

目的：理解电流如何在电路中流动。

描述：使用电池、导线、一个电阻和一个小灯泡构建一个简单的电路。通过开关控制电流流动，观察灯泡何时亮起。

课程论文研究方向

电子设备与家庭生活：研究电子设备如何改变了 20 世纪的家庭生活，特别是与通信、娱乐和家务有关的方面。

高速交通的影响：研究高铁和飞机如何影响了人们的出行方式、工作和休闲活动，以及这对环境和社会经济的长期影响。

音响技术的进步：研究录音、广播和现场音响系统如何从其诞生之初发展到现在的状态。

医疗成像的历史与未来：从最早的 X 光到最先进的 MRI 和超声波技术，探讨医疗成像如何帮助医生更好地诊断和治疗疾病。

现代通信与社会变革：研究从固定电话到智能手机、从有线电视到互联网流媒体，通信技术如何影响了人们的日常生活和工作方式。

物理学在娱乐中的应用：探索从电影到视频游戏，物理学如何为娱乐产业提供了工具和技术，以创造更加真实和引人入胜的体验。

环境物理学：考虑家用电器和交通工具的能源消耗，研究物理学如何帮助我们更加高效和环保地使用能源。

第 14 章 物理学与艺术的交汇

14.1 物理学与绘画艺术

14.1.1 光与色彩：物理学中的色彩理论

色彩是我们生活中的一个重要元素，它不仅仅是视觉艺术的基础，也是物理学中的理论基础之一。从太阳的白光到彩虹的七种颜色，光与色彩的关系一直都是物理学家研究的重要主题。

光的本质：光是一种电磁波，它包括从紫外线到红外线的所有波长。我们可以看到的可见光只是这个广泛频谱中的一小部分。

色彩的形成：当光照射到物体上时，物体会吸收、反射或透射光。吸收的光是我们看不到的，而反射或透射的光则决定了物体的颜色。例如，一个看起来是红色的苹果是因为它吸收了所有其他颜色的光，只反射红光。

色彩的混合：当两种颜色的光混合在一起时，它们会产生一种新的颜色。这种颜色的混合被称为加色混合：例如，红光和绿光混合在一起会产生黄光。

色彩的感知：我们眼睛中的视网膜上有三种不同类型的视锥细胞，分别对红、绿和蓝光敏感。当这些细胞受到光的刺激时，它们会发送信号到大脑，让我们感知到颜色。

艺术家的利用：艺术家通过对色彩的深入理解和探索，创造出各种各样的作品。他们不仅仅是用颜色来描绘现实，还用它来传达情绪和情感。

在绘画中，光与色彩不仅仅是为了再现现实，更多的是为了表达艺术家的感情和思考。了解物理学中的色彩理论可以帮助我们更深入地欣赏和理解艺术作品。

14.1.2 透视与空间：绘画中的视觉错觉

透视是一种在平面上表示三维空间深度和距离的技术。它是西方绘画艺术中的一个核心元素，尤其是从文艺复兴时期开始。透视使得画家能够在二维平面上创造出令人信服的三维空间感。

线性透视：线性透视是基于一个简单的原理：随着距离的增加，物体看起来会变小。在这种透视中，所有的线（例如建筑物的边缘或路的两侧）都会汇集到一个或多个消失点上。

大气透视：这是一种模仿大气效果的技术，它利用了远处的物体因大气的原因而变得较为模糊和失去颜色的特点。这种透视效果常见于风景画中，帮助创造出深远的空间感。

视觉错觉：艺术家们有时会利用我们的视觉系统的局限性，创造出令人困惑的、违反物理定律的画面。这种方法通常被称为“视觉错觉”。例如，不可能的三角形或无尽的楼梯都是视觉错觉的例子。

透视的科学原理：当光线从一个物体反射并进入我们的眼睛时，它们经过眼睛的晶状体并在视网膜上形成一个倒立的图像。大脑解释这个图像，使我们感知到物体的位置和大小。因为我们的两只眼睛之间有一定的距离，每只眼睛看到的图像略有不同，这种差异称为双眼视差。大脑使用这些信息来判断物体的深度和距离。

艺术与物理的交汇：在绘画艺术中，艺术家们经常使用和调整透视规则，以达到他们想要的效果，无论是真实的还是梦幻的。了解透视的物理学和生物学原理可以增强我们对艺术作品的欣赏能力。

透视和视觉错觉都是绘画艺术中的重要元素，它们与物理学有着密切的联系。通过探索这些概念，我们可以更好地理解和欣赏艺术作品，同时也能够深入了解我们自己的视觉系统如何工作。

14.2 音乐与声学

14.2.1 音调、和声与共振：音乐中的物理学

音乐是声音的艺术，而声音本身是由物体振动产生的压力波。这些振动通过空气、水或其他介质传播，进入我们的耳朵，就听到声音。音乐和声学之间的联系从多个方面体现出来。

音调与频率：当我们谈论音符的高低时，实际上是指其振动的频率。频率高的音符声音更尖锐，而频率低的音符则更加低沉。例如，中央C的频率约为261.63Hz，意味着它每秒振动261.63次。

和声与泛音：当物体振动时，不仅产生基频，还产生多个高于基频的泛音或和声。这些和声与基频的整数倍成正比。它们共同决定了乐器或声音的音色。

共振与共鸣：共振是指当一个物体的自然振动频率与另一个物体的振动频率相匹配时，会增加振幅。例如，当音乐家拉动小提琴的弦时，小提琴的箱体会共振，放大声音。

声波的传播：声波通过空气、水或固体传播时，它的速度和特性都会受到介质的影响。例如，声音在水中传播的速度比在空气中快得多。

声学与乐器设计：不同的乐器有不同的声学特性。例如，吉他、小提琴和大提琴的形状和材料都是经过精心设计的，以产生特定的音色和音量。

人类听觉的物理学：我们的耳朵和大脑是如何解释和处理声音的也是声学研究的一个重要领域。例如，人耳对不同频率的敏感度是不同的。

音乐与物理学之间有着深刻的联系。通过理解音乐的物理原理，如音高、音色、振动和声波的特性，我们不仅能更好地领会音乐的艺术美感，还能更深入地欣赏其结构和情感表达。掌握这些物理概念，可以帮助我们理解为何某些和声或旋律会引发愉悦感或特定的情感反应。同时，这些知识对于乐器制造、音乐制作和声学研究等技术领域也提供了关键的支持。

14.2.2 乐器的设计与声学原理

乐器是为了产生音乐而设计和制造的工具，其工作原理基于声学的基本法则。乐器的设计和制造是一个复杂的过程，它结合了艺术与科学，以实现特定的音色、音量和音乐表现力。以下是一些常见乐器及其与声学原理的关系。

1. 弦乐器（如吉他、小提琴、大提琴）

当弦被拨动或用弓摩擦时，它开始振动，并产生声音。

弦的长度、张力和质量决定了其基频。

乐器的箱体或声学腔会共振，放大从弦产生的声音，形成独特的音色。

不同位置的指板按压可以改变弦的有效长度，从而改变音高。

2. 木管乐器（如长笛、单簧管）

音乐家通过在孔洞上覆盖或打开孔洞来改变管内的空气柱长度，从而改变音高。

乐器的形状和材料会影响声音的音色。

3. 铜管乐器（如小号、长号）

乐手通过改变嘴唇的张力和气流来改变音高。

旋钮和滑块可以改变管道的长度，进一步调整音高。

管道的形状和材料也会影响音色。

4. 打击乐器（如鼓、马林巴）

打击乐器通过敲击或振动来产生声音。

鼓膜或振动片的材料、形状和张力决定了其声音的音色和音高。

5. 电子乐器（如合成器、电子钢琴）

这些乐器使用电子技术来模拟、放大或处理声音。

它们可以模拟多种传统乐器的声音，或创造全新的音色。

乐器的设计和制造是一个不断追求完美的过程，它结合了物理学、材料科学、工艺和艺术。了解乐器如何工作，以及声学原理如何影响音乐的产生，可以加深我们对音乐的欣赏，并提高音乐创作和演奏的技巧。

14.3　现代艺术与物理学的交汇

14.3.1　互动艺术与传感器技术

随着技术的进步，艺术与科学之间的界限变得越来越模糊。近年来，互动艺术已经成为当代艺术的一个重要分支。互动艺术通常需要观众与作品互动，从而完善或改变作品的表现形式。

传感器技术在互动艺术中扮演了关键角色。以下是一些常见的应用。

运动传感器：通过检测观众的动作，艺术作品可以做出实时的响应。例如，观众的移动可以触发音乐、灯光或影像的变化。

触摸传感器：当观众触摸某个物体或表面时，可以触发特定的效果或反馈。

声音传感器：可以检测环境中的声音或频率，使作品产生相应的变化。

光线传感器：通过检测光线变化，产生与之相关的视觉或听觉效果。

生物传感器：这些传感器可以检测人体的生理反应，如心率、体温等，使艺术作品产生相应的变化。

此外，现代技术如虚拟现实（VR）、增强现实（AR）和混合现实（MR）也为艺术家提供了新的创作工具。这些技术可以创建沉浸式的体验，观众可以在一个虚拟的环境中与艺术作品互动。

物理学与现代艺术的交汇为艺术家和观众提供了新的体验方式和创作空间。这种跨学科的合作不仅推动了艺术的创新，也使科技在艺术领域发挥了更大的价值。

14.3.2 数字艺术、计算机图形与光学模拟

随着计算机技术的迅速发展，数字艺术已成为当代艺术领域的一个重要分支。它结合了计算机科学、数学和传统艺术，创造出独特的视觉和听觉体验。

1. 计算机图形（CG）

渲染技术：物理学中的光学原理被广泛应用于计算机图形的渲染中，以创建真实感的图像。例如，光线追踪技术模拟光线与物体的互动，产生阴影、反射和透射效果。

纹理和材质：物理属性如反射率、粗糙度等被用于模拟不同的材料，使得数字艺术作品看起来与真实物体无异。

2. 数字动画

物理模拟：物理学定律，如牛顿三大运动定律、流体动力学等，被用于创建逼真的动画效果，例如飘落的叶子、波浪、爆炸等。

角色动画：通过模拟生物力学原理，如肌肉、骨骼和关节的运动，来创建逼真的人物和动物动画。

3. 互动艺术与虚拟现实

光学模拟：通过模拟人眼的工作原理，虚拟现实头戴式设备为用户提供了一个 360°的沉浸式体验。

现场反馈：传感器和摄像头捕捉用户的动作和位置，再通过物理模拟实时反馈，使用户能与数字环境互动。

4. 算法艺术

物理和数学模型，如混沌、分形等，被艺术家用于创造独特的数字艺术作品。

物理学为数字艺术提供了强大的工具和技术，使艺术家能够超越传统媒介的限制，探索新的创作可能性。同时，观众也可以通过与数字艺术作品的互动，获得前所未有的体验。

14.4 应用 1：色彩与光的物理学

14.4.1 光谱、折射与颜色的形成

颜色是我们周围环境的一个基本属性，它影响着我们的情感、感知和决策。但颜色本身并不是物体的固有属性，而是由物体吸收、反射或发射的光的特定波长产生的。

1. 光谱

定义：光谱是光按照其能量或波长进行的分布。太阳光包含从红色到紫色的所有颜色，这就是我们常说的“彩虹”或“可见光谱”。

应用：光谱分析是科学家识别物质成分的一种方法，它基于不同物质吸收或发射特定波长的光的能力。

2. 折射

定义：折射是光从一种介质进入另一种介质时，其传播方向发生变化的现象。

颜色的形成：当光进入一个新的介质，如从空气进入水，不同波长的光的折射率会略有不同。这种现象称为色散，是形成彩虹的原因。

3. 颜色的物理机制

反射、吸收和透射：物体颜色的形成与它如何与光相互作用有关。绿叶反射绿色光，吸收其他颜色的光；红苹果反射红色光，吸收其他颜色的光。

颜色的感知：我们眼睛中的感光细胞对不同波长的光敏感度不同，使我们能够感知到不同的颜色。

4. 色彩的应用

艺术与设计：艺术家和设计师利用色彩理论来操纵情感和视觉效果，创建具有吸引力的作品。

通信与标识：色彩在交通信号、企业标识和广告中起到关键作用，传达信息和吸引注意力。

颜色不仅仅是一个视觉体验，它还与物理学、化学、生物学和文化紧密相连。理解颜色的物理学原理可以帮助我们更好地欣赏和应用色彩，无论是在艺术、设计工作中还是在日常生活中。

14.4.2　颜料混合与颜色变化的模拟与可视化

颜料的混合是一种减色过程。与我们常见的 RGB（红、绿、蓝）色彩模式的加色混合相反，颜料混合更多地涉及 CMYK（青、品红、黄、黑）色彩模式。当我们混合颜料时，我们实际上是在减少反射的光的颜色，从而得到新的颜色。

在图 14-1 所示的模拟中，我们展示了三种基本颜料（青、品红、黄）的混合，观察它们如何形成新的颜色。

模拟步骤：创建一个交互式界面，允许用户选择三种基本颜料的量。根据选择的颜料量计算得到的颜色。展示混合后的颜色结果。

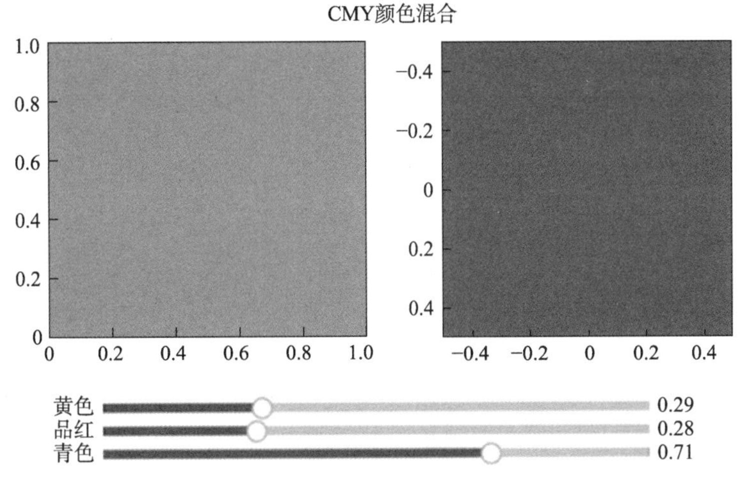

示例代码

图 14-1

14.4.3　不同光线条件下的颜色表现分析

颜色的表现不仅是由物体的物质或颜料决定的，也是由物体反射、透射或发射到观察者眼中的光的颜色决定的。因此，当照射在物体上的光的颜色发生变化时，物体的颜色也会随之改变。这就是为什么在不同的光线条件下，同一物体可能会呈现出不同的颜色。以下是这一现象的一些关键点。

光的颜色：白天的阳光被认为是白色的，但在黎明和黄昏时，阳光中的蓝色和绿色光被大气散射，使太阳看起来是红色或橙色的。因此，照在物体上的光的颜色也随之发生了变化。

物体的颜色：物体的颜色是由它反射的光的颜色决定的。如果一个物体只反射蓝色光，那么在白色光下它看起来是蓝色的。但如果照在它上面的光没有蓝色成分，那么它可能看起来是黑色的。

颜色的相对性：我们对颜色的感知是相对的，而不是绝对的。这意味着我们的大脑会根据周围的颜色对特定颜色进行校正。例如，在黄色光线下，白色的纸可能看起来是黄色的，但我们的大脑会自动校正，使其看起来更接近白色。

色温：不同来源的光有不同的色温，单位为开尔文（K）。低色温光源（例如蜡烛）发出暖色（红色、橙色），而高色温光源（例如晴朗的天空）发出冷色（蓝色）。

应用：在摄影、电影和舞台灯光中，色温和颜色是至关重要的，因为它们可以影响到场景的整体氛围和感觉。

物体的颜色并不是一个固定的属性，而是取决于照在它上面的光的颜色以及观察者的视觉系统如何处理这些颜色的结果。这使得颜色的研究变得非常复杂和有趣。

14.5 应用 2：乐器与声音的物理学

14.5.1 弦乐器、吹管乐器与打击乐器的声音产生原理

1. 弦乐器

声音产生：当乐器的弦被拉动或拨动时，它们开始振动。这种振动在空气中产生压力波，这些压力波被我们的耳朵接收并识别为声音。

音高：弦的振动频率决定了音高。频率高的声音对应高音，频率低的声音对应低音。频率取决于弦的长度、厚度、张紧度以及弦的材料。

音色：不同的振动模式和弦的材料都会影响音色，使得每种弦乐器都有其独特的声音。

2. 吹管乐器

声音产生：当吹气进入乐器时，空气柱开始振动。这种振动产生的声音取决于空气柱的长度和形状，以及吹奏者如何吹奏。

音高：改变空气柱的长度（例如，通过打开或关闭孔洞）可以改变音高。较长的空气柱产生低音，而较短的空气柱产生高音。

音色：乐器的形状、材料以及吹奏者如何吹奏都会影响音色。

3. 打击乐器

声音产生：当敲击或打击乐器（如鼓或锣）时，它们开始振动。这种振动产生的声音取决于乐器的材料、形状和大小。

音高：虽然大多数打击乐器不是为了产生特定的音高而设计的，但它们的大小和张紧度仍然会影响音高。例如，张得很紧的鼓皮会比松弛的鼓皮产生更高的音。

音色：乐器的材料、形状和大小以及击打方式都会影响音色。

每种乐器都基于物理学原理来产生声音。乐器的设计者使用这些原理来优化乐器的声音质量和音色。

14.5.2　不同乐器声音波形的模拟与可视化

为了模拟并可视化不同乐器的声音波形，我们首先需要理解每种乐器的声音特性。乐器的声音不仅仅是一个简单的正弦波，而是多个谐波的组合，形成一个复杂的波形。

弦乐器：这些乐器产生的声音波形通常是由基频和多个谐波组成的。例如，一个吉他在弹奏 A4 音符时，除了基频 440Hz 之外，还会有 880Hz、1320Hz 等高阶谐波。

吹管乐器：这些乐器产生的声音取决于其长度和孔洞的位置。例如，长笛和单簧管产生的声音可能比其他吹管乐器更为纯净，主要是基频和少数谐波。我们只使用了基频（A4 音符，440Hz）来模拟这种声音。

打击乐器：这些乐器产生的声音波形通常比较复杂，包含多种频率。例如，鼓的声音不仅取决于鼓皮的张紧度，还取决于击打的位置和方式。我们使用了一个阻尼的波形来模拟鼓声在击打后的声音衰减。

我们使用 Python 来模拟并可视化这些乐器的声音波形，模拟三种简化的声音：弦乐器、吹管乐器和打击乐器，如图 14-2 所示。

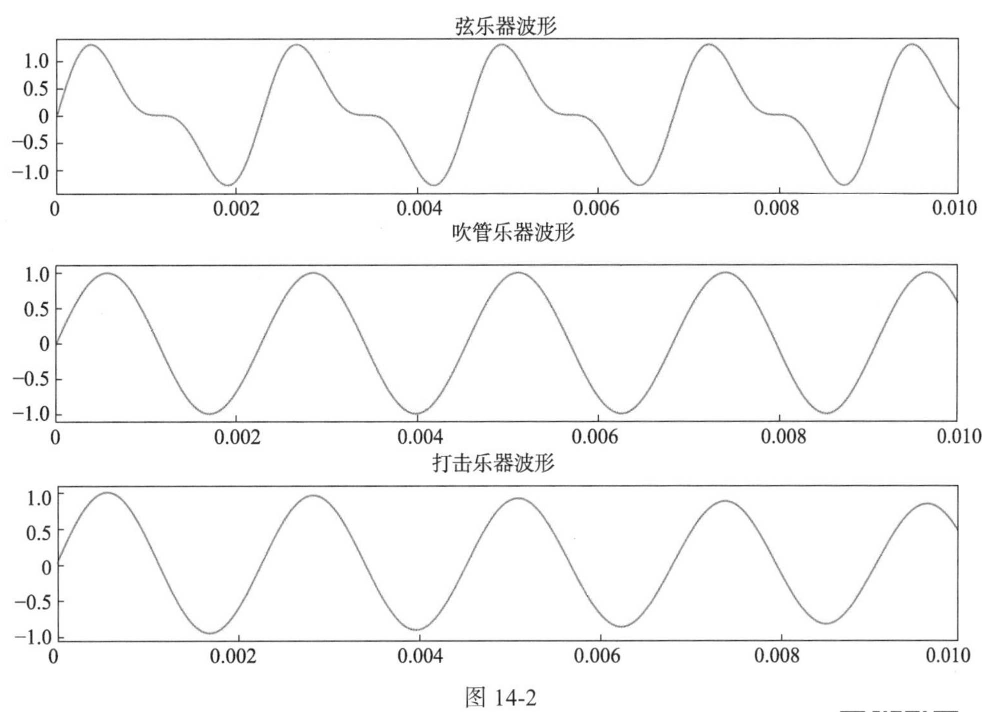

图 14-2

14.5.3　不同乐器的音质与特点分析

示例代码

乐器的音质或音色是由多种因素决定的，包括基频、谐波频率、波形的振幅和形状，以及声音的衰减速度。以下是对前面提到的三种乐器的音质和特点的分析。

1. 弦乐器（如吉他）

基频和谐波：弦乐器的声音包括基频和多个谐波。基频通常是最强烈的，但谐波也对音色有很大影响。

音质特点：弦乐器的音色通常比较丰富、温暖。

衰减：音量在最初达到峰值后会逐渐衰减，但通常会持续较长时间。

影响因素：弦的材料、厚度、张紧度，以及乐器本身的材料和形状，都会影响音质。

2. 吹管乐器（如长笛）

基频和谐波：吹管乐器的声音通常是基频，有时伴随少量的谐波。

音质特点：音色清晰、明亮，较为单纯。

衰减：音量较为稳定，但在停止吹气后会迅速衰减。

影响因素：乐器的材料、孔的大小和位置，以及吹气的方式和力度，都会影响音质。

3. 打击乐器（如鼓）

基频和谐波：打击乐器的声音包含多种频率，但可能没有明确的基频。

音质特点：音色强烈、冲击性强。

衰减：声音在达到峰值后会迅速衰减。

影响因素：鼓膜的材料、张紧度，击打的位置、力度和方式，以及鼓的大小和形状，都会影响音质。

每种乐器都有其独特的音质和特点，这是由乐器的物理结构、材料和演奏方式共同决定的。这些特点不仅为乐器赋予了独特的音乐性，也为音乐创作和演奏提供了无限的可能性。

14.6 应用 3：数字艺术与物理模拟

14.6.1 计算机图形与光线追踪技术

计算机图形学是研究如何使用计算机技术来生成和操纵图形的学科。而在计算机图形学中，光线追踪技术是一个非常强大的技术，可以产生高度逼真的图像。

1. 光线追踪技术的基本概念

光线技术追踪是一种计算机图形技术，它模拟了光如何与物体相互作用以产生视觉图像。这种技术的核心思想是追踪一条光线，从视点出发，穿过每个像素，然后计算这条光线与场景中的物体的交互。

2. 工作原理

光线投射：从观察点（通常是摄像机）出发，通过屏幕的每个像素投射一条光线。

物体交互：计算光线与场景中所有物体的交点。

颜色计算：对于与光线相交的物体，计算交点的颜色。这通常涉及考虑物体的材质、光线的颜色、交点的法线方向以及其他光源的影响。

反射与折射：光线在与透明或反射物体相交时可能会反射或折射。光线追踪算法会追踪这些新的光线，并计算它们与其他物体的交互。

遮挡与阴影：如果一个物体遮挡了另一个物体对光源的视线，那么被遮挡的物体在这个方向上就会产生阴影。

3. 应用领域

光线追踪技术在很多领域都有应用，如影视特效、动画、视频游戏、建筑可视化等。由于光线追踪技术可以产生高度逼真的图像，其在需要高质量渲染的应用中尤为受欢迎。

14.6.2 光线追踪技术在艺术创作中应用的模拟与可视化

光线追踪技术为艺术创作提供了一种方式，使得艺术家可以创造出高度逼真的图像和动画。这种技术的核心原理是模拟光线与物体的交互，从而产生真实的光照和阴影效果。

图 14-3 所示是一个简化的模拟和可视化过程，具体如下。

创建一个简单的场景：场景可以包含几个基本的几何形状（例如球体、立方体等）和一个或多个光源。

定义摄像机的位置和方向：摄像机的位置和方向决定了渲染图像的视角。

对每个像素投射光线：从摄像机位置出发，通过屏幕的每个像素投射一条光线。

计算光线与物体的交点：找到光线首先碰到的物体。

计算交点的颜色：根据物体的材质、光线的颜色、光源的位置和其他环境参数来计算交点的颜色。

考虑反射和折射：如果物体是反光和透明的，需要计算反射和折射光线的颜色，并将其加入到交点的颜色中。

生成图像：将每个像素的颜色组合起来，生成最终的图像。

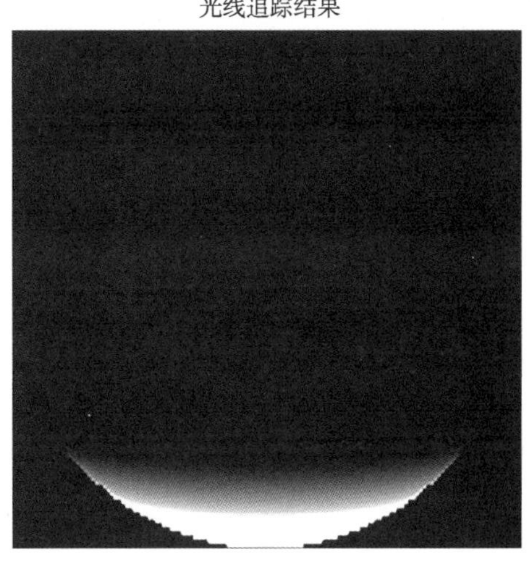

示例代码

图 14-3

14.6.3　数字艺术的创作过程与效果分析

数字艺术是一个广泛的领域，涵盖了从数字绘画、计算机生成的图像，到交互艺术、虚拟现实和增强现实的各种形式。这种艺术形式使用电子技术作为一个重要的工具或媒介来创作或展示作品。

1. 创作过程

概念化：数字艺术的创作通常始于一个想法或概念。这可能是对传统艺术主题的新解释，或对技术、社会和文化的反思。

工具选择：数字艺术家必须选择合适的软件和硬件工具来实现其想法。这可能包括绘画软件、3D 建模工具、编程语言或交互设计工具。

创作：艺术家使用所选的工具来创作作品。这可能涉及绘图、建模、编程或其他技术。

展示：完成的作品可以通过各种方式展示，如在线展览、数字画廊、虚拟现实或增强现实应用。

2. 效果分析

互动性：数字艺术通常具有高度的互动性，使观众能够与作品进行交互，从而为他们提供了一种新的艺术体验。

动态性：许多数字艺术作品都是动态的，可以随时间变化或根据观众的互动而变化。

无限的可能性：数字工具提供了无限的创作可能性，使艺术家能够探索新的形式和表达方式。

技术依赖性：虽然数字技术为艺术家提供了新的工具，但它也可能限制了艺术家的创造力，因为他们可能过于依赖技术。

持续性问题：数字艺术作品的存续性是一个问题，因为技术不断变化，旧的平台和格式可能会变得过时。

数字艺术是一个不断发展的领域，它挑战了传统的艺术界限，并为艺术家和观众提供了新的创作和体验方式。但与此同时，它也带来了一系列关于技术、文化和艺术性的问题和挑战。

14.7 本章习题和实验或模拟设计及课程论文研究方向

习题

简答题：

（1）简述色彩在物理学中的基本理论。

（2）什么是光线追踪技术？它在数字艺术中的应用是什么？

（3）列举三种乐器，并描述它们产生声音的物理原理。

（4）如何使用物理学的原理来解释舞台灯光的布局与效果？

选择题：

（1）以下哪一种乐器是利用空气柱的振动来产生声音的？

A. 吉他　　B. 小提琴

C. 笛子　　D. 鼓

（2）光线追踪技术主要用于：

A. 测量物体的大小　　B. 计算物体的速度

C. 模拟光线与物体的交互　　D. 测量物体的温度

（3）一个蓝色的物体在白光下显现为蓝色是因为它：

A. 只吸收蓝色光　　B. 只反射蓝色光

C. 只透射蓝色光　　D. 除了蓝色吸收其他所有颜色的光

计算题：

如果一个音符的频率是440Hz，那么它的波长是多少？（假设声速为340m/s）

论述题：

（1）讨论透视在绘画中的重要性，并简述其与物理学的关联。

（2）分析电影和电视中的声音和图像技术如何利用物理学原理。

实验或模拟设计

实验：色彩分散

目的：通过一个棱镜理解光的色彩分散。

描述：将一束白光（例如来自日光灯）照射到一个棱镜上。观察并记录光线经过棱镜后在墙上或屏幕上形成的色谱。讨论不同颜色光的折射角，并解释为什么它们在不同的位置。

模拟设计：乐器振动模拟

目的：理解乐器是如何产生声音的。

描述：使用一个简单的模拟软件，如振动弦或空气柱的模拟。调整参数，如长度、张力或材料，观察并听声音的变化。

模拟设计：光线追踪模拟

目的：理解光线追踪技术和它如何模拟现实世界的光线。

描述：使用基础的光线追踪软件，创建一个简单的场景，如一个带有反射和透明属性的球体。观察光线如何与物体交互并产生逼真的影像。

课程论文研究方向

色彩与感知：研究不同光源下色彩的表现，以及这如何影响人类的视觉感知。

音乐与声学：深入研究不同乐器如何产生声音，以及它们如何影响听众的情感。

数字艺术与物理模拟：探索如何使用物理学模拟来创建逼真的数字艺术作品。

物理学在电影特效中的应用：分析现代电影特效如何利用物理学模拟来达到逼真的效果。

互动艺术与传感器技术：探讨在互动艺术中使用的各种传感器如何工作，以及它们如何使艺术更加具有参与性。

光线追踪技术在现代游戏和动画中的应用：探索光线追踪技术如何为游戏和动画提供更高的视觉质量。

第3部分 物理学在当今世界中的应用

第15章 土木工程与物理学

15.1 建筑物理学

在建筑设计和施工中，物理学起着至关重要的作用。它为我们提供了解决各种工程问题的方法，包括热传导、声学、光照和通风。了解这些物理学原理对于创建舒适、安全和高效的建筑环境至关重要。

15.1.1 隔热性能与热传导

在建筑领域，隔热性能是评价建筑结构材料能否阻止热量传递的关键指标。优秀的隔热性能不仅能够提高居住舒适度，还可以降低能源消耗，进而降低能源成本和环境影响。

1. 定义与基础知识

热传导：热传导是热能从一个物体的高温部分传递到低温部分的过程。热传导的速率取决于材料的导热系数和温差。

导热系数：表示材料单位厚度、单位面积在单位时间内导热的量，常用单位是 W/(m·K)。材料的导热系数越低，其隔热性能越好。

2. 建筑应用

隔热材料：为了提高建筑的隔热性能，建筑师和工程师通常会选择导热系数低的材料，如泡沫、矿棉、聚氨酯等。

热桥：在建筑结构中，某些部分可能存在导热系数高的材料，这会导致热量通过这些部分快速传递，称为热桥。识别并处理热桥是提高建筑隔热性能的关键。

多层隔热：为了进一步提高隔热性能，建筑结构通常会使用多层隔热材料，每层材料之间可能还包含空气层，因为空气是一个很好的隔热材料。

3. 隔热的重要性

节能与环境保护：良好的隔热性能可以减少建筑的能源消耗，这不仅可以节省费用，还可以减少温室气体排放，有助于环境保护。

提高舒适度：良好的隔热性能可以确保室内温度稳定，避免夏季过热和冬季过冷，从而提高居住和工作的舒适度。

减少冷凝：当热气遇到冷的表面时，可能会产生冷凝。良好的隔热性能可以减少墙体和其他表面的冷凝，避免结露和与之相关的问题。

隔热性能是建筑设计的重要组成部分，其目标是提供舒适、经济和环境友好的室内环境。通过了解和应用热传导的物理学知识，建筑师和工程师可以设计出高效的隔热系统，满足现代建筑的需求。

15.1.2 声学：建筑中的隔音与声学设计

在建筑领域，声学是一个重要的研究领域，因为它影响到建筑中的噪声控制、音乐厅的声音效果、办公空间的隐私等。这一节将探讨建筑中的隔音和声学设计的基本概念和应用。

1. 定义与基础知识

声学：是研究声波产生、传播和接收的物理学分支。

隔音：是指阻止声音穿透或从一个空间传到另一个空间的能力。隔音材料的设计目标是减少声音的传播。

吸音：是指材料吸收声音的能力，从而减少反射声和回声。

回声时间：是指在一个封闭空间中，声音源停止发声后声音振幅衰减到其原始值的 1/1000 所需要的时间。

2. 建筑应用

隔音材料：如石棉、矿棉、泡沫和特殊的隔音板，被用来减少声音传递。

吸声材料：如吸声泡沫、木纹吸声板和吸声地毯，用于控制室内的回声和提高音质。

声学设计：在音乐厅、剧院、录音室等特定场所，声学设计特别重要，为了确保最佳的声音效果，需要特殊设计墙壁、天花板和地板。

隔音措施：在居住区、办公室和酒店中，为了确保隐私和舒适性，可能需要采取隔音措施，如双层玻璃窗、隔音墙等。

3. 声学的重要性

舒适与隐私：良好的声学环境可以提供宁静和舒适的空间，保护居住者或使用者的隐私。

功能性：在音乐厅、教室或会议室中，良好的声学设计可以确保信息或音乐清晰地传达给听众。

健康与安全：长时间暴露在噪声中可能会对健康产生负面影响。通过声学设计，可以减少噪声对人们的影响，从而提供一个健康的生活和工作环境。

声学在建筑设计中起着重要作用。无论是家庭住宅、办公空间还是公共建筑，都需要考虑声学因素，以创建一个功能性强、舒适和安全的空间。通过了解声学的物理学原理和应用这些原理，建筑师和工程师可以为用户提供最佳的声音体验。

15.1.3 光学：自然采光与反射

光学在建筑设计中扮演着至关重要的角色，尤其是在自然采光和反射的处理上。充足和适当的自然光不仅能节约能源，还能为建筑的居住者或使用者创造一个健康、舒适的环境。

1. 基本概念

自然采光：利用天然的光源，如阳光，为建筑内部提供照明的方法。

光的反射：当光线遇到一个表面时，它会按照一个与入射角相等的角度反射回来。

光的折射：当光线从一个介质进入另一个介质时，它的方向会发生变化。

2. 建筑应用

天窗和高窗：通过在屋顶或墙的上部安装窗户，可以引入更多的自然光，提高建筑内的亮度。

光线导管：这是一种特殊的装置，可以捕捉阳光并将其导入建筑的深处，特别适用于那些自然光难以到达的地方。

反射材料：如镜面或高反射率的材料，可以用于墙壁、地板或天花板，以增加自然光的量和分布。

遮阳设备：如百叶窗、遮阳板或遮阳网，可以阻挡或调节阳光，以防止过度的直射阳光和眩光。

3. 光学的重要性

能源效率：充足的自然光可以减少对人工照明的依赖，从而提高能源利用效率，节省能源和减少电费。

健康与舒适性：自然光被认为比人工光更健康，因为它具有一个更宽的光谱，并且与人的生物节律相匹配。此外，适当的自然光可以改善人们的心情从而提高生产力。

美学：自然光可以增强空间的感觉，使颜色更加真实，为建筑创造一个愉悦的氛围。

光学在建筑设计中起到了重要的作用。通过了解光的物理属性和如何在建筑中应用这些属性，建筑师和工程师可以为用户提供一个明亮、健康和舒适的空间。

15.2 结构动力学与建筑设计

结构动力学是土木工程中的一个核心领域，关注的是建筑和其他结构在动态荷载作用下的响应。这种荷载可以是风、地震、交通荷载等。

15.2.1 结构动力学：从风荷载到地震效应

风荷载：建筑物，特别是高层建筑，在风的作用下会受到侧向的力。这种力可能导致建筑物产生振动，在极端情况下甚至导致结构破坏。因此，建筑设计必须考虑风荷载，以确保建筑的安全和舒适。

地震效应：地震是地壳内部应力突然释放的结果，产生的震动波会传递到地表，可能导致建筑物产生剧烈的振动。建筑结构需要设计得足够坚固，以抵御地震的影响，并防止因此导致的结构损坏或倒塌。

共振：当外部力的频率接近结构的自然频率时，结构可能会产生强烈的振动。这种现象称为共振。为了避免共振，工程师需要确保结构的自然频率远离可能的外部激励频率。

隔震与减震：为了减少地震对建筑物的影响，可以使用隔震和减震技术。隔震是在建筑物和基础之间加入柔性的隔震层，以减少地震能量的传递。减震则是利用减震器吸收部分地震能量，从而减少建筑物的振动。

动态响应：建筑物对动态荷载的响应不仅取决于荷载的大小和性质，还取决于建筑物的质量、刚度和阻尼。对这些参数的准确估计是预测结构动态响应的关键。

结构动力学为建筑师和工程师提供了预测和设计结构在动态荷载下响应的工具。这些工具不仅确保了建筑物的安全，还提高了建筑物的功能性和舒适性。

15.2.2 桥梁的振动与稳定性分析

桥梁作为重要的交通基础设施，其稳定性和安全性至关重要。在设计桥梁时，需要对其可能受到的各种荷载和环境因素进行分析，确保在各种情况下都能保持稳定并避免产生危险的振动。

自然振动与共振：每个结构都有其自然频率，当外部激励与这些频率接近时，可能会引起共振。例如，行走的人群、风或交通流都可能导致桥梁振动。如果这些振动的频率接近桥梁的自然频率，可能会引起危险的共振。

风荷载：桥梁在风中可能会受到很大的侧向力，尤其是悬索桥和斜拉桥。在某些情况下，风可能会使桥梁产生不稳定的振动，如美国塔科马海峡大桥在1940年因此而坍塌。

交通荷载：重型车辆、列车或其他交通工具可能会对桥梁产生很大的动态荷载。桥梁需要被设计成能够承受这些荷载，并确保在交通荷载下不会产生危险的振动或变形。

地震影响：在地震活跃区域，桥梁需要设计成能够抵御地震产生的剧烈振动。这可能包括使用隔震系统或确保桥梁有足够的延性，以吸收和分散地震能量。

长期的变形：除了瞬时的动态荷载，桥梁还可能受到长期的静态荷载，如车辆堆积或雪的积累。这些荷载可能导致桥梁发生塑性变形，从而影响其结构完整性和功能性。

为了确保桥梁的稳定性和安全性，工程师需要使用结构动力学的原理对其进行详细的分析。这通常涉及建立数学模型，模拟桥梁在各种荷载和环境条件下的响应，以预测和避免可能的问题。

15.2.3 高层建筑与风压效应

高层建筑由于其高度和结构特点，对风的响应特别敏感。风压效应不仅会影响建筑物的结构安全性，还可能影响其内部的舒适性。为了确保高层建筑的稳定性和安全性，必须对风压效应进行详细的考虑和分析。

基本风压：高层建筑受到的风压与建筑的高度、形状、风的速度以及周围环境等因素有关。基本风压是建筑物在风中受到的平均静态压力，它会影响建筑的整体稳定性。

涡振：当风经过建筑物时，会在其背面形成涡流。这些涡流会导致建筑物产生周期性的侧摇，这种现象称为涡振。涡振可能导致建筑物结构疲劳，甚至导致结构损坏。

共振：如果风的频率与建筑物的自然频率相近，可能会导致建筑物产生大幅度的振动，这种现象称为共振。共振会对建筑物结构产生很大的动态荷载，可能导致结构损坏。

风的舒适性影响：高层建筑内的居住者和工作者可能会感受到建筑物的摇摆，这会影响其舒适性。为了确保舒适性，建筑物可能需要配备阻尼器或隔震系统，以减少风引起的振动。

风荷载的考虑：在设计高层建筑时，必须对风荷载进行详细的考虑。这包括评估可能的风速、确定风压系数、考虑建筑的形状和结构特点，以及评估其他可能影响风压的因素。

为了确保高层建筑的稳定性和安全性，工程师需要使用风工程和结构动力学的原理进行详细的分析。这通常涉及风洞试验、数值模拟以及结构响应分析，以预测和避免可能的问题。

15.3 土壤物理与地基工程

地基工程是土木工程中的一个重要分支，它涉及建筑物、道路、桥梁等结构的基础设计与施工。为了确保结构的稳定性和安全性，工程师需要深入了解土壤的物理和力学性质。

15.3.1 土壤的力学性质

土壤的力学性质是指土壤在外部荷载作用下的变形、强度和稳定性特性。这些性质与土壤的颗粒大小、形状、密度、水分含量等因素密切相关。以下是土壤的主要力学性质。

土壤的密度：土壤的密度是指土壤单位体积的质量。它与土壤的颗粒大小和形状、水分含量以及压实程度有关。

土壤的孔隙率：孔隙率是土壤中孔隙体积与总体积之比。孔隙率与土壤的排水性、透水性和压缩性有关。

土壤的强度：土壤的强度是指土壤抵抗变形和破坏的能力。它与土壤的颗粒接触、摩擦角和黏聚力有关。

土壤的压缩性：压缩性是指土壤在外部荷载作用下的体积变化特性。土壤的压缩性与其孔隙率、水分含量和结构有关。

土壤的稳定性：稳定性是指土壤在外部荷载或环境变化作用下的结构稳定性。它与土壤的强度、排水性和透水性有关。

了解土壤的力学性质对于地基工程非常重要。工程师需要根据土壤的特性进行基础设计，以确保结构的稳定性和安全性。这通常涉及土壤试验、地基承载力分析和地基类型选择等工作。

15.3.2 地下水与土壤的渗透性

地下水在土壤中的运动与土壤的渗透性密切相关。渗透性是描述水或其他流体在土壤或岩石中流动能力的物理性质，它取决于土壤的孔隙结构、颗粒大小和分布以及土壤的湿度和紧密度。

1. 地下水的形成与运动

地下水主要来源于雨水和雪水的渗透，经过土壤层逐渐向下渗透，最终到达一个饱和层，这个饱和层称为水位或地下水面。在水位之下的土壤或岩石中的水称为地下水。

地下水的运动受到地形、地下岩层结构、土壤的渗透性和其他地下流体的影响。在某些情况下，地下水可能会沿着特定的路径流动，形成地下河或泉水。

2. 土壤的渗透性

土壤的渗透性，通常用渗透系数来表示，它定义为单位时间内单位面积的土壤所能通过的水的体积。渗透系数与以下因素有关。

土壤的孔隙率：孔隙率越大，土壤的渗透性越好。

土壤颗粒的大小和形状：粗颗粒或圆形颗粒的土壤具有较高的渗透性。

土壤的紧密度：紧密度越高，渗透性越差。

土壤的湿度：湿度对渗透性的影响取决于土壤的类型和结构。

3. 地下水与建筑工程

地下水对建筑工程有重要影响。地下水的存在可能会影响基坑的开挖、地基的稳定性和地下结构的防水性。因此，在进行建筑工程时，需要对地下水进行详细的调查和分析，以确保工程的安全和稳定。

了解土壤的渗透性和地下水的运动对于土木工程师是非常重要的，它们可以帮助工程师做出正确的设计决策，避免潜在的工程风险。

15.3.3 地基稳定性与沉降分析

地基是建筑物或其他结构物的支撑部分，其稳定性直接影响到整个结构的安全。地基的沉降和稳定性是土木工程中的核心问题。

1. 地基的沉降

沉降是指结构或地面因受力或其他原因而产生的垂直位移。地基沉降通常是由以下原因造成的。

土壤压缩：建筑物的荷载使土壤颗粒重新排列，导致体积减小。

土壤固结：水分从土壤中排出，导致土壤体积减小。

地下水位变化：地下水的上升或下降可能会导致土壤的强度和性质发生变化。

其他因素：如地震、土壤蠕变等。

2. 地基的稳定性

地基的稳定性是指地基在承受荷载时能够保持其形状和位置不发生变化的能力。影响地基稳定性的因素如下。

土壤性质：如土壤的密度、黏聚力、内摩擦角等。

荷载类型和分布：静态荷载、动态荷载或集中荷载等。

地下水位：高的地下水位可能会降低土壤的承载能力。

施工方法：如挖掘、填土或地基处理方法。

3. 沉降分析

沉降分析是通过计算来预测和评估地基在荷载作用下可能发生的沉降量。常用的方法如下。

弹性理论法：基于弹性力学原理，适用于黏性土和砂土。

经验公式法：基于大量实测数据得出的经验关系。

固结理论法：主要用于评估黏性土的固结沉降。

为确保建筑物的安全和使用功能，必须确保地基沉降在允许的范围内。过大的沉降不仅可能导致建筑物的损坏，还可能影响其使用功能和寿命。因此，对地基沉降的预测和控制在土木工程中至关重要。

15.4 应用 1：绿色建筑与物理学

15.4.1 能效、热舒适性与建筑设计

随着环境问题的日益突出和人们对生活质量的要求提高，绿色建筑逐渐成为建筑行业的主流。绿色建筑不仅关注建筑的能效，还注重为居住者提供舒适的室内环境。物理学在这方面发挥了关键作用，特别是在热力学、光学和流体力学等领域。

1. 能效

能效是指建筑在使用过程中能源的使用效率。高能效的建筑可以有效地减少能源消耗，从而降低运营成本和减少碳排放。提高建筑的能效主要包括以下几个方面。

建筑外壳隔热性能：通过使用高效的保温材料和双层或三层玻璃窗户来减少热量的流失或进入。

建筑的取向与形状：合理的建筑取向可以最大化地利用太阳能，而建筑的形状也会影响热量的流失和空气流动。

高效的暖通空调系统：使用先进的技术和控制策略来确保系统的高效运行。

2. 热舒适性

热舒适性是指人们在建筑内部感到的温度和湿度是否舒适。提高热舒适性的方法如下。

自然通风：利用风的压力差来驱动空气流动，帮助建筑内部的空气循环。

热质量：建筑材料的热质量可以缓冲室内温度的变化，减少温度波动。

绿色植被：绿色屋顶和绿色墙可以为建筑提供额外的隔热层，减少夏季的热负荷。

3. 建筑设计

现代建筑设计更加注重与自然环境的和谐共生。利用物理学原理，建筑师可以创造出既

美观又功能齐全的建筑。例如，利用光学原理设计的遮阳板可以有效地阻挡夏季的直射阳光，而在冬季则可以让阳光进入室内。同样，建筑的形状和取向也会影响风的流动，进而影响建筑的通风效果。

物理学为绿色建筑提供了理论基础和实用工具，帮助建筑师设计出更加环保、舒适和高效的建筑。

15.4.2 建筑热环境变化的模拟与可视化

模拟建筑热环境变化需要考虑多种因素，包括建筑的结构、材料、外部环境条件（如温度、湿度、风速等）以及建筑内部的热源。为简化模拟，我们考虑以下几个方面。

建筑材料的热导率：不同的建筑材料有不同的热导率，这决定了它们传导热量的速度。

建筑的隔热性能：隔热材料可以减缓热量的流失或进入，从而影响室内温度。

外部环境条件：温度、湿度和风速等都会影响建筑的热环境。

建筑内部的热源：如人体、电器等都会产生热量，影响室内温度。

下面的模拟将基于这些考虑，展示一个简化的建筑热环境变化模型。

我们模拟一个建筑在一天内的热环境变化。在图 15-1 中，我们使用了一个简化模型来模拟建筑内外的温度变化。外部温度随时间呈正弦波形变化，模拟日出到日落的温度变化。建筑内部的温度受到隔热性能、热源和外部温度的共同影响。

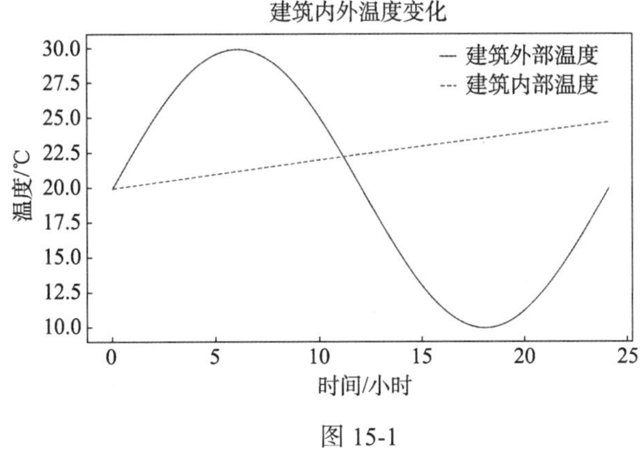

示例代码

图 15-1

15.4.3 不同设计对建筑热环境影响的分析

建筑的热环境是由多种因素共同决定的，其中设计是一个关键的部分。下面我们分析一些常见的建筑设计策略及其对建筑热环境的影响。

隔热材料的选择：高效的隔热材料可以有效减少建筑内外的热量交换，降低冷暖负荷，提高室内舒适度。例如，使用低导热系数的材料，如泡沫塑料、矿棉、真空绝热板等，可以有效地减少热量的流失和进入。

窗户的设计与材料：双层或三层玻璃、低辐射涂层玻璃和氩气填充可以大大降低窗户的热传导。使用遮阳设备，如遮阳窗帘或百叶窗，可以减少阳光直射，降低室内温度。

建筑的方向与取向：正确的建筑方向可以减少夏季的日照时间，从而降低冷却需求。例如，在北半球，南向的窗户可以在冬季获得更多的阳光，而在夏季由于太阳高度角较高，遮阳可以减少过热。

天然通风与交叉通风：通过巧妙的设计，可以实现建筑内部的自然通风，利用风来调节室内温度和湿度。例如，两面开窗可以实现交叉通风，提高室内空气质量。

绿化与屋顶绿化：绿色植被可以为建筑提供遮阳，减少室内温度。屋顶绿化不仅可以提供附加的隔热层，还可以吸收雨水，减少城市热岛效应。

高反射率的外墙和屋顶材料：使用高反射率的材料可以减少太阳辐射的吸收，降低建筑表面的温度。

合理的建筑设计策略可以大大改善建筑的热环境，提高能效，降低能源消耗，并为居住者提供更加舒适的室内环境。

15.5 应用 2：桥梁设计的物理学原理

15.5.1 桥梁的载荷与稳定性分析

桥梁的设计与结构稳定性是土木工程中的重要研究领域。桥梁需要承受各种外部荷载，如车辆荷载、风荷载、地震荷载和水流冲击及基础的侵蚀等，并确保在这些作用下保持稳定。

1. 静态荷载

自重：由桥梁自身的重量产生，是桥梁设计中的主要荷载。

车辆荷载：车辆行驶在桥面上产生的荷载。设计时需要考虑桥梁可能经受的最大车辆荷载。

2. 动态荷载

风荷载：桥梁受到风的作用会产生风荷载。特别是对于悬索桥和斜拉桥，风荷载的影响尤为显著。

地震荷载：在地震活跃区域，地震荷载是桥梁设计中需要考虑的关键因素。

交通荷载：车辆行驶在桥面上时，除了静态荷载外，还会产生动态效应，如振动和冲击。

3. 稳定性分析

整体稳定性：桥梁结构需要保持整体稳定，防止倾覆、滑移或结构破坏。

局部稳定性：例如，桥墩、桥塔、悬索等部分需要保持稳定，防止出现裂缝或位移。

4. 应力分析

桥梁各部分受到荷载的作用会产生应力。设计时需要确保这些应力不超过材料的许用应力，以确保桥梁的安全。

5. 振动分析

桥梁可能会因为车辆、风或地震的作用而产生振动。设计时需要考虑振动对桥梁结构和使用寿命的影响，并采取措施减少振动。

桥梁的载荷与稳定性分析是确保桥梁安全、经济和耐用的关键。设计师需要综合考虑各种荷载、材料性质、地理环境和使用条件，进行科学的计算和分析，确保桥梁的安全和稳定。

15.5.2 桥梁在不同载荷下的动态响应的模拟与可视化

桥梁在不同载荷下的动态响应是一个复杂的工程问题，通常需要使用结构动力学的知识和计算机模拟软件来进行研究。以下将简单地模拟桥梁在不同载荷下的动态响应，并进行可视化。

模拟内容：考虑一座简单的梁桥，最初的形态是一条直线，代表桥梁在未受载荷时的初始形态。载荷将包括静态载荷（例如桥梁自重）和动态载荷（例如车辆行驶或风荷载）。模拟将展示桥梁在载荷作用下的弯曲形态。

可视化内容：x 轴表示桥梁的长度，y 轴表示桥梁的垂直位移。模拟开始时，桥梁为一直线。当载荷作用时，桥梁将呈现出不同的弯曲形态（图 15-2）。

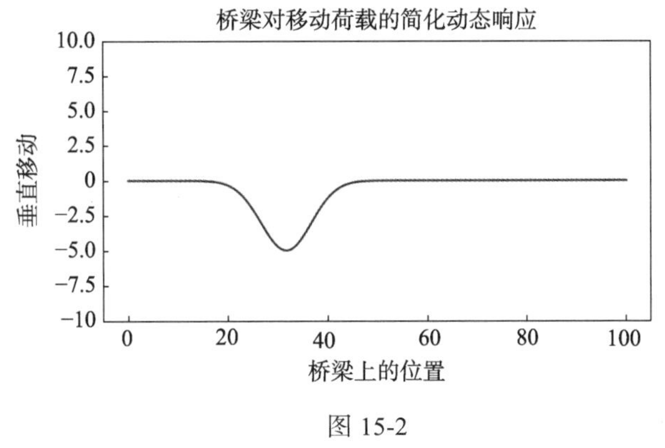

示例代码

图 15-2

15.5.3 桥梁设计的关键因素分析

设计桥梁时，工程师必须考虑许多关键因素，确保其安全、稳固且经久耐用。以下是影响桥梁设计的一些主要因素。

静态载荷：由桥梁自身重量和道路、轨道、人行道等固定设施造成的恒定荷载。

动态载荷：由过桥车辆、风荷载、地震、行人等引起的可变荷载。

材料选择：不同的材料（如钢、混凝土、木材或复合材料）具有不同的强度、重量和耐候性，这些都会影响桥梁的设计和性能。

地基与土壤条件：桥墩和桥台必须建立在坚固和稳定的地基上。土壤的承载能力、地下水位和地震活跃性都会影响桥梁的稳定性。

气候与环境：风速、盐雾、冰冻/融化循环、水流等环境条件都会对桥梁的设计和维护产生影响。

桥梁类型与跨度：例如梁桥、拱桥、吊桥和斜拉桥等，每种类型的桥梁都有其特定的应用场景和设计要求。

安全系数：桥梁设计通常包括安全系数，以考虑到未来可能的载荷增加、材料劣化或其他不可预见的条件。

审美与文化因素：桥梁不仅是工程结构，还是城市或地区的象征。其设计需要考虑到当地的文化、历史和审美需求。

维护与寿命：桥梁的设计应考虑其预期的使用寿命和维护需求，确保桥梁在整个生命周期中都是经济高效的。

经济性：预算限制和经济考虑常常决定桥梁的设计和所选材料。

技术发展：新的建筑技术和材料可能会提供更好的设计方法和解决方案，使桥梁更加经济、安全和持久。

桥梁设计是一个复杂的多学科问题，需要综合考虑工程、经济和社会因素。恰当的设计不仅能确保桥梁的结构安全和功能性，还能提供经济效益和审美价值。

15.6 应用 3：地基工程与土壤物理学

15.6.1 地基的承载能力与稳定性

在土木工程中，地基是一个至关重要的组成部分，它负责支撑上面的建筑物或结构，并将载荷传递给下面的土壤或岩石。地基的承载能力和稳定性是决定其能否安全、有效地承受载荷的关键因素。

1. 承载能力

表面承载能力：这是土壤在其表面能够承受的最大荷载，而不会发生过度的沉降或失稳。

深层承载能力：对于深层基础（如桩基础），土壤或岩石在较深的地方所能承受的荷载。

2. 稳定性

地基的稳定性与以下因素有关。

土壤的类型和特性：例如，黏性土通常比砂或砾石具有更高的稳定性。

地下水位：高的地下水位可能会降低土壤的稳定性。

地基的形状和大小：例如，广阔的地基通常比窄的地基更稳定。

施加在地基上的荷载类型和大小。

沉降：当土壤在荷载作用下发生压缩时，上面的结构可能会下沉。沉降可以是均匀的，也可以是不均匀的，后者可能导致结构变形或损坏。

滑移和失稳：在某些情况下，地基可能会在土壤层上滑动，或者整个土壤块可能会失稳。这通常发生在斜坡或岸边，特别是在大的荷载或水的作用下。

土壤测试和探测：为了准确评估地基的承载能力和稳定性，工程师通常会进行土壤测试和探测。这些测试可以提供关于土壤类型、密度、湿度、地下水位和其他关键特性的信息。

地基的设计和评估是土木工程中的一个复杂任务，需要考虑多种因素。恰当的地基设计可以确保上面的结构安全、稳固，并能够有效地承受荷载。

15.6.2 地基在不同土壤条件下的沉降的模拟与可视化

地基沉降是一个重要且复杂的工程问题。为了简化，我们可以考虑两种常见的土壤类型（图 15-3）：砂土和黏性土（如黏土）。这两种土壤的压缩性质是不同的，因此会产生不同的沉降响应。

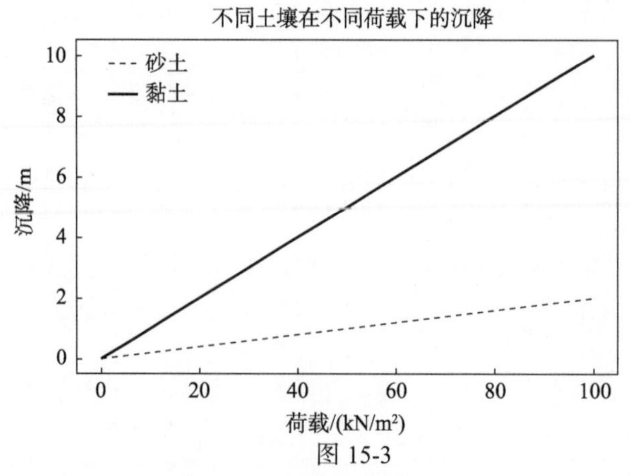

图 15-3

示例代码

模型假设：土壤厚度和均匀性在沉降的深度范围内是恒定的。加载是均匀分布的。只考虑立即沉降，不考虑长时间的固结沉降。

模拟参数：砂土的沉降模量：较高，表示砂土的沉降较小。黏土的沉降模量：较低，表示黏土的沉降较大。

15.6.3 地基设计的重要性分析

地基是建筑物或工程结构的基础部分，直接承受整个建筑物或结构的重量，并将其传递给地面。因此，地基的设计和施工对于确保建筑物的稳定和安全至关重要。以下是地基设计的一些关键考虑因素和其重要性。

承载能力：土壤的承载能力是指土壤在不发生不可接受的沉降或失稳的情况下可以安全承受的最大压力。不同的土壤类型（如黏土、砂土、卵石土等）具有不同的承载能力。地基设计时必须确保建筑载荷不超过土壤的承载能力。

沉降：所有建筑都会有一定程度的沉降，但是沉降过多或不均匀的沉降可能导致建筑物结构的损坏。通过合适的地基设计，可以最大限度地减少沉降，并确保它在可接受的范围内。

土壤渗透性：地下水和土壤的渗透性对地基的稳定性有很大影响。例如，高渗透性的土壤可能导致地下水上升，从而影响地基的稳定性。因此，地基设计时需要考虑地下水位和土壤的渗透性。

地震效应：在地震活跃区，地基设计必须考虑地震对建筑物的影响。这可能包括使用特殊的隔震技术或确保地基能够在地震期间移动而不损坏建筑。

环境因素：考虑气候变化、季节性地下水位变化、降雨和其他环境因素也是地基设计的重要部分。

经济性：虽然地基设计和施工的主要目标是确保建筑物的稳定和安全，但也必须考虑成本。选择合适的地基类型和施工方法可以在确保安全的同时控制成本。

地基设计是土木工程中的一个关键环节，它直接关系到建筑物或工程结构的稳定、安全和持久性。通过对地基设计的深入了解和适当的分析，可以确保建筑物和结构能够安全地使用多年。

15.7 本章习题和实验或模拟设计及课程论文研究方向

习题

理论题：

（1）简述热传导在建筑物中的重要性以及如何通过建筑设计来优化其效果。

（2）解释声学在建筑中的应用，特别是在音乐厅或剧院的设计中。

（3）简述在建筑设计中光的重要性，特别是在自然采光方面。

（4）为什么桥梁的动态响应对其设计如此重要？

（5）地基稳定性对建筑物有什么影响？如何通过工程手段来增强它？

计算题：

（1）一个建筑物的外墙由两层材料组成，给定它们的热传导系数和厚度，计算整体的热传导率。

（2）给定一个房间的大小、材料和外部噪声水平，估计房间内的噪声水平。

（3）一个桥梁在风速为 50m/s 的暴风中受到的风压是多少？

（4）给定土壤的物理属性，如密度、孔隙度和饱和度，估计它的承载能力。

应用题：

（1）设计一个小型住宅的隔热系统，考虑不同的墙体和屋顶材料。

（2）对于给定的音乐厅设计，提出声学优化建议。

（3）为一个城市中心的高层建筑设计风防护措施。

（4）设计一个简单的桥梁，并考虑其在不同荷载下的响应。

（5）根据给定的地下水位和土壤类型，为一个建筑物设计地基。

实验或模拟设计

实验：热传导模拟

目的：验证不同建筑材料的热传导性能。

描述：准备几种常见的建筑材料（如砖、混凝土、木材）。使用热源加热材料的一侧，并在另一侧使用温度传感器测量温度变化，从而计算热传导速率。

实验：声学隔音

目的：测量不同材料的声学隔音性能。

描述：在一个隔音室内放置噪声源。在室外使用声音传感器测量噪声级别。然后在噪声源和传感器之间放置不同的隔音材料，测量它们的隔音效果。

模拟设计：桥梁振动模拟

目的：理解桥梁的动态响应和共振。

描述：使用模拟软件建立一个简单的桥梁模型。应用不同频率和幅度的外部振动，观察桥梁的响应，特别是在其自然频率附近。

课程论文研究方向

绿色建筑与物理学：研究现代建筑设计中的绿色策略，如太阳能、雨水收集、自然通风等，并从物理学的角度分析它们的效率和效益。

桥梁设计的创新：探讨现代桥梁设计中的创新技术和方法，如悬索桥、斜拉桥等，并从动力学的角度分析其稳定性和安全性。

声学在公共空间中的应用：研究如何使用声学原理来优化公共空间，如机场、火车站、购物中心等的声学环境。

地基与土壤物理：深入探索不同类型的土壤如何影响地基稳定性，以及如何通过物理方法来预测和解决可能出现的问题。

现代建筑中的光学应用：探讨光学如何被应用于现代建筑设计中，以实现自然采光、能效、视觉舒适度等目标。

结构与地震工程：研究建筑和桥梁如何设计以抵御地震，从物理学的角度分析不同设计策略的效果。

建筑材料的物理性质：研究现代建筑材料，如混凝土、钢、复合材料等的物理性质，以及如何优化这些材料以实现更好的性能和效益。

第 16 章　能源行业与物理学

16.1　化石燃料的开采与利用

16.1.1　石油、天然气与煤的形成与开采原理

石油、天然气和煤炭是地球上的主要化石燃料，它们的形成与储存与地质历史紧密相关。这些燃料由古老的植物和动物的遗骸在数百万年的地质历史中形成。

1. 石油与天然气

石油和天然气主要是由数百万年前的海洋生物在数百万年前形成的，当这些生物死亡后，它们的尸体会沉积到海底并被沉积物覆盖。

在时间的推移下，这些有机物质在没有氧的环境下逐渐分解，形成所谓的“油页岩”。随着地壳的运动和压力的增加，油页岩逐渐被转化成原油。

天然气主要是由原油在地下高温和高压条件下生成的，通常与原油伴生。

2. 煤炭

煤炭主要是由古老的植物遗骸形成的，当这些植物死亡后，它们沉积在沼泽或河流沉积物中。

在数百万年的地质历史中，这些植物遗骸在没有氧的环境下逐渐分解，形成泥煤。

随着时间的推移，由于地壳的运动和压力的增加，泥煤逐渐被转化成褐煤、无烟煤并最终形成硬煤。

3. 开采原理

钻井：这是开采石油和天然气的主要方法。首先钻一个深孔直到达到石油或天然气层，然后利用压力使其上升到地面。

露天开采和地下开采：这是开采煤炭的主要方法。露天开采通常用于地表附近的煤层，而地下开采用于较深的煤层。

水力压裂：这是一种用于提高油气井产量的技术，通过在井下注入高压液体来裂解岩石，使石油或天然气更容易流动。

这些开采方法都需要对地质结构有深入的了解，以确定最佳的开采位置和方法。此外，安全问题、环境保护和资源利用效率也是开采过程中需要重点考虑的问题。

16.1.2　化石燃料的燃烧与能量转化

化石燃料，如石油、天然气和煤炭，是世界上主要的能源。它们提供了用于运输、发电和加热的能量。这些燃料的价值主要在于其化学结构，它们含有大量的碳和氢原子，可以通过燃烧与氧反应释放能量。

1. 燃烧的基本原理

燃烧是一个氧化过程，化石燃料中的碳和氢与大气中的氧气反应，生成二氧化碳和水，并释放大量的热能。这个化学反应可以简化为：

$$碳(C)+氧气(O_2)\rightarrow 二氧化碳(CO_2)+能量$$

$$氢(H_2)+氧气(O_2)\rightarrow 水(H_2O)+能量$$

2. 能量转化

热能：燃烧释放的热能可以用来加热水，产生蒸汽。

机械能：在电厂中，蒸汽可以驱动涡轮机，将热能转化为机械能。

电能：涡轮机转动发电机，发电机将机械能转化为电能，供应给家庭和工业使用。

这种能量转化过程的效率并不是100%。在每一步中，都会有能量损失，通常以废热的形式散失到环境中。其中，最大的效率损失通常发生在燃料的燃烧和蒸汽涡轮的操作过程中。

3. 环境影响

化石燃料的燃烧不仅会释放能量，还产生了二氧化碳、氮氧化物、硫氧化物等污染物。这些污染物对环境和人类健康有害。特别是二氧化碳，它是温室气体，对全球气候变化有重要影响。

4. 优化与技术进步

为了提高燃烧效率和减少污染物排放，近年来，人们已经开发了许多新技术。例如，超临界蒸汽循环、燃气联合循环发电和碳捕获与存储技术等。

虽然化石燃料为我们提供了便利的能源，但它们的使用也带来了许多环境和社会问题。因此，未来的能源技术发展趋势是向更清洁、可持续的能源转型，如太阳能、风能和核能等。

16.1.3 温室效应与环境影响

1. 温室效应的原理

温室效应是地球大气中某些气体（称为温室气体）吸收并再辐射地表辐射的过程。这种效应使得地球的表面温度比没有这些气体时高得多，从而为生命创造了一个适宜的环境。

太阳辐射的大部分是可见光和紫外光，它们穿过大气层，被地表吸收，然后转化为热量。

地球表面随后以红外辐射的形式将这一热量重新辐射到大气中。

温室气体，如二氧化碳、甲烷和水蒸气，吸收并再辐射这些红外辐射，使得地球的温度维持在一个相对较高的水平。

2. 人为的温室效应

尽管温室效应是一个自然的过程，但是由于人类活动，特别是工业活动，大量排放温室气体，特别是二氧化碳，导致温室效应增强。这增强的温室效应被认为是导致全球变暖的主要原因。

3. 环境影响

全球气温升高：地球的平均温度在过去一个世纪里上升了约1°C，这已经导致了一系列的气候变化。

极端天气：如暴雨、干旱、风暴和热浪等变得更为频繁。

海平面上升：由于地球温度上升，极地冰川和冰山融化，加上海水膨胀，导致海平面上升。

生态系统影响：许多物种因为气候变化而失去了栖息地，导致生物多样性下降。

4. 社会经济影响

农业：温度的变化和降水模式的改变影响了作物的生长，可能导致食物供应短缺。

健康：热浪和极端天气事件可能导致更多的健康问题和死亡。

移民：海平面上升和其他气候变化导致的环境问题可能导致人们从他们的家园迁移。

5. 应对策略

为了应对气候变化，国际社会已经采取了多种措施，如减少温室气体排放、增加清洁能源的使用和开展气候适应策略。例如，巴黎气候协议旨在限制全球温度较工业化前水平上升 2 ℃以下。

16.2　可再生能源技术

16.2.1　太阳能：光伏效应与太阳能电池

1. 光伏效应

光伏效应是指在半导体材料中，当光子与半导体相互作用时，它们可以将能量传递给半导体中的电子，使电子从价带跃迁到导带，从而产生电流。这种效应是太阳能电池产生电能的基础。

能带理论：在固体物理中，电子的能量是量子化的，形成了不同的能带。其中，价带中的电子是束缚状态，而导带中的电子是自由的。

电子与光子的相互作用：当一个足够能量的光子击中半导体时，它可以将一个电子从价带激发到导带，留下一个“空穴”。

2. 太阳能电池

太阳能电池是一种利用光伏效应将太阳能转化为电能的设备。其基本组成部分是由两种不同类型的半导体材料（P 型和 N 型）组成的 PN 结。

工作原理：当太阳光照射到太阳能电池时，电子从价带被激发到导带，产生电子—空穴对。由于 PN 结的存在，电子会流向 N 区，而空穴则流向 P 区，从而在外部电路中产生电流。

效率问题：太阳能电池的转换效率取决于多种因素，如材料的性质、电池的设计以及光照条件。目前市面上常见的硅基太阳能电池的转换效率大约为 15%～20%，而某些高效太阳能电池的效率甚至超过 40%。

应用：太阳能电池被广泛应用于太阳能电站、家用太阳能系统、太阳能路灯、太阳能充电器等领域。

3. 优势与挑战

太阳能是一种清洁、可再生的能源，其最大的优势是无尽的太阳能供应和零排放。然而，太阳能也面临一些挑战，如安装成本、太阳能的间歇性以及转换效率。为了充分利用太阳能，科学家们正在研发更高效、更便宜的太阳能电池，并探索有效的能源存储方法。

16.2.2　风能：风机的工作原理与风能转化

1. 风的形成

风是由地球表面温度不均匀引起的大气流动。当地球上的某一区域比其他区域受热更多时，空气就会上升，造成低压。相邻的高压空气则流向这个低压区，形成风。

2. 风机的工作原理

风能转化为机械能的技术可以追溯到古老的风车。现代风机是这一原理的进化版，利用风推动叶片旋转，从而驱动发电机产生电能。

叶片设计：风机的叶片经过精心设计，以最大化其从风中捕获的能量。叶片的形状、大小和倾斜角度都会影响风机的效率。

发电机：当风推动风机叶片旋转时，叶片与主轴连接，主轴再与发电机连接。发电机中的磁场与导线的相对运动产生电流，从而将机械能转化为电能。

调整机制：大多数现代风机都配备有传感器和调整机制，以确保风机始终面对最佳的风向。此外，为了防止在风太强时受损，风机还设有制动机制。

3. 风能的转化效率

风能转化为电能的效率取决于多种因素，包括风机的设计、风速和风的稳定性。贝茨定律表明，任何风机捕获风中的能量都不能超过风的总能量的 59.3%，这被称为功率系数的最大值。

4. 优势与挑战

风能是一种清洁、可再生的能源。其主要优势是无尽的风能供应和零排放。然而，风能也面临一些挑战，如风的间歇性、风机的视觉和噪声污染以及对鸟类的影响。为了更好地利用风能，科学家和工程师正在研究更高效、更低噪声、对生态影响更小的风机设计，并探索与其他可再生能源（如太阳能）的互补应用。

16.2.3 水能：水轮机、潮汐能与波浪能

水能是通过水的动力或势能来产生能量的过程。这种能量转化通常通过各种机械设备进行，从而产生电力。

1. 水轮机

工作原理：水轮机是一种通过水流来产生机械能的装置。水流推动水轮旋转，水轮进一步驱动与其连接的发电机产生电能。

种类：水轮机有多种类型，如佩尔顿轮、弗朗西斯轮和卡普兰轮，每种都适用于特定的水头和流量条件。

优势与限制：水轮机是一种效率高、可靠性好的能源转换方式，但其建设和维护成本较高，且对水源的位置和稳定性有较高要求。

2. 潮汐能

工作原理：潮汐能是海水周期性涨落运动中所具有的能量。当潮水涨起时，潮汐能电站将水引入蓄水池；当潮水退去时，释放蓄水池中的水，通过水轮机产生电力。

优势与限制：潮汐能是一种可预测的能源，与风能和太阳能相比，它更为稳定。但潮汐能电站的建设和维护成本较高，且仅在某些地理位置适用。

3. 波浪能

工作原理：波浪能发电是利用海浪的上下运动来驱动浮标或其他装置，进而通过机械方式产生电力。

种类：存在多种波浪能转换技术，包括浮子系统、摇摆装置和振荡器。

优势与限制：波浪能是一种巨大的未利用能源，尤其在风力强劲的海域。但当前的技术仍处于发展阶段，且对海洋环境的影响尚未完全了解。

水能是一种环境友好、可再生的能源。尽管存在一些技术和经济挑战，但随着技术的进步和对可再生能源需求的增加，水能的应用范围预计将继续扩大。

16.3　核 能 技 术

16.3.1　核裂变：原子反应堆的工作原理

1. 核裂变的基本原理

核裂变是一种核反应，其中一个重核被分裂成两个或多个较小的核，同时释放出大量的能量。这种反应通常是由中子引起的，当中子撞击重核时，会使其分裂并产生更多的中子，从而形成一个连锁反应。

2. 原子反应堆的工作方式

链式反应：在反应堆中，铀或钚这样的重元素被用作燃料。当这些燃料的核被中子撞击时，它们会发生裂变，同时释放出更多的中子。这些新的中子再次撞击其他的核，导致更多的裂变。这个过程形成了一个自我持续的链式反应。

能量释放：每次核裂变都会释放出大量的热能。在反应堆中，这种热能被用来加热水或其他冷却剂。加热后的水产生蒸汽，蒸汽进一步驱动涡轮机，从而产生电力。

控制棒：为了控制链式反应的速度，反应堆中使用了控制棒。控制棒是由能够吸收中子的材料制成的，如硼或钢。通过调整控制棒的位置，可以调整中子的数量，从而控制反应的速度。

冷却系统：由于核反应会产生大量的热，因此需要一个冷却系统来冷却反应堆。大多数反应堆使用水作为冷却剂，但也有些反应堆使用其他液体，如液态金属。

安全系统：为了确保反应堆的安全运行，设计了多重安全系统。这些系统可以在出现异常情况时自动关闭反应堆，以防止任何潜在的风险。

核能是一种高能量密度的能源，它提供了大量的电力，同时产生的碳排放很低。然而，核能也带来了一些挑战，如放射性废物的处理和潜在的核事故。因此，正确、安全地设计和运行原子反应堆至关重要。

16.3.2　核聚变：聚变反应与未来能源前景

1. 核聚变的基本原理

核聚变是轻原子核合并形成更重的原子核的过程。在这一过程中，大量的能量被释放出来。太阳的能量就是来源于氢原子核通过核聚变反应形成氦的过程。

2. 聚变反应的特点

能量密度高：聚变反应可以释放出巨大的能量。例如，与化石燃料相比，氢到氦的聚变可以释放出大约四倍于化石燃料的能量。

燃料丰富：核聚变的主要燃料是氢的同位素，如氘和氚。这些元素在自然界中相对丰富，尤其是氘，它存在于海水中。

环境友好：与核裂变相比，核聚变产生的放射性废物较少，且半衰期较短。此外，核聚变不会产生温室气体排放。

安全性高：与核裂变反应不同，聚变反应不容易失控。如果发生事故，聚变反应会自然停止，不会导致大规模的放射性泄漏。

3. 聚变能源的挑战

高温条件：为了启动聚变反应，需要非常高的温度，通常在数百万摄氏度以上。在这种条件下，物质呈等离子体状态。

等离子体约束：为了维持聚变反应，需要在磁场中约束等离子体，防止它与容器壁接触。这需要复杂的磁场配置和高度的控制。

技术挑战：尽管理论上核聚变是可行的，但从工程的角度实现核聚变仍然面临许多挑战。例如，如何有效地转化核聚变释放的能量为可用电力。

4. 未来能源前景

核聚变被视为 21 世纪的“梦想能源”。它有可能为我们提供几乎无限的、清洁的能源。目前，国际上有多个大型核聚变实验项目正在进行，如国际热核聚变实验反应堆（ITER）项目。如果这些项目成功，核聚变将为全球能源危机提供一个可行的解决方案。

核聚变为我们提供了一个清洁、安全、高效的能源解决方案。但要实现聚变能源的商业化，还需要克服许多技术和工程上的挑战。

16.3.3 核能的安全与环境问题

1. 核能安全问题

反应堆事故：最知名的反应堆事故是 1986 年的切尔诺贝利事故和 2011 年的福岛事故。这些事故导致大量放射性物质释放到环境中，对人类和生态系统造成长期的伤害。

核燃料的处理：使用过的核燃料仍然具有高放射性，需要在安全的环境中存储数千年。

核武器扩散：核能技术有可能被用于制造核武器，这是国际社会普遍关心的问题。

恐怖主义与核设施安全：核电站和其他核设施可能成为恐怖分子袭击的目标。

2. 核能与环境

碳排放：与化石燃料相比，核电站的碳排放非常低。这使得核能被许多人视为应对气候变化的一个解决方案。

水资源利用：核电站需要大量的冷却水，这可能会对水资源和生态系统产生影响。

放射性废物：尽管核电站的碳排放很低，但它产生的放射性废物需要在安全的环境中存储数千年。

开采影响：开采铀和其他核燃料可能会对环境和人类健康产生影响。

核能作为一种能源，具有许多优势，如低碳排放、高能量密度等。然而，与此同时，核能也带来了一系列的安全和环境问题。为了确保核能的可持续利用，必须采取措施以确保其安全性，并对其对环境的影响进行全面评估。

16.4 应用 1：石油精炼与化工

16.4.1 石油精炼的过程与物理学原理

石油精炼是将原油转化为各种有用的产品，如汽油、柴油、航空燃料、润滑油和石油化工原料的过程。这个过程涉及多种物理和化学技术。

1. 分馏（Distillation）

原理：不同的烃类化合物具有不同的沸点。在分馏塔中，原油被加热至其各组分的沸点，然后以蒸汽形式上升。随着高度的增加，温度逐渐降低，不同的烃类组分在不同的高度冷凝并被分离。

这是最基本的石油精炼过程，可以将原油分为不同的组分，如汽油、柴油、重油等。

2. 裂化（Cracking）

原理：在高温和/或催化剂的作用下，将重的烃分子裂解成较小的分子。

该过程可以提高汽油和其他轻质烃的产量。

3. 催化重整（Catalytic Reforming）

原理：在催化剂的作用下，将直链烃转化为环状烃或芳香烃。

这一过程可以提高汽油的辛烷值，提高其抗爆性。

4. 脱硫（Desulfurization）

原理：使用催化剂和氢气，从烃中去除硫元素，从而产生低硫燃料。

减少硫的含量可以降低燃烧时产生的二氧化硫排放，有助于环境保护。

5. 脱水和脱盐（Dehydration and Desalting）

原理：去除原油中的水分和盐分。

这一步骤是为了防止腐蚀和沉淀，确保后续过程的效率。

石油精炼的过程涉及多种物理学和化学原理，包括分馏、裂化、催化重整等。这些技术确保了我们能从原油中提取出高效、清洁的燃料和其他有价值的产品。

16.4.2　石油裂解过程的模拟与可视化

石油裂解是将重质原油转化为轻质产物的过程，主要包括汽油、柴油、煤油和沥青。模拟石油裂解过程有助于理解裂解过程中不同产物的分布。

1. 基本裂解模型

1）初始状态

输入的原油被分为不同部分，这些部分将在特定条件下进行裂解反应。

初始状态下，原油的分布可以按图中的比例表示为 100%。

2）裂解条件

设定一定的温度和压力条件，这些条件将决定裂解反应的速率和最终产物的分布。

通常，温度越高，压力越低，有助于促进更多的重质原油转化为轻质产品。

3）裂解过程

在模拟过程中，部分原油在高温高压条件下裂解为轻油和其他产物。

剩余的原油保持其重油性质。

4）产物分布

裂解后的产物分为汽油、柴油、煤油和沥青。

2. 可视化效果

使用饼状图（图 16-1）来展示石油裂解后的不同产品分布情况。图中的每个区域代表不同的产物比例，颜色和百分比标注使得每个部分更加直观。

16.4.3　石油精炼中的关键步骤与产物分析

石油精炼是一个复杂的过程，涉及多个步骤，目的是将原油转化为各种有用的石油产品。以下是石油精炼过程中的一些关键步骤以及它们的主要功能和产物。

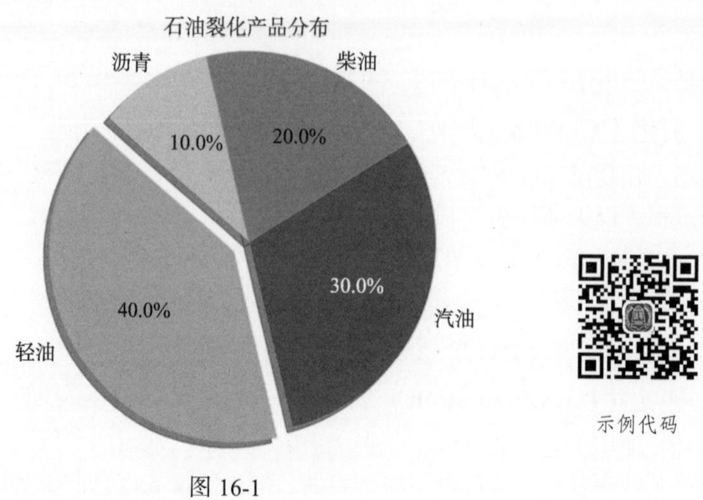

图 16-1

1. 脱盐和脱水（Desalting and Dehydration）

1）功能

脱盐和脱水是炼油过程中的关键预处理步骤，旨在去除原油中的水和盐分。这些杂质如果不被去除，可能会导致后续处理设备的腐蚀和结垢，影响加工效率和设备寿命。

2）产物

处理后的原油：含水量和盐分显著减少的原油，这降低了后续加工设备的腐蚀风险。

分离出的水和盐：被有效去除，减少了对设备和下游工艺的潜在损害，提升了精炼过程的效率和安全性。

2. 分馏（Distillation）

功能：利用不同组分的沸点将原油分离成不同的部分。

产物：气体（如甲烷、乙烷），轻油，航空煤油，汽油，柴油，重油和沥青。

3. 裂化（Cracking）

功能：将重分子链断裂成较轻的分子。

产物：轻油，汽油，柴油。

4. 催化重整（Catalytic Reforming）

功能：将低辛烷值的烃转化为高辛烷值的芳香烃。

产物：高辛烷值的汽油。

5. 脱硫（Desulfurization）

功能：去除原油和其他石油产品中的硫。

产物：低硫燃料和硫。

6. 催化加氢（Catalytic Hydrocracking）

功能：在存在氢的条件下，将重油裂解成轻油。

产物：轻油，汽油，柴油。

7. 延迟焦化（Delayed Coking）

功能：将残余油转化为轻油和焦炭。

产物：轻油，焦炭。

16.5　应用 2：太阳能发电站的设计与优化

16.5.1　太阳能电池与太阳能电站的工作原理

1. 太阳能电池的工作原理

太阳能电池，通常称为光伏电池，主要是基于硅（如多晶硅、单晶硅）或其他半导体材料制成的。它们的工作原理基于光生伏打效应。

当太阳光打到太阳能电池上时，电池中的半导体材料会吸收光子。

这些吸收的光子能量足以使半导体中的电子从价带跃迁到导带，从而产生电子—空穴对。

在电池的两侧设置了电场（由 P 型和 N 型半导体之间的 PN 结产生）。这个电场会驱动电子向一个方向移动，而空穴则向相反方向移动。

通过外部电路连接，这些移动的电子就形成了电流。

2. 太阳能电站的工作原理

太阳能电站主要由太阳能电池板、逆变器、支架系统、监控系统等组成。

太阳能电池板：它们吸收太阳光并将其转化为直流电。

逆变器：将直流电转化为交流电，以供电网或家用电器使用。

支架系统：支撑和定位太阳能电池板，确保其面向合适的方向以最大化光照接收。在一些先进的系统中，支架可以跟踪太阳的位置，以确保整天都能获得最佳的光照角度。

监控系统：监控电站的运行状况，确保其高效稳定地运行，并提供故障诊断。

优化太阳能发电站的设计包括选择高效的太阳能电池、合理的布局、先进的逆变器技术、有效的散热系统等。太阳能电站的设计和位置也需要考虑当地的气候和日照条件。

16.5.2　太阳能电站在不同天气条件下的发电效率的模拟与可视化

太阳能电站的发电效率受多种因素影响，其中天气条件是最主要的。不同的天气条件会影响太阳光的强度和太阳能电池板的温度，从而影响发电效率。

1. 天气因素对发电效率的影响

晴天：晴天时，阳光直射，太阳能电池板可以获得最大的光照强度。但是，过高的温度可能导致电池板效率下降。

多云：虽然光照强度低于晴天，但由于光线的漫射，电池板仍能捕捉到足够的散射光，同时较低的温度有助于保持高效率。

阴天：光照强度大幅下降，且大部分光线被厚厚的云层遮挡，导致太阳能电池板的发电效率显著减少。

雨天：雨天时，光照强度进一步降低。但雨水可以冷却电池板，降低其温度。

为了模拟这些效果，我们可以考虑一下简化的模型：

定义每种天气条件下的基准光照强度。

2. 温度对发电效率的影响

根据光照强度和温度计算发电效率。

基于所设定的参数和模型，我们得到了以下几种天气条件下的发电效率：晴天时为 10.5%，多云时为 16.6%，阴天时为 18.0%，雨天时为 18.0%（图 16-2）。

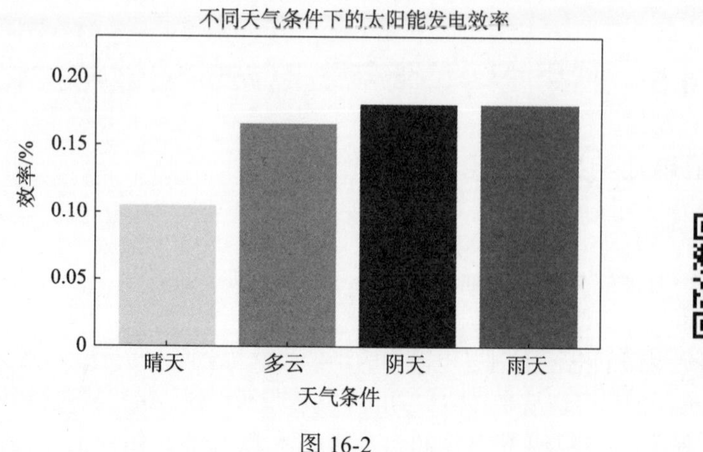

示例代码

图 16-2

16.5.3 太阳能电站的优化设计策略分析

太阳能电站的设计和优化是一个综合性任务，涉及技术、经济和环境因素。以下是一些常用的太阳能电站优化设计策略。

1. 选用高效太阳能电池

使用高效的光伏材料，如单晶硅、异质结或钙钛矿太阳能电池，可以提高电站的整体发电效率。

2. 跟踪系统

使用太阳跟踪系统可以使太阳能电池板始终面向太阳，从而最大化光照吸收。

可以考虑单轴或双轴跟踪系统，取决于投资和预期回报。

3. 合理的布局和间距

确保电池板之间的距离足够，以避免相互遮挡。

考虑地形和电站的方向，以获得最佳的日照角度。

4. 逆变器选择

使用高效的逆变器，确保达到最大的能量转换效率。

考虑使用集中式或微逆变器，取决于电站的规模和布局。

5. 冷却系统

在高温环境中，太阳能电池板的温度可能会升高，导致效率下降。使用冷却系统（如风冷或液冷）可以维持电池板的理想工作温度。

6. 维护和清洁

定期维护和清洁电池板可以确保其始终保持在最佳工作状态。

在尘埃多的地区，可能需要提高清洁频率。

7. 储能解决方案

与电池存储系统结合，以存储多余的太阳能并在夜间或多云天气时使用。

8. 系统监控和诊断

使用先进的监控系统，实时跟踪电站的性能和健康状况。

通过故障检测和预测性维护，减少停机时间。

9. 经济性和补贴

考虑利用政府或其他组织的补贴和税收优惠，以降低项目成本。

选择经济有效的设备和供应商，确保长期的投资回报。

10. 环境和社区因素

考虑当地的环境影响，确保项目的可持续性。

与当地社区合作，确保项目得到社区的接受和支持。

以上是太阳能电站优化设计的一些常见策略。每个项目都有其独特的挑战和机会，因此在实际应用中需要根据具体情况进行详细的分析和规划。

16.6　应用 3：核电站的安全措施

16.6.1　核电站的放射性废物处理

1. 核电站产生的放射性废物

核电站产生的放射性废物大致可以分为三类：低、中和高放射性废物。每种废物都需要不同的处理和存储方法。

低放射性废物：主要包括被轻微污染的日常废物，如拖把、工具、工作服等。这类废物通常在地表进行安全存储，经过一段时间后，其放射性会降到安全水平。

中放射性废物：包括一些用过的核反应堆部件和某些液体废物。这类废物通常被固化（例如，混入混凝土中），然后在地下深层或地表进行存储。

高放射性废物：主要是使用过的核燃料棒。这是最具挑战性的废物，因为它的放射性会持续数万年。高放射性废物需要经过再处理，以分离出可再利用的材料，减少废物的总量。处理后的废物通常被封装在特殊的容器中，然后在地下深层进行长期存储。

2. 核废物处理的其他关键策略

再处理：一些国家选择再处理使用过的核燃料，以回收其中的铀和钚，并将其用于生产新的燃料。

干存储：使用过的燃料先在冷却池中冷却一段时间，然后被放入特殊的干存储容器中，在地表进行长期存储。

地下深层处置：这是一种长期的解决方案，将放射性废物永久地封存在地下深层，确保它们不会对人类和环境造成威胁。

核电站的放射性废物处理和存储是一个复杂的技术挑战，需要多学科的知识和长期的计划。严格的监管、技术创新和社区参与都是确保这一过程安全和有效的关键。

16.6.2　核电站冷却系统工作过程的模拟与可视化

1. 核电站冷却系统的工作过程

反应堆核心：核燃料棒在此产生核反应，释放大量热量。

初级冷却回路：这是一个封闭的冷却系统，通常使用水或其他液体冷却剂。这些冷却剂直接流过反应堆核心，吸收其产生的热量。

蒸汽发生器（仅在压水反应堆中）：初级冷却回路中的热冷却剂在此传递其热量给次级冷

却回路，使其变为蒸汽。

次级冷却回路：蒸汽从蒸汽发生器传输到涡轮机，推动其旋转，从而驱动发电机。

冷凝器：使用来自外部的冷却水将蒸汽冷却并再次变为液体，然后返回蒸汽发生器。

外部冷却系统：通常使用大型冷却塔或直接从附近的河流、湖泊或海洋中抽取水来冷却冷凝器中的水。

2. 步骤

模拟：我们模拟一个时序过程，其中核反应堆逐渐加热，导致冷却剂的温度逐渐升高。

动态可视化：随着模拟的进行，我们动态地更新柱状图，展示冷却剂温度的变化。

上面的动态图展示了核电站冷却系统温度随时间的变化。随着核反应堆的输出逐渐增加（模拟中分为 50 步），每种冷却剂的温度也逐渐上升（图 16-3）。

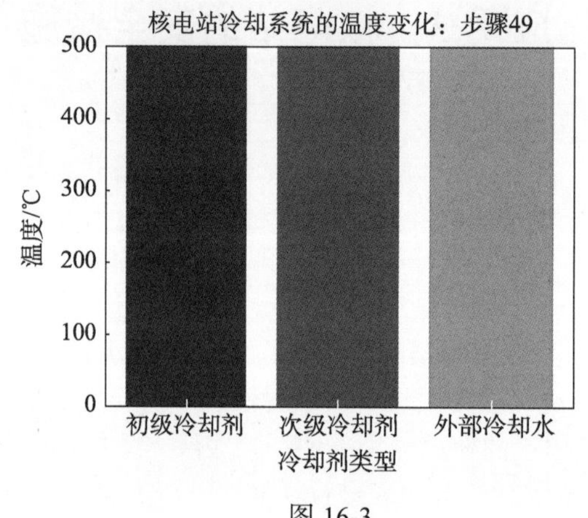

示例代码

图 16-3

图 16-3 中的三根柱子分别代表：蓝色：初级冷却剂；绿色：次级冷却剂；红色：外部冷却水。可以看到，随着时间的推移，每种冷却剂的温度都在上升。

16.6.3 核电站的安全防护措施分析

核电站的安全至关重要，不仅因为放射性物质可能对人类和环境造成严重伤害，还因为核事故可能导致长时间的土地污染和广泛的社会恐慌。因此，核电站的设计、建设和运行都必须遵循严格的安全标准。以下是核电站常用的一些安全防护措施。

多重壁障：核反应堆通常被设计为有多层壁障，以防止放射性物质泄漏。这包括厚重的混凝土壳和钢制容器。

冷却系统冗余与备份：为了确保在主冷却系统失效时仍能冷却反应堆，核电站通常配备有多套冷却系统，并有独立的电源供应。

自动紧急停堆系统：如果检测到异常，如冷却失效或温度超标，系统会自动插入控制棒，立即停止核反应。

地震设计：在地震活跃区域，核电站会被设计为能够承受强烈地震的冲击，以防止结构损坏或泄漏。

训练和演练：核电站的工作人员经过严格培训，定期进行事故应对演练，确保在紧急情况下能够迅速、有效地采取措施。

放射性废物管理：如前所述，放射性废物需要通过特定程序进行处理和存储，确保其不会对环境造成威胁。

安全区域和隔离：核电站周围设有安全区域，以减少外部威胁，如恐怖袭击，同时确保在发生事故时，辐射不会影响到公众。

定期审查和维护：核设施定期进行审查和维护，确保其保持在最佳工作状态，并及时修复或更换可能出现问题的部件。

国际合作与共享：各国之间进行信息和技术的共享，确保安全最佳实践得到广泛应用。

公众沟通与教育：向公众传递准确的信息，教育他们了解核能的好处和风险，以及核电站是如何确保安全的。

尽管采取了这些措施，核电站的安全仍然需要受到持续关注和设计的不断创新。核事故（如切尔诺贝尔和福岛）提醒我们始终保持警惕，确保核电站的安全运行。

16.7　本章习题和实验或模拟设计及课程论文研究方向

习题

化石燃料的开采与利用：

（1）简述石油、天然气和煤的形成过程。

（2）列举化石燃料燃烧时的主要副产品，并解释它们是如何导致温室效应的。

（3）计算一吨煤燃烧时释放的能量，假设其热值为 29MJ/kg。

可再生能源技术：

（1）解释光伏效应并简述如何在太阳能电池中利用它。

（2）列举风机的主要组成部分，并简述其功能。

（3）简述水轮机、潮汐能和波浪能的能量转化原理。

核能技术：

（1）区分核裂变和核聚变，并解释它们的能量来源。

（2）简述一个典型的核反应堆的冷却系统。

（3）列举三种核能的环境问题，并解释其原因。

应用题：

（1）设计一个小型太阳能发电系统，考虑地理位置、太阳能电池类型和储能系统。

（2）根据给定的数据，模拟风机在不同风速下的功率输出。

（3）分析石油裂解过程，并计算裂解 1 吨石油所需的能量。

实验或模拟设计

实验：太阳能电池效率

目的：验证不同类型太阳能电池的效率。

描述：准备几种不同类型的太阳能电池（如硅基、薄膜、多结）。在相同的光照条件下，测量每种电池的功率输出，并计算其效率。

模拟设计：风能模拟

目的：使用模拟软件理解风机的工作原理和风速对功率输出的影响。

描述：利用风能模拟软件如 FAST，模拟风机在不同风速下的行为。记录风速与功率输出的关系，并分析其性能特点。

实验：核能放射性

目的：理解放射性物质的特性。

描述：使用较安全的低放射性源（如铀矿石样品）和测放射计，测量放射性衰变。观察和记录不同时间段内的放射性衰变率。

课程论文研究方向

化石燃料的未来：研究化石燃料的储量、未来需求和可替代性。

太阳能技术的最新进展：探讨新型太阳能电池材料和设计。

风能与地理分布：研究风能资源的全球分布和最佳位置选择。

核能的风险与机会：对比核能的潜在风险和其作为可持续能源来源的机会。

水能的利用与环境影响：分析大型水电站对生态环境的影响。

新型能源储存技术：研究新型电池和能量储存技术的进展。

第17章 制造业与物理学

17.1 机械制造与设计

17.1.1 动力学与机械设计：杠杆、滑轮和齿轮

1. 杠杆

杠杆是机械优势的核心，允许我们通过较小的输入力实现较大的输出负载。在数学上，杠杆原理基于力矩的平衡，表示为：

$$\tau = r \times F$$

其中，τ 是力矩，r 是力臂，F 是作用在杠杆上的力。力矩平衡是杠杆效应的基础。

2. 滑轮

滑轮系统是一种通过绳子或链条和轮子来改变力的方向和大小的装置。在物理上，滑轮系统可以看作是杠杆的一个变种。通过增加滑轮的数量或配置，我们可以获得更大的机械优势。滑轮系统的机械优势（MA）通常定义为：

$$\mathrm{MA} = \frac{输出力}{输入力}$$

3. 齿轮

齿轮系统是一种通过啮合的齿轮来传递和放大转矩的方法。齿轮之间的啮合确保了它们的同步旋转。齿轮的机械优势可以通过齿轮比来定义，它是驱动齿轮的齿数与从动齿轮的齿数之比。此外，齿轮间的齿轮比也会影响它们的相对速度。

这三种基本机械元素在动力学和机械设计中都起到了关键作用，它们是许多复杂机械和系统设计的基础。为了实现高效、可靠和经济的设计，工程师必须深入理解这些元素的物理学原理和实际应用。

17.1.2 材料学：金属、塑料与复合材料的物理性质

1. 金属

金属是由金属原子组成的物质，这些原子形成了一种特殊的晶体结构。它们的物理性质主要包括以下方面。

导电性：金属具有高度的电导率，因为它们有自由移动的电子。

热导性：金属也是优秀的热导体。

延展性与塑性：金属在受到压力时可以被拉伸而不断裂。

强度与硬度：不同的金属和合金有不同的机械强度和硬度。

反射性：金属表面可以反射光线，使其看起来有一种光亮的外观。

2. 塑料

塑料是由聚合物链组成的大分子材料。根据其热行为，塑料可以分为热塑性和热固性。

热塑性塑料：可以多次加热和冷却而不发生化学变化，例如聚乙烯和聚丙烯。

热固性塑料：一旦固化，就不能重新加热和成型，例如酚醛和环氧树脂。

塑料的主要物理性质包括以下几个方面。

低密度：相对于金属，塑料较轻。

良好的绝缘性：大多数塑料都是电绝缘体。

抗腐蚀性：塑料对许多化学品都具有抵抗力。

可塑性：在某些条件下，塑料可以容易地成型。

3. 复合材料

复合材料是由两种或更多种不同的材料组合而成的，旨在结合每种材料的最佳特性。例如，玻璃纤维增强塑料（GFRP）将塑料的轻质与玻璃纤维的高强度结合起来。

复合材料的物理性质取决于其组成材料和它们的配置，但通常包括以下几个方面。

高强度重量比：复合材料通常比单一材料更强且更轻。

耐腐蚀性：许多复合材料对环境因素具有很好的抵抗力。

定向性：复合材料的性能可以通过定向加强材料来进行调整。

这些材料在现代制造业中发挥着关键作用，对其物理性质的深入理解对于材料选择和应用至关重要。

17.1.3 制造过程中的热力学与流体动力学

制造过程中，热力学和流体动力学是两个不可或缺的基础学科，它们对制造的效率、安全性和产品质量都有深远的影响。

1. 热力学

热力学研究能量的转换与物质的性质。在制造过程中，热力学的主要应用包括以下几个方面。

能量转换：例如，焊接、熔炼或其他加热过程需要考虑能量的输入、输出和转换。

相变：材料从一个相变到另一个相（如固体到液体）时，必须考虑潜热。

热扩散：在制造过程中，温度的均匀分布对于产品的质量至关重要。

热效率：了解和优化能量使用效率，这对于制造过程的经济性至关重要。

2. 流体动力学

流体动力学研究液体和气体的流动。在制造过程中，流体动力学的主要应用包括以下几个方面。

液体流动：在液体铸造或注塑中，液态材料的流动对于成型和冷却至关重要。

气体动力学：在喷涂、干燥或其他涉及气体的过程中，需要考虑气体的流动和扩散。

流体—结构相互作用：例如，在模具中的液体冷却或液体加工过程中，流体的流动会影响固体结构。

湍流与层流：不同的流动模式会影响制造过程的效率和质量。

在制造业中，热力学和流体动力学为工程师提供了理论框架和实用工具，帮助他们优化制造过程，提高产品质量，降低能源消耗，并确保操作的安全性。

17.2　电子制造与半导体技术

17.2.1　半导体的物理学原理：PN 结与二极管

1. 半导体的物理学原理

半导体是一种电导率介于导体和绝缘体之间的材料。在室温下，半导体的导电性比绝缘体好，但比金属差。其导电性可以通过温度、光照或电场的变化而改变。

掺杂：纯净的半导体，如硅或锗，几乎不导电。但是，通过在其结构中添加少量的其他元素（掺杂剂），可以显著增加其导电性。根据掺杂剂的类型，半导体可以分为 N 型（多余的自由电子）和 P 型（多余的空穴）。

能带理论：在固态物理中，电子的能量可以用能带来描述。导带中的电子可以自由移动并导电，而价带中的电子不能。半导体的特点是其导带和价带之间的能隙较小，这允许电子在受到一定的能量时从价带跃迁到导带，从而导电。

2. PN 结

当 P 型半导体与 N 型半导体接触时，会形成一个 PN 结。在这个结的附近，P 型中的空穴和 N 型中的自由电子会相互中和，形成一个称为耗尽区的无载流子区域。

结电压：由于载流子的重组，耗尽区两侧形成了电势差，这被称为结电压。它阻止了更多的电子从 N 区流向 P 区，反之亦然。

正偏与反偏：当外部电压施加到 PN 结上时，结的行为会发生变化。正偏电压（将 P 区连接到正极，N 区连接到负极）减少耗尽区并允许电流流过结。反偏电压（将 N 区连接到正极，P 区连接到负极）增加耗尽区并阻止电流流过结。

3. 二极管

二极管是基于 PN 结的电子器件，它允许电流在一个方向上流动并阻止在另一个方向上流动。正偏下，二极管导通。反偏下，二极管基本上不导电，直到达到其击穿电压。

二极管在电路中起到了关键的整流、开关、调制和信号检测等功能。它是现代电子制造中不可或缺的基础组件。

17.2.2　集成电路制造与微纳米加工技术

集成电路（Integrated Circuit，IC）是由数十到数十亿个晶体管和其他电子元件组成的微小电路，它们被制造在一个单一的半导体晶片上。随着技术的进步，IC 的尺寸逐渐缩小，但其复杂性和功能却在增加。以下是集成电路制造和微纳米加工技术的关键环节和原理。

1. 晶片制造

外延生长：在半导体衬底上通过化学或物理方法生长纯净的半导体层。

离子注入或掺杂：使用离子束轰击，将掺杂材料注入到半导体中，以改变其电学性质。

2. 光刻

光刻胶涂覆：在半导体晶片上涂覆一层光敏的光刻胶。

掩模对准与曝光：使用预先设计的掩模，将特定的图案转移到光刻胶上。

显影与蚀刻：显现出曝光过的图案，并使用酸或其他蚀刻液去除未被保护的半导体区域。

3. 薄膜沉积

物理气相沉积（PVD）：例如溅射，将材料从固态源沉积到衬底上。

化学气相沉积（CVD）：使用气态前驱体在衬底上形成固态薄膜。

4. 化学机械抛光（CMP）

通过化学和机械的作用，平滑化半导体表面，为下一步光刻做准备。

5. 微纳米加工技术

电子束光刻：使用高能电子束直接写入图案，特别适用于极小的尺寸。

纳米压印光刻：使用预制的模板通过机械压印来创建纳米尺度的图案。

自组装技术：使用分子的自然趋势，使其在特定条件下自动组装成所需的纳米结构。

6. 检测与封装

在生产的每个阶段，都会有一系列的测试和检测步骤，确保芯片质量和性能。

最终的 IC 需要封装，以提供物理和电气连接，同时保护它们免受外部环境的影响。

现代的集成电路制造技术已经进入纳米尺度，与传统制造方法相比，它需要更加精密的工具和技术。随着技术的不断进步，微纳米加工技术将继续演化，为更高的集成度、更低的功耗和更高的性能开辟道路。

17.2.3 现代显示技术：液晶显示、有机发光二极管与量子点发光二极管

显示技术已经发展成为我们日常生活和工作中不可或缺的部分。从早期的阴极射线管（CRT）到现代的先进显示技术，显示屏已经经历了巨大的变革。

1. 液晶显示（LCD）

液晶显示基于液晶分子的特殊性质，特别是它们在电场存在时的取向改变。

工作原理：液晶分子在没有电场时是无序的，但在电场存在时会重新排列。通过控制电场的强度和方向，可以调整液晶分子的取向，从而控制光的透过率。

背光源：传统的 LCD 需要一个背光源，因为液晶本身不发光。最常用的背光源是 LED。

优点：低功耗、成本较低、大屏幕制造成熟。

缺点：对比度不如其他技术、响应时间相对较慢、视角可能受限。

2. 有机发光二极管（OLED）

OLED 使用有机材料来发光，这使得每个像素都可以独立发光和调整亮度。

工作原理：当电流通过某些有机材料时，它们会发光。这种电致发光过程使得 OLED 屏幕可以提供出色的对比度和颜色。

优点：深黑色显示能力、高对比度、薄、灵活、响应时间快。

缺点：使用寿命受限，特别是蓝色 OLED 容易烧屏。

3. 量子点发光二极管（QLED）

量子点是纳米尺寸的半导体颗粒，它们可以发出或转换光。

工作原理：量子点在受到光或电的激发时会发光。在 QLED 电视中，通常使用蓝色 LED 背光源，并通过绿色和红色量子点转换来获得全色范围。

优点：亮度高、色域宽、使用寿命长。

缺点：目前大多基于 LCD 技术，因此液晶的部分缺点仍然存在。

所有这些显示技术都有其独特的优势和挑战，适合不同的应用和市场需求。随着技术的进步，我们可以期待更高的分辨率、更佳的色彩表现和更加节能的显示屏幕。

17.3　化工与材料科学

17.3.1　化学反应的热力学与动力学

在化工和材料科学中，热力学和动力学为我们提供了理解和预测化学反应行为的基础。它们为工程师和科学家设计新的过程、优化现有过程和开发新材料提供了必要的理论框架。

1. 化学反应的热力学

热力学研究能量的转移和转化，以及物质的性质如何随之改变。

吉布斯自由能（ΔG）：它描述了在恒温、恒压条件下系统能够进行的自发反应的方向。如果 $\Delta G<0$，反应在指定条件下是自发的。

熵（ΔS）：描述了系统的无序程度。在一个反应中，如果熵增加，这通常意味着反应更有可能发生。

焓（ΔH）：与系统内部的能量变化有关。它可以帮助确定反应是放热的还是吸热的。

2. 化学反应的动力学

动力学研究反应的速率和机制，以及影响这些因素的变量。

反应速率：描述了反应物转化为产物的速度。这通常与温度、压力和反应物的浓度有关。

活化能（E_a）：需要克服的能量障碍，以使反应开始。活化能高意味着反应较慢。

速率方程：描述了反应速率与各反应物浓度之间的关系。

触媒：可以加速反应，但在反应结束时保持不变的物质。它们通过降低活化能来加快反应速率。

在化学工程和材料科学中，热力学提供了关于反应是否会发生的信息，而动力学告诉我们反应会以多快的速度发生。理解这两个领域是为了优化化学过程，对制造更高效、更持久的材料至关重要。

17.3.2　高分子材料与塑料的物理性质

高分子材料，通常被称为聚合物或简称塑料，是现代工业和日常生活中广泛使用的材料。这类材料是由重复的小分子（单体）组成的长链状大分子结构。它们的物理性质由其分子结构、分子量分布、分支和交联情况决定。

1. 分子结构与物理性质

线性高分子：由直链结构组成，通常具有高的延展性和柔韧性。

分支高分子：从主链上伸出一些较短的侧链。分支越多，材料越硬且熔点越高。

交联高分子：分子间通过化学键连接。交联度越高，材料越硬且熔点越高。

2. 热性质

玻璃化转变温度（T_g）：在这一温度下，高分子从硬而脆的玻璃态转变为柔软的橡胶态。

熔点（T_m）：晶态聚合物的熔化温度。

热稳定性：聚合物在加热时不发生分解或降解的能力。

3. 机械性质

拉伸强度：材料在断裂前所能承受的最大应力。

延展性：在断裂前材料所能展长的程度，以百分比表示。

模量：材料的刚度或抵抗变形的能力。

4. 其他物理性质

电性质：大多数聚合物都是良好的电绝缘体。

光学性质：某些聚合物是透明的，而其他则是不透明或有颜色的。

吸湿性：某些聚合物可以吸收水分。

5. 耐化学性和耐老化性

大多数塑料对许多化学物质具有良好的耐受性，但某些溶剂、酸或碱可能会对它们造成伤害。

老化是由长时间地暴露于环境因素（如紫外线、氧气或温度）导致的性质变化。

由于高分子材料的这些独特性质，它们都有着广泛的应用，从包装、汽车、电子到医疗设备等。对其物理性质的深入理解有助于更好地选择和设计适当的材料来满足特定的应用需求。

17.3.3 现代材料：纳米材料、超导材料与仿生材料

随着科技的进步，新型材料的研发已经达到了前所未有的高峰，为多种行业和领域带来了革命性的变化。以下是三种现代材料的简要描述和其主要特点。

1. 纳米材料

纳米材料具有至少一个维度在纳米尺度（1～100nm）的材料。由于其尺寸的微小，纳米材料通常表现出与其宏观对应物完全不同的物理和化学性质。

特点：高的表面积与体积比、量子效应、特殊的光学和磁性质。

应用：药物递送、催化、能源存储与转换、传感器、纳米电子学。

2. 超导材料

超导是某些材料在低于特定温度时呈现的零电阻状态。这意味着电流可以在没有任何能量损失的情况下，在超导材料中持续流动。

特点：零电阻、排斥磁场（迈斯纳效应）。

应用：核磁共振成像（MRI）、高速列车、大型强子对撞机、高效电力传输。

3. 仿生材料

仿生学是研究和模仿自然界中的生物系统、结构、过程和元素来解决复杂的人类问题的学科。仿生材料则是受自然启发而设计和制造的。

1）特点

模仿自然界中生物的特定功能或结构。

2）应用

鲨鱼皮模仿：设计高效的水下防污涂层。

莲花叶模仿：创造自清洁和水排斥的表面。

海贝壳模仿：为制造高强度、低重量的结构材料提供灵感。

这些现代材料与传统材料相比，具有许多独特和先进的性质，为科学家和工程师提供了解决各种技术挑战的新工具。随着研究的深入和技术的进步，可以预期将有更多此类材料出现，为我们的生活和工作带来更多的便利和创新。

17.4 应用 1：现代汽车的物理技术

17.4.1 汽车动力系统与内燃机的物理学原理

汽车是现代交通工具的主力，其核心技术之一是动力系统。传统汽车主要依赖内燃机作

为动力来源，以下是内燃机的物理学原理和基本工作原理。

1. 内燃机的物理学原理

热力学循环： 内燃机的工作基于一个或多个热力学循环，例如奥托循环或柴油循环。这些循环描述了燃料在压缩和燃烧时的热和工作转换。

燃烧： 燃料与氧气在气缸内混合并点燃，释放出能量。这个过程会产生高温、高压的气体，驱动活塞下行。

能量转化： 燃烧产生的热能被转化为活塞的机械运动，进而转化为曲轴的旋转运动，最后传递到车轮。

2. 内燃机的基本工作原理

进气： 当活塞从上止点移动到下止点时，混合气体（空气 + 燃料）被吸入气缸。

压缩： 活塞从下止点移动到上止点，混合气体被压缩。

燃烧与膨胀：当混合气体被压缩到最大时，火花塞产生火花，点燃混合气体。燃烧产生的高温、高压气体使活塞向下移动。

排气： 活塞从下止点移动到上止点，燃烧后的废气被排出。

随着环境保护意识的增强和技术的进步，虽然内燃机仍然在许多汽车中使用，但电动汽车和混合动力汽车也逐渐获得了市场份额。这些新型动力系统具有更高的效率、更低的排放和更好的性能。无论如何，了解内燃机的基本物理原理对于理解现代汽车的工作原理仍然是必要的。

17.4.2　汽车的动力输出与燃油效率的模拟与可视化

为了模拟和可视化汽车的动力输出与燃油效率，我们可以考虑以下简化模型：汽车的动力输出主要取决于内燃机的功率、变速器的效率、轮胎的摩擦等因素；而燃油效率主要与发动机的热效率、空气阻力、车辆的重量等因素有关。以下是一个简化的模拟。

1. 汽车动力输出

动力输出 P 可以表示为：

$$P = \eta \times P_{\text{engine}}$$

其中，P_{engine} 是发动机的名义功率，η 是由变速器效率、摩擦损失等因素决定的总效率。

2. 燃油效率

燃油效率 FE 可以表示为：

$$FE = \frac{d}{f}$$

其中，d 是汽车行驶的距离，f 是消耗的燃油量。f 可以进一步表示为：

$$f = \frac{P \times t}{\text{燃油量}}$$

其中，t 时间是行驶时间。

为了进行模拟和可视化，我们假设三种不同的发动机功率：100hp、150hp 和 200hp。

对每种功率，考虑两种车辆重量：轻型车和重型车。

模拟每种组合下的动力输出和燃油效率。

图 17-1 和图 17-2 是汽车的动力输出和燃油效率的可视化结果。

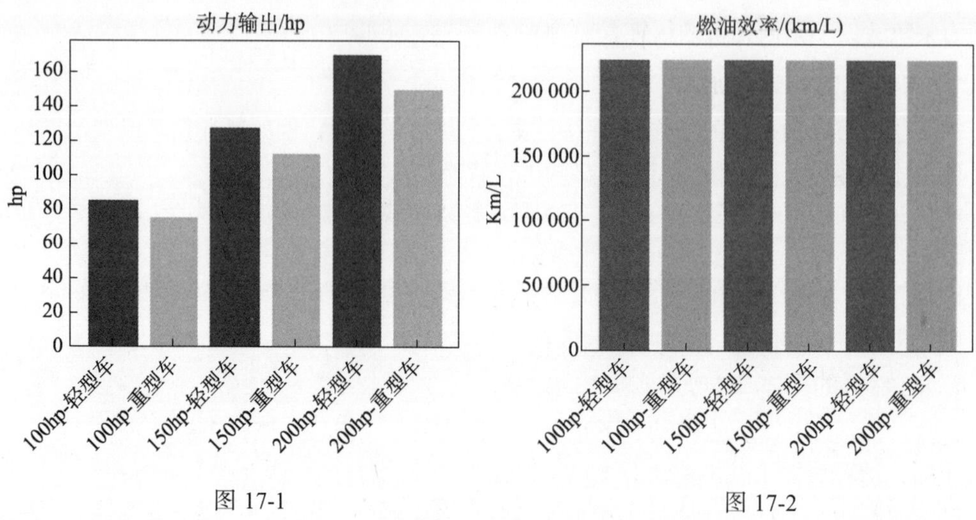

图 17-1

图 17-2

图 17-1 显示了不同发动机功率（例如 100hp、150hp、200hp）与车辆类型（轻型车与重型车）的动力输出。图 17-2 显示了相应的燃油效率（单位为 km/L）。从图 17-2 中可以看出，重型车的动力输出和燃油效率均低于轻型车，这是由于它们的效率较低。此外，随着发动机功率的增加，动力输出也相应增加，但燃油效率会有所下降。

示例代码

这种可视化可以帮助我们更好地理解汽车的动力系统如何影响其性能和燃油效率。

17.4.3 现代汽车的能效优化技术分析

随着环境问题日益突出和能源价格上涨，汽车的能效优化已经成为汽车制造商和研究者关注的重要方向。以下是一些主要的能效优化技术。

1. 发动机技术优化

涡轮增压：通过使用涡轮增压器，可以增加流入发动机的空气，从而提高发动机效率和功率输出。

缸内直喷技术：允许更准确的燃料供应，减少浪费并提高燃油效率。

可变气门正时和提升：根据驾驶条件自动调整气门的开闭，以提高效率。

2. 轻量化

高强度钢和铝合金：使用高强度的钢和铝合金可以降低汽车的重量，从而提高燃油效率。

复合材料：如碳纤维增强塑料，可以进一步减轻重量而不牺牲强度。

3. 动力传动优化

连续可变传动（CVT）：不使用传统的齿轮，而是提供无限的齿轮比，从而在所有驾驶条件下都能保持最佳的发动机转速。

自动启停技术：当汽车停在红灯前或处于静止状态时，发动机会自动关闭，从而节省燃料。

4. 气动优化

车身设计：流线型的车身设计可以减少空气阻力，从而提高燃油效率。

可调节的车身部件：例如可调节的前风格栅和车身扩展，可以在需要时提高气动效率。

5. 混合动力和电动技术

混合动力汽车：结合内燃机和电动机，根据驾驶条件自动切换，以提高总体效率。

全电动汽车：不依赖内燃机，只使用电池和电动机，具有零排放和高效率。

6. 再生制动技术

当汽车减速或制动时，再生制动系统可以回收部分能量并将其存储在电池中，以供日后使用。

7. 低滚动阻力轮胎

专为减少地面与轮胎之间的阻力而设计，从而提高燃油效率。

8. 先进的驾驶辅助系统

例如，自适应巡航控制和预测性动力管理系统，可以根据路况和交通流预测最佳的驾驶策略。

这些技术及其组合使得现代汽车在提供出色的驾驶性能的同时，还能实现更高的能效和更低的排放。随着技术的进步，我们可以期待未来的汽车将更加环保、高效。

17.5 应用 2：微电子制造与芯片设计

17.5.1 芯片制造过程中的物理挑战

随着技术的进步，集成电路（IC）或称为微芯片的制造过程已经变得越来越复杂。制造更小、更快、更高效的微芯片需要克服许多物理挑战。以下是芯片制造过程中的一些主要物理挑战。

微细尺寸：当晶体管尺寸不断减小，接近原子尺寸时，传统的物理规律开始失效。例如，量子效应开始显著，导致电子的不可预测行为。

功率和热量管理：芯片上的晶体管数量不断增加，使得功率密度大幅增加。这导致芯片产生的热量大幅增加，需要更有效的散热解决方案。

短通和泄漏电流：当晶体管的尺寸缩小，其介电层的厚度也随之减小，导致短通和泄漏电流的增加。

材料限制：当前使用的材料可能无法支持更小尺寸的晶体管。新的半导体材料，如石墨烯和碳纳米管，正在被研究作为替代材料。

光刻技术的限制：当前的紫外光刻技术在更细的尺寸下变得越来越难以实现精确的模式转移。新技术，如极紫外（EUV）光刻，正在被开发来解决这个问题。

信号延迟：当晶体管尺寸减小，信号在芯片内部的传播速度可能会受到限制，导致性能下降。

可靠性和寿命：更小的晶体管尺寸可能导致芯片的可靠性和寿命降低，因为它们更容易受到各种物理和化学因素的影响。

为了克服这些挑战，半导体行业进行了大量的研发工作，采用了许多创新技术和新材料。尽管面临诸多挑战，但随着技术的进步，微电子制造和芯片设计仍然在飞速发展。

17.5.2 半导体的电荷运输与逻辑门操作的模拟与可视化

半导体电荷运输和逻辑门的操作是微电子学的核心。在这部分，我们简单地模拟和可视化一个基本的 MOSFET（金属—氧化物—半导体场效应晶体管）的工作原理，以及如何使用它来实现基本的逻辑门。

1. MOSFET 的工作原理

当施加一个正电压到 MOSFET 的门上，它会在半导体和氧化物之间产生一个电场，这个电场会吸引电子到半导体表面，形成一个导电通道。当源极和漏极之间施加电压时，电子就会通过这个通道流动，从而打开晶体管。

2. 逻辑门操作

通过组合 MOSFET，可以实现各种逻辑门，如 AND、OR、NOT 等。例如，一个基本的 NMOS 逻辑“NOT”门可以通过单个 NMOS 晶体管来实现。

模拟：我们模拟一个 MOSFET 的工作，在不同的门电压下，观察它的输出电流（即从源极到漏极的电流）。然后，我们模拟一个基本的“NOT”逻辑门，并观察其输出。

可视化：我们使用图形来表示 MOSFET 在不同的门电压下的输出电流，以及“NOT”逻辑门的输出。

这里我们模拟和可视化了 MOSFET 的工作原理和一个基本的“NOT”逻辑门（图 17-3、图 17-4）。

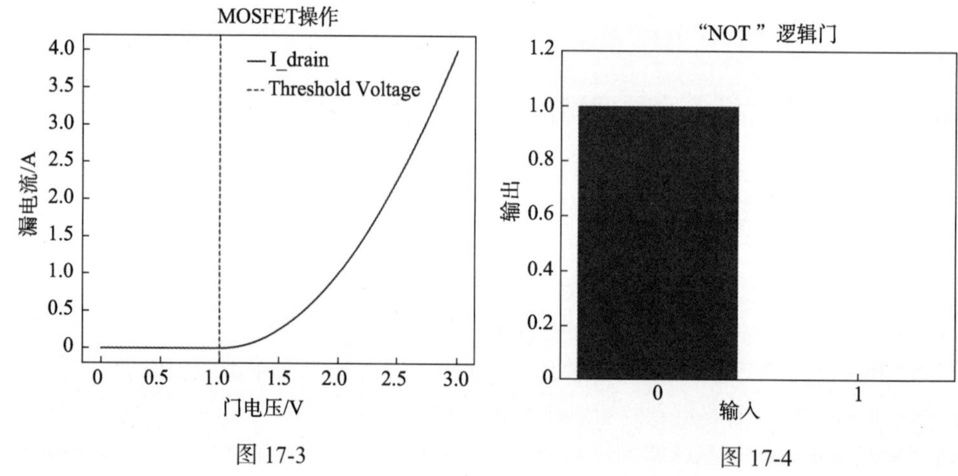

图 17-3　　图 17-4

在图 17-3 中，我们展示了 MOSFET 在不同的门电压下的漏电流。当电压超过阈值电压时，MOSFET 开始导电。在图 17-4 中，我们展示了一个基本的“NOT”逻辑门的输出。当输入为 0 时，输出为 1；当输入为 1 时，输出为 0。二者共同展示了 MOSFET 如何用于基本的数字逻辑操作。

示例代码

17.5.3 芯片制造的微观结构与工作原理分析

集成电路（IC），通常被称为微芯片或被简单地称为芯片，是由大量微小的电子元件（如晶体管、电阻、电容和二极管）组成的微型电路。这些元件在一个单一的半导体晶片上（如硅）通过特殊的制造技术制成。以下是芯片微观结构的分析以及其工作原理。

1. 基本结构

晶体管：这是芯片的基本开关元件。晶体管可以是 N 型或 P 型，通常组合使用以形成逻辑门或存储单元。

互连：微小的金属或多晶线连接各个元件，使电子信号能在芯片上流动。

介电层：用于隔离不同层的互连，防止短路。

2. 制造技术

光刻：使用光和掩模在半导体表面上制作微小的模式。

掺杂：将特定的杂质元素（如磷或硼）引入到半导体中，以改变其电导性。

蚀刻：去除不需要的材料。

沉积：添加新的材料层，如金属或介电。

3. 工作原理

当电流流过晶体管时，它可以根据其设计打开或关闭。这个基本的开/关操作是数字计算的核心。

通过适当地组合晶体管，可以形成逻辑门，如 AND、OR 和 NOT 门，这些门再进一步组合成复杂的电路。

存储单元，如触发器和存储器单元，用于在芯片上存储信息。

4. 技术发展

为了提高性能和减少功耗，晶体管的尺寸正在不断减小。但这也带来了新的挑战，如短路、泄漏电流和热管理。

新材料和制造技术，如极紫外光刻和新型半导体材料，正在被开发来满足这些挑战。

微芯片是现代电子和信息技术的核心。它们的微观结构和工作原理代表了数十年的技术进步和创新。随着技术的发展，我们可以期待未来的芯片会更小、更快、更高效。

17.6　应用 3：3D 打印与创新制造

17.6.1　3D 打印的工作原理与材料选择

3D 打印，也被称为增材制造，是一种制造技术，它可以将数字模型直接转化为实物对象。通过逐层堆积材料来创建物体，3D 打印为快速原型制造、定制制造和复杂结构制造提供了巨大的潜力。

1. 工作原理

数字模型：3D 打印的过程首先从一个数字模型开始，通常是通过计算机辅助设计(CAD)软件创建的。

切片：数字模型被切成薄层，这些层将指导 3D 打印机逐层构建实物对象。

打印：3D 打印机将按照切片生成的指导，逐层堆积材料来创建物体。

2. 主要技术

熔融沉积建模（FDM）：这是一种热塑性塑料丝材料被加热到熔融状态并逐层挤出的方法。

立体光刻（SLA）：液态树脂在紫外光的作用下被逐层固化。

粉末床熔融（SLS）：粉末材料（如尼龙或金属粉末）被激光束逐层熔融。

3. 材料选择

热塑性塑料：如 ABS、PLA、PETG 等。这些材料在 FDM 打印中常用。

光固化树脂：在 SLA 打印中使用，可以提供高分辨率和平滑的表面。

金属和合金：如钛、不锈钢或铝，常在金属 3D 打印中使用。

特殊材料：如陶瓷、玻璃或生物材料，为特定应用提供了更多选择。

4. 材料的物理性质

选择 3D 打印材料时，需要考虑其机械性质（如强度、韧性）、热性质、化学稳定性和外观。不同的应用和设计要求会导致对不同材料的需求。

3D 打印为制造业提供了一种创新和灵活的方法，使个性化生产和复杂结构制造成为可能。物理学在材料的选择和打印过程中起到了关键作用，确保打印出的物体满足特定的性能要求。

17.6.2 3D 打印的层叠过程与材料固化的模拟与可视化

3D 打印的核心是逐层堆积材料并使其固化。为了模拟这个过程，可以简化为以下步骤：

假设正在打印一个简单的立方体对象。

模拟材料的逐层堆积过程，考虑到一定的打印速度和固化时间。

对于固化，假设使用立体光刻（SLA）技术，其中液态树脂通过紫外光逐层固化。

图 17-5 是一个简化的模拟，展示了 3D 打印的层叠过程。在这个模型中，我们模拟了一个小立方体的打印，其中每一层都代表了一次材料的堆积和固化。从底部开始，逐层向上打印，每一层都是后一层的基础。

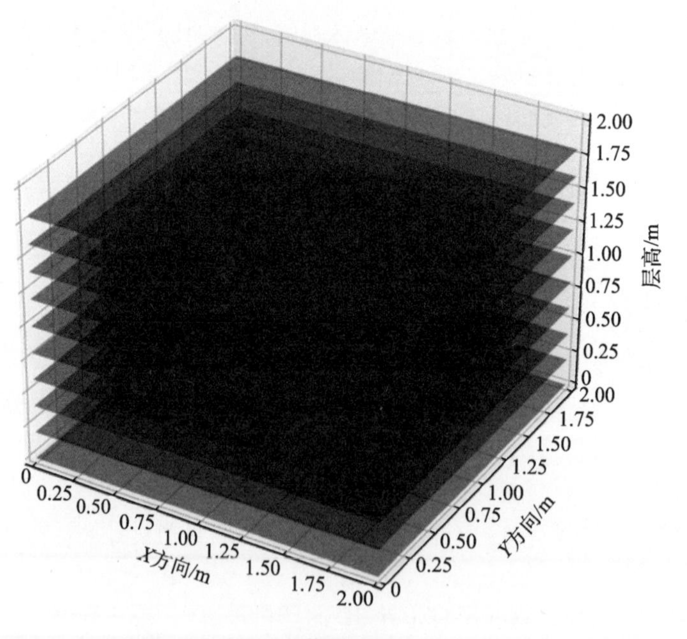

示例代码

图 17-5

在实际 3D 打印过程中，这种层叠和固化的机制使得我们能够打印出复杂的结构，从简单的几何形状到复杂的生物结构和机械零件。

这种模拟和可视化有助于我们理解 3D 打印的基本原理，以及如何将数字模型转化为实物对象。

17.6.3　3D 打印在复杂结构制造中的优势分析

3D 打印在过去几年中已成为制造业的革命性技术，特别是在复杂结构的制造方面。以下是 3D 打印在复杂结构制造中的一些核心优势。

设计自由度：传统的制造方法（如铸造、锻造或机械加工）通常受到设计和几何形状的限制。但是，3D 打印为设计师提供了巨大的设计自由度，允许他们创建任何形状，无论多么复杂。

快速原型制造：3D 打印可以快速将设计从计算机模型转化为实物原型。这对于产品开发和迭代至关重要，因为它缩短了从设计到测试的时间。

减少材料浪费：与传统的切削或铣削方法相比，3D 打印是一种增材制造技术，只使用所需的材料来构建部件，从而减少浪费。

定制和个性化生产：3D 打印可以轻松地为每个顾客定制产品，这在医疗、珠宝和消费品行业中尤为有价值。

集成组件：3D 打印可以一次性打印多个集成的组件，从而减少了装配和连接的需要。这不仅简化了生产流程，还可以提高组件的强度和耐用性。

复杂的内部几何结构：3D 打印能够制造复杂的内部通道、蜂窝结构或内部支撑，这些在传统制造中几乎是不可能的。这种能力特别适用于航空航天和汽车行业，其中轻量化和优化结构是关键。

短生产周期：对于小批量生产或单件生产，3D 打印可以直接从数字模型开始制造，不需要复杂的模具或设置。

新材料和复合材料的使用：3D 打印技术已经发展到可以使用各种材料，包括塑料、金属、陶瓷和生物材料，这为制造复合材料或梯度材料提供了可能，这些材料具有从一侧到另一侧逐渐变化的性质。

3D 打印为制造业带来了前所未有的机会，尤其是在复杂结构制造方面。尽管存在一些挑战，如打印速度、材料限制和后处理需要，但随着技术的进步，预计 3D 打印将在未来的制造业中发挥越来越重要的作用。

17.7　本章习题和实验或模拟设计及课程论文研究方向

习题

简答题：

（1）简述机械杠杆的工作原理，并解释杠杆的三种类型。

（2）对于给定的材料（如钢、铝、聚乙烯），简述其主要的物理性质和应用。

（3）解释流体动力学在制造过程中的重要性，并给出至少两个应用实例。

（4）何为 PN 结？简述其在半导体中的作用。

（5）比较液晶、OLED 和量子点显示技术的主要特点和应用。

（6）简述化学反应动力学如何影响化工生产线的效率。

（7）解释 3D 打印如何实现复杂结构的制造。

（8）对于给定的电路图，使用半导体的知识解释其工作原理。

实验或模拟设计

实验：杠杆效应

目的：实验性地理解和验证杠杆的三种类型及其力的放大效应。

描述：准备三种杠杆模型：一级、二级和三级杠杆。使用不同的荷载和杠杆长度，记录并分析输出力与输入力的关系，验证杠杆法则。

模拟设计：流体动力学模拟

目的：使用模拟软件理解流体在管道中的流动特性。

描述：使用流体动力学模拟软件，例如 OpenFOAM，模拟流体在不同形状和尺寸的管道中的流动。观察并分析流速、压力分布等参数。

实验：半导体 PN 结演示

目的：通过实验验证 PN 结的特性和工作原理。

描述：使用简单的半导体设备，如二极管，连接到电源和示波器。观察并记录正向和反向偏置下的电流—电压特性，验证 PN 结的整流特性。

课程论文研究方向

机械设计与物理学的交叉点：研究物理学原理如何指导现代机械设计，特别是在机器人技术和自动化领域。

先进材料在制造业中的应用：探讨纳米材料、复合材料或生物基材料如何革新传统制造过程。

半导体技术的前沿进展：深入研究下一代半导体技术，如量子点或 2D 材料，并探索其在电子制造中的潜在应用。

3D 打印在医疗和航空航天中的应用：研究 3D 打印技术如何用于制造定制医疗器械或轻量化飞机零件。

微电子制造中的物理挑战：探讨随着技术尺寸的减小，物理效应如何影响半导体设备的性能和可靠性。

现代显示技术的物理学基础：深入研究液晶、OLED 和量子点显示技术背后的物理学机制，并预测未来的技术趋势。

第 18 章 通信与信息技术

18.1 无线通信技术与电磁波

18.1.1 无线电波到微波：频率与应用

无线通信技术的核心是电磁波的传播，它允许信号在空间中传输，不需要任何物理介质。从无线电广播到智能手机，从 Wi-Fi 到卫星通信，电磁波在我们的日常生活中发挥着至关重要的作用。

1. 电磁波的基础

电磁波是由交变的电场和磁场产生的波，它可以在真空中传播。

它们的速度在真空中为光速。

电磁波的频率定义了它的能量，而波长与频率成反比。

2. 无线电波

频率范围：30kHz～300MHz。

应用：无线电广播、海洋和航空通信、AM 和 FM 广播等。

无线电波的优势是能够传输很远的距离，甚至可以穿过建筑物和其他障碍物。

3. 微波

频率范围：300MHz～300GHz。

应用：Wi-Fi、手机通信、卫星通信、雷达、微波炉等。

微波在大气中的传播损失较小，但可能会受到建筑物和其他物体的影响。

4. 频率与应用

高频率的电磁波（如 X 射线和伽马射线）具有很高的能量，可以穿透物体，但对生物有害。

较低频率的电磁波，如无线电波和微波，用于通信，因为它们可以进行长距离的传输并穿越障碍物。

随着技术的进步，我们已经能够利用电磁波的各种频率来实现各种应用，从简单的无线电广播到复杂的卫星通信。理解电磁波的物理性质是利用这些技术的关键。

18.1.2 天线理论与电磁波的传播

天线是无线通信系统中的核心组件，它可以发送和接收电磁波。天线的设计和工作原理是基于电磁波理论的基础概念。

1. 天线的基本原理

天线作为发射器：当交流电流通过天线时，它会产生交变的电场和磁场，这些场合并形成一个远离天线传播的电磁波。

天线作为接收器：当电磁波与天线相互作用时，它会在天线上诱导出一个电流，该电流可以被接收器检测和解码。

2. 天线的重要参数

增益：天线增益描述了天线相对于理想点源在某个特定方向上的放大能力。它通常以 dBi（与同向性天线相比）来表示。

极化：描述了电磁波电场向量的方向。常见的极化方式有线性极化（垂直或水平）、圆极化等。

方向性：描述了天线发送或接收电磁波的方向模式。高方向性的天线能够更精确地指向特定的方向。

带宽：天线能够有效工作的频率范围。

3. 电磁波的传播特性

自由空间传播：在没有障碍物的情况下，电磁波的传播衰减与距离的平方成反比。

反射：当电磁波遇到一个界面（例如，地面或建筑物），它可能会被反射。

折射：当电磁波通过两种不同的介质时，它的传播方向可能会改变。

衍射：当电磁波遇到障碍物时，它会在障碍物的边缘形成新的波源。

吸收：当电磁波通过某些材料时，其能量可能会被吸收，导致信号衰减。

4. 天线的实际应用

天线设计需要考虑到其应用环境，如移动通信中的多径传播、建筑物内的信号衰减等。

为了满足特定的通信需求，可能需要使用不同类型的天线，如偶极天线、天线阵列、鹧鸪尾天线等。

天线是电磁波在空间中传播的桥梁，它们的设计和工作原理是无线通信技术的基石。理解电磁波的传播特性和天线的基本参数对于优化无线通信系统的性能至关重要。

18.1.3 移动通信与无线网络的物理学基础

移动通信和无线网络在现代社会中扮演着重要角色，使人们能够在任何地方、任何时间进行通信和获取信息。这些技术的背后是一系列物理学原理和技术，使得数据可以无线传输。

1. 电磁波的传播

频率与波长：移动通信使用的频率范围通常在几百 MHz 到几 GHz 之间。不同的频率具有不同的传播特性，如穿透能力和传播距离。

多径传播：在城市环境中，电磁波可能从多个路径到达接收器，这可能会导致干扰和信号衰减。

2. 蜂窝网络

基站和蜂窝：为了有效地覆盖大面积，移动通信网络被划分为许多小的区域，称为“蜂窝”。每个蜂窝由一个基站服务。

频率复用：为了最大化网络容量，相邻的蜂窝使用不同的频率带。

3. 调制和编码

无线通信信号通常使用数字调制，如 QAM、PSK。这些技术允许在给定的频率带宽内传输更多的信息。

编码技术，如误差纠正码，用于在信号传输过程中减少误差。

4. 无线网络（如 Wi-Fi）

Wi-Fi 使用 2.4GHz 或 5GHz 频段进行通信，这些频段是 ISM（工业、科学和医疗）频段。Wi-Fi 使用 CSMA/CA 协议来避免数据冲突。

5. 多用户接入技术

为了允许多个用户在同一频段上通信，使用了如 FDMA、TDMA 和 CDMA 等多用户接入技术。

6. MIMO（多输入多输出）

MIMO 技术使用多个天线同时发送和接收数据，增加数据吞吐量并提高信号质量。

7. 信号衰减与优化

无线信号受到建筑物、地形或其他障碍物的影响，可能导致信号衰减。通过网络优化和智能天线技术，可以改善信号质量。

移动通信与无线网络的物理基础涉及电磁波的传播、信号处理和网络技术。随着技术的进步，我们期望无线通信的性能和覆盖范围可以继续提高。

18.2　光纤通信与量子通信

18.2.1　光纤的传输原理：全反射与模式

光纤通信是现代通信的基石，为我们提供了高速、高容量的数据传输手段。光纤的工作原理基于光学的基本原理，特别是全反射。

1. 光纤的结构

光纤由三部分组成，即核心、包层和外部护套。核心和包层都是由玻璃或塑料制成的，但它们的折射率是不同的，核心的折射率高于包层的折射率。

2. 全反射

当光从高折射率的介质进入低折射率的介质，并且入射角大于某个特定的角度（称为临界角）时，光会完全反射回高折射率的介质。

在光纤中，光会在核心和包层的界面上多次全反射，使光能够沿着光纤传播。

3. 模式

在光纤通信中，“模式”指的是光在光纤内传播的特定路径或行为方式，这些模式影响了光信号在光纤中的传播特性和应用。

单模光纤：只允许光沿着光纤的中心或接近中心传播。这种类型的光纤主要用于长距离通信，因为它减少了模式色散，允许数据在很长的距离上传输，而不会有太多的信号退化。

多模光纤：允许多个模式的光同时传播。由于不同模式的光沿着不同的路径传播，它们可能在不同的时间到达目的地，导致模式色散。多模光纤主要用于短距离通信，如局域网。

4. 信息编码与传输

在光纤通信中，信息是通过对光源进行调制（如强度调制或相位调制）来编码的。

光纤可以传输非常高的数据速率，达到数 Tbps（万亿比特/秒）。

光纤通信的这些物理学原理为我们提供了一个强大和可靠的通信平台，使得互联网和全球通信网络成为可能。

18.2.2 量子通信：量子纠缠与量子密钥分发

量子通信是基于量子力学原理的通信技术，具有潜在的安全性和超高效率。其核心技术包括量子纠缠和量子密钥分发。

1. 量子纠缠

定义：量子纠缠是指两个或多个粒子的量子态彼此相关，即一个粒子的状态会即时影响到另一个粒子的状态，无论它们之间的距离有多远。

用途：纠缠粒子可用于“量子隐形传态”，即不直接传送信息，而是利用纠缠来实现信息的远程传输。

2. 量子密钥分发

原理：量子密钥分发利用量子力学的特性，使得两个通信者可以生成和共享一个秘密的随机密钥。任何第三方试图监听或拦截密钥的行为都会被检测到，因为量子系统的状态在被测量时会发生改变。

BB84 协议：这是第一个并且最著名的量子密钥分发协议。它使用两组正交的量子态来传输信息，并通过公共通道来检查潜在的窃听。

3. 安全性

量子通信的关键优势在于其潜在的安全性。由于量子系统的特性，任何试图监听的行为都会引起系统的扰动，这可以被通信者检测到。

因此，量子密钥分发被认为是绝对安全的，因为任何窃听尝试都会被发现。

4. 技术挑战

尽管量子通信非常有前景，但它仍然面临许多技术挑战，如量子位的存储、传输距离的限制以及环境干扰等。

为了解决这些问题，研究人员正在探索使用量子中继和量子重复器等技术来扩展量子通信的范围和稳定性。

量子通信为未来的安全通信提供了新的可能性。随着技术的进步，我们可以期待这种通信形式在不久的将来变得更加实用和普及。

18.2.3 现代光通信网络与波分复用技术

现代光通信网络利用了光纤的高传输速度和带宽优势，为全球的数据通信提供了骨干支持。其中，波分复用（Wavelength Division Multiplexing，WDM）技术是一种关键技术，使得单条光纤能够传输多个频道的数据。

1. 波分复用（WDM）

1）原理

WDM 允许多个光信号（每个信号在不同的波长上）在同一光纤上同时传输。这就像高速公路有多条车道，每条车道上的车辆都互不干扰。

2）类型

CWDM（粗波分复用）：使用宽的波长间隔，主要用于短距离和低容量的应用。

DWDM（密集波分复用）：使用窄的波长间隔，可提供更高的频道容量，适用于长距离和高容量的应用。

2. 现代光通信网络

网络元件：除了光纤和激光器，现代光通信网络还包括其他关键元件，如光放大器、光交换机、光分路器等。

光放大器：例如，掺杂光纤放大器（EDFA）可以放大在光纤中传输的信号，从而增加传输距离。

网络架构：现代光通信网络通常是环形或网状结构，具有冗余路径，以提供高可靠性和故障恢复能力。

18.3　计算机硬件：从超级计算机到量子计算机

18.3.1　微处理器与集成电路的工作原理

微处理器是现代计算机的核心，它控制并执行计算机的所有操作。微处理器和其他数字电子设备是基于集成电路（IC）的，这些电路内部包含数以百万计的晶体管。

1. 晶体管的基本原理

晶体管是一种电子开关。在数字电路中，晶体管主要用于放大信号或作为开关，控制电流的通断。

晶体管的三个主要部分是源极、漏极和栅极。通过改变栅极上的电压，可以控制从源极到漏极的电流。

2. 集成电路

集成电路是一个小型的半导体晶片，其中包含了大量的电子组件，如晶体管、电阻、电容和二极管。

使用摄影刻蚀技术，可以在一个小片的半导体材料上制造出复杂的电路。

3. 微处理器的结构

算术逻辑单元（ALU）：执行所有的算术和逻辑运算。

控制单元：解码并执行指令，控制其他计算机部件的操作。

寄存器：用于存储短暂的数据。

缓存：用于存储频繁使用的数据或指令，提高处理速度。

外部接口：与主存储器和其他 I/O 设备通信。

4. 微处理器的工作原理

微处理器从主存储器中获取指令，解码并执行它们。

指令集是微处理器能够执行的所有指令的集合。

现代微处理器通常有多个核心，这意味着它们可以并行处理多个任务。

5. 技术进步

摩尔定律：这是由英特尔的共同创始人戈登·摩尔在 1965 年提出的，它预测每 18～24 个月，集成电路上的晶体管数量就会翻倍。这一定律在过去的几十年中基本得到了验证，尽管随着技术接近物理极限，增长已经放缓。

纳米制程技术：随着制程技术的进步，晶体管的尺寸已经减小到纳米级别，这使得我们可以在一个微处理器上集成数十亿个晶体管。

18.3.2 存储技术：硬盘、SSD 到新型存储介质

存储技术是计算机系统的关键组成部分，用于持久保存数据和信息。从早期的磁盘驱动器到现代的固态驱动器和新型存储介质，存储技术经历了巨大的变革。

1. 硬盘驱动器（HDD）

工作原理：HDD 使用一个或多个磁性盘片和磁头来存储和读取数据。当磁头飞越旋转的盘片时，它可以改变盘片上的磁化方向（写操作）或检测磁化方向（读操作）。

优点与缺点：HDD 具有较大的存储容量和较低的成本，但其机械性质限制了读写速度和耐用性。

2. 固态驱动器（SSD）

工作原理：与 HDD 不同，SSD 没有移动部件。它使用闪存芯片来存储数据。数据是通过改变单元中的电荷状态来存储的。

优点与缺点：SSD 提供了更快的读写速度、更低的功耗和更长的使用寿命。但与 HDD 相比，其每 GB 的成本更高。

3. 新型存储介质

3D XPoint 是一种由英特尔和美光科技共同开发的非易失性存储技术。与传统的 NAND 闪存相比，它具备更高的速度和存储密度，能在更小的空间内存储更多数据，并且在断电时仍能保持数据完整性。这使得 3D XPoint 在需要快速存取和高密度存储的应用场景中，具有极大的优势和应用潜力。

磁阻存储器（MRAM）：这种存储技术使用磁性材料来存储数据，而不是电荷。它结合了 DRAM 的速度和闪存的持久性。

相变存储器（PCM）：PCM 使用材料的不同物理状态（例如晶体和非晶体）来表示数据。它可以快速读取数据，并且比闪存有更长的使用寿命。

4. 未来趋势

存储容量增长：随着制造技术的进步和新材料的开发，存储容量预计将继续增长。

存储速度和延迟的改进：新型存储技术旨在减少数据访问延迟并增加数据传输速度。

新型存储架构：为了适应 AI 和大数据应用，未来的存储系统可能会采用更加分层和分布式的架构。

18.3.3 量子计算机与未来计算技术的展望

随着摩尔定律逐渐接近其极限，人们开始探索超越传统计算范畴的新型计算技术，其中量子计算机是最具潜力的候选之一。

1. 量子计算机

基本原理：量子计算机不使用传统的比特进行运算，而是使用量子比特或量子位（qubit）。与经典比特只能处于 0 或 1 的状态不同，qubit 可以同时处于 0 和 1 的叠加状态。

量子纠缠和叠加：量子计算的强大之处在于其能够利用量子叠加和纠缠来同时处理大量信息。

应用：量子计算机在某些特定任务上，如因子分解、搜索和模拟量子系统，具有潜在的指数级优势。

2. 量子计算的挑战

量子退相干：量子信息非常容易受到外部环境的干扰，导致信息丢失。研究者正在寻找方法来减少这种退相干。

量子错误纠正：与传统计算中的错误纠正方法不同，量子错误纠正需要特定的技术来处理量子信息的特殊性。

技术难题：如何可靠地创建、操纵和测量 qubit 仍然是一个技术难题。

3. 未来计算技术的展望

神经形态计算：受大脑工作原理的启发，这种计算技术模仿神经网络来处理和存储信息。

光子计算：使用光子而不是电子进行信息处理，这种技术提供了高速和低功耗的潜在优势。

分子和 DNA 计算：使用化学反应或 DNA 序列来进行计算。

4. 跨学科的合作

为了成功实现这些新型计算技术，需要物理学家、化学家、生物学家和工程师之间的紧密合作。

18.4　应用 1：移动通信与 5G 技术

18.4.1　5G 的物理学原理与技术挑战

5G，即第五代移动通信技术，是继 4G 之后的新一代无线通信标准。它旨在提供更快的数据下载和上传速度、更低的延迟以及更多的连接能力。

1. 5G 的物理学原理

更高的频率：5G 使用毫米波频段（30～300GHz），这是一个相对于以前的移动通信技术使用的频率更高的范围。这意味着可以在同一时间段内传输更多的数据。

小型化基站：由于毫米波的传播距离较短，5G 需要更多、更小型的基站或小区来确保覆盖。

大量天线技术（MIMO）：5G 使用多输入多输出（MIMO）技术，其中一个基站可以有多达 100 个天线，以支持高数据速率和连接大量设备。

波束成形：这是一种技术，通过它，无线信号可以直接定向到特定的设备，而不是广泛地散射，从而提高效率和减少干扰。

2. 技术挑战

信号覆盖：由于 5G 使用的高频率信号传播距离较短且更容易受到物理障碍的阻挡，因此需要更多的基站来确保连续的信号覆盖。

设备兼容性：为了充分利用 5G 的优势，需要新的设备和技术，如新的调制技术和天线设计。

能耗问题：由于 5G 网络需要更多的基站和高度复杂的技术（如 MIMO 和波束成形），这可能导致整体能耗增加。

网络切片和管理：5G 需要高度的网络切片技术，以满足不同应用和服务的需求。这需要复杂的网络管理和资源分配策略。

安全和隐私问题：由于 5G 网络将连接更多的设备，并为关键应用（如自动驾驶汽车和遥控手术）提供支持，因此需要更强大和健壮的安全解决方案。

基础设施投资：建设 5G 网络需要巨大的资金投入，包括新的基站、信号塔和其他关键设备。对于许多运营商来说，这需要巨大的资本支出。

与旧技术的互操作性：确保 5G 网络与现有的 4G 和其他旧技术兼容也是一个挑战。

18.4.2 5G 信号的传播与干扰的模拟及可视化

5G 信号的传播特性与其使用的频率和技术有关。特别是，5G 使用的毫米波频段意味着信号的传播距离较短，且更容易受到物理障碍和大气条件的影响。此外，由于 5G 基站数量众多，来自其他基站的干扰也可能成为一个问题。

我们可以模拟一个简化的场景，考虑一个城市区域，其中有多个 5G 基站，并考虑不同的建筑物和障碍物对信号传播的影响。同时，我们可以模拟来自其他基站的干扰，并可视化信号的覆盖范围和干扰模式（图 18-1）。

以下是模拟和可视化的步骤。

定义场景：确定区域的大小、位置和数量的基站，以及建筑物和其他障碍物的位置。

计算信号传播：使用射频传播模型（如 Friis 传播模型或 Hata 模型）来计算信号的衰减。考虑到毫米波的特性，还需要考虑到障碍物的遮挡和反射。

模拟干扰：考虑到其他基站的信号，计算干扰的影响。可以使用信噪比（SNR）或其他指标来评估干扰的严重程度。

可视化：使用颜色图或其他方式来表示信号强度和干扰水平，可以帮助我们直观地了解信号覆盖和干扰的模式。

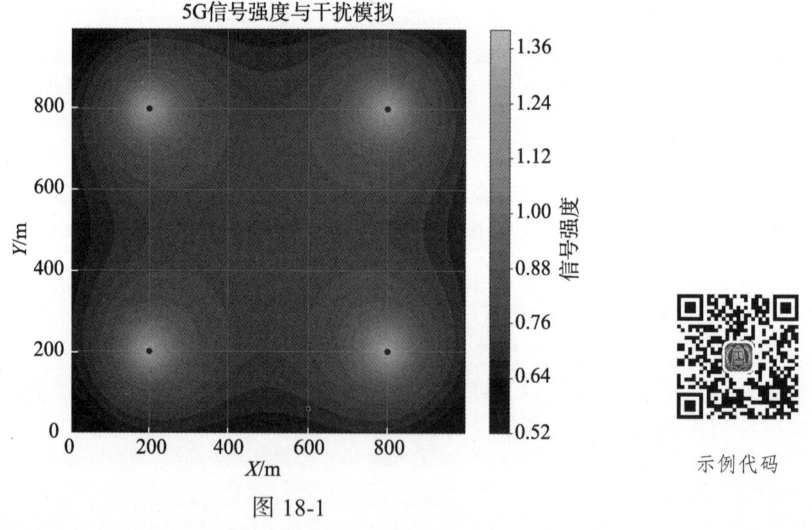

图 18-1

18.4.3 5G 网络覆盖与性能优化分析

5G 技术为移动通信带来了前所未有的高速度和低延迟，但要充分实现这些潜在优势，网络的覆盖和性能优化是关键。

1. 5G 网络覆盖

由于 5G 使用的毫米波频段具有较短的传播距离并容易受到物理障碍物的影响，所以在城市和室内环境中提供连续覆盖是一个挑战。

基站和小区的密度：为了保证连续的 5G 覆盖，可能需要更多、更紧密分布的基站和小区。

室内覆盖：为了在建筑物内提供良好的 5G 服务，可能需要专门的室内覆盖解决方案，如中继器。

2. 性能优化

网络切片：5G 支持网络切片技术，这允许运营商为不同的应用和服务提供定制化的网络性能。

动态频谱共享：这允许 5G 和早期的无线技术在同一频段中共存，从而提供更灵活的频谱利用率。

多输入多输出（MIMO）：通过在单个基站或终端上使用多个天线，MIMO 可以显著提高数据速率和连接可靠性。

边缘计算：通过在网络的边缘（即接近用户设备的位置）进行数据处理，可以进一步降低延迟并提高响应速度。

3. 面临的挑战

互操作性：确保 5G 网络与现有的 4G 和其他网络技术无缝集成是关键。

管理和维护：由于 5G 网络的复杂性，需要高度的自动化和智能化来有效管理网络资源和维护服务质量。

安全性：随着设备和服务的增加，确保网络和用户数据的安全性变得越来越重要。

18.5　应用 2：光纤网络与宽带技术

18.5.1　宽带技术的物理学基础与光纤网络布局

光纤技术已成为现代宽带网络的支柱，提供了前所未有的数据传输速度和可靠性。这种技术的物理学基础和网络布局对于实现其潜力至关重要。

1. 光纤的物理学基础

全内反射：光纤中的数据传输是基于全内反射原理的，这使得光信号可以在光纤中长距离传输而不会有太多的损耗。

模式：光纤中的光可以采取不同的路径或模式。单模光纤只允许一种模式，适用于长距离传输；多模光纤允许多种模式，适用于短距离传输。

波分复用（WDM）：这是一种技术，允许多个光信号在同一光纤中同时传输，每个信号使用不同的波长。这大大增加了光纤的数据传输能力。

2. 光纤网络布局

主干网络：这是光纤网络的核心，通常使用单模光纤，负责长距离的高速数据传输。

分布网络：从主干网络分支出去，通常使用多模光纤，负责将数据传输到特定的区域或社区。

最后一公里：这是光纤网络的终端部分，连接分布网络和用户家中的设备。这部分可能使用光纤（如 FTTH、光纤到户）或其他技术（如 DSL 或有线电视线）。

接入点和交换机：在光纤网络中，需要特定的硬件设备来路由、分配和管理数据流。这包括交换机、路由器和其他网络设备。

3. 优化和挑战

网络拓扑：为了提供高效和可靠的服务，光纤网络需要一个合理的布局和拓扑结构。

信号衰减和分散：随着光信号在光纤中的传播，其强度会逐渐减弱，同时信号也可能发生分散。为了对抗这些效应，网络中可能需要使用放大器和其他设备。

网络维护和扩展：随着用户需求的增长，可能需要扩展或升级光纤网络。这需要规划和资源。

18.5.2 光纤网络的信号传输与延迟的模拟及可视化

光纤网络中的信号传输速度非常快，接近光速（约 3×10^8m/s）。但是，由于各种原因（如设备处理时间、网络拓扑结构、信号放大和再生等），信号仍然会有一些延迟。为了更好地理解和优化光纤网络，我们可以模拟和可视化信号在网络中的传播和延迟（图 18-2）。

以下是模拟和可视化的基本步骤。

定义网络拓扑：确定网络中的节点（如交换机、路由器或其他设备）和连接（光纤链路）。

模拟信号传播：考虑光纤中的信号传播速度、各设备的处理延迟以及其他可能的延迟源（如信号放大或再生）。

计算总延迟：对于从一个节点到另一个节点的信号，计算总的传输和处理延迟。

可视化：使用图形或动画显示信号在网络中的传播和延迟。

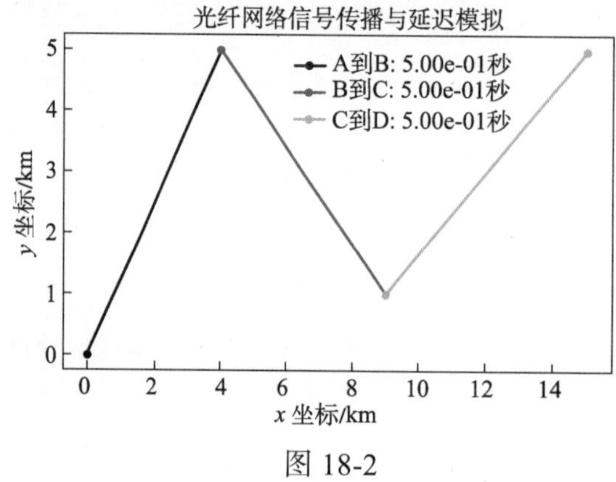

示例代码

图 18-2

在图 18-2 中，我们模拟了一个简化的光纤网络，其中有四个节点（A、B、C 和 D）以及它们之间的连接。每条连接的延迟由两部分组成：信号在光纤中的传播延迟和设备处理延迟。我们使用了一个例子值来表示设备处理延迟。

从图中可以看出，随着距离的增加，信号的传播延迟也会增加。这种模拟可以帮助网络工程师理解和优化光纤网络的性能。

18.5.3 光纤网络的设计与优化策略分析

光纤网络的设计和优化是确保网络性能和可靠性的关键。以下是光纤网络设计和优化的一些基本策略和分析。

1. 网络拓扑与设计

环形网络：环形网络提供了冗余路径，从而增加了网络的可靠性。如果一条链路失败，数据可以通过环的另一侧重新路由。

网状网络：网状网络提供了多条路径，从任何一个节点到任何其他节点，这增加了网络的灵活性和可靠性。

2. 波分复用技术（WDM）

使用 WDM 可以在同一光纤中传输多个信号，每个信号使用不同的波长。这大大增加了光纤的传输能力。

密集波分复用（DWDM）：允许更多的信号在更小的波长范围内传输，从而进一步增加了网络的容量。

3. 放大器和再生器

光放大器：当信号在光纤中传播时，其强度会衰减。光放大器可以增强信号，使其继续传输。

光再生器：除了放大信号外，还可以重新生成信号，从而减少信号失真。

4. 动态光网络技术

光交叉连接（OXC）和光加入/放大器（OADM）允许在无须转换为电信号的情况下动态路由和管理光信号。

5. 考虑未来的扩展性

确保网络设计具有足够的容量和灵活性，以满足未来的需求。这可能包括预留额外的光纤容量或确保网络设备可以轻松升级。

6. 网络安全

虽然光纤本身相对安全（与无线技术相比），但仍然需要考虑数据的加密和网络的物理安全。

7. 网络监控与管理

使用网络管理系统和传感器不断监控网络的健康和性能，以便及时检测和解决任何问题。

8. 测试与验证

在部署新的网络或进行任何大的更改之前，进行全面的测试和验证，以确保网络的性能和可靠性。

光纤网络的设计和优化需要多学科的知识和技能，包括物理、工程和网络管理。正确的策略和工具可以确保网络满足当前的需求，并为未来的增长做好准备。

18.6　应用 3：云计算与数据中心

18.6.1　数据中心的冷却与能效优化

数据中心是云计算的核心，它们存储和处理海量的数据。由于高度集中的计算和存储硬件，数据中心会产生大量的热量。因此，冷却和能效优化在数据中心设计和运营中是至关重要的议题。

1. 为什么冷却是重要的

硬件健康：过热会损坏硬件，缩短其使用寿命。

性能：高温可能导致计算性能下降，因为 CPU 可能会降频以防止过热。

2. 冷却方法

传统的空调冷却：使用 HVAC（暖通空调）系统来调节数据中心的温度。

热交换器与冷却塔：通过冷却水或其他冷却介质吸收并排放热量。

液体冷却：部分数据中心开始使用液体冷却解决方案，将冷却液体直接引入硬件近处，这种方法更加高效。

自然冷却：在适当的气候条件下，使用外部冷空气来冷却数据中心，从而减少冷却成本。

3. 能效优化

PUE（Power Usage Effectiveness）：这是一个常用的指标，用于衡量数据中心的能效。

PUE 是数据中心的总能耗与其计算设备的能耗之比。理想的 PUE 值接近 1.0。

节能硬件：使用低功耗的服务器、存储和网络设备。

虚拟化：通过虚拟化技术，一个物理服务器可以运行多个虚拟服务器，从而提高硬件的利用率和能效。

智能管理系统：使用自动化工具和系统来监控和管理数据中心的能源使用，从而实时调整和优化。

4. 未来的趋势

绿色数据中心：随着可再生能源技术的进步，越来越多的数据中心正在寻求使用风能、太阳能等绿色能源。

模块化与微型数据中心：这些是预制的、可扩展的数据中心单元，可以快速部署，并且具有高能效。

数据中心的冷却和能效优化是一个复杂而重要的议题。通过采用最新的技术和最佳实践，数据中心运营商可以降低成本、提高性能，并减少对环境的影响。

18.6.2 数据中心的热管理与冷却策略的模拟及可视化

数据中心热管理的模拟可以帮助我们理解不同冷却策略的效果，从而选择最合适的方法。模拟考虑的因素包括服务器的布局、空气流通、冷却单元的配置和数据中心的整体设计。

我们可以简化模型，模拟一个数据中心的温度分布，然后应用不同的冷却策略，观察其对温度分布的影响。

以下是基本步骤。

定义数据中心布局：确定服务器、冷却单元和其他关键组件的位置。

模拟热源：基于服务器的工作负载，模拟每台服务器产生的热量。

应用冷却策略：模拟不同的冷却策略，例如冷/热通道配置、液体冷却或自然冷却。

计算温度分布：基于热源和冷却策略，计算数据中心内的温度分布。

可视化结果：使用热图或其他可视化工具展示数据中心内的温度分布。

我们模拟了一个数据中心的温度分布。图 18-3 展示了基础冷却策略下的温度分布，而图 18-4 展示了应用高级冷却策略后的温度分布。

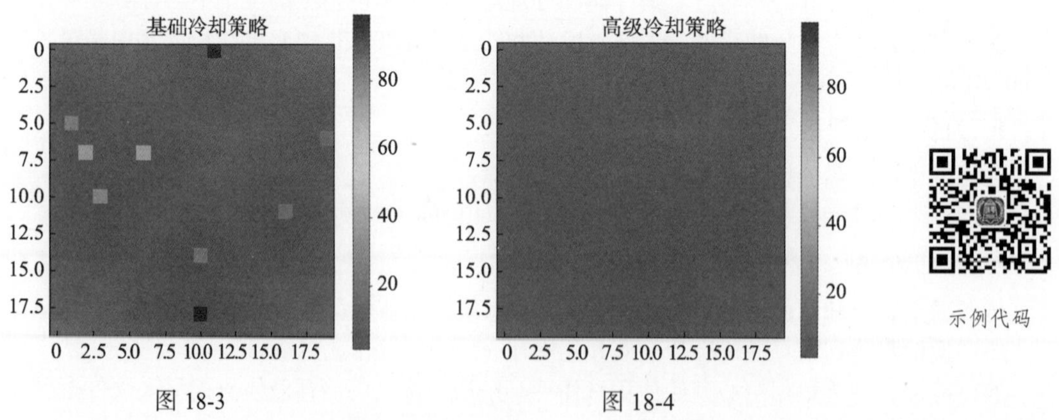

图 18-3　　图 18-4

从模拟结果可以看出，应用高级冷却策略（特别是在服务器集中的区域）可以更有效地降低温度。这种策略通常涉及在高热生成区域提供更多的冷却能力，例如通过使用定向的冷却风扇或液体冷却解决方案。

18.6.3　数据中心的能效与性能挑战分析

数据中心在全球范围内的增长和对能源的巨大需求使其成为能效和性能优化的关键领域。以下是数据中心面临的能效与性能的主要挑战及其分析。

1. 能源消耗

数据中心全球能源消耗的比例在不断上升。据估计，全球数据中心的能源消耗已经超过了许多国家的总消耗。

电源使用效率（PUE）是衡量数据中心能效的常用指标。理想情况下，PUE 为 1.0，但许多数据中心的 PUE 都高于这个值，这意味着除了 IT 设备外，还有大量的能源被用于冷却和基础设施。

2. 冷却

如前所述，冷却是数据中心能效的主要挑战之一。过度冷却或低效的冷却策略会导致能源浪费。

采取新的冷却策略，如使用自然冷却或液体冷却，可以显著提高能效。

3. 硬件优化

使用更高效的硬件，如节能服务器或存储解决方案，可以降低能源消耗。

硬件虚拟化可以提高资源利用率，从而提高能效。

4. 软件和工作负载优化

工作负载的调度和管理也会影响能效。例如，将计算密集型任务安排在非高峰时段可以减少冷却需求。

使用云计算和其他技术可以动态调整工作负载，从而实现更高的能效。

5. 数据存储

存储是数据中心的一个重要组成部分，也是能效的关键因素。使用更高效的存储技术，如固态硬盘（SSD）或分层存储，可以减少能源消耗。

6. 网络优化

数据中心内部和外部的数据传输也会消耗能源。优化网络设备和策略可以降低能源需求。

7. 未来的趋势

未来的数据中心可能会更加依赖可再生能源和新的冷却技术。

量子计算、边缘计算和其他新技术可能会改变数据中心的能效和性能需求。

数据中心的能效和性能挑战需要综合的解决策略，涉及硬件、软件、冷却和能源管理。随着技术的进步，数据中心的能效有望进一步提高，同时满足不断增长的计算需求。

18.7　本章习题和实验或模拟设计及课程论文研究方向

习题

简答题：

（1）简述无线电波和微波在通信中的主要应用。

（2）什么是天线的增益？它如何影响无线通信的性能？

（3）解释全反射原理在光纤通信中的作用。

（4）对比硬盘、SSD 和新型存储介质的工作原理和性能优劣。

应用题：

（1）设计一个简单的移动通信网络，包括基站、频道分配和信号传播策略。

（2）如何优化数据中心的冷却效率？提出至少三种方法。

（3）设计一个基于量子密钥分发的安全通信系统。

讨论题：

（1）谈谈 5G 技术如何解决高密度设备连接的问题。

（2）讨论量子计算机对现代密码学的威胁及其潜在的对策。

（3）如何看待光纤网络与无线通信在未来通信领域的角色？

实验或模拟设计

模拟设计：无线通信网络模拟

目的：使用软件工具模拟和理解无线通信网络的基本组成和工作原理。

描述：使用开源的无线通信模拟软件，如 Network Simulator3（NS3），建立一个基本的移动通信网络模型。设置不同的基站、频道分配策略，并观察信号传播的效果。

模拟设计：光纤通信模拟

目的：理解光纤通信中光的传播和全反射原理。

描述：使用基础的光学模拟工具或工具包，模拟光在光纤中的传播。调整光纤的折射率和角度，观察全反射的效果。

课程论文研究方向

无线通信技术的发展趋势：研究近年来无线通信技术的发展，特别是 5G 和即将到来的 6G，以及它们如何满足未来的通信需求。

光纤通信与宽带技术：探讨光纤技术如何改变了全球通信网络的面貌，以及未来宽带技术的发展趋势。

量子计算与信息安全：量子计算机对现代加密方法的潜在威胁以及如何利用量子技术来加强信息安全。

数据中心的能效优化：研究数据中心的能效问题，提出新的冷却策略和节能方法。

未来通信技术的社会和经济影响：从社会和经济的角度探讨 5G、光纤通信和量子通信的普及对个人和企业的影响。

第 19 章　生物技术与医疗物理学

19.1　医疗成像技术

19.1.1　X 光成像与 CT 扫描的物理学原理

X 光成像和 CT 扫描是现代医学中两种重要的成像技术。它们都利用 X 光的穿透性来获得身体内部结构的图像。

1. X 光成像

工作原理：当 X 光穿过身体时，不同的组织和结构会吸收不同数量的 X 光。骨骼会吸收更多的 X 光，因此在 X 光图像上显得更亮，而软组织吸收较少的 X 光，因此显得较暗。

应用：X 光成像主要用于检查骨折、肺部疾病和某些消化系统疾病。

2. CT（计算机断层扫描）

工作原理：CT 扫描结合了 X 光成像和计算机技术。在 CT 扫描过程中，X 光机绕着患者的身体旋转，从多个角度获得图像。然后，计算机将这些图像组合成一个三维的图像，显示身体内部的详细结构。

应用：CT 扫描可用于检测各种疾病，如脑部损伤、肺部和肝脏肿瘤等。

3. 物理学基础

X 光的产生：当高速的电子撞击金属靶时，会产生 X 光。这些 X 光具有高能量和短波长的特点，可以穿透大多数物质。

X 光的吸收：不同的物质对 X 光有不同的吸收率。例如，骨骼比软组织更密，所以它会吸收更多的 X 光。

图像形成：在 X 光机的另一侧，有一个探测器来检测和记录通过身体的 X 光。这些数据被转化为图像，显示身体内部的结构。

这两种技术都为医生提供了查看身体内部结构的窗口，使他们能够更准确地诊断和治疗疾病。

19.1.2　磁共振成像（MRI）：原子核磁共振与图像重建

磁共振成像（MRI）是一种使用原子核磁共振现象来获得身体内部结构图像的技术。它提供了非常高的对比度和分辨率，特别是对于软组织成像。

1. 原子核磁共振

工作原理：在磁场中，某些原子核（如氢核）会对磁场产生响应，使其自旋。当这些核受到特定频率的无线电波脉冲激发时，它们会从低能量状态跃迁到高能量状态。当无线电波停止时，这些核将返回到它们的原始状态，并在此过程中释放能量。这种能量的释放被探测器检测，并用于形成图像。

重要性：由于人体主要由水组成，而水分子含有大量的氢原子，所以 MRI 主要检测的是氢原子核。这使 MRI 成为研究身体内部软组织（如脑、肌肉和关节）的理想工具。

2. 图像重建

梯度磁场：在 MRI 扫描过程中，除了主磁场，还使用了一系列梯度磁场。这些梯度磁场使得在身体的不同区域，原子核的共振频率略有不同。

数据采集与傅里叶变换：MRI 机器收集的是 k 空间（频率空间）的数据。为了从这些数据中得到真实的空间图像，需要使用傅里叶变换将 k 空间数据转换为实际的图像数据。

对比度与权重：通过调整扫描参数（如无线电脉冲的类型和间隔），可以得到不同的图像对比度。例如，T1 加权图像和 T2 加权图像对不同类型的组织显示出不同的对比度。

3. 优势与限制

优势：MRI 没有辐射，对患者几乎没有风险。它提供了对于脑部、关节和内脏的高分辨率图像。

限制：MRI 扫描时间较长，可能需要患者保持静止数十分钟。此外，由于使用了强磁场，所以心脏起搏器、某些金属植入物和部分文身可能与 MRI 不兼容。

MRI 结合了原子物理和复杂的图像处理技术，为医生提供了查看身体内部的清晰窗口，尤其是对于软组织结构。

19.1.3 超声波成像：声波的传播与体内反射

超声波成像，通常被称为超声检查或声纳成像，是一种使用高频声波来创建身体内部结构的图像的医学诊断技术。

1. 声波的传播

产生超声波：超声探头中的压电晶体在受到电流激励时会振动，产生高频声波。

声波在组织中的传播：这些声波会从探头进入身体，并在不同的组织中传播。

2. 体内反射

声波与组织界面的相互作用：当声波遇到两种不同密度的组织（如肌肉和骨骼）的界面时，部分声波会被反射回探头，而其他声波则会继续传播。

检测反射的声波：超声探头中的压电晶体不仅可以产生声波，还可以检测反射回来的声波。这些反射的声波然后被转化为电信号。

图像形成：计算机将这些电信号处理并转化为图像，这些图像代表了身体内部不同组织的位置和形状。

3. 应用

胎儿成像：超声波成像经常被用于孕妇检查，以查看胎儿的发育情况。

心脏检查：通过超声检查可以观察心脏的结构和功能，如心脏瓣膜的运动。

器官成像：超声波成像还可以用于检查肝脏、肾脏、胆囊等内部器官。

血管成像：使用特殊的多普勒技术，超声波成像可以评估血流速度和方向，从而评估血管的健康状况。

4. 优势与限制

优势：超声波成像是非侵入性的，没有放射性，相对安全。它可以实时地提供动态图像，使医生能够观察身体的活动结构，如心脏跳动。

限制：声波在某些组织中，如骨骼或气体中，难以传播，所以超声波成像在这些区域的图像质量可能不佳。此外，与 MRI 或 CT 扫描等其他成像技术相比，其深度渗透和分辨率可能较低。

超声波成像结合了声学和医学，为医生提供了一个实用且安全的工具，用于诊断各种身体疾病和状况。

19.2　放射治疗与医疗应用的粒子物理

19.2.1　线性加速器与放射治疗的物理学基础

放射治疗是使用放射线来治疗癌症和其他疾病的一种方法。其中，线性加速器（通常简称为 Linac）是放射治疗中常用的设备，它可以产生高能量的 X 射线或电子束来照射癌细胞。

1. 线性加速器的工作原理

电子源：线性加速器中的电子枪产生电子。

加速：电子在真空管中通过一系列交替排列的正负电极时被加速。这些电极在电子经过时快速切换极性，使电子在每一步都获得额外的能量。

目标转换：对于 X 射线治疗，高能电子在撞击金属靶（如钨）后，会转化为高能 X 射线。这些 X 射线具有很深的穿透力，能够达到身体内部的肿瘤。

定向射线：使用特殊的准直器和调制系统，将射线定向到肿瘤上，以最大限度地照射到癌细胞，同时保护周围的正常组织。

2. 放射治疗的物理学基础

剂量：放射治疗的效果取决于肿瘤接收的辐射剂量。医生会根据肿瘤的类型、大小和位置来计算所需的剂量。

生物效应：放射线可以破坏细胞的 DNA，从而阻止癌细胞的生长和分裂。由于癌细胞的修复能力较差，所以它们比正常细胞更容易被放射线杀死。

定位和成像：为了确保放射线精确地照射到肿瘤，医生会使用 MRI 或 CT 扫描来确定肿瘤的确切位置。在治疗期间，还可能使用实时成像技术来监控肿瘤的位置和形状。

3. 优势与限制

优势：放射治疗是一种非常有效的癌症治疗方法，尤其是对于某些类型的肿瘤。它可以单独使用，也可以与手术、化疗或其他治疗方法结合使用。

限制：放射治疗可能会损害正常组织，导致一些短期或长期的副作用。医生会尽量减少这些副作用，但它们仍然是放射治疗的一个重要考虑因素。

线性加速器与放射治疗结合了粒子物理、生物学和医学，为医生提供了一个有效的工具来对抗癌症和其他疾病。

19.2.2　质子治疗与重离子治疗的优势

质子治疗和重离子治疗是放射治疗的两种先进形式，它们使用质子或重离子（如碳离子）来照射肿瘤。与传统的 X 射线放射治疗相比，它们具有一些独特的优势。

1. 质子治疗

布拉赫峰：当质子穿过组织时，它们会在一定深度内突然释放大量能量，然后迅速停止。

这种现象称为布拉赫峰（Bragg peak）。医生可以通过调整质子束的能量，使布拉赫峰与肿瘤的深度相匹配，从而确保肿瘤得到最大的辐射剂量。

减少正常组织的辐射：由于布拉赫峰的存在，质子可以在肿瘤处释放其大部分能量，而对周围的正常组织造成的伤害最小。

2. 重离子治疗

生物学效应：与质子相比，重离子（如碳离子）在生物学上能更有效地杀死癌细胞。它们对 DNA 产生的损伤更难以修复，从而提高了治疗的有效性。

高精度：与质子治疗相似，重离子治疗也可以高度定向地照射肿瘤，减少对正常组织的伤害。

3. 两种治疗的共同优势

治疗深部肿瘤：由于布拉赫峰的特性，质子和重离子治疗都可以有效地治疗身体深部的肿瘤，而不会损害表面组织。

治疗难以通过手术切除的肿瘤：对于位于关键位置的肿瘤，如脑肿瘤，质子治疗和重离子治疗可以提供一个非侵入性的治疗选择。

较少副作用：由于对正常组织的伤害最小，质子治疗和重离子治疗通常具有较少的副作用。

4. 限制

成本与可用性：由于需要大型加速器和复杂的设备，质子治疗和重离子治疗的成本较高，且在全球范围内的可用性受限。

治疗时间：相对于传统的 X 射线放射治疗，质子治疗和重离子治疗可能需要更长的治疗时间。

尽管存在一些限制，但质子治疗和重离子治疗由于其独特的物理和生物学优势，已经在世界各地的癌症治疗中得到了广泛的应用。

19.2.3 放射性药物与核医学的应用

核医学是一种使用放射性物质进行诊断和治疗的医学分支。在核医学中，患者被给予放射性药物，然后使用特殊的摄像设备来检测和映射药物在体内的分布。

1. 放射性药物

制备：放射性药物通常是通过将放射性同位素结合到特定的化学物质或药物分子上来制备的。

性质：这些药物被设计为能够定位到身体的特定区域或器官，如肿瘤、心脏或骨骼。

2. 核医学的应用

1）诊断

骨扫描：可以用于检测骨折、骨感染、关节炎和骨肿瘤。

心肌灌注显像：评估心脏的血流和功能。

PET 扫描：评估组织的代谢活动，常用于癌症、脑疾病和心脏疾病的诊断。

甲状腺显像：评估甲状腺功能和结节。

2）治疗

放射性碘治疗：治疗甲状腺过度活跃和癌症。

放射性微粒治疗：治疗肝癌。

骨疼痛缓解：使用放射性药物如钐-89 或骨髓-153 来减少骨转移引起的疼痛。

3. 优势

非侵入性：核医学检查通常是非侵入性的，与手术或其他诊断方法相比，风险更低。

功能信息：除了提供结构信息外，核医学还可以提供关于身体功能和代谢的信息。

4. 限制

放射性暴露：虽然放射剂量通常很低，但仍有一定的风险。

图像分辨率：与 MRI 或 CT 扫描相比，某些核医学技术的图像分辨率可能较低。

核医学结合了放射性物质的特性和先进的成像技术，为医生提供了一个强大的工具，可以深入地了解身体的结构和功能，从而进行准确的诊断和有效的治疗。

19.3　基因技术与生物物理学

19.3.1　DNA 的物理结构与基因编辑技术

1. DNA 的物理结构

双螺旋结构：DNA 由两条长链组成，这两条链盘绕在一起形成了一个双螺旋结构。这一结构于 1953 年被詹姆斯・杜威・沃森和弗朗西斯・克里克首次描述。

碱基配对：DNA 链由四种碱基组成：腺嘌呤（A）、胸腺嘧啶（T）、胞嘧啶（C）和鸟嘌呤（G）。在双螺旋中，A 总是与 T 配对，而 C 总是与 G 配对，这种配对通过氢键实现。

超螺旋结构：在细胞内，DNA 不是简单地呈线性排列的，而是由多种蛋白质帮助卷曲和包装，形成超螺旋结构，这有助于将数米长的 DNA 分子装入微小的细胞核中。

2. 基因编辑技术

CRISPR/Cas9：近年来，CRISPR/Cas9 已成为最受欢迎的基因编辑工具。它是一个由两部分组成的系统，CRISPR 是一个 RNA 分子，可以识别特定的 DNA 序列；而 Cas9 是一个酶，可以切割 DNA。

工作原理：CRISPR RNA 与目标 DNA 序列结合，然后 Cas9 酶切割 DNA，从而打断双螺旋。细胞的修复机制会介入，修复这个断裂，但在这个过程中可能引入或删除一些碱基，从而改变基因的功能。

应用：基因编辑技术可以用于研究基因的功能、治疗遗传疾病、改良农作物等。

3. 物理学与基因技术的交叉

力学性质：DNA 的物理性质，如其机械强度和弹性，对于细胞分裂、DNA 复制和基因表达等过程至关重要。

分子动力学模拟：物理学家使用计算机模拟来研究 DNA、蛋白质和其他生物分子的动态行为。

光学和电磁工具：如光镊（optical tweezers）和原子力显微镜（AFM），被广泛用于研究 DNA、蛋白质和其他生物大分子的物理性质。这些技术使科学家能够在微观尺度上操控和分析生物分子的行为，揭示其机械和结构特性。

生物物理学是一个跨学科领域，它结合了物理学、生物学和化学，对生命过程中的许多关键问题提供了深入的理解。而基因技术则为我们提供了操纵和理解这些过程的工具。

19.3.2　蛋白质的折叠与生物大分子的研究

1. 蛋白质的折叠

蛋白质折叠是指由氨基酸序列组成的蛋白质多肽链在细胞内折叠成其活性形式的过程。这是一个非常复杂的过程，涉及大量的相互作用，包括氢键、范德华力、离子键和疏水相互作用。

折叠的重要性：蛋白质的三维结构决定了其功能。即使是微小的结构变化也可能导致蛋白质功能丧失或发生病态改变。

折叠驱动力：蛋白质的折叠主要由其氨基酸序列驱动，尤其是疏水性氨基酸与疏水环境之间的相互作用。

2. 生物大分子的研究

X 射线晶体衍射：这是最常用的来确定生物大分子（如蛋白质和核酸）的三维结构的方法。该方法需要首先获得纯净的样品，并使其结晶化。

核磁共振波谱法（Nuclear Magnetic Resonance Spectroscopy，NMR）：NMR 是另一种确定蛋白质结构的方法，特别适用于在液体环境中的小到中等大小的蛋白质。

冷冻电子显微镜（cryo-EM）：这是一个新兴的技术，允许研究者在近原子分辨率下观察生物大分子的结构。

3. 物理学在生物大分子研究中的应用

力学性质的研究：例如使用原子力显微镜（AFM）来研究蛋白质或 DNA 的机械性质。

分子动力学模拟：使用计算方法模拟蛋白质、DNA 和其他生物大分子的动态行为，以获得关于其功能和折叠机制的洞察。

光学技术：例如荧光共振能量转移（FRET）被用于研究蛋白质之间的相互作用。

生物物理学为我们提供了强大的工具和方法来研究生物大分子的结构和功能，这对于理解生命过程和开发新的药物治疗方法至关重要。

19.3.3 生物膜与细胞的物理性质

1. 生物膜的组成与结构

磷脂双层：生物膜的基本结构是磷脂双层，由两层磷脂分子组成。每个磷脂分子都有一个疏水的尾部和一个亲水的头部，这导致它们在水中自发形成双层结构。

蛋白质：嵌入在磷脂双层中的蛋白质执行多种功能，如信号转导、物质转运和细胞识别。

2. 生物膜的物理性质

流动性：磷脂双层不是固态的，而是处于流动的液态。这种流动性允许膜蛋白在膜中移动，执行其功能。

渗透性：虽然生物膜对大多数溶质是不可渗透的，但某些分子（如水和氧）可以自由地穿越膜。

电导性：细胞膜是有电导性的，因为离子通过离子通道在膜上移动。这对于神经细胞和肌肉细胞的功能尤为重要。

3. 细胞的物理性质

机械性质：细胞具有一定的弹性和黏度，这些特性对于细胞的移动和形状变化至关重要。

电性质：细胞具有膜电位，这是由细胞内外的离子浓度差异产生的。膜电位是神经和肌肉细胞产生动作电位的基础。

热性质：细胞的代谢活动产生热量，这对于调节体温和支持化学反应至关重要。

4. 物理学在生物膜和细胞研究中的应用

光学显微镜：使用高分辨率的显微镜技术，如共聚焦显微镜和超分辨率显微镜，来研究细胞的结构。

原子力显微镜（AFM）：AFM 通过测量探针和样品之间的力，可以在纳米尺度上研究细胞和生物膜的机械性质。

电生理技术：如膜片钳技术，用于测量细胞膜上的离子通道的活动。

生物膜和细胞的物理性质为细胞的功能提供了基础，而物理学为我们提供了研究这些性质的工具和方法。

19.4　应用 1：远程医疗与穿戴设备

19.4.1　穿戴医疗设备的物理传感技术

1. 心率传感器

原理：大多数心率传感器使用光学心率测量技术，它基于光电容积效应。当血液通过血管时，红色和红外光的吸收会发生变化。通过测量这些变化，可以计算心率。

应用：在健身追踪器、智能手表和其他穿戴设备中广泛使用。

2. 加速度计与陀螺仪

原理：加速度计测量在三个方向上的加速度，而陀螺仪测量角速度。这些传感器通常基于微电机系统（MEMS）技术。

应用：用于跟踪步数、监测睡眠和评估姿势。

3. 皮肤温度传感器

原理：使用热敏电阻或热电偶来测量皮肤温度。

应用：可以用于监测发热和评估健康状况。

4. 血氧饱和度传感器

原理：与光学心率传感器类似，血氧饱和度传感器通过测量红色和红外光的吸收变化来估算血液中的氧气含量。

应用：用于监测肺部疾病和睡眠障碍。

5. 电导率与汗液分析

原理：通过测量皮肤的电导率，可以估算汗液的产生率。某些先进的传感器还可以分析汗液中的化学成分。

应用：评估脱水状态、压力和其他健康指标。

6. 物理学在穿戴医疗设备中的应用

数据处理：为了从传感器获得的原始数据中提取有意义的健康指标，需要进行复杂的数据分析和算法处理。

无线通信技术：许多穿戴医疗设备可以将数据无线传输到智能手机或其他设备，这需要物理学中的电磁波和通信理论。

电池技术：为了确保穿戴设备具有长时间的续航能力，需要综合应用电化学理论和物理学中的材料科学、热管理、电磁学和能量转换原理。这些多学科的知识共同支持了高效和持久的电池技术发展。

物理学为穿戴医疗设备提供了基础知识和技术，使其能够准确、实时地监测健康指标。

19.4.2　心电图与心率变异性分析的模拟与可视化

心电图（ECG）是一种测量心脏电活动的方法。心率变异性（HRV）分析是基于连续心电图记录的心跳间隔变化的统计分析，用于评估自主神经系统的活动。

为了模拟和可视化心电图（ECG）和心率变异性（HRV），我们可以采用以下方法。

1. 心电图模拟

生成 PQRST 波形：为了模拟心电图波形，我们可以使用简化的数学模型来描述 PQRST 波。这通常涉及使用多个高斯或正弦波函数来模拟波形的各个部分。

心动过速和心动过缓：模拟心动过速和心动过缓的波形只需要调整 PQRST 波形之间的时间间隔。

2. 心率变异性分析

1）时间域分析

RR 间期：心跳的两个连续的 R 峰之间的时间间隔。

SDNN：所有 RR 间期的标准差。

RMSSD：连续 RR 间期差值的平方和的平方根。

2）频率域分析

我们可以使用傅里叶变换或其他频谱分析方法来将 RR 间隔数据转换到频率域。在频率域，我们主要关注以下频率范围。

低频（LF）：通常范围为 0.04～0.15Hz。

高频（HF）：通常范围为 0.15～0.4Hz。

我们生成一个模拟的心电图信号并进行可视化（图 19-1）。

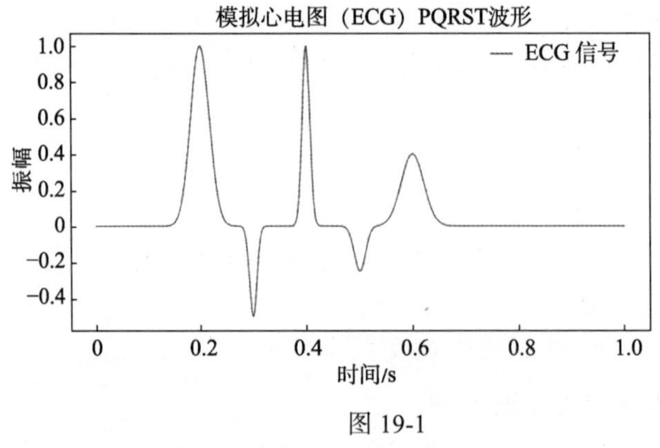

示例代码

图 19-1

图 19-1 展示了模拟的心电图（ECG）PQRST 波形。

下面，我们进行心率变异性（HRV）的模拟和分析（图 19-2）。

图 19-2 展示了模拟的心率变异性（HRV）中的 RR 间期。这里的 RR 间期表示的是连续两个 R 波峰值之间的时间间隔。

基于这个模拟数据，我们计算了以下 HRV 指标。

平均 RR 间期：约为 0.798s。

SDNN（所有 RR 间期的标准差）：约为 0.049s。

RMSSD（连续 RR 间期差值的平方和的平方根）：约为 0.071s。

这些指标可以帮助医生了解患者的心脏健康状况。

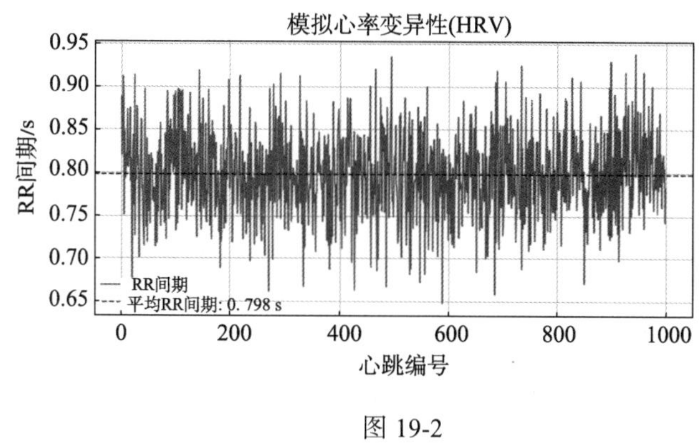

示例代码

图 19-2

19.4.3 穿戴设备的生物信号解读分析

随着技术的进步，越来越多的穿戴设备被设计出来，以捕捉和解读人体的生物信号，从而帮助用户了解自己的健康状况，提高生活质量或进行特定的医学干预。这些设备从基本的心率监测到高级的心电图（ECG）、脑电图（EEG）、肌电图（EMG）等都有涉及。

以下是对这些信号的基本解析。

心率和心率变异性（HRV）：如前所述，心率和 HRV 是心脏健康和自主神经系统活动的指标。突然的心率变化或异常的 HRV 可能表明心脏问题或高压力水平。

心电图（ECG）：ECG 是心脏电活动的记录。不规则的波形、异常的 PQRST 波或心律失常都可能指示心脏问题。

脑电图（EEG）：EEG 用来记录大脑的电活动。它可以帮助诊断癫痫、睡眠障碍或其他脑相关的问题。

肌电图（EMG）：EMG 可以测量肌肉活动。它可以帮助诊断神经肌肉疾病、肌肉疾病或神经病变。

运动和姿势：许多穿戴设备都配备了加速度计和陀螺仪，可以追踪用户的活动和姿势。这些数据可以帮助用户了解他们的身体活动水平，或者在物理治疗中帮助诊断和治疗姿势和运动相关的问题。

睡眠监测：通过分析心率、运动和其他生物标志物，穿戴设备可以估计用户的睡眠质量和睡眠阶段。

血氧饱和度：一些高级的穿戴设备使用红外和可见光传感器来测量血液中的氧气水平。血氧饱和度低可能是多种情况的指标，包括呼吸障碍、心脏疾病或高原反应。

穿戴设备为个人健康监测提供了前所未有的机会。然而，这些设备的数据应该在医生或专家的指导下解读，以确保得到准确的健康建议。

19.5 应用 2：核磁共振与生物大分子研究

19.5.1 核磁共振技术在生物大分子研究中的应用

核磁共振（NMR）技术是一种非侵入性的分析方法，通过探测核磁共振信号来获得样品的详细信息。在生物领域，NMR 主要应用于生物大分子，如蛋白质、核酸和多糖等的结构和动态研究。

以下是 NMR 在生物大分子研究中的主要应用。

1. 蛋白质结构测定

NMR 可以提供蛋白质的三维结构信息。通过解析多个二维和三维 NMR 谱，可以得到原子之间的距离和角度约束，从而构建蛋白质的三维结构模型。

NMR 还可以提供关于蛋白质结构中的柔性和动态的信息，这是 X 射线晶体学难以获得的。

2. 核酸结构和动态研究

NMR 可以用来研究 DNA 和 RNA 的结构，特别是在液态条件下，这与生物体内的环境更为相似。

除了静态结构，NMR 还可以提供关于核酸的动态行为的信息，如柔性、转动和折叠等。

3. 蛋白质—配体相互作用

NMR 可以用来研究蛋白质与小分子、其他蛋白质或核酸之间的相互作用。通过比较结合前后的 NMR 谱，可以识别出结合部位和结合模式。

这种方法在药物设计中尤为重要，因为它可以识别出药物分子与其目标蛋白质之间的相互作用。

4. 研究生物大分子的动态行为

NMR 可以提供关于分子的动态行为的信息，如转动、摆动和局部柔性等。

这对于了解生物大分子如何执行其功能至关重要，例如酶的催化机制或信号传递过程。

NMR 技术为生物大分子的研究提供了强大的工具，使研究者能够在原子水平上探索分子的结构和功能。

19.5.2 蛋白质的核磁共振谱分析的模拟与可视化

核磁共振（NMR）谱是一种复杂的谱图，通常需要专业软件来生成和解释。在此，我们简化地模拟蛋白质的 1D NMR 谱。这不会完全代表真实的蛋白质 NMR 谱，只是一个大致的概念。

1D NMR 谱主要显示了样品中不同种类的氢原子（1H NMR）或碳原子（13C NMR）的相对浓度。在蛋白质的 1H NMR 谱中，通常可以观察到不同的氨基酸侧链和主链氢的信号。

图 19-3 是一个简化的模拟蛋白质 1D NMR 谱。在这个模拟中，我们生成了一系列的洛伦兹峰，代表蛋白质中的不同氢原子信号。这些峰的位置（化学位移）和高度（强度）是随机生成的，以模拟真实的 NMR 信号。

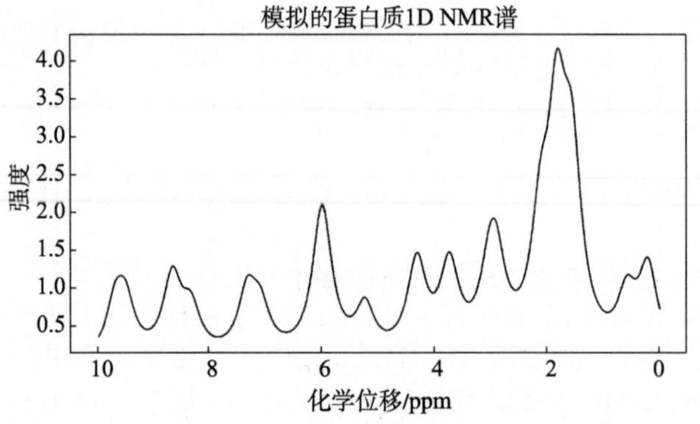

示例代码

图 19-3

在实际的蛋白质 NMR 谱中，每一个峰都对应于蛋白质中特定的氢原子。通过分析这些峰的位置和相互关系，研究者可以推断出蛋白质的三维结构和动态性质。

19.5.3　生物大分子的结构与动态分析

生物大分子，如蛋白质、核酸和多糖等，是生命活动的基础。它们的结构和动态性质对其功能至关重要。近年来，许多先进的技术，如 X 射线晶体学、核磁共振（NMR）和冷冻电镜（cryo-EM），已被用于生物大分子的结构分析。此外，分子动力学模拟和其他计算方法也为研究生物大分子的动态性质提供了有力的工具。

1. 结构分析

X 射线晶体学：这是一种常用的方法，用于确定生物大分子的原子级结构。它需要获得高质量的晶体，然后通过 X 射线衍射来解析其内部结构。

核磁共振（NMR）：NMR 可以在液态条件下分析生物大分子的结构和动态。它特别适用于那些难以结晶的分子。

冷冻电镜（cryo-EM）：这是一个新兴的技术，允许研究者在近原子分辨率下确定没有结晶的大分子和分子复合物的结构。

2. 动态性质的研究

分子动力学模拟：这是一种计算方法，通过模拟原子和分子的运动来研究生物大分子的动态性质。它可以提供关于分子如何移动、如何相互作用以及它们如何发挥功能的深入见解。

NMR 松弛实验：这些实验可以测量生物大分子中特定原子的动态行为，从而提供关于分子柔性和动态的信息。

3. 功能研究

了解生物大分子的结构和动态是理解其功能的关键。例如，通过结构分析，可以识别出蛋白质的活性位点，而动态研究则可以揭示这些位点如何在蛋白质进行其功能时发生改变。

结构生物学和生物物理学为我们提供了强大的工具，以原子级分辨率研究生物大分子的结构、动态和功能，从而深入了解生命的基本过程。

19.6　应用 3：细胞机械学与生物材料

19.6.1　细胞的物理性质与机械响应

细胞，作为生命的基本单位，除了其生物学特性外，还具有一系列的物理性质。这些物理性质，如弹性、黏度和张力，对细胞的功能和行为有着重要的影响。

1. 细胞的机械特性

弹性：细胞可以像弹簧一样被压缩或拉伸，并在去除外部应力后恢复其原始形状。细胞的弹性主要由细胞骨架，特别是微丝和微管提供。

黏度：细胞的内部是一个复杂的流体，包含许多不同的生物分子。这使得细胞内部对外部应力的响应呈现出黏滞性，即细胞在受到持续的外部力时会发生形变。

张力：细胞膜和细胞骨架可以产生张力，使细胞保持其结构完整性。细胞的这种内部张力也与细胞的迁移和形态变化有关。

2. 细胞对外部力的响应

当细胞受到外部力时，它们会通过改变自己的形状和结构来响应。例如，细胞在受到压缩时可能会变得更扁平，而在受到拉伸时可能会变得更长。

细胞也可以通过改变其骨架的组织来响应外部力，例如，通过重组微丝和微管。

3. 细胞机械学在生物医学中的应用

细胞的物理性质在许多生物医学应用中都起到了关键作用。例如，癌细胞通常比正常细胞更加柔软，这使得它们能够更容易地穿越组织并形成转移瘤。

细胞的机械特性在组织工程和再生医学中具有重要影响。例如，选择适当的生物材料以最大程度地模拟天然组织的物理环境是关键。这不仅包括材料的化学成分，还需要考虑其力学性能，如刚度、弹性和形变能力，以确保细胞在材料中的生长、分化和功能与天然组织相匹配。

细胞机械学为我们提供了深入了解细胞如何与其物理环境互动的重要视角，从而为疾病治疗和组织工程提供了有价值的洞察。

19.6.2 细胞在不同物理环境下的行为的模拟与可视化

细胞在不同的物理环境下会呈现出不同的行为特征，这些特征包括细胞的迁移、增殖、形态变化等。例如，细胞在硬基质上可能会呈现出与在软基质上不同的形态和行为。

为了模拟这种情况，我们可以考虑一个简化的模型，其中细胞被放置在不同硬度的基质上，并观察其形态变化。这种模拟可以帮助我们理解物理环境如何影响细胞行为。

我们模拟以下情况（图 19-4）。

细胞在软基质上：细胞可能会扩展并形成多个突起。

细胞在硬基质上：细胞可能会更加紧凑，形态更加圆润。

在图 19-4 所示的可视化中，我们模拟了细胞在不同物理环境下的形态变化。在软基质上，细胞更有可能展开并形成突起，而在硬基质上，它们则可能更加紧凑。

这种模拟可以帮助我们理解细胞如何根据其周围环境调整自己的形态，这在生物医学研究中是一个非常重要的领域，因为细胞的形态和功能之间有着密切的关系。

软基质上的细胞形态

硬基质上的细胞形态

示例代码

图 19-4

19.6.3 细胞与生物材料的相互作用分析

细胞与生物材料的相互作用是生物医学工程、组织工程和再生医学中的核心话题。当细胞与生物材料接触时，它们会产生一系列复杂的生物物理和生化响应。以下是这一主题的一些关键点。

细胞黏附：当细胞与材料接触时，它们首先会通过细胞膜上的特定受体与材料表面的配体黏附。这种黏附可能是暂时的也可能是持久的，取决于细胞和材料的类型。细胞黏附会触发细胞内的信号传导途径，从而影响细胞的行为，如增殖、分化和迁移。

细胞在材料上的迁移：细胞可能会沿着材料表面移动，这受到材料的化学和物理性质的影响。例如，一些纳米结构的材料可以增强细胞的迁移。

细胞对材料的生物反应：细胞可能会对材料产生免疫反应，导致炎症或纤维化。选择具有生物相容性的材料是非常重要的，以避免不良反应。

材料也可能释放一些生物活性分子，从而影响细胞的行为。

生物材料的设计：通过改变材料的化学组成、表面功能化和微纳米结构，可以调节细胞与材料的相互作用。例如，材料可以被设计为促进特定细胞类型的黏附和增殖，或者抑制不需要的细胞反应。

生物材料在组织工程中的应用：生物材料可以用作细胞的支架，为细胞提供 3D 环境，并引导其增殖和分化。通过与细胞的相互作用，材料可以帮助形成功能性的组织和器官。

细胞与生物材料的相互作用是一个跨学科的领域，涉及物理学、化学、生物学和医学。理解这些相互作用的基础原理对于开发新的医疗技术和治疗方法至关重要。

19.7　本章习题和实验或模拟设计及课程论文研究方向

习题

描述与解释：

（1）解释 X 光成像的基本原理。

（2）简述 MRI 技术的工作原理，并解释为什么患者在进行 MRI 检查时不能戴金属物品。

（3）超声波成像与其他成像技术相比有何优势和局限性？

计算与应用：

（1）假设在一个 X 光成像过程中，一个患者受到了 0.05mSv 的辐射剂量。考虑到常规的胸部 X 光检查会导致大约 0.1mSv 的辐射剂量，这次检查与常规胸部 X 光检查相比如何？

（2）一个磁共振成像（MRI）使用 1.5 T 的磁场强度。如果一个质子在这个磁场中的共振频率是 42.58MHz/T，那么质子的共振频率是多少？

批判性思考：

研究并讨论放射治疗的副作用和挑战，并与其治疗效果进行权衡。

核磁共振在生物大分子研究中的应用有哪些局限性？

实验或模拟设计

模拟设计：X 光衍射模拟

目的：使用已有的软件或工具理解 X 光与晶体相互作用的衍射模式。

描述：请下载并使用此开源软件进行模拟。尝试调整晶格常数和原子类型，并观察衍射模式的变化。请描述你的观察结果。

模拟设计：MRI 简单模拟

目的：理解 MRI 的基本原理并使用计算工具模拟简单的 MRI 扫描过程。

描述：考虑一个简单的物体，如一个水分子。使用此在线模拟工具模拟 MRI 扫描过程。尝试更改磁场强度或射频脉冲，并描述得到的图像如何变化。

实验：细胞机械性质的基础实验

目的：使用简单的工具或设备了解细胞的基本机械性质。

描述：提取一个水果的细胞（如橙子），并将其放在显微镜下观察。尝试轻轻按压细胞并观察其形状的变化。描述你的观察结果，并尝试解释为什么细胞会这样反应。

课程论文研究方向

医疗成像技术比较：对比并分析不同的医疗成像技术（如 X 光、MRI、超声波成像）的优势、局限性和应用领域。

放射治疗的进步：研究近年来放射治疗技术的进展，特别是质子治疗和重离子治疗，并讨论其在临床应用中的前景。

基因技术与生物物理学：DNA 物理结构及 CRISPR-Cas9 基因编辑的原理。该方向探讨 DNA 的物理结构特性以及 CRISPR-Cas9 基因编辑技术的物理和生物学原理，分析这些基础知识如何推动基因技术的应用与发展。

医疗机器人的未来：探讨医疗机器人的未来发展趋势，尤其是在微创手术、遥控手术和自主手术方面的潜在应用。

3D 打印在生物医疗中的应用：研究 3D 打印技术如何被用于生物医疗领域，例如打印生物组织、器官或定制的医疗器械。

细胞机械学与疾病：探索细胞的物理性质如何与各种疾病（如癌症或神经退行性疾病）相关联。

第 20 章 航空航天技术与物理学

20.1 航空动力学与飞机设计

20.1.1 空气动力学：升力、阻力与飞行稳定性

空气动力学是流体动力学的一个分支，主要研究气体流过固体物体时的行为，尤其是在飞机和火箭这样的航空航天应用中。当飞机在大气中飞行时，它与周围的空气发生相互作用，产生多种不同的力和力矩。

升力：升力是使飞机离地并保持在空中的力。翼型的形状（尤其是机翼的上下曲线）是产生升力的关键。当空气流过机翼时，它在机翼的上方移动得比在下方快，根据伯努利定理，速度更快的流体压力更低。这种压力差导致了升力。

阻力：阻力是与飞机前进方向相反的力，阻碍其前进。阻力有几种来源，包括空气与飞机表面的摩擦（皮肤摩擦）和飞机前面形成的气流紊流（形式阻力）。

飞行稳定性：飞行稳定性是飞机在受到扰动后返回其原始飞行状态的能力。稳定性与飞机的重心、气动中心和控制面的设计有关。

纵向稳定性：关于飞机横轴的稳定性，影响飞机的俯仰。

横向稳定性：关于飞机的纵轴的稳定性，影响飞机的滚转。

偏航稳定性：关于飞机的竖轴的稳定性，影响飞机的偏航。

飞机的设计师利用空气动力学的原理来优化飞机的性能，确保飞机既具有高效的燃油经济性，又具有良好的飞行稳定性和操纵性。

20.1.2 喷气发动机与涡轮发动机的工作原理

航空发动机是为飞机提供推力的设备。常见的航空发动机包括喷气发动机和涡轮发动机，两者在结构和工作原理上有相似之处，也有显著的区别。

1. 喷气发动机（Jet Engine）

喷气发动机是一种空气喷气发动机，其基本原理是：吸入、压缩、燃烧、排放。

吸入（Intake）：通过进气口，大量的空气被吸入发动机。

压缩（Compression）：空气经过一系列的压缩机叶片，增加其压力和温度。

燃烧（Combustion）：高压空气与燃料混合并在燃烧室内点燃，产生高温、高压的气体。

排放（Exhaust）：高速气体从尾喷嘴射出，产生向前的推力（根据牛顿第三定律）。

2. 涡轮发动机（Turboprop Engine）

涡轮发动机是喷气发动机的一种，它使用一个或多个涡轮来驱动一个螺旋桨。这种发动机结合了喷气发动机的高速和高空性能与螺旋桨的低速效率。

核心（Core）：涡轮发动机的核心与喷气发动机类似，包括吸入、压缩、燃烧和排放过程。

涡轮（Turbine）：高温、高压的气体流经涡轮，使其旋转。

减速齿轮箱（Reduction Gearbox）：涡轮的旋转速度非常高，所以需要一个减速齿轮箱将其转速降低到适合螺旋桨的速度。

螺旋桨（Propeller）：由减速齿轮箱驱动，它将发动机的动力转化为推力，与空气的相互作用产生向前的力。

涡轮发动机通常用于需要螺旋桨效率但又需要喷气发动机性能的飞机，如区域涡桨客机和某些军用飞机。

两种发动机都基于牛顿第三定律工作：喷射高速的气体产生相反方向的推力。但是，涡轮发动机与传统的喷气发动机的主要区别在于它使用螺旋桨来产生大部分推力。

20.1.3 高超音速飞行与空气摩擦的物理挑战

高超音速飞行指的是飞行速度远超过音速的飞行，通常是指飞行速度超过 5 马赫。当飞行器在如此高的速度下飞行时，它会遇到许多独特的物理和工程挑战，其中最主要的是与空气的相互作用和由此产生的热效应。

气动加热（Aerodynamic Heating）：在高超音速飞行中，飞行器前端和机翼前缘会与空气发生剧烈的压缩，这会导致空气温度急剧上升。这种加热可以使飞行器的表面温度升高到几千摄氏度，远远超过大多数材料的熔点。

冲击波与波阻（Shock Waves and Wave Drag）：当飞行速度超过音速时，飞行器前方会形成冲击波。这些冲击波会在飞行器的表面产生高压，导致阻力急剧增加，这种阻力被称为波阻。

结构挑战（Structural Challenges）：由于高温和高压，飞行器的结构材料必须能够承受极端的环境。这需要使用特殊的高温合金、陶瓷或其他先进材料。

稳定性与操纵性（Stability and Control）：高超音速飞行下，飞行器的气动特性与亚音速或音速飞行时大不相同，可能导致飞行稳定性和操纵性的问题。

热膨胀（Thermal Expansion）：由于气动加热，飞行器的部分区域可能会膨胀。设计时必须考虑这种膨胀，否则可能导致结构失败。

氧化与腐蚀（Oxidation and Corrosion）：在高温下，飞行器表面的材料可能会与空气中的氧发生反应，导致材料的氧化或腐蚀。

解决这些挑战需要多学科的知识，包括流体动力学、材料科学、热力学和结构工程。随着技术的进步，研究人员正在开发新的材料和设计方法来克服高超音速飞行的物理挑战。

20.2 航天技术与宇宙探索

20.2.1 火箭的工作原理与宇宙飞船的推进技术

火箭和宇宙飞船的推进技术是现代航天技术的核心。它们的工作原理基于基本的物理定律，特别是牛顿第三定律。

1. 火箭的工作原理

作用力和反作用力原理：根据牛顿第三定律，每一个作用力都有一个大小相等并且方向相反的反作用力。在发射火箭时，火箭喷射燃料产生的高速气体，这些气体也会推动火箭向前。

连续推进：火箭燃烧燃料并持续地喷射出高速气体，这产生了一个持续的推力，使火箭加速。

多级火箭：为了能够达到必要的速度并进入太空，大多数火箭设计为多级。当一个阶段的燃料用完后，它就会被抛弃，从而减轻重量并允许下一阶段开始工作。

2. 宇宙飞船的推进技术

化学推进：这是最常见的推进形式，使用化学燃料（如液氢和液氧）产生推力。

电推进：使用电力将推进剂（如氙气）电离，然后使用磁场或电场加速离子产生推力。这种方法的效率更高，但产生的推力较小。

核热火箭：使用核反应产生的热量来加热燃料，然后喷射出去产生推力。这种方法的理论效率很高，但由于技术和安全问题尚未广泛使用。

太阳帆：使用太阳光的压力来推动飞船。这种方法不需要燃料，但推力非常小，主要适用于长时间的深空任务。

航天技术和宇宙探索的进步在很大程度上取决于推进技术的进步。随着新技术的研发和应用，未来的航天任务将更加远大和多样。

20.2.2　卫星轨道与地球引力场的相互作用

卫星的轨道运动是由地球的引力主导的，这一点可以通过基本的物理原理来解释。

1. 中心力与牛顿的万有引力定律

地球对卫星施加的引力作为一个中心力，使得卫星围绕地球运动。牛顿的万有引力定律描述了两个物体之间的引力，公式为：

$$F = \frac{\mathrm{G} \times m_1 \times m_2}{r^2}$$

其中，F 是引力，G 是万有引力常量，m_1 和 m_2 是两个物体的质量，r 是它们之间的距离。

2. 开普勒定律

卫星在地球引力的作用下，其轨道满足开普勒的三个定律。

第一定律：所有行星绕太阳的轨道都是椭圆，太阳位于椭圆的一个焦点。对于地球卫星来说，地球则是椭圆的一个焦点。

第二定律：行星在其轨道上的面积速度是恒定的，即行星与太阳的连线在相等的时间内扫过相等的面积。对地球卫星同样适用。

第三定律：行星的轨道周期的平方与其轨道长半轴的立方成正比。

3. 稳定轨道

为了使卫星保持在特定的轨道上，其速度必须匹配该轨道的所需速度。这意味着，较低的轨道（如低地球轨道）需要更高的速度，而较高的轨道（如地球同步轨道）需要较低的速度。

4. 地球的不规则引力场

地球并非一个完美的球体，而是稍微扁平的。此外，地球内部的密度分布也是不均匀的。这些因素导致地球的引力场是不规则的，这可以影响卫星的轨道，尤其是对于低轨道的卫星。

5. 轨道摄动

除了地球的引力外，卫星的轨道还受到其他天体（如太阳和月亮）的引力影响。这些外部引力源可以引起卫星轨道的长期变化，如轨道倾角、轨道形状和轨道位置的微小变化称为摄动。例如，月球的引力会对近地轨道的卫星产生显著的摄动效应。

6. 大气阻力

对于处于低地球轨道的卫星，尽管大气密度非常小，但仍然存在足够的大气分子与卫星相互作用，产生阻力。这种阻力会导致卫星的轨道逐渐降低，除非采取措施进行轨道提升。

7. 太阳辐射压力

太阳发出的光子在撞击卫星时，会对其施加微小的压力。虽然这种压力很小，但在长时间内，它可能会导致卫星轨道和姿态的变化，特别是对于具有反射表面或大面积太阳帆的卫星。

20.2.3 深空探测与宇宙环境的物理挑战

深空探测，指的是超出月球轨道的太空探测，如探索其他行星、小行星、彗星，甚至是超出太阳系的探测。这种探测面临着许多物理和工程上的挑战。

极端的距离：深空任务需要穿越数亿甚至数十亿千米的距离。这导致了通信延迟、能量需求增加以及航天器的自主性要求增加。

通信挑战：随着探测器距离地球越来越远，信号传输变得更加困难。需要更大的地面天线、更强的发射功率和更高的数据处理技术。

宇宙辐射：在地球的磁场和大气层之外，太空探测器暴露于强烈的宇宙辐射中，这对航天器的电子设备和仪器造成了很大的威胁。

微小的太阳能：当航天器远离太阳时，太阳能电池板接收到的太阳能量减少，这限制了其能量供应。因此，深空探测器通常需要携带放射性同位素热电发生器（RTG）来提供电力。

极端的温度环境：深空环境中的温度可能非常低，这要求航天器使用特殊的材料和设计，以保护仪器免受损害。

导航和定位挑战：在深空中，传统的导航方法可能不再适用。需要依赖于星际导航技术，如使用脉冲星来确定航天器的精确位置。

遥远的目标的不确定性：对于一些遥远的天体，我们对其属性和环境了解有限。这要求航天器具有很高的自适应能力，能够应对未知的挑战。

深空探测是一个充满挑战的领域，但它也为我们提供了关于太阳系和宇宙的宝贵信息。随着技术的发展，我们有望解决这些物理和工程上的挑战，进一步探索宇宙的奥秘。

20.3 天文观测与物理仪器

20.3.1 望远镜的光学原理与空间望远镜的优势

望远镜是天文学家的重要工具，它们使我们能够观测到遥远的宇宙和其中的天体。望远镜的设计和功能基于多种物理学原理。

1. 望远镜的光学原理

透镜望远镜：这是最初设计的望远镜，它使用透镜来收集和聚焦光线。由于透镜的色散效应，它们有时会产生色差。

反射望远镜：这种望远镜使用曲面镜来收集和聚焦光线。它们不受色散的影响，因此通常比透镜望远镜有更好的性能。

2. 光学望远镜的限制

大气扭曲：地球大气层中的湍流会导致星光在进入地球时发生散射和扭曲，造成地面望远镜观测到的图像模糊不清，这种现象称为“大气扰动”或“视宁度效应”。

光污染： 城市和其他光源产生的光会干扰天文观测。

波长限制： 大气层会吸收某些波长的电磁辐射，如紫外光和某些红外波长，这限制了地面望远镜能够观测的波长范围。

3. 空间望远镜的优势

避免大气扭曲： 在地球大气之外，空间望远镜可以获得非常清晰的图像。

全波长观测： 空间望远镜可以观测到地面望远镜无法观测到的波长，如紫外光和某些红外光。

持续观测： 空间望远镜可以进行长时间的连续观测，不受日夜或天气的影响。

空间望远镜，如哈勃空间望远镜、詹姆斯·韦伯空间望远镜等，已经为我们提供了关于宇宙的宝贵信息。尽管它们的建设和维护成本很高，但它们的科学回报是巨大的。

20.3.2 射电天文学与电磁波的观测

射电天文学是天文学的一个分支，主要使用射电波进行宇宙观测。射电波是电磁波谱中的一部分，波长范围从毫米到超过 1m。

射电波的产生： 天体发出射电波的原因多种多样，包括同步辐射、热辐射和周期性脉冲源等。例如，脉冲星就是一种强烈的射电源，它们发射出高度集中和有规律的射电脉冲。

天文学家不仅使用射电波，还利用红外线、可见光、紫外线、X 射线和伽马射线等电磁波段进行观测。每个波段都提供了对天体独特的视角和信息。例如，红外线可以穿透尘埃云观察隐藏的天体结构，而 X 射线和伽马射线则用于探测高能天体和事件。这些不同的波段为我们理解宇宙提供了丰富的多样化数据。

射电望远镜： 单一射电望远镜：如阿雷西博射电望远镜，是一个大型的抛物面天线，可以收集射电波并将其聚焦到一个点。

干涉仪阵列： 如非常大阵列（VLA），它由多个分布在一定区域内的射电望远镜组成，这些望远镜协同工作，提供比单一射电望远镜更高的解析度。

射电地图与光学图像： 射电望远镜获得的图像与光学望远镜不同。它们揭示了不同的天体属性和结构，如射电星系的射电辐射、超新星残骸的射电壳以及活动星系核的射电喷流。

电磁波的观测： 除射电波外，天文学家还使用其他电磁波段进行观测，如红外线、可见光、紫外线、X 射线和伽马射线。每个波段都提供了对天体的独特视角和信息。

射电天文学为我们提供了对宇宙的一个完全不同的视角，揭示了许多光学观测无法看到的天体过程和结构。通过多波段观测，天文学家可以获得对宇宙的全面和深入的理解。

20.3.3 引力波探测与新型物理仪器

引力波是爱因斯坦在 1915 年的广义相对论中预言的一种天体现象，它们是由某些强大的宇宙事件产生的时空扰动，如黑洞合并或中子星碰撞。

引力波的性质： 引力波会使时空“振荡”，导致物体之间的距离在极短的时间内微小地变化。尽管这些变化微小，但通过高度敏感的设备可以检测到。

引力波探测器： LIGO（激光干涉仪引力波天文台）：它使用两个长达 4 km 的直线臂（形成一个“L”形）来检测引力波。当引力波通过探测器时，两个臂的长度会有微小的变化，通过测量这些变化可以检测到引力波。

Virgo、KAGRA 和其他探测器： 除了 LIGO 外，还有其他的引力波探测器，这些探测器位于不同的地理位置，可以共同协作检测引力波，并确定其来源。

引力波的科学意义：通过引力波观测，科学家可以研究黑洞、中子星和其他极端天体的性质，以及宇宙的早期条件。此外，引力波为我们提供了一个全新的天文观测窗口，使我们能够观测到以前无法观测到的天体事件。

未来的引力波探测器：未来的引力波探测器计划包括在太空中部署探测器，如 LISA（激光干涉仪空间天文台）。在太空中，探测器不受地球环境的干扰，可以进行更为敏感的观测。

引力波的发现是 21 世纪物理学的一个重大突破，证实了广义相对论的预言，并为我们提供了宇宙的全新视角。此外，引力波探测技术本身也是技术与物理学交叉发展的一个典型例子，展现了物理学在现代技术中的重要作用。

20.4 应用 1：现代客机的航空技术

20.4.1 客机的空气动力学设计与飞行性能

现代客机的设计遵循了一系列航空动力学原理，以确保飞机的安全、经济和高效。这涉及对飞机形状、机翼设计、发动机位置等多个因素的考虑。

1. 机翼设计

机翼翼型：机翼的上下曲线形状被称为翼型，它对飞机产生的升力和阻力有直接影响。翼型的选择会影响飞机的升力系数、阻力系数和飞行效率。

机翼扭转：为了优化升力分布，机翼通常会沿其长度轻微扭转。这可以降低机翼尖的失速风险。

襟翼与缝翼：这些是机翼的可移动部分，用于在起飞和降落时增加升力。

2. 机身设计

机身的形状和结构设计考虑了空气动力学、结构强度和重量分布。流线型的机身可以减少阻力和燃油消耗。

3. 尾翼与舵面

尾翼用于稳定飞机，避免其在飞行中发生不受控制地旋转。舵面如方向舵、副翼和升降舵，用于控制飞机的方向。

4. 发动机与推进

发动机的选择和位置对飞机的性能、效率和稳定性有影响。现代涡扇发动机提供了高推力和燃油效率。

5. 飞机的飞行性能

飞机的最大速度、巡航高度、航程和荷载能力是其性能的关键指标。这些指标受到飞机设计、重量、发动机性能和燃油容量的影响。

现代客机的设计是航空工程师、物理学家和计算机模拟专家多年努力的结晶。通过对航空动力学原理的深入研究和应用，飞机制造商能够生产出安全、高效且经济的飞机，满足全球旅客和货物的运输需求。

20.4.2 飞机在不同飞行状态下的气动性能的模拟与可视化

飞机在其飞行轨迹中会经历多种飞行状态，如起飞、巡航、下降和降落。每种状态都有其特定的气动要求。通过模拟，我们可以研究飞机在这些不同状态下的气动性能。

以下是一个简化的模拟示例，展示飞机在不同飞行角度下的气动性能，包括升力和阻力。

参数定义：

α：攻角，即飞机机翼与来流的夹角。

C_L：升力系数。

C_D：阻力系数。

假设我们有一个简化的升力和阻力与攻角的关系。

模拟目标：绘制升力系数和阻力系数随攻角变化的曲线。显示飞机在起飞、巡航和降落时的攻角。

图 20-1 是一个模拟飞机在不同攻角下的气动性能的图示。

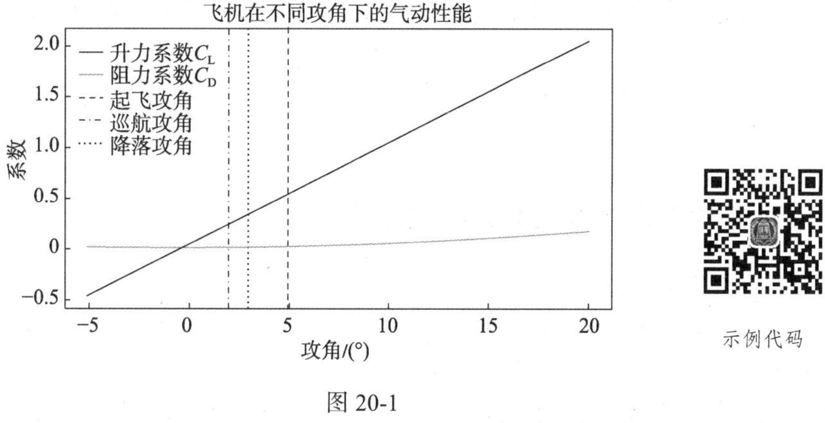

图 20-1

图中展示了：蓝线：升力系数 C_L 与攻角的关系。红线：阻力系数 C_D 与攻角的关系。绿虚线：表示起飞时的攻角。紫虚线：表示巡航时的攻角。橙虚线：表示降落时的攻角。

通过观察图形，我们可以了解在不同的飞行状态（如起飞、巡航、降落）下，飞机的气动性能是如何变化的。

20.4.3　飞机设计的空气动力学优化分析

飞机的设计和制造是一门高度复杂的技术，其中空气动力学在飞机性能、效率和安全性中起到关键作用。以下是空气动力学在飞机设计中的一些关键考虑因素和优化方法。

1. 翼型选择与优化

翼型的选择直接影响飞机的升力和阻力特性。

使用计算流体动力学（CFD）模拟来评估不同翼型在不同飞行条件下的性能。

通过调整翼型的形状、厚度和弯曲度来优化升力和阻力比。

2. 增升装置

如襟翼和缝翼，可以在低速飞行，如起飞和降落时，提供额外的升力。

设计时要考虑它们对飞机整体阻力的影响。

3. 减阻技术

使用层流控制和湍流减压技术来减少表面摩擦。

优化飞机的整体形状，如机身、机翼和尾翼，以减少形式阻力。

使用先进的材料和涂层技术来减少表面粗糙度，进一步降低阻力。

4. 飞机的整体布局

考虑飞机的整体布局，如单翼、双翼或三翼，以及机翼位置（例如高翼、中翼或低翼）。

机身和机翼的交接处的设计，以最小化涡旋和干扰。

5. 动力学考虑

选择和在适当位置安放发动机以最大化推力并最小化干扰。

考虑飞机的稳定性和操纵性。

6. 飞机的操作与飞行包络

通过适当的飞行技术，如巡航高度的选择和速度管理，进一步优化飞机的气动性能。

对飞行员进行培训，使其理解和利用飞机的气动特性。

在飞机的设计和制造过程中，这些空气动力学优化策略都需要综合考虑，以确保飞机既经济高效，又安全可靠。

20.5 应用 2：火箭发射与轨道机动

20.5.1 火箭的工作原理与轨道机动技术

1. 火箭的工作原理

火箭工作的基本原理是牛顿的第三定律：对于每一个作用力，都有一个大小相等、方向相反的反作用力。

推进剂：火箭的燃料可以是液体、固体或混合物。这些推进剂在燃烧时会产生大量的气体，这些气体在高压下通过喷嘴喷出，产生推力。

多级火箭：为了更有效地将载荷送入太空，大多数火箭都设计为多级，每一级都有自己的推进剂和喷嘴。当一级燃尽其燃料并分离时，下一级会点火并继续提供推力。

2. 火箭发动机的工作原理

发动机点火与燃烧：火箭发动机通过燃烧推进剂产生推力。液体燃料发动机和固体燃料发动机在具体设计和操作上有所不同，但都基于将化学能转化为动能的原理。

喷嘴作用：喷嘴的设计使得燃烧产生的高温高压气体能够高速喷出，从而产生向前的推力。

3. 轨道机动技术

一旦火箭达到太空，可能需要进行轨道机动来调整其轨道或与其他卫星或太空站对接。

转移轨道：火箭从一个轨道转移到另一个轨道时使用的轨道。这通常通过点燃火箭的机动发动机来实现。

轨道校正：火箭可能需要进行微小的轨道校正来确保它正好到达预定的位置。这通常使用小型的推进系统来完成。

对接与合并：火箭可能需要与空间站或其他卫星对接。这需要非常精确的控制和机动，通常使用特定的对接系统和传感器来实现。

轨道减速与再入：返回地球时，火箭需要减速并进入大气层。这通常通过点燃机动发动机并调整火箭的姿态来实现。

火箭的工作原理和轨道机动技术是现代太空探索的基础。它们使我们能够将卫星、科学仪器甚至宇航员送入太空，执行各种任务，然后安全地返回地球。

20.5.2　火箭的发射与轨道变更过程的模拟及可视化

模拟火箭的发射与轨道变更过程需要考虑多个物理因素，例如地球的引力、大气阻力、火箭的推进力等。在这个简化的模拟中，我们假设以下内容：地球是一个固定的、均匀的质点源。忽略大气阻力。火箭在发射和轨道变更期间使用相同的推进力。

模拟步骤：

发射：火箭从地面垂直向上发射，直到达到所需的初始轨道高度。

轨道变更：一旦达到初始轨道，火箭将点燃其机动发动机，使其加速并转移到新的轨道。

霍曼转移轨道就是一个椭圆形轨道，它连接了两个圆形轨道：一个较低的初始轨道和一个较高的目标轨道。当火箭在低轨道的某一点加速时，它会进入这个椭圆形的转移轨道。然后，当火箭到达椭圆轨道的最远点（与地球最远的点）时，它再次加速以进入较高的圆形轨道。

图 20-2 显示了两个圆形轨道（蓝色和绿色）以及一个连接它们的椭圆形转移轨道（红色）。火箭首先在蓝色的初始轨道上，然后进入红色的霍曼转移轨道，最后进入绿色的目标轨道。

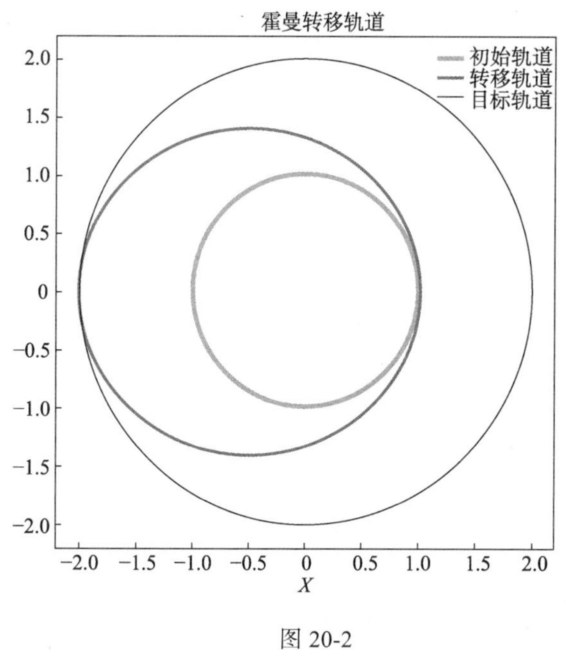

示例代码

图 20-2

20.5.3　火箭发射与轨道机动的关键步骤分析

火箭发射和轨道机动是航天飞行的两个核心环节。下面我们详细分析这两个过程的关键步骤。

1. 火箭发射阶段

点火与起飞：火箭发动机点火，产生推力。当推力超过火箭的重力时，火箭开始起飞。

大气层飞行：火箭穿越大气层，需要克服大气阻力。此时，火箭的设计和飞行路径选择都是为了减小阻力和避免产生不稳定的气动效应。

舱段分离：火箭将用完燃料的舱段分离，以减轻重量和提高效率。

2. 轨道机动阶段

进入预定轨道：一旦火箭达到所需的高度和速度，它将关闭发动机，进入预定轨道。

轨道调整与机动：火箭可能需要进行轨道机动，以达到最终目的地或满足特定的任务需求。轨道机动通常涉及短时间的发动机燃烧，这种燃烧改变了火箭的速度和方向，使其能够调整轨道或进行轨道转移。

目标对接：对于某些任务，如向空间站运送物资，火箭需要与空间站对接。这需要非常精确的轨道机动和导航技术。

3. 关键技术与挑战

发动机技术：火箭发动机必须能够提供巨大的推力，同时还要有很高的效率。此外，发动机的可靠性是至关重要的，因为其故障可能导致任务失败甚至是灾难性的后果。

导航与控制：火箭必须准确地飞行，尤其是在轨道机动和目标对接过程中。这需要高度精确的传感器和先进的控制算法。

热防护：当火箭穿越大气层或从轨道返回地球时，其前端会受到极高的热量。因此，火箭需要有效的热防护系统来避免过热。

火箭发射和轨道机动是复杂的过程，涉及多种物理学原理和工程技术。成功的火箭飞行需要对这些原理和技术有深入的理解和掌握。

20.6 应用 3：卫星技术与地球观测

20.6.1 遥感卫星与气象卫星的物理学原理

遥感卫星和气象卫星是利用先进的传感器和成像技术从太空对地球表面或大气进行观测的卫星。尽管它们的应用领域不同，但它们的工作原理有许多相似之处。

1. 遥感卫星

电磁辐射与地球反射：遥感卫星的传感器可以探测地球表面反射的太阳光或其他光源的辐射。这种辐射在不同的波段（如红外、可见光、紫外等）上有不同的特性，可以用来检测地球表面的不同特性。

多光谱与高光谱成像：遥感传感器可以在多个波段上同时捕获图像，从而提供有关地物类型、健康状况和其他属性的信息。

合成孔径雷达（SAR）：一些遥感卫星使用雷达技术来捕获图像，这种技术可以在夜间或云雾天气下工作，因为它使用自己的辐射源。

2. 气象卫星

红外与微波成像：气象卫星的传感器可以探测地球大气中的红外和微波辐射。这些数据可以用来估计云顶温度、水汽含量和其他气象参数。

高空大气探测：除了地面上的气象条件，气象卫星还可以探测高空大气的条件，如臭氧层的厚度、风速和风向等。

地球同步轨道与极地轨道：气象卫星可以部署在地球同步轨道上，始终位于地球上空的同一位置上，也可以部署在极地轨道上，覆盖整个地球。

这些技术为我们提供了关于地球的宝贵信息，不仅帮助我们更好地了解我们的星球。还为农业、气象预报、灾害管理等许多应用提供了支持。

20.6.2 卫星的地球观测与数据传输过程的模拟及可视化

卫星的地球观测与数据传输过程涉及多个环节，以下是一个简化的模拟与可视化过程。

卫星的轨道运动：模拟卫星绕地球的轨道运动。

数据采集：模拟卫星上的传感器在特定地点捕获地球表面的数据。

数据传输：模拟卫星将数据发送到地面接收站的过程。

我们使用 Python 来模拟上述过程，并进行可视化。

首先，我们模拟一个简化的卫星轨道运动和数据采集过程，然后模拟数据传输过程。这里我们假设卫星在每一个点上都会采集数据，并在特定位置（例如经过地面接收站时）传输数据。为了简化，我们只考虑二维平面中的运动。

如图 20-3 所示，卫星（表示为红色点）沿着其轨道环绕地球。地面接收站（表示为绿色点）位于地球表面的某一位置。当卫星经过最接近地面接收站的位置时，它可以与地面接收站进行数据传输。这是为了最大化数据传输的效率和准确性，因为距离较近可以减少信号衰减和干扰。

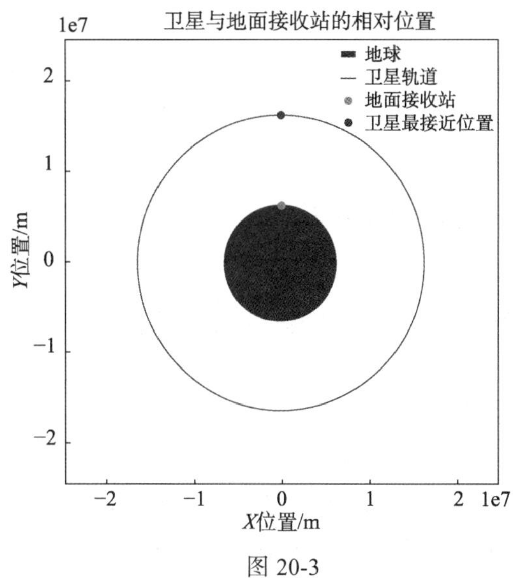

示例代码

图 20-3

20.6.3　卫星观测的实时数据与分析展示

卫星观测为我们提供了宝贵的地球表面数据，包括天气模式、地形、海洋和陆地表面温度、植被覆盖、大气成分等。这些数据对于各种应用都至关重要，包括从天气预报、气候变化研究到农业和城市规划。

1. 数据采集与传输

卫星上的传感器根据其设计和目的来收集数据。例如，光学传感器可以捕捉地球表面的可见光图像，而红外传感器可以测量温度。

数据首先在卫星上预处理，然后通过高频率信号传输到地球上的接收站。

2. 数据处理与分析

对收到的原始数据进行解码和校正。

使用地理信息系统（GIS）和其他专门的软件对数据进行进一步处理和分析，以得到有意义的信息。例如，通过对比不同时间的遥感图像，可以检测到森林砍伐、城市扩张或沙漠化等变化。

3. 数据可视化与展示

得到的信息可以以图表、地图或动画的形式展示。例如，动态天气地图可以显示风暴的路径和强度，而植被图可以显示植被覆盖的变化。

4. 实时观测与预测

有些应用需要实时数据，例如台风追踪或火灾检测。

通过机器学习和其他高级分析方法，可以使用卫星数据进行预测，例如预测农作物的产量或洪水的可能性。

应用案例：

气候变化监测：通过长时间的数据收集，科学家可以观察到全球变暖的迹象，如冰川融化、海平面上升和温度变化。

农业：遥感数据可以帮助农民监测土壤湿度、植被健康状况和病虫害，从而更有效地管理作物。

城市规划：卫星图像可以帮助城市规划者了解城市扩张的模式和速度，从而更好地规划基础设施和服务。

20.7 应用4：太阳系探测与太空探索

20.7.1 太阳系的探测任务与物理挑战

深空探测是对太阳系以外的天体进行探测的任务，而太阳系探测主要关注我们的太阳系内的天体，如行星、小行星、彗星和其他天体。以下是太阳系探测的一些重要内容和相关的物理学挑战。

1. 太阳系的构成与探测目标

行星：从水星到海王星，每个行星都有其独特的环境和挑战。

小行星与彗星：这些小天体为我们提供了关于太阳系形成和发展的线索。

太阳：太阳的探测可以帮助我们更好地了解恒星的行为和太阳风的性质。

2. 物理挑战

远程通信：随着探测器离地球越来越远，与其通信变得越来越困难。信号衰减和延迟都是需要考虑的问题。

极端环境：例如，在接近太阳的地方，温度极高，而在远离太阳的地方，温度极低。

导航与定位：在太阳系的深处，传统的导航方法可能不再适用，需要依赖于星际导航技术。

辐射：太阳风和宇宙射线都对探测器的电子设备构成威胁。

3. 探测技术与策略

飞越：飞掠某个天体，迅速收集数据。

轨道器：进入某个天体的轨道，进行长时间的观测。

着陆器与漫游者：在天体表面着陆，可能会移动到不同的地点收集样本和数据。

4. 未来的探测任务

行星的大气和气候：例如，对火星和金星的大气研究可以帮助我们了解它们的气候历史。

寻找生命迹象：在火星和一些卫星上寻找生命迹象是未来的重要任务。

太阳系的边界：探测太阳系的边界，研究太阳风与星际物质的相互作用。

太阳系的探测为我们提供了关于地球和太阳系历史的宝贵信息，并为未来的太空探索奠定了基础。

20.7.2　太空探测器的导航与探测任务的模拟与可视化

太空探测器的导航和定位在深空探测中是一个巨大的挑战，特别是当探测器远离地球，并进入太阳系的其他部分时。这通常需要精密的计算和多种导航策略的组合。

为了模拟太空探测器的导航，我们首先考虑以下几点。

太阳系的模型：包括太阳、行星及其引力影响。

探测器的初始位置和速度。

目标位置：探测器的最终目的地。

引力助推：探测器可以利用行星的引力进行助推，从而节省燃料并调整其路径。

如图 20-4 所示，我们模拟一个简化的太空探测器从地球出发，经过火星引力助推，最终到达木星的任务。

首先，我们需要定义太阳系中一些主要天体的位置和引力常数。然后，我们使用数值积分的方法来模拟探测器的轨迹。

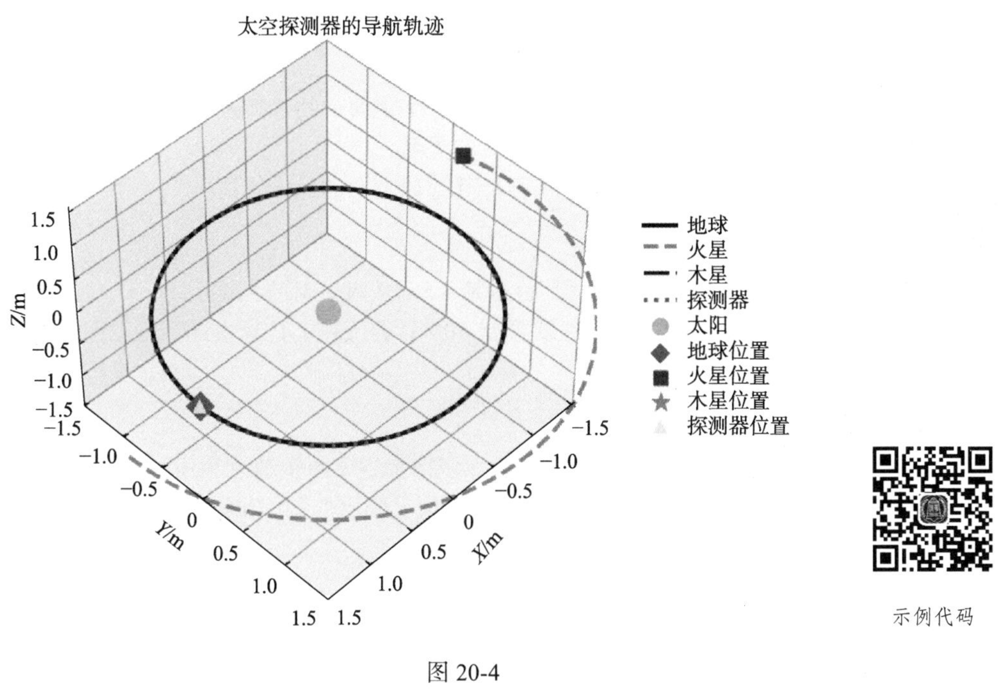

图 20-4

20.7.3　太空探测器在深空中的实时数据与成果分析

太空探测器在深空任务中发送的实时数据为科研人员提供了大量宝贵的信息。这些数据不仅揭示了太阳系和宇宙的秘密，还为未来的太空探索和技术发展提供了指导。

高清图像与地形映射：太空探测器发送回的高分辨率图像为我们展示了其他星球、卫星和小行星的表面特征。这些图像帮助科学家了解了这些天体的地质历史和地形特征。

大气与气候分析：通过对其他星球大气的研究，我们可以了解它们的气候、风速、温度和可能的天气系统。这些数据为比较行星学提供了宝贵的资料。

物质成分与矿物学研究：通过对探测器返回的光谱数据的分析，科学家可以确定其他天体的表面和大气中的物质成分。这有助于我们了解太阳系的形成和演化历程。

引力和磁场测量：这些数据为我们提供了关于天体内部结构和活动的线索。例如，对某些行星的磁场研究揭示了其内部存在液态金属的核心。

寻找生命迹象：某些探测任务旨在寻找生命迹象，例如火星上的微生物生命。通过分析地表样本，科学家试图寻找有机化合物和其他可能的生命迹象。

技术验证与测试：深空探测任务还为新技术提供了测试和验证的机会。例如，新型推进系统、通信技术和生命支持系统可以在实际任务中得到测试。

太空探测器返回的数据不仅增进了我们对太阳系的理解，也为未来的太空探索和移民提供了基础。这些任务还验证了新技术，为人类进入太空提供了更多可能性。

20.8 本章习题和实验或模拟设计及课程论文研究方向

习题

理论题：

（1）简述空气动力学中的升力和阻力的产生原理。

（2）比较喷气发动机与涡轮发动机的工作原理和优劣。

（3）解释为什么在高音声速飞行中，空气摩擦是一个重要的物理挑战。

（4）简述火箭的工作原理，特别是与守恒定律的关系。

（5）为什么卫星需要特定的速度和高度来维持其地球上空的稳定轨道？

计算题：

（1）如果一个飞机的升力是 5×10^5 N，其重量是 4.5×10^5 N，计算其净升力。

（2）一个火箭在太空中以 1000m/s 的速度释放 500kg 的气体。计算由此产生的对火箭的反作用力。

应用题：

（1）设计一个简单的实验来验证伯努利定律，该定律描述了流体速度和压力之间的关系。

（2）考虑一个处于低地球轨道的卫星。描述卫星如何进行轨道机动来避免太空垃圾。

实验或模拟设计

使用风洞来测试不同翼型的升力和阻力。

设计一个小型的水火箭，观察不同压力下的飞行特性。

使用地面望远镜，对比不同天气条件下的观测结果。

模拟不同推进系统的工作原理，例如化学推进和电推进。

模拟深空探测器使用恒星定位的原理进行导航。

课程论文研究方向

航空动力学与飞机设计：研究现代飞机翼型设计的空气动力学特性。

航天技术与宇宙探索：深入研究火箭推进技术的最新进展和未来发展趋势。

天文观测与物理仪器：研究太空望远镜如何克服地球大气的影响来获得清晰的天体图像。

现代客机与火箭技术：分析和比较不同的现代火箭和飞机使用的推进系统。

深空探测与太空探索：探讨深空探测器如何在没有 GPS 的情况下导航。

第4部分
未来展望：物理学与新技术前沿

第 21 章 量子技术与未来计算

21.1 量子计算基础

21.1.1 量子比特与经典比特的对比

1. 经典计算与比特

在经典计算中，信息的基本单位是比特（bit），它只能处于 0 或 1 两种状态之一。这些状态对应于计算机内存中的电压级别。比特的行为遵循经典物理学的规律，如布尔逻辑。

2. 量子计算与量子比特

与此相对，量子计算的基本单位是量子比特或量子位（qubit）。量子比特的行为遵循量子力学的规律。与经典比特只能处于 0 或 1 的状态不同，量子比特可以同时处于 0 和 1 的叠加状态。这意味着量子比特可以同时进行多个计算。

另外，量子比特之间可以存在量子纠缠，这是一种特殊的连接，使得一对纠缠的量子比特的状态不能单独描述，只能相对于其伙伴来描述。

3. 对比

并行性：量子比特的叠加状态允许它们在多个通道上并行执行操作，而经典比特不能。

纠缠：量子纠缠提供了一种非常强的关联，这在经典比特中是不存在的。

测量：当我们测量量子比特时，它会坍缩到 0 或 1 的状态之一，与其叠加状态的概率幅相对应。

操作复杂性：操作量子比特需要维持其在量子态，这在技术上远比操作经典比特复杂。

量子比特提供了计算的新维度，使得某些问题可以比经典计算更快地得到解决，如分解大整数。然而，量子计算也带来了新的挑战，如保持量子比特的相干性和正确处理量子噪声。

21.1.2 量子门与量子算法的原理

1. 量子门

量子门是作用在一个或多个量子比特上的基本操作。与经典计算的逻辑门（如 AND、OR 和 NOT）不同，量子门是可逆的，并且可以在叠加状态的量子比特上操作。以下是一些基本的量子门。

Pauli-X（或称为 NOT 门）：作用于一个量子比特上，将$|0\rangle$ 变为$|1\rangle$，将$|1\rangle$ 变为$|0\rangle$。

Hadamard 门：用于产生叠加状态。例如，它可以将状态$|0\rangle$ 转化为$\frac{1}{\sqrt{2}}(|0\rangle+|1\rangle)$。

CNOT（受控 NOT）门：作用于两个量子比特上。当第一个比特（控制比特）为$|1\rangle$ 时，它翻转第二个比特（目标比特）。

T 门和 S 门：这些是相位门，用于在量子比特上引入相位差。

2. 量子算法

量子算法使用量子门和量子态的叠加及纠缠性质来执行计算。以下是一些著名的量子算法。

Shor 算法：用于快速分解大整数。它比任何已知的经典算法都要快。

Grover 算法：用于搜索未排序的数据库。对于包含 N 个项的数据库，Grover 算法可以在大约 $\sqrt{N}$ 步骤内找到所需的项，而经典搜索需要 N 步。

量子相位估计：用于估计一个量子系统的相位，这是很多其他量子算法的基础。

3. 原理

量子算法的工作原理利用了量子叠加和纠缠，以及量子门的特性，如可逆性和并行性。例如，在 Shor 算法中，首先使用 Hadamard 门在所有量子比特上创建叠加状态，然后使用特定的量子电路执行模幂运算，最后使用量子傅立叶变换来确定周期，从而找到因子。

量子算法提供了一种在某些问题上比经典算法更高效的方法，但它们也需要特定的硬件和技术来实现。

21.1.3 量子纠缠与量子超定位

1. 量子纠缠

量子纠缠是量子力学中的一种现象，其中两个或更多的量子系统之间存在一种非常特殊的关联，以致一个系统的状态不能单独描述，而是与其他系统的状态紧密相关。

产生纠缠：通常，通过特定的量子互作用（例如，某些类型的粒子衰变）可以产生纠缠态。

非局域性：纠缠的一个显著特点是非局域性。即使纠缠的量子系统之间的距离非常远，一个系统的状态的测量也会立即影响到另一个系统的状态。

Bell 不等式：用于检验两个粒子是否纠缠。迄今为止的实验结果都支持量子力学的预测，即纠缠态确实存在。

2. 量子超定位

量子超定位是利用纠缠态的量子粒子来确定某个物体的位置的过程。这种方法的精确度超过了使用经典测量技术可能达到的极限。

工作原理：使用一对纠缠的粒子，其中一个被用作参考，另一个被用来与目标物体进行相互作用。通过测量这两个粒子的最终状态，可以非常精确地确定物体的位置。

应用：虽然超定位的概念仍然是研究的主题，但它有望在某些高精度测量任务中找到应用，例如在地理测绘、天文观测和基础物理实验中。

量子纠缠和超定位都是量子力学的基本现象，它们提供了对自然界工作方式的深入理解，并为未来的技术应用提供了可能性。

21.2 量子通信与信息安全

21.2.1 量子密钥分发与量子通信的基础

1. 量子密钥分发（QKD）

量子密钥分发是一种利用量子力学原理保证通信双方可以安全地共享一个随机的、秘密的密钥的方法。这个密钥可以用于之后的加密通信。

工作原理：在最基础的 QKD 协议中，通信的一方（通常被称为 Alice）会生成一系列的随机量子比特，并用不同的基态对其进行编码，然后通过一个量子信道发送给另一方（通常被称为 Bob）。Bob 随机地选择他自己的测量基态来测量接收到的量子比特。最后，Alice 和 Bob 通过一个公开的经典信道比较他们的基态选择，只保留那些他们选择了相同基态的测量结果作为他们的共享密钥。

安全性：如果一个窃听者（通常被称为 Eve）试图拦截并测量在 Alice 和 Bob 之间发送的量子比特，那么由于量子测量的不可克隆性，Eve 的干涉会导致传输的量子比特的状态发生变化。这种干涉可以被 Alice 和 Bob 检测到，从而保证密钥的安全性。

2. 量子通信的基础

量子通信不仅仅是 QKD，它包括任何使用量子力学原理来传输或处理信息的方法。

量子纠缠：纠缠态的粒子，即使相隔很远，也可以用于实现即时的量子通信，例如量子隐形传态。

量子中继器和量子互联网：为了扩展量子通信的距离，研究人员正在研究量子中继器，这是一种可以接收、存储和重新发送量子信息的设备，而不会破坏其量子性质。多个量子中继器可以连接在一起，形成一个量子网络，或者称为量子互联网。

量子通信的研究正在快速发展，并且有望为我们的通信系统带来革命性的变化，特别是在信息安全和传输速度方面。

21.2.2　量子隐形传态与距离挑战

1. 量子隐形传态（Quantum Teleportation）

量子隐形传态是一个量子信息处理过程，它允许一个参与者将一个未知的量子态发送给另一个遥远的参与者，而不需要物理地传输这个态。

1）基本原理

Alice 和 Bob 共享一对纠缠的量子比特（如两个纠缠的光子）。

Alice 希望传输一个未知的量子态到 Bob。她对这个未知的量子态和她拥有的纠缠态中的一个进行联合测量。这个测量的结果是经典的，可以通过经典信道发送给 Bob。

根据 Alice 发送给他的测量结果，Bob 对他的纠缠态执行一些量子操作，从而使其转变为 Alice 原来想要传输的那个未知态。

2）重要性

虽然这个过程听起来像是“瞬间传输”，但实际上并没有物质或能量在 Alice 和 Bob 之间瞬间传输。只是信息被“传输”了。

这种方法证明了量子纠缠和量子信息是如何可以用于实现超出经典物理学能力的任务。

2. 距离挑战

信号衰减：当量子比特（如光子）通过光纤或空气传输时，它们可能会被吸收或散射，导致信号衰减。信号衰减限制了量子隐形传态可以实现的最大距离。

量子中继器：为了克服这个限制，研究人员正在开发所谓的量子中继器。这些设备可以接收、放大和重新发送量子信号，从而扩展量子通信的范围。

卫星量子通信：近年来，研究者们已经通过卫星成功地实现了跨大陆的量子隐形传态。

利用卫星可以避免大气中的信号衰减和散射，从而实现长距离的量子隐形传态。

尽管量子隐形传态面临着实际实施中的多个技术挑战，但随着研究的深入，这些挑战正逐渐被克服，为量子通信的未来打开了新的可能性。

21.2.3 未来的量子互联网

量子互联网是一种概念，其中信息在网络中的节点之间以量子态的形式传输和处理。与经典互联网不同，量子互联网的主要特点是利用量子纠缠和其他量子效应来执行某些任务，如加密、传输和计算，这些任务超出了经典技术的能力范围。

1. 主要特点

量子安全性：由于量子信息不能被复制而不被检测，量子通信提供了一种天然的安全性。例如，量子密钥分发可以为两个通信方提供理论上不可破解的加密密钥。

高效的信息传输：利用量子隐形传态和其他量子通信协议，可以实现比经典通信更高效和快速的信息传输。

分布式量子计算：量子互联网可以允许分布式的量子计算，其中多个量子计算机通过纠缠和通信相互作用，以执行复杂的计算任务。

2. 挑战

技术挑战：建立一个全球性的量子互联网需要克服诸如量子存储、量子中继器和量子通信协议等技术难题。

标准化和互操作性：为确保全球的量子网络节点可以顺利交互，需要为量子互联网技术和协议建立标准。

经济和政策考虑：虽然量子技术的商业应用仍处于初级阶段，但随着技术的成熟，政策制定者和企业将需要考虑如何在经济和政策层面支持和整合这些技术。

3. 未来展望

随着量子技术的发展和市场的成熟，未来的量子互联网有可能为人类开辟全新的通信、计算和信息存储方式。这不仅会加强安全性，还可能为科学研究、医疗、金融和其他领域带来前所未有的机会。

21.3 量子计算机的挑战与前景

21.3.1 错误纠正与量子计算机的稳定性

量子错误纠正是一种技术，旨在纠正量子计算过程中可能出现的错误。由于量子信息的脆弱性，这些错误可能是由诸如退相干、外部噪声或其他扰动因素导致的。

1. 为什么需要量子错误纠正

量子比特的脆弱性：不同于经典比特，量子比特对外部环境非常敏感。任何微小的扰动，如温度变化、电磁干扰等，都可能导致量子比特的状态发生变化。

退相干：量子比特的量子态可以因为与环境的相互作用而逐渐失去其量子特性，这称为退相干。

2. 量子错误纠正的原理

冗余编码：通过多个物理量子比特来存储一个逻辑量子比特的信息，增加冗余度来检测和纠正错误。

纠缠：通过特定的量子态，例如贝尔态，来检测和纠正可能出现的错误。

频繁的测量：定期测量量子系统来检测错误，然后采取适当的措施来纠正它们。

3. 挑战

物理难题：实现高效的量子错误纠正需要大量的物理量子比特，这增加了实验上的复杂性。

实时纠正：为了确保量子计算的正确性，需要在非常短的时间内检测和纠正错误。

与量子硬件的兼容性：不同的量子计算平台（如超导量子比特、离子阱、光子量子比特等）可能需要不同的错误纠正策略。

4. 未来展望

随着量子技术的发展，量子错误纠正方案的效率和可行性将得到提高。这将为实现大规模、可靠的量子计算提供关键的支持。正确地实施错误纠正将是量子计算机从实验室走向现实世界的关键一步。

21.3.2　不同的量子计算平台与技术比较

量子计算的研究和发展已经产生了多种不同的实现平台。这些平台各有优势和挑战，选择哪种平台取决于特定的应用和技术需求。以下是一些主要的量子计算平台。

1. 超导量子比特

原理：基于超导电路中的约瑟夫森结和谐振器来实现。

优势：集成性好，与现有微电子技术相容，实现多量子比特系统相对容易。

挑战：退相干时间较短，需要超低温环境。

代表：IBM、Google、Rigetti 等公司正在研究超导量子计算。

2. 离子阱量子比特

原理：利用电磁场捕获和操控单个离子，利用它们的量子态进行计算。

优势：长的退相干时间，已实现多量子比特操作。

挑战：扩展到大规模系统可能面临技术挑战。

代表：IonQ、Honeywell 等公司正在研究离子阱量子计算。

3. 光子量子比特

原理：利用单光子的量子特性进行计算。

优势：在常温下工作，与现有光通信技术兼容。

挑战：集成和扩展到大规模系统需要技术突破。

代表：Xanadu Quantum Technologies 等公司正在研究光子量子计算。

4. 拓扑量子比特

原理：基于某些物质中存在的特殊准粒子，如 Majorana 零模。

优势：天然的错误纠正能力。

挑战：实验上的实现难度高。

代表：Microsoft 正在研究拓扑量子计算。

5. 钻石缺陷中的 NV 中心

原理：利用钻石内部的氮空位缺陷进行单量子比特操作。

优势：在常温下工作，长的退相干时间。

挑战：集成和扩展到大规模系统需要技术突破。

当前没有一个单一的量子计算平台被广泛认为是“最佳”的，每种技术都有其独特的优势和挑战。未来，随着技术的进步，某些平台可能会成为主导，或者不同的应用可能会选择不同的平台。

21.3.3 量子计算机与经典计算机的合作及未来展望

量子计算机是一种强大的新型计算机，但它并不是传统计算机的直接替代品。相反，量子计算机和经典计算机在未来可能会以合作的方式并存，互补彼此的优势。

1. 量子—经典混合计算

量子计算机可能首先作为一个特定的加速器，处理那些对传统计算机来说极具挑战性的问题，例如优化问题和量子模拟。

复杂的任务可以被分解为量子和经典两部分，其中量子部分在量子计算机上运行，而经典部分在传统计算机上运行。

2. 量子优势和应用

量子优势（或称量子超越）是指量子计算机在某个任务上比任何经典计算机都要快的情况。例如，Shor 算法可以用来快速分解大整数，这对传统计算机来说是非常困难的。

除了已知的量子算法外，研究人员还在探索新的应用领域，如机器学习、材料科学和药物发现。

3. 技术进步与挑战

量子计算机需要在处理错误、扩展系统规模以及保持量子比特的稳定性方面取得进步。

与此同时，软件和算法的开发也是关键，以确保有效利用量子计算机的能力。

4. 量子计算机与云计算

由于量子计算机的复杂性和对环境的特殊要求（如超低温），量子计算机可能首先以云服务的形式出现，让用户和开发者远程访问。

IBM、Google 和其他公司已经提供了早期的量子云服务，允许研究人员和开发者进行实验和开发。

5. 长期展望

虽然量子计算机目前仍处于起步阶段，但其潜在的应用前景广泛，从化学模拟到金融优化，再到人工智能。

随着技术进步，量子计算机的大小和成本可能会降低，使其更广泛地应用于各种领域。

量子计算机和经典计算机在未来都将发挥重要作用。两者的合作将开创新的应用领域，推动科学和工程的进步。量子技术有可能彻底改变我们对计算的理解和应用。

21.4　应用 1：量子算法的效率

21.4.1　著名的 Shor 算法与 Grover 搜索算法

1. Shor 算法

Shor 算法是由数学家 Peter Shor 在 1994 年提出的，它解决了一个在经典计算机上非常困难的问题：分解大整数。这个算法对现代密码学具有巨大的威胁，因为许多加密协议，包括 RSA 加密协议，都依赖于大整数分解的困难性。

原理：Shor 算法利用量子计算的特性来找到整数分解的一个非平凡因子。

效率：在经典计算机上，分解一个整数的时间复杂度是指数级的。而 Shor 算法可以在多项式时间内完成这个任务。

影响：Shor 算法的存在使得现代的许多密码学方法变得不再安全，这推动了对量子安全密码学的研究。

2. Grover 搜索算法

Grover 搜索算法由 Lov Grover 于 1996 年提出，它是一个量子算法，用于在无结构的数据库中搜索一个条目。它比经典算法更快，但并不像 Shor 算法那样在速度上有质的飞跃。

原理：Grover 算法使用量子力学的特性，通过反转和旋转操作来寻找目标状态。

效率：对于一个包含 N 个条目的数据库，经典的线性搜索算法平均需要 $O\left(\sqrt{N}\right)$ 的时间来找到目标条目；而 Grover 搜索算法，只需要 $O\left(\sqrt{N}\right)$ 的时间。这使得 Grover 算法在处理大型数据集时，显著提高了搜索效率，表现出量子计算在特定任务中的潜在优势。

应用：尽管 Grover 搜索算法为某些搜索问题提供了速度优势，但它并不总是比经典算法更有优势。它在某些组合优化问题中特别有用。

Shor 算法和 Grover 搜索算法是量子计算中的两个经典算法，它们展示了量子计算相对于经典计算的潜在优势。这两个算法都推动了量子技术的研究和开发，因为它们为实际应用提供了实证。

21.4.2　量子搜索过程的模拟与可视化

Grover 算法是用于在无结构的数据库中搜索特定条目的量子算法。为了简化说明，我们首先考虑一个包含 4 个条目的数据库。我们的任务是找到标记为“解”的特定条目。

在经典计算机上，平均需要 2.5 次尝试才能找到解决方案。但在量子计算机上，使用 Grover 搜索算法，我们只需要一次。

量子搜索的基本步骤：①初始化：将所有量子比特置于叠加状态。②标记“解”状态。③应用 Grover 算子，使解的概率幅增大。④测量量子比特，得到解。

现在，我们模拟这个过程，并可视化搜索过程中的概率分布。

为简化，我们假设第 3 个条目（即“10”）是解。我们的目标是使得状态“0”的概率尽可能接近 1。

我们使用简化的 Grover 算法，其中只进行一次迭代。在真实的 Grover 算法中，可能需要多次迭代才能得到正确的解。

在应用 Grover 算法后，标记为“10”的条目（也就是我们的解决方案）的概率显著增加，接近 1。这意味着当我们对量子系统进行测量时，我们几乎肯定会得到“10”作为答案。经过 Grover 算法迭代后的概率分布见图 21-1。

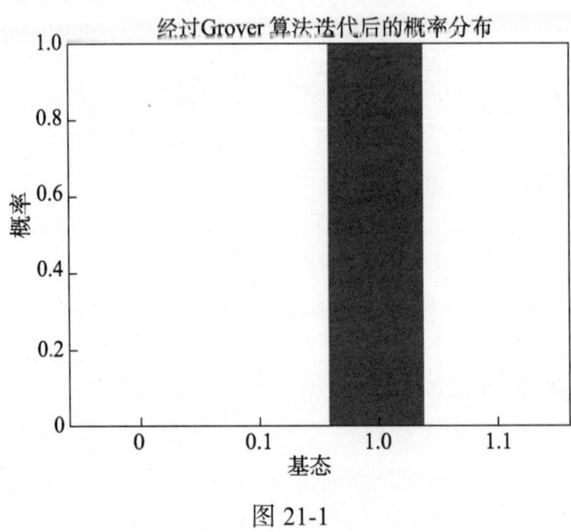

图 21-1

示例代码

21.4.3 量子算法与经典算法的速度与效率对比分析

在量子计算与经典计算的对比中，速度和效率是评价两者之间差异的关键指标。尽管量子计算机当前还处于其发展初期，但它在某些特定任务上已经展现出了远超传统计算机的潜力。

Shor 算法 vs.经典因子分解：Shor 算法可以在多项式时间内因子分解大整数，而最好的经典算法需要指数时间。这对密码学尤为重要，因为现代加密技术（例如 RSA）依赖于大整数的因子分解是一个困难的任务。如果量子计算机能够实现并扩展 Shor 算法，那么许多现代加密系统将变得不再安全。

Grover 搜索算法 vs.经典搜索算法：如我们之前所展示的，Grover 算法可以在平方根的时间里搜索一个未排序的数据库，而经典的搜索算法需要线性时间。这意味着如果你有一个包含 1 亿项的数据库，Grover 算法理论上只需要约 10 000 次操作就可以找到一个条目，而经典算法可能需要高达 1 亿次操作。

量子模拟 vs.经典模拟：量子物理的某些方面（例如，多体系统的行为）在经典计算机上是非常难以模拟的。量子计算机有潜力为这些系统提供更精确、更高效的模拟。

误差率和错误纠正：当前量子计算机的误差率相对较高，这限制了其在更复杂问题上的应用。尽管存在量子错误纠正技术，但它们通常需要大量的额外量子比特来实现。

硬件和可扩展性：目前，大多数量子计算机都是小规模的，并且需要极低的温度来运行。要建立一个大型的、具有数千或数万量子比特的量子计算机仍然是一个技术挑战。

虽然量子计算在某些特定任务上显示出了巨大的潜力，但它不太可能完全替代经典计算。相反，未来的计算可能会是量子计算机和经典计算的一个组合，每种技术都在其最擅长的领域中发挥作用。

21.5 应用 2：量子密码与信息安全

21.5.1 量子密钥分发的物理学原理

量子密钥分发（Quantum Key Distribution，QKD）是量子密码学中的一个关键应用，它允许两方安全地共享一个随机密钥，该密钥可以用于后续的加密通信。

1. 基于量子力学的安全性

量子密钥分发的安全性基于量子力学的几个基本原理。

不可克隆原理：不存在一种通用的过程，可以完美复制任意未知的量子态。这意味着潜在的窃听者不能无损地复制在通信过程中传输的量子信息。

观测导致状态扰动：对一个量子系统的测量会导致其状态的变化，特别是当测量的基不正确时。因此，任何窃听尝试都会在系统上留下可检测的痕迹。

2. BB84 协议

BB84 协议是第一个并且最广泛使用的量子密钥分发协议，由 Charles Bennett 和 Gilles Brassard 于 1984 年提出。协议步骤如下。

发送：Alice 随机选择一系列的二进制位和一个相应的编码基（例如，矩形基或对角基）。她将每个位编码为相应基的量子态，并通过一个量子通道发送给 Bob。

接收与测量：Bob 随机选择一个测量基来测量他收到的每个量子比特，并记录下结果。

公开讨论：Alice 和 Bob 通过一个公开的经典通道公开他们选择的基。如果 Bob 使用了与 Alice 相同的基来测量，那么他的测量结果应与 Alice 发送的位匹配。他们保留这些匹配的位作为他们的共享密钥，并丢弃其他位。

窃听检查：为了检查是否有窃听者，Alice 和 Bob 可以随机选择一部分的位来公开比较。如果这些位匹配，那么剩下的未公开的位很有可能也是安全的，并且可以用作密钥。如果他们发现不匹配，这可能意味着有一个窃听者，他们会放弃这个密钥。

3. QKD 的优势

QKD 的主要优势是其所提供的信息论安全性。即使在潜在的窃听者拥有无限的计算能力的情况下，只要协议正确执行，并且设备没有重大的漏洞，密钥就是安全的。这与许多经典加密协议形成鲜明对比，这些协议的安全性通常基于数学问题的计算困难，例如大整数的因子分解。

4. 实际应用与挑战

尽管 QKD 在理论上提供了强大的安全性保证，但在实际应用中还面临着许多技术挑战，例如信道损耗、设备缺陷和实际的实施问题。但随着技术的进步，QKD 系统已经从实验室演示发展到了实际的长距离通信应用。

21.5.2　量子密钥分发与拦截过程的模拟与可视化

量子密钥分发（QKD）的模拟涉及以下步骤：①Alice 生成一个随机的二进制序列作为密钥。②Alice 为这个密钥选择一个随机的编码基。③Bob 为每个量子比特选择一个随机的测量基。④Alice 将其密钥使用选定的编码基发送给 Bob。⑤Bob 使用他选择的测量基测量收到的量子比特。⑥Alice 和 Bob 公开讨论他们的基，并丢弃在不同基上测量的比特。

如果存在窃听者 Eve，她可能尝试拦截并测量 Alice 发送给 Bob 的量子比特，然后再将其发送给 Bob。这种拦截会增加错误率。

Alice 和 Bob 公开比较部分密钥以检查错误。如果错误率过高，他们可能会放弃该密钥。

下面，我们模拟一个简化的 QKD 协议，其中可能存在窃听者 Eve 的活动，并可视化密钥分发和可能的拦截过程（图 21-2）。

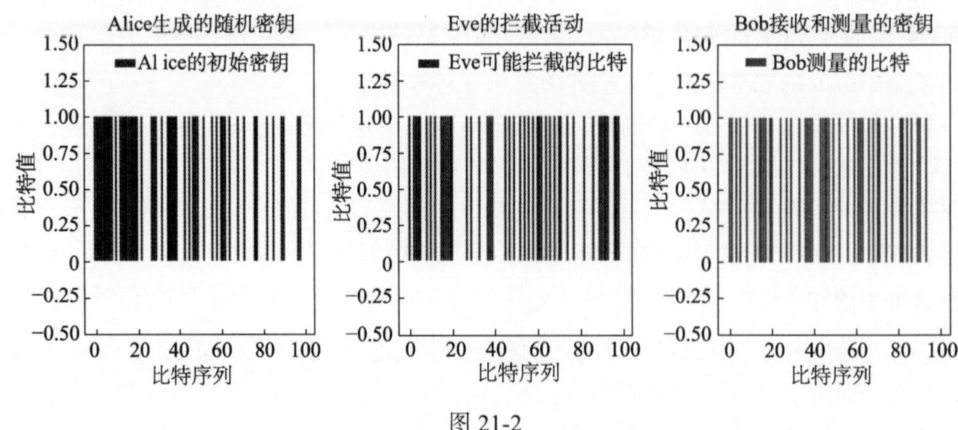

图 21-2

模拟结果展示了 Alice 生成的随机密钥、Eve 可能拦截的比特和 Bob 接收和测量的密钥。模拟中，当 Eve 尝试拦截消息时，由于量子的特性，她可能会引入错误。最后，当 Alice 和 Bob 的基匹配时，他们可以生成一个相同的密钥。在这个模拟中，他们得到了 44 比特的最终密钥，其中大约 72.73%的密钥是相同的。

示例代码

这显示了量子密钥分发的强大之处：即使有窃听者，Alice 和 Bob 仍然可以检测到这种窃听并采取措施来确保他们的通信安全。

21.5.3 量子通信的安全性与经典方法的对比展示

在通信领域，安全性一直是关键考虑因素。随着计算机和网络技术的发展，加密技术也在持续演进，试图应对各种潜在的安全威胁。在这一背景下，量子通信提供了一种全新的、在理论上无条件安全的通信方式。以下是量子通信与经典方法的安全性对比展示。

1. 无条件安全性

量子通信： 由于量子力学的基本原理，量子密钥分发（如 BB84 协议）被认为是无条件安全的。这意味着，即使攻击者拥有无限的计算资源，他们也无法破解量子密钥。任何试图窃听密钥的行为都会被检测到，因为量子态不可以被精确复制（即无克隆定理）。

经典方法： 经典的加密方法（如 RSA 和 AES 等）依赖于数学问题的难度（如大数分解）。但这些方法在遇到足够强大的计算资源，如量子计算机时，安全性可能会受到威胁。

2. 公钥与私钥

量子通信： 在量子密钥分发中，公钥和私钥是在通信过程中动态生成的，不需要预先共享。

经典方法： 大多数经典加密方法需要预先共享密钥或使用公钥基础设施来交换密钥。

3. 窃听检测

量子通信： 任何对量子密钥的窃听都会导致量子态的崩溃，这可以通过比较部分密钥来检测。

经典方法： 在经典加密中，窃听通常不会留下物理迹象，因此很难检测。

4. 长期安全性

量子通信： 由于其无条件安全的特性，量子加密有望提供长期的安全保障，即使在量子计算机普及后。

经典方法： 随着计算技术的进步，一些现有的加密协议可能会变得不再安全。

5. 实用性与成熟度

量子通信： 虽然理论上无条件安全，但实现量子通信的技术仍然面临许多挑战，如传输距离、信号衰减等。

经典方法： 经典的加密方法在现实世界中已经得到了广泛应用，并已经非常成熟。

量子通信提供了一种全新的、在理论上无条件安全的加密方式，对于未来的通信安全，具有极大的潜力。然而，要实现这一潜力，还需要克服许多技术挑战。

21.6　应用 3：量子模拟与物质研究

21.6.1　利用量子计算机模拟复杂物质系统

量子模拟是指使用量子系统（如量子计算机）来模拟另一个量子系统的行为。由于许多物质的性质（例如超导性、磁性等）都是由其量子特性决定的，因此传统的经典计算机在模拟这些系统时会遇到巨大的困难。而量子计算机正好适合模拟这类问题。

1. 为什么使用量子计算机模拟复杂物质系统

高效性： 相比于经典计算机，量子计算机在模拟某些量子系统时可以大大减少计算时间和资源。

模拟精度： 量子计算机能够以极高的精度模拟复杂的量子互动，而传统的模拟方法可能会遭遇不可克服的近似。

探索新物质： 通过量子模拟，科学家们可以预测新的物质状态，如超导态、磁态等，并为实验研究提供理论指导。

2. 量子模拟的应用领域

化学： 量子计算机可以帮助化学家解决长期未解决的问题，例如准确预测化学反应的结果、探索新的化学物质等。

固态物理： 通过模拟固态物质的量子行为，量子计算机可以帮助物理学家研究超导、磁性和其他复杂的物质性质。

药物设计： 量子模拟可以用于研究生物大分子和药物分子的相互作用，从而设计出更有效、更少副作用的药物。

能源研究： 例如，通过模拟氢的存储和释放过程，量子计算机可以帮助开发更高效的氢能源技术。

3. 挑战与前景

虽然量子模拟有巨大的潜力，但当前的量子计算机技术仍然处于初级阶段，存在许多技术挑战，如量子比特的稳定性、错误纠正等问题。但随着技术的进步，预计在未来，量子计算机将在物质科学和其他领域发挥越来越重要的作用。

21.6.2　量子物质系统的模拟与可视化

量子模拟是量子计算领域的一个重要应用，专门用于研究那些对经典计算机来说过于复杂的量子系统。例如，当一个物质系统包含多个量子粒子并且它们之间存在复杂的相互作用时，使用经典计算机进行模拟会非常困难。这是因为该系统的量子态的数目呈指数增长，使得经典模拟变得不切实际。

1. 模拟过程

选择合适的模型：根据需要研究的物质系统，选择一个合适的量子模型，如 Hubbard 模型、Ising 模型等。

量子电路设计：将所选模型转化为可以在量子计算机上执行的量子电路。

运行模拟：在量子计算机上运行设计好的量子电路，模拟物质系统的行为。

数据分析：从模拟结果中提取有用的物理信息，如能量、关联函数等。

可视化：使用图形化工具将模拟结果可视化，使其更容易理解。

2. 模拟示例

为了简化问题，我们可以考虑一个简单的一维量子 Ising 模型，并在此基础上进行模拟和可视化。

Ising 模型描述了一系列旋转粒子在外部磁场中的行为。这些粒子可以处于+1 或–1 的自旋状态，并且相邻的粒子之间存在相互作用。

模型的哈密顿量为：

$$H = -J\sum_{i} \mathrm{S}_i S_{i+1} - h\sum_{i} S_i$$

其中，S_i 是第 i 个粒子的自旋，J 是相邻粒子之间的相互作用程度，h 是外部磁场。

这个模型可以在量子计算机上模拟，并可以通过可视化工具展示其在不同磁场和相互作用强度下的行为。

3. 可视化

可视化可以包括以下几个方面。

能量谱：显示系统在不同条件下的能量。

态分布：展示系统在不同能量下的态分布。

关联函数：表示系统中粒子之间的关联。

这种可视化有助于研究者理解物质系统的行为，并为进一步的研究提供有价值的信息。

我们模拟 Ising 模型在一维链上的自旋态分布（图 21-3）。考虑到我们只能提供一个经典的模拟，我们基于 Metropolis 算法进行模拟。这是一个经典的蒙特卡罗方法，经常用于模拟统计物理系统。

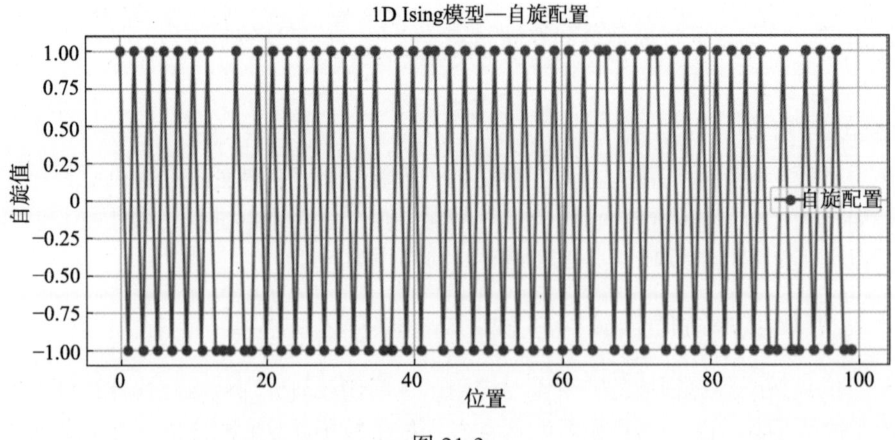

图 21-3

这是一个简化的 1D Ising 模型的模拟结果。每个点代表一个自旋位，其值为+1 或–1。模拟使用了 Metropolis 算法来更新自旋状态。

示例代码

这个模型虽然是经典的，但它为我们提供了一个直观的方法来了解量子系统可能的模拟方法。在实际的量子计算机上，我们可以模拟更复杂的量子 Ising 模型，以及其他量子物理系统。

从图中可以看出，自旋形成了某种“域”结构，这是由于相互作用导致相邻的自旋倾向于对齐。这种模拟对如何使用量子计算机来模拟和研究复杂的物理系统为我们提供了一个直观的了解。

21.6.3　量子模拟结果与实验数据的对比展示

量子模拟是量子计算领域的一个重要应用。这种模拟可以用来研究各种物理系统，尤其是那些难以用经典计算方法研究的复杂系统。一旦我们有了量子模拟的结果，我们通常希望验证其准确性。最直接的方法是将模拟结果与实验数据进行比较。

1. 模拟与实验的设定

在进行比较之前，确保模拟和实验的条件是一致的。这包括温度、压力、物质浓度等。

2. 数据处理与误差分析

所有的实验数据都会有一些测量误差。对于模拟数据，我们也需要考虑到数值误差。在对比时，需要对这些误差进行适当的处理。

3. 结果的对比

使用图表、图形和其他可视化工具将模拟数据和实验数据进行对比。例如，对于物质的量子模拟，我们可能会对比其能带结构、电子密度或其他物理量。

4. 结论与改进

对比模拟和实验结果后，我们可以得出关于模拟准确性的结论。如果两者之间存在差异，这可能意味着模型需要进一步改进，或者模拟方法需要调整。

示例：考虑一个简单的量子系统，如一个量子点。我们可以使用量子计算机模拟该系统的电子结构，并计算其能级。然后，我们可以使用光谱学方法测量实际量子点的吸收或发射光谱，从而得到实验能级。通过比较模拟和实验的能级，我们可以评估模拟的准确性。

将量子模拟结果与实验数据进行对比是验证量子算法和模型的关键步骤。这不仅可以增强我们对模拟结果的信心，还可以为量子算法和模型的进一步改进提供指导。

21.7　本章习题和实验或模拟设计及课程论文研究方向

习题

简答题：

（1）简述量子比特与经典比特的主要差异。

（2）为什么量子纠缠在量子通信和量子计算中被认为是一个关键资源？

（3）解释 Grover 算法的主要工作原理并与经典搜索算法进行对比。

（4）什么是量子密钥分发？它如何保证通信的安全性？

（5）简述量子计算机的主要挑战。

实验或模拟设计

模拟设计：量子纠缠模拟

使用量子计算模拟软件，创建一个简单的模拟来展示两个量子比特如何纠缠在一起。然后，测量其中一个比特并观察另一个比特的状态。

模拟设计：量子搜索模拟

模拟 Grover 算法来搜索一个未排序的数据集。对比随着数据集大小的增长，量子搜索与经典搜索所需的步骤数。

模拟设计：量子密钥分发模拟

创建一个简单的模拟来展示如何使用量子纠缠和量子超定位来安全地分发密钥。

课程论文研究方向

量子与经典算法的深入对比：研究并对比特定问题上的量子算法与经典算法，如排序、搜索或优化问题。

量子通信的现实挑战：研究在实际通信系统中实施量子通信的物理和技术挑战。

量子计算的硬件进展：研究当前的量子计算硬件技术，包括超导、离子阱和光子技术，并探讨它们的优势和限制。

量子技术在金融和经济学中的应用：研究如何使用量子算法和机器学习来解决金融和经济学中的问题，如投资组合优化或风险评估。

第 22 章　新能源与未来动力

22.1　太阳能技术

22.1.1　光伏效应与太阳能电池的物理学原理

太阳能技术利用太阳的光和热来产生电能或热能。其中，光伏技术是利用太阳光产生电能的一种方法。太阳能电池通常由硅或其他半导体材料制成，利用光伏效应将太阳光转化为电流。

光伏效应是指当光子撞击半导体材料时，它可以将其能量传递给材料中的电子，使电子从价带跃迁到导带，从而产生电流。这是太阳能电池工作的基础。

太阳能电池的结构通常包括正负两种类型的半导体材料，即 P 型和 N 型。当太阳光照射到电池表面时，电池内部会产生电子—空穴对。这些电子会向 N 区移动，而空穴则会向 P 区移动，从而产生电流。

太阳能电池的效率受到许多因素的影响，包括电池的材料、设计、制造过程以及安装位置和角度。随着技术的发展，人们正在研究新的材料和设计来提高太阳能电池的效率和降低其成本。

除了传统的硅基太阳能电池，还有许多其他类型的太阳能电池，如薄膜太阳能电池、多节太阳能电池和有机太阳能电池，它们各有优势和局限性。

太阳能技术为我们提供了一种清洁、可再生的能源，有助于减少对化石燃料的依赖，降低温室气体排放，应对气候变化。

22.1.2　高效光热转换与热电材料

光热转换技术是指将太阳光的能量转化为热能的过程。这种转化可以通过各种方法实现，如太阳集热器、太阳炉或光热电厂。这些技术在太阳能利用中占有重要地位，因为它们可以提供热水、供暖或产生电能。

太阳集热器是最常用的光热转换设备，通常用于住宅或工业应用中的热水供应。集热器包含一个暗色的吸热板，它可以吸收太阳光并将其转化为热能。然后，热能通过流体（如水或空气）被传输到所需的地方。

太阳炉则使用镜子或透镜聚集太阳光，产生高温。这些高温可以用于产生蒸汽来驱动涡轮机发电。

光热电厂是一种大型的太阳能发电系统，它使用镜子将太阳光聚焦到一个点或线上，产生高温。这种高温用来加热流体，产生蒸汽，进而驱动发电机。

除了上述方法，热电材料在太阳能领域也越来越受到关注。热电材料可以直接将热能转化为电能，或者反之。这种转换是基于 Seebeck 效应，即在材料的两端存在温差时，会产生电压。热电材料的效率取决于其 Seebeck 系数、电导率和热导率。近年来，研究人员一直在寻找新的热电材料，以提高其转换效率和降低成本。

高效的光热转换和热电材料为我们提供了新的途径来利用太阳能，不仅可以用于发电，还可以用于热水供应、供暖和冷却。随着技术的进步，这些方法有望在未来的太阳能应用中发挥更大的作用。

22.1.3 太阳能存储与转化技术

太阳能是一种清洁、可再生的能源，但其主要问题是间歇性。太阳不总是照耀，这使得太阳能的持续供应成为一个挑战。为了解决这个问题，需要有效的能源存储和转化技术。

1. 电化学存储

锂离子电池：目前最受欢迎的电化学存储技术之一，具有高能量密度和长寿命。

流电池：与传统电池不同，流电池在两个液态电解质之间存储和释放能量，适用于大规模能源存储。

2. 热能存储

分子热存储：使用特定的分子吸收和释放热能。

相变材料：这些材料在固态和液态之间的相变过程中吸收和释放热能。

热盐存储：在太阳能热发电站中，使用高温盐融合物存储热能。

3. 机械存储

抽水蓄能：使用多余的太阳能电力将水从低处泵到高处，然后在需要时释放水来产生电能。

压缩空气蓄能：利用电力将空气压缩并存储在地下洞穴中，然后在需要时释放并转化为电力。

4. 太阳能燃料

光电解：使用太阳能将水分解为氢和氧。氢可以作为燃料储存并在燃料电池中使用。

人工光合作用：模拟植物的光合作用将太阳能转化为有机化合物。

5. 超级电容器

介于电池和常规电容器之间，超级电容器具有快速充放电能力和较长的使用寿命。

这些存储和转化技术为太阳能的广泛应用提供了解决方案，使其能够满足持续和稳定的能源需求。未来的研究和创新可能会带来更高效、更经济的方法，使太阳能成为主导的能源形式。

22.2 风能、水能与地热能

22.2.1 风能转换的气动力学基础

风能是一种清洁、可再生的能源，它是通过将风的动能转化为电能来利用的。风能转换的核心是风力涡轮机，它们的设计和操作基于一些关键的气动力学原理。

1. 伯努利方程

伯努利方程描述了流体流动中的能量守恒。在风力涡轮机的背景下，伯努利方程解释了风流经过涡轮叶片时速度和压力的变化。

2. 升力与阻力

当风流经过涡轮叶片时，叶片的形状导致上下表面之间的压力差异，从而产生升力。这种升力使叶片旋转并驱动涡轮机。然而，叶片的运动也会产生与风的方向相反的阻力，这限制了涡轮机的效率。

3. 叶片的设计

为了最大化升力并最小化阻力，涡轮叶片的形状、大小和取向都经过精心设计。现代涡轮机的叶片经常采用翼型设计，这种设计在航空工业中也很常见。

4. 投影面积与功率

涡轮机的功率与风速的三次方成正比。这意味着涡轮机的大小（叶片的长度和数量）会直接影响其产生的功率。涡轮机的投影面积是叶片与风的交叉面积，它决定了能够被转换的风能的量。

5. 俯仰和偏航

为了最大化风能转换，涡轮机需要根据风的方向和速度进行调整。俯仰调整涡轮叶片的角度，而偏航调整涡轮机塔的方向。

6. 贝茨限制

贝茨限制是风能转换的理论上限，它表示涡轮机能够从风中提取的最大功率与风的总功率之间的比例。理论上，这一上限约为 59.3%。

风能涡轮机的设计和操作需要综合考虑这些和其他因素，以确保安全、高效和经济的风能转换。随着技术的进步和对气动力学更深入的了解，未来的风能涡轮机可能会更加高效和可靠。

22.2.2　潮汐能与波浪能的物理学原理

潮汐能：潮汐能是由地球与月球以及太阳的引力相互作用所产生的，这种引力作用导致海洋的水位上升和下降，形成了潮汐。利用潮汐产生的能量可以转化为电能。

静态潮汐能：这种能量来源于受到月球和太阳引力作用的海洋与地球的“胀缩”。当水位高于或低于其平均值时，可以通过大坝来截留潮水，然后利用高度差来产生能量。

动态潮汐能：这种能量来源于水的水平移动（水流）。特定的地理位置，如海峡，可能会有非常强烈的潮汐流，这些地方是放置涡轮机并从潮汐流中产生能量的理想之地。

潮汐涡轮机：与风力涡轮机类似，但设计用于在水下工作，并从潮汐流中提取能量。

波浪能：波浪能是由风在海面上吹过时产生的。这种能量可以被捕获，并转化为电能或用于其他目的。

浮子系统：这些系统使用浮子或其他装置随海浪上下移动，从而驱动机械装置产生电能。

振荡水柱：这种设备使海浪进入一个部分关闭的容器，随着波浪上升和下降，空气被迫进出一个振荡柱，从而驱动涡轮机产生电能。

压电效应：某些材料在受到压力时会产生电压。这种效应可以被用于设计能够从波浪的上下运动中提取能量的设备。

能量转换：波浪能可以转化为其他形式的能量，如热能或机械能，这取决于所使用的技术。

波浪能和潮汐能都是可再生的能源，且它们的可预测性比风能和太阳能高得多，这使得它们对于未来的能源应用具有巨大潜力。然而，技术、经济和环境问题仍然是这些能源广泛应用的障碍。

22.2.3 地热能的来源与转换技术

1. 地热能的来源

地热能源于地球的内部。主要有以下几类。

原始热：地球形成时的原始热，由行星物质的凝聚和引力收缩产生。

放射性衰变：地球内部含有放射性物质，如铀、钍和钾，它们的衰变过程会释放热量。

地壳运动与火山活动：板块的运动和地壳下的岩浆活动也会产生热量。

2. 地热能的转换技术

1）地热电厂

干蒸汽地热电厂：利用地热井中直接从地下提取出的蒸汽来驱动涡轮发电机。

闪蒸地热电厂：利用地下的高温、高压液体的部分蒸汽来驱动涡轮。液体被引入低压容器中，部分液体“闪”为蒸汽，这部分蒸汽用于驱动发电机。

二元循环地热电厂：地热液体在一个封闭的循环中加热另一种叫作工作流体的液体。工作流体被加热并蒸发，然后用来驱动涡轮发电机。

2）地热热泵

地热热泵是一种利用地下恒定的温度来为建筑物提供加热和制冷的装置。在冬季，热泵从地下提取热量供暖；在夏季，它将建筑物的多余热量排放到地下，提供制冷。

3）直接使用

在某些地方，地热温泉可以直接用于供暖、温泉浴、烹饪和农业。例如，冰岛的大部分家庭和建筑物都使用地热水进行供暖。

地热能是一种可再生的、环境友好的能源。由于它的连续性和可预测性，地热能为我们提供了一个非常稳定的能源。然而，其开发和利用还面临技术、经济和环境挑战，需要进一步的研究和技术进步来克服。

22.3 核聚变与未来的核能

22.3.1 核聚变反应与其挑战

1. 核聚变反应

核聚变是两个轻核结合形成一个更重的核的过程，同时释放出大量的能量。这是太阳和其他恒星产生能量的方式。最常见的核聚变反应涉及氢的同位素——氘和氚，合并形成一个氦核、一个中子以及大量的能量。

$$\mathrm{D} + \mathrm{T} \rightarrow \mathrm{He} + \mathrm{n} + \mathrm{Energy}$$

其中，D 是氘，T 是氚，He 是氦，n 是中子。与核裂变（如在传统的核电厂中）相比，核聚变的一个主要优势是其产生的放射性废物较少并且半衰期较短。

2. 核聚变的挑战

高温与高压：为了使氘和氚的核足够接近以克服它们之间的斥力并实现聚变，需要非常高的温度（数百万摄氏度）和压力。

磁约束：在这样的高温下，物质的存在形式为等离子体状态。为了使等离子体不与周围的材料接触，需要使用强大的磁场将其“约束”在空间中。目前主要的技术是使用托卡马克和激光惯性约束。

材料问题：核聚变反应会产生高能中子，这些中子会与反应室壁上的材料相互作用，可能导致材料的放射性活化和结构损伤。

能量输出： 截至目前，人类实现的核聚变实验还没有达到“点火”条件，即聚变反应释放的能量足以维持反应的持续进行，而无须外部加热。

经济与可行性： 建设和运行核聚变实验装置需要巨大的投资。目前的核聚变研究项目，如国际热核实验反应堆（ITER），需要数十年的时间和数十亿美元的资金。

尽管面临这些挑战，核聚变作为一种潜在的无尽、清洁的能源来源，仍然吸引了全球的科学家和研究者。

22.3.2　聚变堆与磁约束技术

1. 聚变堆

聚变堆是用于实现核聚变反应的设备，旨在模拟恒星内部的条件，使得轻元素核能够结合形成更重的核并释放出大量的能量。聚变堆的设计和构建是为了实现在地球上的持续和可控的核聚变反应。

2. 磁约束技术

磁约束是核聚变研究中最主要的技术之一。等离子体是由电子和离子组成的高温气体，它是核聚变发生的介质。为了使等离子体达到足够的温度和密度来实现核聚变，必须避免它与周围的物质接触。这是通过使用强磁场来“约束”等离子体实现的。

托卡马克： 这是目前最流行的磁约束系统。它使用鳍形的磁场线对等离子体进行约束，并将其压缩在一个环形的设备中。国际热核实验反应堆（ITER）是一个正在建设中的大型托卡马克，旨在证明核聚变可以作为一种可行的能源来源。

磁靶： 这是一种使用外部磁场对等离子体进行约束的方法。外部磁场与等离子体自身产生的磁场相互作用，从而形成一个稳定的磁“井”。

反射器： 它是一种环形的设备，使用旋转的磁场线来约束等离子体。

磁流体： 这是一种使用磁场与流体动力学原理结合的方法来约束等离子体。

3. 挑战与前景

磁约束技术面临许多挑战，其中最大的挑战是如何长时间、稳定地约束高温、高密度的等离子体。此外，聚变堆的磁场产生和维护需要大量的能量，这可能会影响整体的能源平衡。

尽管存在这些挑战，磁约束技术仍然被认为是实现核聚变的最有前景的方法之一，因为它为实现清洁、可持续和大规模的能源生产提供了可能性。

22.3.3　未来的聚变能源展望

核聚变尽管潜力巨大，但要实现商业化的核聚变仍然面临许多技术和经济上的挑战。

1. 技术挑战

高温等离子体的约束： 要实现核聚变，等离子体必须被加热到数百万摄氏度。在如此高的温度下，如何有效地约束等离子体以维持聚变反应成为关键问题。

材料问题： 因为高温和高辐射，聚变堆的内部壁面材料会受到极大的压力。开发能够承受这些条件的新材料是目前的重要研究方向。

能量输出和输入的平衡： 目前，为了维持聚变反应所需的能量输入仍然很大，这影响了聚变的整体能效。

2. 经济挑战

高昂的研发成本： 建设和运行实验性聚变反应堆需要巨额资金。

商业化运行的经济效益：与现有的能源生产方式相比，聚变能源是否具有经济竞争力仍然是一个待解决的问题。

3. 展望

国际合作项目：如 ITER 项目是全球多个国家合作的巨大聚变实验设备，预计将为聚变研究提供宝贵的数据和经验。

小型聚变反应堆：与大型设备相比，小型聚变反应堆的研究正在取得进展，它们可能更快地达到商业化。

新技术的发展：如激光聚变和其他先进的聚变技术可能提供新的路径来实现持续的聚变反应。

尽管核聚变面临诸多挑战，但其作为未来清洁、可持续的能源的潜力仍然巨大。随着技术的进步和更多的研究，聚变能源有望在 21 世纪内为全球提供大量的电力。

22.4 应用 1：太阳能农场与智能电网

22.4.1 大规模太阳能农场的建设与管理

随着太阳能技术的进步和成本的降低，太阳能农场已经成为全球许多地区可再生能源发展的重要部分。大规模的太阳能农场不仅能够产生大量的清洁电力，还可以为地方社区提供就业机会和其他经济利益。以下是建设和管理大规模太阳能农场的一些关键考虑因素。

1. 地点选择

阳光充足：理想的太阳能农场地点应该有大量的日照，尤其是在白天的高峰时段。

土地利用：选择土地时，应考虑到土地的其他潜在用途，如农业或自然保护。在某些情况下，太阳能电池板可以与牲畜放牧或农作物种植相结合。

基础设施接入：地点应靠近电力传输线或容易接入电网。

2. 设计与规划

太阳能电池板布局：应最大化电力输出，同时考虑到维护和清洁的需求。

能源存储：为了确保连续供电，可以考虑安装电池存储系统。

技术选择：根据地理位置、气候条件和经济因素选择适当的太阳能电池板和逆变器技术。

3. 运营与维护

监控系统：实时监控系统可以检测设备的性能并迅速识别任何问题。

清洁与维护：定期清洁太阳能电池板以保持最佳性能，并进行必要的维护工作。

安全与安保：考虑到设备和人员的安全，应建立适当的安全措施和安保系统。

4. 与智能电网的整合

需求响应：太阳能农场可以与智能电网相结合，根据电网的需求进行电力输出的调整。

分布式能源资源：太阳能农场作为分布式能源资源，可以提高电网的韧性和可靠性。

建设和管理大规模太阳能农场需要综合考虑技术、经济和社会因素，以确保其长期的经济效益和可持续性。

22.4.2 太阳能输出与电网需求匹配的模拟及可视化

太阳能的输出受到许多因素的影响，如日照时间、季节、天气条件等。与此同时，电网的需求也会根据日常活动和产业需求而变化。因此，理解太阳能输出与电网需求之间的关系是至关重要的。

我们可以通过模拟来研究太阳能的输出与电网需求之间的匹配情况。模拟步骤如下。

定义太阳能输出模型：基于地理位置、季节和天气条件，模拟太阳能农场的日常输出。

定义电网需求模型：基于人口密度、产业活动和其他相关因素，模拟电网的日常电力需求。

模拟整合：将太阳能输出与电网需求结合起来，研究它们之间的匹配情况。

可视化结果：使用图表来表示太阳能输出、电网需求和它们之间的差异。

我们创建一个简化的模拟，仅考虑日照时间对太阳能输出的影响，并使用一个简单的正弦波来表示电网需求的日常变化（图 22-1）。这只是一个基础示例，实际应用中可能需要更复杂的模型。

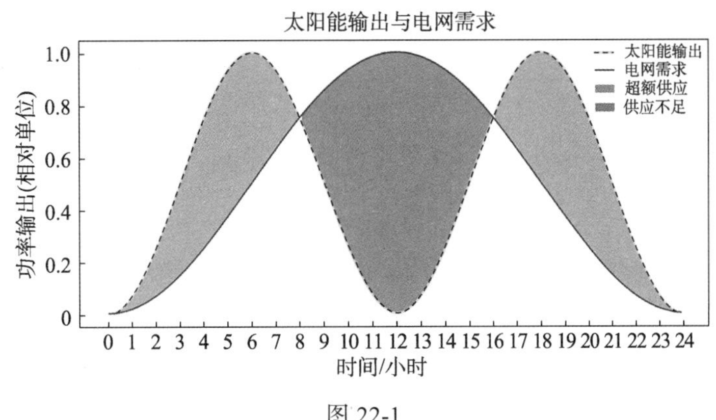

图 22-1

图 22-1 显示了太阳能农场的日常输出和电网的需求。太阳能输出在中午达到峰值，而电网需求在早上和晚上达到峰值。这意味着在某些时间段（例如上午和下午），太阳能输出可能会超过电网的需求（标记为“超额供应”），而在其他时间段（如早晨和晚上），太阳能输出可能不足以满足电网需求（标记为“供应不足”）。

示例代码

22.4.3 太阳能电网优化与管理策略展示

随着可再生能源，特别是太阳能的日益普及，电网管理和优化变得尤为重要。这是因为太阳能的产出受到日照时间、季节和天气条件的影响，可能会导致电网供电不稳定。因此，智能电网技术和策略应用在太阳能电网中，确保供电的稳定性和效率。

1. 储能技术

要想解决太阳能发电的间歇性和不稳定性问题，储能技术是关键。最常见的储能方法是使用电池，如锂离子电池。当太阳能产出过多时，多余的能量可以存储在电池中，而在太阳落山或阴天时，可以从电池中提取能量来供电。

2. 需求响应管理

通过与消费者合作，电网可以根据太阳能的产出调整电力需求。例如，当太阳能产出丰富时，可以鼓励消费者使用更多的电力，如电动车充电。而在太阳能产出较少时，可以鼓励消费者减少电力使用。

3. 分布式能源资源

通过在多个地点安装太阳能电池板，可以降低云层或其他因素对单一地点产生的影响。这样，即使某些地方的太阳能产出减少，其他地方仍然可以维持稳定的产出。

4. 电网分析与预测

使用先进的数据分析和机器学习技术，可以预测太阳能的产出。这样，电网可以提前做好准备，如调整储能策略或与消费者合作调整需求。

5. 与其他可再生能源的整合

将太阳能与其他可再生能源，如风能，结合使用，可以进一步提高电网的稳定性。当太阳能产出减少时，风能可能仍然可以提供稳定的电力。

太阳能电网的管理和优化需要综合考虑多种技术和策略。随着技术的进步，我们有望实现更高效、更可靠的太阳能电网。

22.5 应用 2：海洋能源的开发与利用

22.5.1 潮汐能与波浪能的转换机制

海洋能源，尤其是潮汐能和波浪能，是可再生能源中的重要部分。这些能源的转换机制基于海洋的动态和自然现象。

1. 潮汐能

工作原理：潮汐能是基于地球上潮汐的升降产生的。由于太阳和月亮的引力作用，海洋的水位会周期性地上升和下降，这一过程中产生的能可以被转换为机械能，并进一步转换为电能。

转换机制：常见的潮汐能转换系统包括潮汐涡轮机和潮汐堰。在潮汐涡轮机系统中，水流通过涡轮机，驱动它旋转，从而产生电能。而潮汐堰则利用潮汐的升降来收集和释放水，通过这一过程驱动水轮机发电。

2. 波浪能

工作原理：波浪是由风在海面上吹拂产生的，它包含了风的动能。这种动能在波浪中表现为上下或前后的运动，可以被捕获并转换为电能。

转换机制：常见的波浪能转换技术包括浮子系统、振荡水柱和阔叶系统。浮子系统中，随波浪上下浮动的浮子驱动一个发电机。振荡水柱利用波浪进入一个部分开放的柱体，驱动柱内空气上下移动，从而驱动一个涡轮机。阔叶系统则利用波浪的动力来移动固定的阔叶，这种运动再被转换为电能。

这两种海洋能源都有巨大的潜力，但也面临技术和经济挑战。尽管如此，随着技术的进步和对可再生能源需求的增加，潮汐能和波浪能有望在未来发挥更大的作用。

22.5.2 潮汐能与波浪能的能量捕获模拟及可视化

模拟潮汐能和波浪能的能量捕获需要涉及一些流体动力学的基本原理。为了简化问题，我们可以通过以下方法进行模拟。

潮汐能模拟：我们可以使用一个简单的正弦波来模拟潮汐的周期性升降。然后，基于潮汐的速度和水的密度，我们可以估算通过涡轮机的动能。

波浪能模拟：同样地，我们可以使用正弦波来模拟波浪的形状。波浪的高度（振幅）和速度可以用来估算波浪中的动能。

下面是一个简单的模拟，可视化潮汐和波浪的能量变化（图 22-2）。

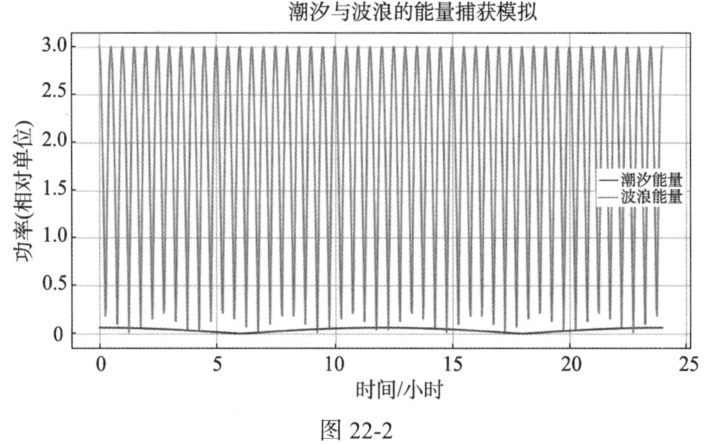

图 22-2

图 22-2 展示了潮汐能量与波浪能量的模拟结果。潮汐能量的变化是由潮汐的升降引起的，而波浪能量的变化则是由波浪的起伏引起的。这种可视化可以帮助我们了解这两种能源在一天内的潜在能量输出。

示例代码

22.5.3　不同海洋能源技术的效率与潜力分析

1. 海洋能源技术概述

海洋能源作为可再生能源的一种，具有巨大的潜在价值和开发前景。海洋能源包括潮汐能、波浪能、海洋流能、温差能等。其中，潮汐能和波浪能是目前研究和开发得最为成熟的技术。

潮汐能：潮汐能是由地球与月球、太阳的相对位置变化引起的海洋潮汐现象产生的能量。潮汐能的主要优势是其可预测性较强，但其局限性在于只有部分地区具有明显的潮汐现象。

波浪能：波浪能是由风吹过海面产生的能量。波浪能的主要优势是其分布广泛，几乎每个海岸线都有波浪能资源。但是，波浪能的可预测性较差，且受到季节、天气等因素的影响。

海洋流能：海洋流能是由海水流动产生的能量，与潮汐能不同的是，海洋流能可以在没有明显潮汐的地区产生。

温差能：温差能是利用海水不同深度的温差来产生能量的。温差能的主要优势是其连续性，但需要特定的地理条件。

2. 效率与潜力分析

潮汐能与波浪能的转换效率通常为 30%～40%。其中，潮汐能的设备成熟度较高，但需要特定的地理条件。

波浪能的设备仍处于研发阶段，但其潜在的能量输出是巨大的，尤其是在风力强且稳定的地区。

海洋流能与温差能的技术相对较新，但在特定地区有巨大的发展潜力。

海洋能源尽管目前尚处于研发和试验阶段，但其巨大的能源潜力和环保优势使其有望成为未来能源结构的重要组成部分。

22.6 应用3：核聚变反应与能量输出

22.6.1 聚变反应的物理条件与产能

核聚变是指轻原子核结合成更重的原子核，释放出大量的能量的过程。这是太阳和其他恒星发出光和热的方式。长期以来，人们希望模拟这一过程，以提供无尽的清洁能源。

1. 物理条件

高温：为了使原子核具有足够的能量来克服它们之间的斥力并接近到足够的距离以便强相互作用可以将它们绑定在一起，必须达到极高的温度，通常是数百万到数十亿摄氏度。

高密度：为了在有限的体积内实现有效的聚变反应，需要足够高的粒子密度。

磁场约束：由于物质在极高温度下会变成等离子体，传统的物质容器不能用于约束等离子体。因此，需要强磁场来“捕获”等离子体，以防止其与容器壁接触。

2. 产能

核聚变的能量输出远远超过常规的化学反应。例如，氘—氚聚变反应可以释放出大约17.6MeV的能量，这比燃烧同等量的化石燃料释放出的能量要多得多。

氘—氚聚变反应的方程为：

$$D + T \rightarrow He^{4+}(3.5\text{MeV}) + n(14.1\text{MeV})$$

其中，D是氘，T是氚。这个反应释放的能量主要以中子和氦核的动能形式出现。

在理论上，使用海水中的氘和锂可以为地球提供数百万年的能源，而且聚变反应产生的放射性废物的半衰期相对较短，对环境的影响也较小。

核聚变作为一种清洁、安全和高效的能源，具有巨大的发展潜力。但是，实现可控制的核聚变仍然是物理学和工程学的一个巨大挑战。

22.6.2 聚变反应室内的等离子体行为模拟与可视化

在核聚变反应中，等离子体的行为受到多种因素的影响，包括外部磁场、温度、密度和压力等。为了模拟这种行为，我们可以使用简化的物理模型。

磁场的影响：等离子体的带电粒子在磁场中会绕磁感线旋转。这种旋转运动有助于约束等离子体，防止其与反应室壁接触。

压力和温度的影响：等离子体的内部压力会导致其膨胀。为了平衡这种压力，需要足够强的磁场。

不稳定性：在某些条件下，等离子体可能会变得不稳定，形成扭结或涡旋。

图22-3模拟了一个带电粒子在垂直方向的磁场中的运动，结果显示了一个典型的螺旋轨迹。这是因为当粒子与磁场方向垂直时，它受到的洛伦兹力会使其做圆周运动。

22.6.3 核聚变产能与传统核能的效率及潜力对比展示

核聚变和传统核能（核裂变）是两种完全不同的核反应，其工作原理、效率、产能以及相关的挑战也大不相同。以下是对这两种能源技术的简要对比。

1. 工作原理

核聚变是两个轻原子核合并成一个重原子核的过程。常见的是氢的同位素，如氘和氚结

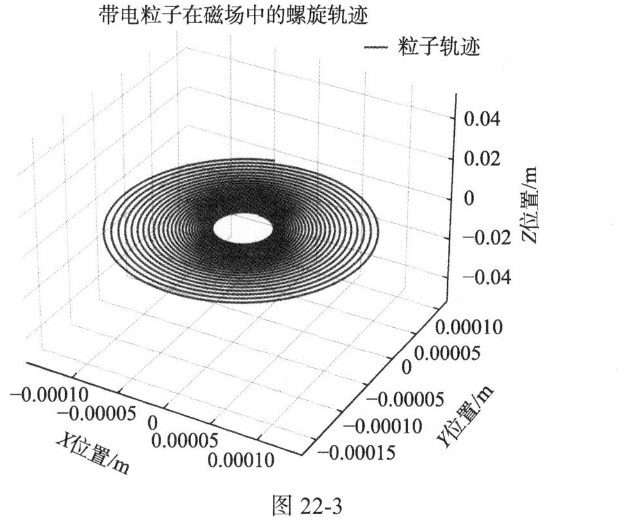

示例代码

图 22-3

合生成氦。这个过程释放出大量能量。

核裂变是一个重原子核分裂成两个或多个轻原子核的过程。常见的是铀–235 或钚–239 分裂。这个过程也释放出能量，但是相对核聚变来说，释放的能量较少。

2. 效率与产能

核聚变产生的能量比核裂变要多得多。例如，氘—氚反应释放的能量是核裂变的几倍。这意味着核聚变有潜力提供更高的能源产出。

核裂变目前是商业核电站的主要能源。尽管它的能量产出低于核聚变，但它的技术已经非常成熟，并已在全球范围内广泛应用。

3. 安全性与挑战

核聚变被认为是一种较为安全的能源技术，因为它不产生长寿命的放射性废物，并且没有链式反应的风险。但是，实现稳定、经济的核聚变反应仍然是一个巨大的技术挑战。

虽然核裂变技术已经相对成熟，但放射性废物的处理、潜在的核事故以及核扩散问题仍然是核裂变技术面临的主要挑战。

4. 未来潜力

如果能够成功商业化，核聚变有潜力成为未来的主要能源，因为它提供的能量巨大，而且几乎不产生碳排放。

核裂变仍然是目前和近未来的一个重要能源，但由于其环境和安全问题，其长期潜力可能受到限制。

核聚变和核裂变都有其独特的优势和挑战。核聚变是一个尚未实现的潜在能源解决方案，而核裂变则是一个现有的、经过验证的能源技术。两者都在全球能源未来的讨论中占有一席之地。

22.7　本章的习题和实验或模拟设计及课程论文研究方向

习题

基础问题：

（1）简述光伏效应的基本原理。

（2）解释如何从风能中捕获能量。
（3）简述核聚变反应的基本条件。

应用问题：

（1）设计一个小型的家用太阳能系统，并计算其潜在的年度能源输出。
（2）比较潮汐能和波浪能的优点和缺点。
（3）基于给定的数据，评估一个地区的风能或太阳能潜力。

分析与评估：

（1）讨论超级电容器与传统电池在快速充放电应用中的优势和局限性。
（2）评估不同类型的太阳能电池（如单晶硅、多晶硅、薄膜）的效率、成本和应用。
（3）分析核聚变为未来能源提供的潜力和挑战。

扩展思考：

（1）预测在未来 10 年内，哪种新型能源将得到最大的商业应用，并解释原因。
（2）讨论地热能在全球能源组合中的潜在角色。
（3）考虑到环境和经济因素，评估核聚变能与风能和太阳能之间的权衡。

实验或模拟设计

实验：太阳能电池性能测试

设计一个实验，使用不同类型的太阳能电池，在相同的条件下测量它们的输出功率。

模拟设计：风能转换模拟

使用计算机模拟，设计一个模型来模拟风力发电机在不同风速下的性能。

模拟设计：核聚变反应模拟

设计一个模拟程序，模拟在聚变反应室内的高温等离子体的行为。

课程论文研究方向

太阳能技术的未来发展：研究和分析太阳能技术的最新进展，以及其对未来能源领域的潜在影响。

海洋能源的全球潜力：对全球不同地区的潮汐能和波浪能的潜在产量进行评估。

核聚变的经济和环境影响：分析核聚变技术的经济成本、潜在回报和对环境的影响。

新型电池技术的市场分析：研究新型电池技术（如固态电池、锂硫电池）的市场趋势、技术挑战和潜在应用。

第 23 章　宇宙探索与太空技术的新前沿

23.1　深空探测技术

23.1.1　太阳系内的探测任务

深空探测是指对太阳系之外的宇宙空间进行探测。但在深入探索外部宇宙之前，人类首先开展了对太阳系内的探测任务，包括对各大行星、卫星、小行星、彗星等的观察与研究。

行星探测：从早期的水星、金星、火星探测到后期的木星、土星、天王星和海王星探测，人类已经向太阳系内的所有主要行星发送了探测器。这些任务为我们提供了大量关于行星大气、地质、磁场和内部结构的宝贵数据。

小天体探测：除了主要行星，人类还对一些小行星和彗星进行了探测，如“罗塞塔”探测器对 67P/楚留莫夫—格拉希明科彗星的探测，以及“奥西里斯—雷克斯”对小行星本努的近距离观测。

太阳与月球探测：太阳是我们太阳系的中心，关于太阳的研究能帮助我们更好地理解恒星的生命周期和宇宙的演化。月球作为地球的卫星，也是探测的重要对象，为我们提供了关于太阳系早期历史的线索。

未来，随着技术的进步和科学的发展，人类可能会进行更多的太阳系内探测任务，如对冥王星以及太阳系边缘的“柯伊伯带”的进一步研究，或是对太阳系内潜在的生命存在地点，如土星的卫星土卫二和木星的卫星欧罗巴进行探测。

23.1.2　星际飞行与探测器技术

随着宇宙探索的不断深入，星际飞行和探测器技术已经成为现代航天技术的前沿领域。成功的星际飞行需要解决的不仅仅是技术难题，还有大量的物理和工程学挑战。

推进技术：传统的火箭技术不适用于星际飞行，因为所需的燃料太多。一些备受关注的新型推进技术包括核热火箭、电推进、光帆以及反物质火箭。这些新技术试图提供更高的推进效率和更大的速度。

通信与导航：在深空，与地球的通信和导航将面临巨大的挑战。随着距离的增加，信号会变得非常弱，因此需要更大的天线和更高的传输功率。此外，星际飞行器需要具备独立的导航能力，因为在深空中，依赖地球的导航信号可能不再可行。

生命支持和自动化技术：星际飞行的持续时间可能会很长，这意味着飞行器需要具备生命支持系统来维持宇航员的生存，或者完全依赖自动化技术和机器人来完成任务。

辐射与宇宙射线：在深空中，飞行器不再受到地球磁场的保护，因此必须考虑如何保护宇航员免受宇宙射线和太阳辐射的影响。

目的地选择与着陆技术：探测器可能会被发送到遥远的星球或其他天体上。这需要高度先进的着陆技术，尤其是在考虑到这些天体可能具有复杂的地形和未知的大气条件时。

未来的星际飞行任务可能会集中在寻找生命迹象、研究其他恒星系统的行星，以及对宇宙的起源和结构的探索。随着技术的进步，人类的足迹可能会从太阳系扩展到整个银河系，甚至更远。

23.1.3 黑洞、暗物质与暗能量的探测挑战

黑洞、暗物质和暗能量是现代天文学和宇宙学中最神秘和最有挑战性的议题。尽管科学家们已经取得了一些关于这些现象的理论和观测进展，但它们仍然是宇宙学中未解之谜的核心部分。

1. 黑洞

探测挑战：由于黑洞不发出任何光或其他形式的电磁辐射，所以它们在直接观测上是不可见的。科学家们主要通过观察黑洞的引力效应来间接地探测它们。

进展：2022 年，科学家利用事件视界望远镜（EHT）成功地获取了一个黑洞的影像，这是一个重大的突破。此外，引力波探测也为研究黑洞合并事件提供了全新的视角。

2. 暗物质

探测挑战：暗物质不发出、也不吸收或反射光，因此不能直接观测到。科学家们认为暗物质通过引力与普通物质相互作用。

进展：尽管暗物质的直接探测仍然是一个挑战，但宇宙中的引力透镜效应和星系团的运动为暗物质的存在提供了强有力的间接证据。

3. 暗能量

探测挑战：暗能量是推动宇宙加速膨胀的神秘力量。与暗物质一样，暗能量也不能直接被观测到。

进展：通过研究远距离的超新星和宇宙的大尺度结构，科学家们已经收集到了关于暗能量的重要线索。

未来，随着技术的进步和更多的天文观测数据，我们可能会更深入地了解这些宇宙之谜。新的仪器，如詹姆斯·韦伯太空望远镜（James Webb Space Telescope）和大型合成设备，都有望为我们提供关于黑洞、暗物质和暗能量的更多信息。

23.2 太空移民与生存技术

23.2.1 月球、火星与太空站的建设技术

随着人类对太空的兴趣和需求日益增强，月球、火星和太空站的建设技术成为热门研究领域。这些技术旨在使人类能够在这些极端环境中生存和工作。

1. 月球

建设挑战：月球上没有大气，表面温度极端，日夜温差巨大。此外，月尘可能对设备和宇航员的健康造成威胁。

进展：有提议利用月球土壤制造建筑材料，例如使用太阳能焊接技术制造砖块。此外，建设地下或半埋式结构可以为宇航员提供更好的辐射屏蔽。

2. 火星

建设挑战：火星的大气主要由二氧化碳组成，表面压力很低，存在强烈的尘暴。火星的引力只有地球的 38%，这可能会影响长期在火星生活的宇航员的健康。

进展：研究者正在考虑利用火星的资源，例如从土壤中提取水和制造燃料。生物技术，如微生物和植物，也被考虑用于支持生命系统。

3. 太空站

建设挑战：太空站需要在微重力环境中操作，需要提供生命支持系统、辐射屏蔽和能源。长时间的太空居住可能会对宇航员的骨骼、肌肉和心血管系统造成损害。

进展：目前，国际空间站（ISS）是人类在太空中最大的居住和工作环境。利用太阳能和回收水系统，它为宇航员提供了所需的能源和资源。

未来的太空移民技术可能会包括更先进的生命支持系统、3D 打印建筑技术、新型能源解决方案和心理健康支持措施。这些技术将使人类能够在太空中建立持久、自给自足的栖息地。

23.2.2　生命支持系统与封闭生态循环

生命支持系统是为太空船、太空站或其他封闭环境中的宇航员提供所需的生命维持条件（如氧气、食物、水和废物处理）的技术。在太空中，所有这些资源都是有限的，因此必须高度重视其循环利用和维护。

氧气和二氧化碳的循环：宇航员呼出的二氧化碳需要被吸收并转化为氧气。一种常用的方法是通过化学反应，如水的电解，将水分解为氢气和氧气，然后呼吸氧气。

水回收：宇航员的尿和汗需要被净化和再次利用。通过多个过滤和蒸馏过程，可以回收高达 90%以上的水。

食物供给：长期的太空任务需要稳定的食物来源。尽管可以存储大量的食物，但在长时间的任务中，鲜食的供应变得至关重要。利用水培或其他形式的宇宙农业种植植物可以为宇航员提供新鲜的食物。

废物管理：宇航员的生活垃圾和生物废物需要被有效地处理和存储，或者转化为有用的资源。

封闭生态循环：是指在一个封闭的生态系统中，所有的物质都被循环利用，没有任何物质进入或离开系统。这是长期太空居住的理想模型，因为它可以最大限度地减少对外部资源的依赖。

生物再生：利用植物和微生物将废物转化为食物和氧气。

人工生态系统：这是一个模拟地球生态系统的小型环境，其中包括植物、动物和微生物，它们在没有外部干预的情况下共同维持生命。

实现封闭的生态循环是一个巨大的挑战，但对于长期的太空殖民和探索任务，这是必要的。这需要跨学科的研究，包括生物学、化学、物理学和工程学。

23.2.3　对抗宇宙辐射与微重力的技术

1. 宇宙辐射对人体的影响

宇宙中有多种形式的高能粒子，当这些粒子与人体相互作用时，它们可能会对 DNA 和其他生物分子造成损伤，增加患癌症和其他疾病的风险。此外，长时间暴露在高辐射环境中还可能影响神经系统和其他身体系统的功能。

2. 对抗宇宙辐射的策略

物理屏蔽：使用厚重的材料，如铅或其他高密度的物质，可以减少辐射对宇航员的影响。然而，这种方法增加了飞船的重量和成本。

磁场或电场屏蔽：利用磁场或电场偏转或捕获来自太阳和宇宙的高能粒子。

药物或生物对策：研究正在进行中，以确定是否有药物或生物方法可以减少辐射的生物效应。

时机选择：选择太阳活动程度较低的时期进行太空任务，以减少太阳高能粒子的数量。

微重力对人体的影响：长时间的微重力暴露可导致肌肉萎缩、骨密度下降、视力下降和其他健康问题。

3. 对抗微重力的策略

人工重力：通过旋转太空船或太空站，利用向心力产生人工重力。

定期锻炼：在太空站中进行特定的锻炼，可以帮助宇航员维持肌肉和骨骼的健康。

药物疗法：正在研究，以确定是否有药物可以帮助减少微重力的负面影响。

这两个问题都是当前和未来太空探索面临的主要挑战之一。随着技术的发展和对太空环境的更深入了解，我们可能会找到更有效的方法来保护宇航员。

23.3 太空旅游与商业化前景

23.3.1 亚轨道飞行与太空体验

1. 亚轨道飞行：

亚轨道飞行的定义：亚轨道飞行指的是一个飞行器沿一个轨迹飞行，这个轨迹会进入太空，但是不足以完成一圈绕地飞行。简而言之，它会短暂地进入太空然后返回地球，而不是像卫星那样持续绕地球飞行。

2. 太空体验

1）太空体验的吸引力

失重体验：亚轨道飞行为乘客提供了短暂的失重体验，让他们感受到在太空中的自由漂浮。

地球的全景：从太空中，乘客可以看到地球上的大陆、海洋和云层的宏伟景色。

太空的宁静：在太空中，除了飞船本身的声音外，一切都是寂静的。

2）商业潜力与挑战

近年来，随着技术的进步和成本的降低，亚轨道飞行和太空旅游已经吸引了大量的私营企业和投资者。例如，SpaceX、Blue Origin 和 Virgin Galactic 都在开发亚轨道和轨道飞行的太空旅游业务。

3）技术挑战

尽管近年来取得了很多进展，但将太空旅游商业化仍然面临许多技术挑战，特别是确保每次飞行的安全。

4）高昂的价格

目前，太空旅游的价格仍然相对较高，这限制了更广泛的公众参与。

5）环境问题

频繁的太空飞行可能会对大气层造成影响，以及关于太空垃圾的担忧。

未来的太空旅游市场预计将持续增长，但需要继续努力解决上述挑战，确保这个新兴行业的可持续发展。

23.3.2 太空酒店与长时间太空居住

1. 太空酒店的概念

太空酒店指的是被设计为在地球低轨道、月球轨道或其他太空位置长时间运营的太空站。它们为游客提供短暂或长时间的太空体验，包括失重活动、地球观景和其他太空活动。

2. 太空酒店的特点

微重力环境：在太空酒店中，游客可以体验到持续的失重状态。

窗外景观：太空酒店通常会配备观景窗，供游客欣赏地球、星星和其他太空景观。

太空活动：包括太空散步、特制的太空娱乐和科学实验等。

3. 长时间太空居住的挑战

生命支持系统：长时间在太空中生活需要可靠的生命支持系统，包括氧气供应、食物和水的再生循环。

辐射防护：在太空中，宇航员面临来自太阳和宇宙射线的辐射威胁，需要有效的屏蔽技术来保护他们。

心理健康：长时间的太空居住可能会导致孤独和压力，需要心理健康的支持和策略。

4. 未来的发展与展望

随着技术的进步，私营公司和政府机构正计划在未来几十年内建立太空酒店和研究站。太空酒店可能会成为太空旅游的下一个前沿，吸引那些寻求非凡体验的富裕游客。同时，随着对长时间太空居住的研究深入，我们可能会探索建立更永久性的太空殖民地，例如在月球或火星上。

23.3.3　宇宙采矿与资源利用

宇宙采矿，也被称为天体采矿，是指从非地球天体（如小行星、彗星、月球和其他太阳系天体）上开采矿产资源的过程。

1. 宇宙采矿的目标

稀有金属：如铂、钙和铑等，这些金属在地球上稀缺，但在某些小行星中相对丰富。

水：可被用作宇宙飞船的燃料（通过将水电解成氢和氧），也可以支持太空殖民地的生命。

氦-3：一种在月球表面存在的轻元素同位素，可能用作未来核聚变反应的燃料。

2. 宇宙采矿的挑战

技术难题：开发能在太空环境中有效工作的采矿设备是一个巨大的技术挑战。

运输问题：从地球运输采矿设备到目标位置以及将资源运回地球都需要巨大的成本。

法律与所有权：目前对于太空资源的所有权和利用权还存在法律争议和模糊地带。

3. 未来的发展与展望

随着技术的进步和地球资源的不断减少，宇宙采矿可能会成为未来的一个重要产业。这不仅可以为地球提供稀缺资源，还可以为太空殖民和探索提供原材料和燃料。

23.4　应用 1：火星探测与移民

23.4.1　火星的环境与生存挑战

1. 火星的环境

大气：火星的大气以二氧化碳为主，大约占 95.32%，氮气占 2.7%，氩气占 1.6%，余下的包括氧气、水蒸气和微量的其他气体。

气候：火星是一个寒冷的沙漠行星，平均温度约为–62 ℃（–80 ℉）。尽管火星的一天（称为“溶”）与地球的长度相似，但其季节的长度是地球的两倍，因为火星的公转周期约为地球的两倍。

地形：火星上有巨大的火山、深深的峡谷和可能由古老河流形成的冲积扇。

2. 生存挑战

薄大气：火星的大气层很薄，大约只有地球的 1%，这使得直接呼吸火星大气变得不可能。

辐射：由于缺乏有保护作用的磁场和大气，火星的表面受到太阳和宇宙射线的强烈辐射。

低温：与地球相比，火星的温度极低，这使得液态水在其表面上存在变得困难。

微重力：火星的重力只有地球的 38%，长时间生活在低重力环境中可能会对人体健康产生影响。

尘暴：火星上经常发生大规模的尘暴，这可能会对任何地面设施或机器人产生破坏。

3. 解决方法

生命支持系统：为宇航员提供所需的氧气和水，同时处理废物和生产食物。

防辐射避难所：为宇航员提供安全的居住空间，可以抵御火星表面的辐射。

太空服：为宇航员在火星表面行走提供保护。

地下居住：利用火星的地下空间建造居住和实验室设施，以提供更好的辐射屏蔽和温度控制。

23.4.2 火星基地建设与运营的模拟及可视化

在火星上建立基地涉及多方面的挑战，从选择合适的地点、资源的获取与利用，到确保宇航员的生命安全。以下是一个简化的火星基地建设与运营的模拟过程。

选择地点：考虑到辐射、温度、资源获取等因素，选择靠近水冰、有足够遮蔽的地点是理想的。这些地点可能包括火星的极地、陨石坑或地下洞穴。

建设：一开始，基地可能主要依赖从地球带来的模块。随着时间的推移，可以使用火星上的资源，如土壤和水，来制造建筑材料和生产氧气、食物等。

资源获取：使用机器人和其他设备从火星表面挖掘资源，如水冰，然后提炼成饮用水、氧气和火箭燃料。

生命支持：建立一个封闭的生态系统，包括食物生产、废物处理和氧气再生。

能源：考虑到火星上日照不稳定的特点，可能需要依赖太阳能和核能。

我们模拟火星基地的简单建设过程，并将其可视化。选择一个固定的地点，建设一个中心基地模块和四个附属模块，模拟资源获取区域，如图 23-1 所示。

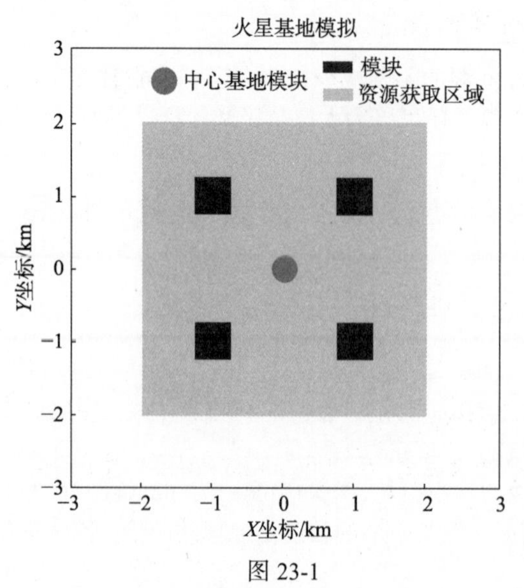

图 23-1

示例代码

23.4.3　火星基地的设施布局与运作模式分析

火星基地的建设和运营是一个复杂而有挑战性的项目，涉及多种科学、工程和技术领域。以下是火星基地可能的设施布局和其运作模式的简要分析。

1. 设施布局

中心控制模块：这是基地的心脏，负责整体运营、数据处理、通信和日常任务的协调。

生活支持模块：包括食品生产、水净化、氧气生成和废物处理设施。使用植物来进行食物生产和氧气再生，同时也可以为居民提供心理舒缓。

实验室模块：用于进行科学实验、地质研究和技术研发。

能源模块：可能包括太阳能电池板、核反应堆和电池存储系统，以确保基地的持续供电。

运输与维修模块：用于存放和维护火星车、无人机和其他运输工具。

资源获取区域：这是一个专门的区域，用于采集火星土壤、水冰和其他资源，然后转化为可用的物资。

2. 运作模式

自给自足：为了确保长期生存，火星基地需要尽可能地实现自给自足，减少对地球的依赖。这意味着食物生产、水再生和氧气供应都需要在基地内完成。

定期的补给任务：尽管基地会努力实现自给自足，但某些关键物资和设备零件可能还需要从地球定期补给。

科学研究与探索：火星基地的一个主要目标是进行科学研究，以更好地了解火星的地质、气候和是否存在生命迹象。

技术创新与研发：面对火星的特殊环境和挑战，基地需要不断创新和研发新技术，以提高其生存和运营能力。

与地球的通信：火星与地球之间的通信会有延迟，保持与地球的联系至关重要，无论是为了获取支持，还是与家人和朋友保持联系。

23.5　应用 2：太空旅游的机会与风险

23.5.1　太空船的设计与乘客体验

随着科技的发展，太空旅游已经成为现实。从太空船的设计到乘客的体验，太空旅游都需要经过精心的策划和准备。

1. 太空船的设计

安全性：这是设计太空船时的首要考虑因素。太空船需要在各种复杂的外部环境下运行，如真空、宇宙射线、温差变化等。因此，太空船的结构和材料选择必须确保乘客的安全。

舒适性：由于太空旅游的高昂费用，乘客会期望得到最佳的体验。这意味着太空船的内部设计应该尽量舒适，包括合适的座位、良好的观景窗、高品质的空气循环系统等。

功能性：除了基本的航行功能，太空船还应该有其他的设施，如休息室、餐厅和娱乐设施，确保乘客在太空之旅中有丰富的体验。

可再利用性：为了经济和环境考虑，现代的太空船设计趋向于可再次使用，而不是一次性的。

2. 乘客体验

太空中的失重体验：在太空中，乘客将体验到失重状态。这是太空旅游的一个独特和令人兴奋的体验，但也可能导致晕动症等不适。

观看地球：从太空中观看地球是一种无与伦比的体验。乘客可以看到地球的曲线、大洋、大陆和云层。

宇宙之美：除了地球，乘客还可以欣赏到太空中的星星、星云和银河等。

培训与准备：由于太空的环境与地球截然不同，乘客在出发前需要进行一定的培训，如了解太空中的生活方式、如何应对失重等。

23.5.2 太空船飞行轨迹与旅游路线的模拟及可视化

为了模拟和可视化太空船的飞行轨迹和旅游路线，我们可以考虑一个简化的例子：从地球出发，绕月球一圈，然后返回地球。

假设：地球和月球的位置是固定的，不考虑它们之间的相对运动。太空船的起始和结束位置都是地球上某一固定点。太空船首先飞往月球，绕月球一圈，然后返回地球。

在这个模型中，我们使用简化的物理公式和参数来模拟太空船的飞行轨迹。

模拟过程：定义地球、月球和太空船的初始位置。使用物理公式计算太空船从地球到月球的飞行轨迹。计算太空船绕月球飞行的轨迹。计算太空船从月球返回地球的轨迹。使用matplotlib库进行可视化。

图 23-2 中的红色轨迹表示太空船的飞行路径，而绿色轨迹表示月球的轨迹。

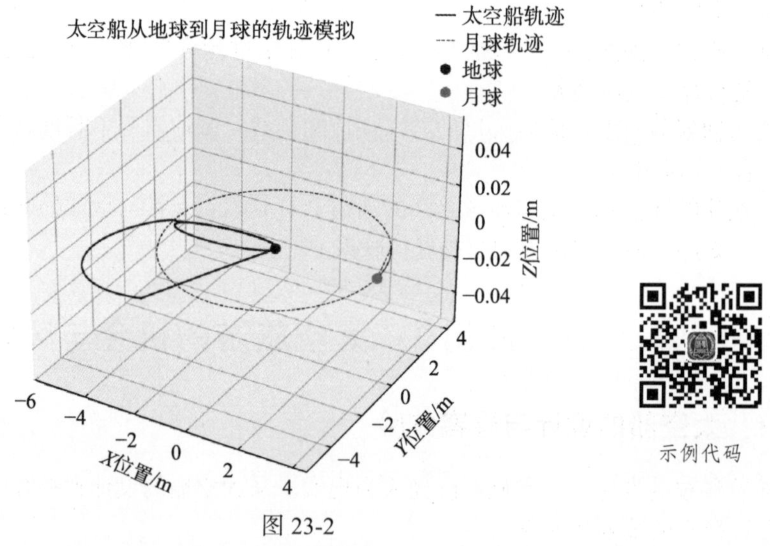

图 23-2

23.5.3 展示太空旅游的经济模型与潜在市场分析

要使太空旅游成为一个可持续的商业模式，需要深入研究其经济和市场潜力。

1. 经济模型

初始投资：开发和制造太空船、建设发射和接收设施、培训宇航员和地面人员等都需要大量的初始投资。

运营成本：每次飞行都有燃料、维护、人员工资等相关的运营成本。

定价策略：要吸引早期的太空游客，可能需要提供较高的价格。但随着技术的成熟和规模效应的实现，价格可能会降低，以吸引更多的游客。

其他收入：除了票价外，也可以通过品牌合作、纪念品销售、媒体版权等方式获得收入。

2. 市场潜力

早期采纳者：初期的太空游客可能是富有的探险家和名人，他们愿意支付高价体验太空旅行。

广泛的消费者市场：随着价格下降，中产阶级和其他普通消费者可能也会对太空旅游感兴趣。

教育和研究：学校、大学和研究机构可能会租用太空船进行科学实验和教育活动。

私人和企业事件：私人庆典、公司团队建设和其他企业活动也可能成为太空旅游的潜在市场。

3. 市场风险

技术风险：太空旅游的安全性是最大的担忧。任何事故或技术故障都可能打击消费者的信心。

法律和监管：随着太空旅游的兴起，可能需要新的法律和监管规定来确保安全和公平。

经济风险：全球经济环境、油价波动、地缘政治紧张等因素都可能影响太空旅游的市场。

23.6　应用 3：宇宙中的未解之谜

23.6.1　黑洞的物理特性与观测方法

1. 黑洞的物理特性

事件视界：这是围绕黑洞的一个“无法返回”的边界。超过这个界限，任何物体或光线都会被黑洞永久捕获，无法逃脱。

奇点：黑洞的中心点，所有物质都会在这里被压缩到一个无限小、无限密集的点。

强烈的引力场：由于其巨大的质量和小的体积，黑洞的引力非常强大。

霍金辐射：由史蒂芬·霍金于 1974 年提出，即使黑洞似乎不会放射任何东西，但它们实际上会放射出所谓的“霍金辐射”，这是由量子效应造成的。

2. 观测方法

通过其影响观测：黑洞自身是不可见的，但是可以通过观测其周围的物质来间接地探测它。例如，物质在被吸入黑洞之前会加速并发出 X 射线。

引力透镜：黑洞的强引力可以弯曲其背后的光线，造成所谓的“引力透镜”效应，使远处的星体看起来位置偏移或形成特定的光环。

引力波观测：当两个黑洞合并时，它们会产生引力波。这些波可以通过特定的仪器（如 LIGO 或 Virgo）进行探测。

事件视界望远镜：这是一个全球性的望远镜网络，它首次成功地获取了黑洞的影像，提供了黑洞影子的直接观测。

23.6.2　黑洞附近的光线弯曲效应模拟与可视化

当光线经过一个大质量的物体（如黑洞）附近时，它的路径会因为引力而弯曲。这种效应被称为“引力透镜”或“引力弯曲”。对于黑洞，这种效应特别强烈，以致可以形成一个光环，被称为“爱因斯坦环”。

我们可以使用通常的测地线方程来模拟光线在黑洞附近的弯曲。为简化，我们可以使用史瓦西黑洞的度规，并考虑一个无旋转、非带电的静态黑洞。

以下是一个简化的模拟，展示了光线如何在黑洞附近弯曲（图 23-3）。

模型：我们使用史瓦西黑洞的度规。

参数：黑洞的质量 M 和史瓦西半径 $r_s = 2GM/c^2$，其中 G 是引力常数，c 是光速。

光线的初始条件：可以选择不同的起始点和初始方向来探索不同的光线轨迹。

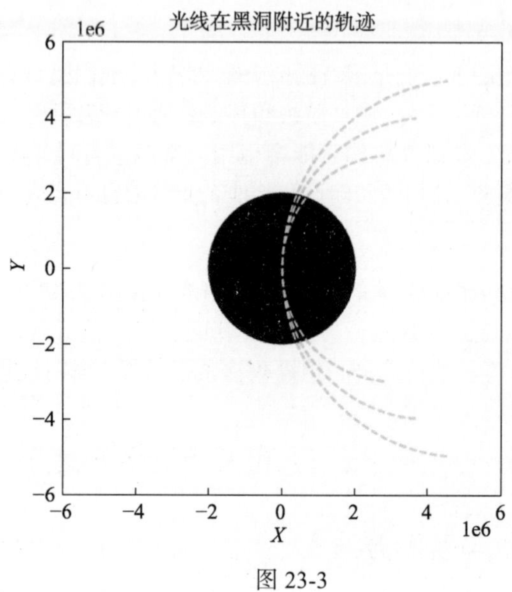

示例代码

图 23-3

在图 23-3 中，我们展示了光线在黑洞附近的弯曲轨迹。图中的黑色圆圈表示黑洞的事件视界，黄色虚线表示光线的轨迹。可以看到，当光线越接近黑洞，其轨迹的弯曲程度也就越大。

这种效应在一定程度上是夸张的，真实的光线弯曲效应取决于多种因素，包括黑洞的质量、光线的入射角度等。但是，此图为我们提供了一个直观的理解，说明了强重力环境如何影响光线的传播路径。在理论上，当光线完全经过黑洞的事件视界时，它会被永久地吸入黑洞并不再出来。这就是为什么黑洞被称为“黑”的原因，因为它不会发出任何光线或让任何光线逸出。

科学家通常观测黑洞周围的物质，这些物质在被吸入黑洞之前会发出强烈的 X 射线和伽马射线。这些射线可以被地球上的望远镜检测到，从而帮助科学家确定黑洞的位置和性质。这就是观测黑洞的目的。

23.6.3 黑洞的引力透镜效应与其他宇宙奇观分析

黑洞是宇宙中最神秘的天体之一，其强大的引力可以使经过其附近的光线弯曲，这种现象被称为“引力透镜效应”。这种效应并不仅限于黑洞，任何大质量的天体都可以对经过其附近的光线产生影响。但是，黑洞的引力是如此之强，以致它可以形成一个完整的光环，这被称为“爱因斯坦环”。

1. 引力透镜效应

当光线经过一个大质量天体（如星系、星团或黑洞）附近时，它的路径会弯曲。这种弯曲的效果可以使其背后的天体显得更大、更亮，甚至形成多个图像。这就是观测者有时可以看到星系背后的遥远天体的多个图像的原因。

2. 爱因斯坦环

在特定的条件下，背景天体、大质量天体（如黑洞）和观测者恰好成一直线时，光线弯曲的效果会形成一个完整的圆环。这种现象被称为“爱因斯坦环”，是引力透镜效应的一个特例。

3. 其他宇宙奇观

除了引力透镜效应，宇宙中还有许多其他令人震撼的天文现象，例如：

超新星爆炸：星体在生命周期的最后阶段发生的一次巨大爆炸。

中子星和脉冲星：死亡的巨星的核心塌缩形成的超密天体。

夸克星：是一种假设存在的天体，由夸克构成。

伽马射线暴：宇宙中最强烈的爆炸事件，释放出的能量是太阳在整个生命周期中释放出的能量的数千倍。

这些宇宙奇观为我们提供了关于宇宙如何运作、天体如何形成和演化以及物质如何在极端条件下行为的宝贵信息。

23.7　本章习题和实验或模拟设计及课程论文研究方向

习题

简答题：

（1）简述深空探测所面临的主要物理和技术挑战。

（2）为什么星际飞行比太阳系内的飞行更具挑战性？

（3）解释黑洞的基本特性并描述如何观测到它们。

（4）比较月球、火星和太空站作为太空殖民地的利弊。

（5）为什么封闭生态循环对于长时间的太空任务至关重要？

（6）简述太空中的生命支持系统如何工作。

（7）为什么太空中的辐射是一个主要的健康风险？

（8）怎样的技术和策略可以使太空旅游成为现实？

实验或模拟设计

模拟设计：深空探测模拟

设计一个模拟器来模拟太空探测器在太阳系内的飞行。模拟器应该能够考虑到各种物理效应，如行星的引力和太阳辐射。

模拟设计：生态循环模型

建立一个封闭的生态系统模型，其中包括植物、动物和微生物。监控系统的生态平衡，并尝试在模型中复现生命支持系统的功能。

模拟设计：太空旅游模拟

设计一个模拟器来模拟太空船在太阳系内的旅行。模拟器应该能够展示不同的旅游路线和旅行时间。

课程论文研究方向

深空探测的未来：探讨接下来十年内深空探测的可能方向和技术挑战。

太空移民的伦理问题：研究太空移民可能带来的伦理问题，如对土著生命的影响和资源的开采。

太空旅游的经济模型：分析太空旅游的潜在市场，预测其经济效益和风险。

黑洞的研究现状：探索最近的黑洞研究进展和未来的研究方向。

太空中的生物技术应用：研究太空环境下可能的生物技术应用，如微重力下的药物开发和太空农业。

第 24 章 生物物理学与未来医学

24.1 DNA、蛋白质与生物分子的物理学

24.1.1 DNA 的结构与功能

DNA（脱氧核糖核酸）是生命过程中的基本信息存储分子，它编码了生命的遗传指令。DNA 分子由两条长的聚合物链组成，这两条链以双螺旋的形式缠绕在一起。每条链都是由核苷酸组成的，每个核苷酸都包含一个磷酸、一个脱氧核糖和一个氮碱基。存在四种不同的氮碱基：腺嘌呤（A）、胸腺嘧啶（T）、胞嘧啶（C）和鸟嘌呤（G）。

这些氮碱基按照特定的配对规则配对：A 与 T、C 与 G。这种配对是通过氢键实现的，确保了 DNA 复制的精确性。DNA 的这种结构不仅为其生物学功能提供了基础，而且还涉及许多物理学的概念，如超螺旋、链的柔韧性和拓扑等。

24.1.2 蛋白质折叠与功能

蛋白质是生命过程中的主要执行者，承担着催化、结构、传输、信号转导、免疫等多种功能。蛋白质是由 20 种不同的氨基酸按照特定的顺序连接而成的长链分子。这个顺序由基因（DNA）编码，决定了蛋白质的一级结构。

蛋白质的功能不仅仅取决于它的氨基酸序列，关键在于蛋白质的三维结构，这是由氨基酸链在空间中的折叠方式决定的。这种折叠是蛋白质在合成后自发进行的，并遵循热力学原理，即自然趋向于形成最稳定的结构。折叠的过程受到多种非共价相互作用的驱动，包括氢键、离子键、范德华力和疏水作用。

蛋白质折叠的正确性是至关重要的。错误折叠的蛋白质可能失去功能，甚至可能导致疾病的发生。例如，许多神经退行性疾病（如阿尔茨海默病）都与蛋白质折叠异常有关。

一旦蛋白质正确折叠并形成了稳定的三维结构，它就可以执行其特定功能，这可能涉及与其他分子的相互作用。例如，酶是一类特殊的蛋白质，它们催化生化反应，通常需要与特定的底物分子结合。这种结合的特异性和亲和力是由蛋白质的三维结构决定的，尤其是它的活性中心。

24.1.3 生物分子的物理交互作用

生物分子，如蛋白质、核酸和脂质，在细胞内参与各种复杂的相互作用，支持生命的各种功能。这些相互作用的性质和特异性很大程度上取决于生物分子之间的物理交互作用。

范德华力（Van der Waals forces）：这是分子之间最弱的相互作用，通常在相邻的原子之间发生，基于偶然的、暂时的电荷分布。

氢键（Hydrogen Bonds）：这是在带有部分正电荷的氢原子和带有部分负电荷的原子（如

氧或氮）之间形成的一种特定的偶极—偶极相互作用。在 DNA 的双螺旋结构中，碱基对之间的配对就是通过氢键来实现的。

离子键（Ionic Bonds）：在带有正电荷的原子（阳离子）和带有负电荷的原子（阴离子）之间形成的键。在生物体系中，这种相互作用主要出现在蛋白质中的氨基酸残基之间。

疏水作用（Hydrophobic Interactions）：这是一种在水中的非极性分子之间的相互作用，导致它们倾向于聚集在一起，从而避免与水相互作用。在细胞膜的形成中，这种作用起着关键作用。

π-π 堆叠：在含有芳香环的分子之间，尤其是在某些蛋白质和核酸的结构中，π 电子云可以相互叠加，形成一个稳定的相互作用。

金属配位键：在某些蛋白质中，特定的氨基酸残基可以与金属离子形成配位键，从而稳定蛋白质的结构或参与其功能。

这些物理交互作用决定了生物分子的结构和功能，使它们能够进行高度特异性的相互作用，从而执行各种细胞内的任务。理解这些交互作用的性质和动力学对于揭示生命过程的物理学基础至关重要。

24.2　生物物理学技术与其在医学中的应用

24.2.1　分子影像技术

分子影像技术是一种非侵入性地在分子和细胞层面观测生物过程的技术。这种技术的目的是提供关于生物分子行为和功能的高分辨率、定量的信息，从而更好地理解疾病的发病机制，为疾病的早期诊断和治疗提供帮助。

荧光显微镜技术：利用特定的荧光染料或蛋白质（如绿色荧光蛋白 GFP）对细胞和组织进行染色，然后使用显微镜观察其发出的荧光，从而对目标分子进行定位和量化。

核磁共振影像（MRI）：利用磁场和射频脉冲对水分子的氢原子核进行激发，然后测量其放松过程中释放的信号，从而获取关于组织结构和功能的信息。

正电子发射断层扫描（PET）：利用放射性标记的分子探针，测量其在体内的分布和积累，从而对特定的生物过程进行成像。

单分子显微镜技术：允许科学家在真实时间内观察单个分子的动态行为，从而深入了解分子之间的相互作用和动态过程。

超声成像：利用高频声波在组织中的反射，生成关于组织结构和功能的图像。

这些技术在医学中有广泛的应用，例如肿瘤的早期诊断、药物的研发和评估、神经系统功能的研究等。随着技术的发展，分子影像技术为医学研究和临床应用提供了前所未有的机会。

24.2.2　生物传感器与设备

生物传感器是一种可以转换生物分子的活动为可测量的信号的设备。这些设备通常结合了生物识别元件和信号转换元件，从而可以检测和量化特定的生物分子或生物过程。

酶传感器：这些传感器使用酶作为生物识别元件，当酶与其底物结合时，会产生一个可以检测的化学或物理变化，如 pH 变化、电位变化或产生的产物。

免疫传感器：利用抗体—抗原的特异性结合，当目标抗原存在时，抗体会与其结合，从而导致电化学或光学信号的变化。

DNA 传感器：利用互补的 DNA 或 RNA 链之间的特异性结合，当目标 DNA 或 RNA 序列存在时，可以导致测量信号的变化。

细胞基传感器：使用活细胞作为生物识别元件，当细胞与特定的分子或环境因子相互作用时，会产生可测量的生物响应。

光学生物传感器：利用生物分子诱导的光学性质变化，如荧光、生物发光或折射率变化，来检测生物过程。

纳米材料和量子点在生物传感器中的应用：利用纳米尺度的材料，如金纳米粒子或量子点，增强生物传感器的灵敏度和选择性。

生物传感器在医学、环境监测、食品安全和生物技术领域都有广泛的应用。例如，用于血糖监测的葡萄糖传感器、用于病原体检测的微生物传感器，以及用于环境污染物监测的化学物质传感器。随着技术的进步，生物传感器正变得越来越迷你化、智能化和集成化，为未来的生物检测提供了巨大的潜力。

24.2.3 脑机接口与神经调制

脑机接口（Brain-Computer Interface，BCI）是一种直接连接大脑与外部设备的系统。这种接口允许大脑信号绕过身体的正常通路，直接与计算机或其他机器通信。脑机接口在很多领域都有潜在的应用，包括医学、健康科学、计算机科学、神经科学和工程学。

1. 脑机接口的基本原理

信号采集：通过脑电图（EEG）、功能性磁共振成像（fMRI）或其他神经成像技术来捕获大脑活动。

信号处理：使用算法来分析、解码和转化原始的神经信号。

设备控制：根据处理后的信号来控制外部设备，如计算机光标、假肢或轮椅。

2. 应用

假肢控制：对于截肢或四肢麻痹的患者，脑机接口可以用来控制机械假肢，使其执行抓取、移动等动作。

恢复语言：对于失语症患者，脑机接口可以帮助他们通过计算机生成语音或文字与人交流。

控制轮椅：对于完全瘫痪的患者，脑机接口可以用来控制轮椅移动。

神经调制：神经调制是一种通过电刺激或药物来调整神经活动的方法。这种方法在许多神经障碍的治疗中都有应用，例如帕金森病、抑郁症、癫痫等。

深部脑刺激（DBS）：通过在特定的大脑区域植入电极，来传送电刺激，调整异常的神经活动。

经颅磁刺激（TMS）：使用磁场来调整大脑表面区域的神经活动。

经颅直流电刺激（tDCS）：通过头皮上的电极传送微弱的直流电，来调整大脑活动。

这些技术为治疗各种神经障碍提供了新的方法，但也带来了一些伦理和安全上的挑战，如可能的认知、情感和行为的不良变化。

24.3 基因编辑与医学的未来

24.3.1 CRISPR 技术与基因治疗

CRISPR 技术是近年来生物医学领域最为革命性的进展之一，它为基因编辑提供了一个简单、高效和精确的方法。

1. CRISPR 的基本原理

CRISPR 与 Cas9 蛋白质结合，形成一个分子“剪刀”。通过设计特定的 RNA 序列，这个“剪刀”可以定位到 DNA 的特定位置进行切割。这种切割可以导致基因失效，或者允许研究人员插入、替换或删除特定的 DNA 序列。

2. 应用

基因治疗：通过修复或替换疾病相关的突变基因，CRISPR 技术为许多遗传性疾病提供了治疗方法，例如囊性纤维化、镰状细胞贫血等。

疾病模型：使用 CRISPR 创建特定的基因突变，可以帮助研究人员更好地了解某些疾病的发病机制。

农业：CRISPR 可以用来编辑作物的基因，使其具有更好的耐病、耐虫或耐旱性能。

基因治疗：基因治疗是一种通过替换、修复或调节特定基因来治疗或预防疾病的方法。这种方法为许多当前难以治疗的疾病带来了希望，例如某些遗传性疾病、某些癌症和病毒感染。

挑战与伦理问题：虽然 CRISPR 技术为基因编辑提供了巨大的可能性，但它也带来了一系列的伦理和安全问题。例如，是否应该编辑人类的胚胎基因、编辑基因可能带来的长期影响以及可能的非预期后果等。

24.3.2 个性化医疗与基因组学

个性化医疗，也被称为精准医疗，是一种将病人的基因、环境和生活方式信息纳入医疗决策的方法，以提供更为针对性和有效的治疗方案。

1. 基因组学与个性化医疗

基因组学：这是研究生物体所有遗传信息的科学，包括研究 DNA 序列和功能。通过研究个体的基因组，科学家可以更好地了解疾病的起源、进展和可能的治疗方法。

个体差异：每个人的基因序列都是独特的，这导致了对药物的反应、疾病的风险和治疗效果的差异。

药物代谢：基因组信息可以帮助医生预测病人对特定药物的反应，从而选择最合适的药物和剂量。

2. 应用

药物治疗：基于病人的基因组数据，医生可以为病人选择最合适的药物和剂量，从而提高治疗效果并减少不良反应。

疾病风险评估：通过分析病人的基因，医生可以预测病人对某些疾病的易感性，并提供预防建议。

早期诊断：基于基因组学的测试可以帮助医生在疾病的早期进行诊断，从而提供更早的治疗和更好的预后。

3. 挑战与未来前景

数据解释：尽管我们现在可以较为容易地测序个体的基因组，但如何正确解释这些数据仍然是一个挑战。

隐私与伦理问题：基因信息是高度敏感的，如何确保数据的隐私和安全是一个重要问题。

24.3.3 未来的再生医学与组织工程

再生医学是一个研究使用生物学方法修复或替换损伤或疾病组织和器官的领域。组织工程是再生医学的一个分支，它主要关注生物材料和细胞的应用，以创建新的活体组织。

1. 再生医学的基础

干细胞：具有自我更新能力和多向分化潜能的细胞，是再生医学的基石。例如，胚胎干细胞、成体干细胞等。

组织工程：使用细胞、生物支架和生长因子，创建能替代或修复人体组织或器官的技术。

2. 应用

器官移植：使用干细胞和生物材料制造的生物人造器官可用于解决器官供应短缺的问题。

皮肤移植：在烧伤或其他皮肤损伤的治疗中，采用实验室培养的皮肤。

骨骼和软骨修复：用于治疗关节炎、骨折或其他骨骼问题。

神经再生：对于脊髓损伤或其他神经损伤的治疗。

3. 挑战与未来前景

生物相容性：新的生物材料和干细胞治疗需要确保与人体兼容，避免免疫排斥。

技术复杂性：制造功能完整的器官或组织的技术难度很高。

伦理与法律问题：特别是与胚胎干细胞研究相关的。

成本：再生医学治疗的初步成本可能会很高，但随着技术进步和规模化生产，成本可能会降低。

未来，再生医学和组织工程有可能彻底改变我们对许多疾病和损伤的治疗方法，为患者提供更有效、更持久的治疗选择。随着技术进步、生物材料的发展和干细胞研究的深入，我们可以期待这一领域会带来更多的创新和突破。

24.4 应用 1：脑机接口的挑战与机会

24.4.1 脑电图与神经刺激技术

脑机接口（BCI）是一种直接连接大脑和计算机或其他外部设备的技术。BCI 的目标是捕获、解释和转化大脑的电活动，以实现与外部设备的通信或控制。脑电图（Electroencephalogram, EEG）是一种常用的方法，用于监测大脑的电活动，并在许多 BCI 系统中被用作信号来源。EEG 使用电极捕获大脑的电活动。这些电极通常被放置在头皮上，并通过导线连接到一个放大器。

1. 优势

非侵入性：不需要手术或其他医疗程序。

相对便宜：与其他神经影像技术相比，EEG 设备通常较为经济。

高时间分辨率：可以捕获快速变化的脑活动。

2. 挑战

空间分辨率：由于电极是放置在头皮上的，所以空间分辨率较低。

噪声：EEG 信号容易受到各种干扰，如眨眼、肌肉活动等。

神经刺激技术：除了读取脑活动，BCI 技术还可以被用于刺激大脑，以调整或改变其活动。神经刺激可以是电刺激、磁刺激或光刺激。

工作原理：使用电流、磁场或光来直接刺激神经细胞，从而改变其活动。

3. 应用

治疗：如用于治疗帕金森病的深部脑刺激。

研究：研究大脑的不同区域和功能。

增强功能：如提高认知能力或感知能力。

4. 挑战

侵入性：一些神经刺激技术可能需要手术。

安全性：过度刺激可能导致伤害或其他不良反应。

24.4.2　脑机接口信号处理与传输的模拟与可视化

脑机接口（BCI）在捕获、解析和传输大脑信号方面涉及许多复杂的步骤。为了使其在实际应用中实用，必须对原始的脑电信号进行一系列的处理，包括去噪、放大、特征提取和分类。以下是一个简化的模拟和可视化过程，展示了从捕获原始 EEG 信号到信号处理和传输的过程（图 24-1）。

首先，我们模拟一个简单的 EEG 信号，包括背景噪声和一些特定的活动模式（例如，当用户想要移动左臂时）。

然后，我们应用一些基本的信号处理技术，例如滤波，以突出显示我们感兴趣的信号部分并消除噪声。

最后，我们提取信号中的关键特征，并使用简单的分类器将其转化为一个可以被计算机或其他设备解读的命令。

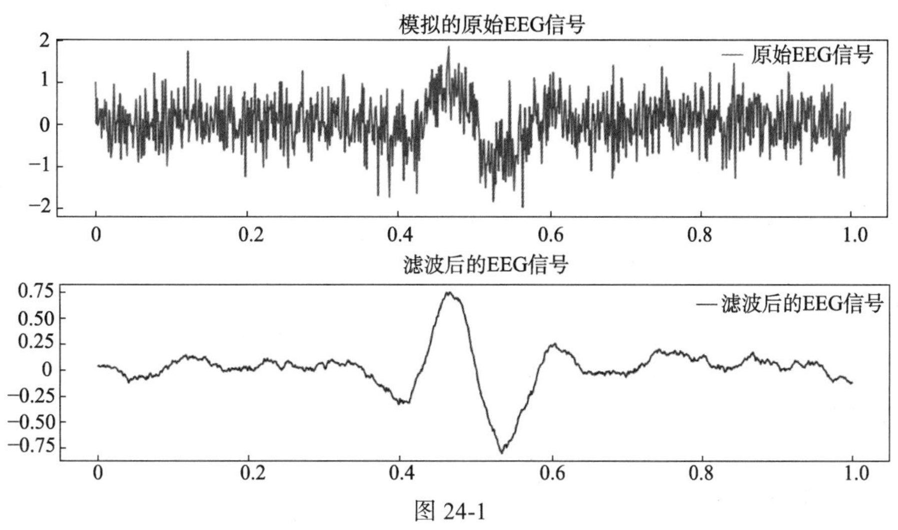

图 24-1

图 24-1 展示了模拟的原始 EEG 信号（蓝线）和通过简单滤波后得到的信号（红线）。滤波后的信号更清晰地显示了大脑活动的峰值，而背景噪声则被大大减少。

示例代码

这只是一个简单的示例，展示了如何从原始的 EEG 信号中提取有意义的信息。在实际的脑机接口应用中，会使用更复杂的信号处理和机器学习技术来解析和解码大脑信号，从而使设备可以根据用户的思维来进行操作。

24.4.3　脑机接口的核心应用与潜在价值分析

脑机接口（BCI）技术的发展为人类打开了一扇新的大门，可能会彻底改变我们与外部世界甚至与自己内心世界的交互方式。以下为脑机接口的几个核心应用及其潜在价值的分析。

1. 核心应用

辅助交流：对于那些由于重度运动障碍或疾病（如肌萎缩侧索硬化症、中风、颈部以上的脊髓损伤）导致不能通过传统方式交流的患者，BCI 技术提供了一个非常有价值的交流方式。通过解析脑电信号，患者可以控制计算机光标、选择字母或单词，从而与外界沟通。

控制假肢和轮椅：BCI 技术使得截肢者和瘫痪患者可以直接通过他们的思维来控制假肢或轮椅。这项技术突破了传统的界限，使得失去活动能力的患者可以重获日常生活的活动能力。

神经康复：对于因中风或其他神经损伤导致的运动功能损失，BCI 可以用作神经康复的工具。通过将大脑活动与虚拟或物理任务相连接，BCI 可以帮助患者重建大脑与肌肉之间的连接。

视频游戏和虚拟现实：BCI 为视频游戏和虚拟现实领域带来了新的互动方式。玩家可以直接用思维来控制游戏角色或与虚拟环境互动，这为沉浸式体验开辟了全新的领域。

心理健康和冥想：通过监测和反馈大脑活动，BCI 技术可以帮助人们更好地理解自己的情感和心理状态，从而提高冥想和放松的效果。

2. 潜在价值

医疗领域：BCI 技术为各种神经系统疾病的治疗提供了新的可能。

娱乐与消费电子：BCI 可以为消费者提供全新、沉浸式的娱乐体验。

军事与防御：通过 BCI 技术，可以提高飞行员和士兵的反应速度和决策能力。

日常生活：随着技术的进步，BCI 有可能成为我们日常生活中与技术交互的新方式，从打开电视到控制智能家居。

脑机接口技术具有广泛的应用前景和巨大的潜在价值，它可能会引领下一轮科技革命，彻底改变我们的生活方式。

24.5 应用 2：基因编辑与疾病治疗

24.5.1 CRISPR/Cas9 与目标基因切割

CRISPR/Cas9 技术是近年来生物技术领域的一大革命，它为基因编辑提供了一种快速、简单且高效的方法。

1. 基本原理

CRISPR 序列是细菌和古菌中的 DNA 序列，它们含有短重复序列。

这些重复序列之间的间隔由外源 DNA（如病毒）组成，是微生物用来“记忆”先前的病毒感染的。

当细菌或古菌再次遭受同种病毒入侵时，它们会转录 CRISPR 序列，产生 RNA，并与 Cas9 蛋白结合，形成一个复合体。

该复合体会识别并结合到病毒 DNA 上，随后 Cas9 蛋白切割病毒 DNA，从而中和病毒。

2. 基因编辑应用

研究者们发现，通过设计特定的 RNA 分子，可以指导 Cas9 蛋白切割任意的 DNA 序列。这为目标基因编辑提供了可能。例如，研究者可以设计 RNA 来指导 Cas9 切割某个特定的基因，从而导致基因失活。也可以通过提供一个 DNA 模板，利用细胞的 DNA 修复机制，实现特定基因序列的替换或插入。

3. 优势

高效：CRISPR/Cas9 技术比以前的基因编辑技术更为高效。

灵活：只需改变指导 RNA 序列，就可以针对不同的基因进行编辑。

多功能：除了基因失活，还可以进行基因替换、插入或其他修改。

尽管 CRISPR/Cas9 技术为基因编辑带来了革命，但它也带来了伦理和安全问题，尤其是在人类胚胎编辑方面。因此，在广泛应用之前，还需要进行大量的研究和讨论。

24.5.2　基因编辑过程及其效果的模拟与可视化

模拟基因编辑的过程和效果涉及生物信息学和分子生物学的知识。以下是一个简化的模拟和可视化过程，该过程假设我们已经知道目标基因的序列，并使用 CRISPR/Cas9 技术将其切割。

步骤 1：我们需要一个 DNA 序列，这可以是一个基因的部分或整体。

步骤 2：设计一个指导 RNA（gRNA），该 RNA 与目标 DNA 序列互补，并能够指导 Cas9 蛋白切割目标位置。

步骤 3：在模拟中，我们可以通过标记 DNA 序列中被切割的位置来表示 Cas9 的作用。

步骤 4：可视化整个过程，展示 DNA 被切割和可能的修复结果。

现在，我们进行模拟（图 24-2）。

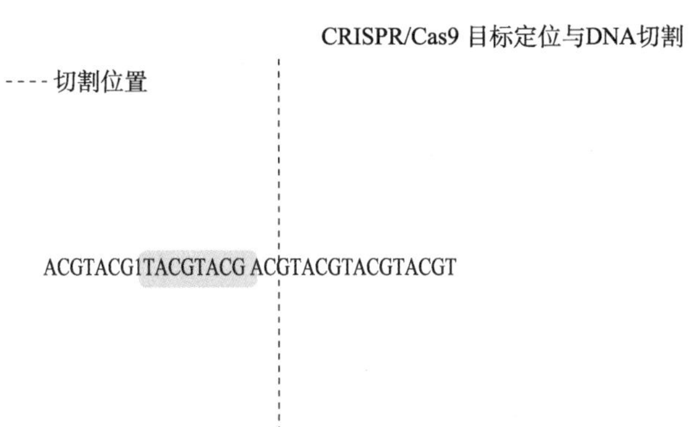

图 24-2

示例代码

图 24-2 中的蓝色序列表示 DNA 序列。黄色高亮的序列是 CRISPR/Cas9 将要绑定的目标区域。红色虚线表示 Cas9 蛋白将在该位置切割 DNA 的位置。此可视化提供了 CRISPR/Cas9 如何针对 DNA 中的特定序列，然后在该位置进行切割的简单表示。

24.5.3　基因编辑后细胞功能改变与治疗潜力分析

基因编辑技术，特别是 CRISPR/Cas9 技术，为细胞功能的改变提供了前所未有的能力。这种技术可以被用来修复致病基因、增强细胞的特定功能或为研究目的创造特定的细胞表型。

1. 修复致病基因

通过使用 CRISPR/Cas9 技术，可以将致病基因变异修复为正常版本，从而治疗遗传性疾病。例如，对于遗传性失明或囊性纤维化等疾病，研究人员正在尝试使用基因编辑技术修复突变基因。

2. 增强细胞功能

基因编辑技术可以被用来增强细胞的特定功能，例如增强 T 细胞的攻击力以对抗癌症。

CAR-T 细胞疗法就是一个例子，其中 T 细胞被编辑，使它们能够识别并杀死癌细胞。

3. 创建特定的细胞表型

为了研究的目的，可以使用 CRISPR/Cas9 技术创造特定的细胞表型以研究基因的功能。这种技术被广泛应用于基因功能的研究，帮助研究人员理解基因如何影响细胞行为和疾病的发展。

4. 治疗潜力

基因编辑技术的治疗潜力巨大，其能够精确、有效地修复或改变基因，为治疗许多遗传性和获得性疾病提供了可能性。此外，与传统的药物疗法不同，基因疗法可能能够提供持久的治疗效果，因为它们直接在基因层面上解决问题。

然而，与任何新技术一样，基因编辑技术也带有潜在的风险。例如，不正确的基因编辑可能导致不希望的突变，这可能有害。因此，在将这些治疗方法应用于患者之前，需要进行大量的研究和测试。

24.6 应用 3：仿生学与机器人技术

24.6.1 仿生学在生物物理学中的应用

仿生学是一门跨学科的科学，它试图从自然界中学习并模仿生物系统的结构、功能和策略，以解决工程和技术上的挑战。生物物理学为仿生学提供了一个理论和实验的基础，帮助我们更好地理解自然界中的生物过程和机制。

1. 结构仿生学

生物结构，如鸟的翅膀、鱼的鳍或昆虫的复眼，都是经过数百万年的进化优化的。通过研究这些结构的物理特性，科学家们已经开发出各种创新的材料和设计，如超滑面、仿生眼睛相机和高效的飞行器设计。

2. 功能仿生学

许多生物体具有特定的功能，如蜘蛛抽丝、蜜蜂的航向定位或大树的水分输送。

了解这些功能的物理机制可以导致新的技术和方法的开发，如新型的黏合剂、导航系统或水分输送技术。

3. 策略仿生学

生物体不仅有独特的结构和功能，而且还有独特的生存和适应策略。例如，某些动物在干旱环境中如何保存水，或某些植物如何在低光环境中进行光合作用。

这些策略可以为人类提供灵感，帮助我们更有效地管理资源或应对变化的环境条件。

仿生学在生物物理学中的应用为我们提供了一个独特的机会，通过学习和模仿自然界，开发出新的、更有效、更可持续的技术和方法。从微观到宏观，生物物理学都为仿生学的进步提供了宝贵的知识和工具。

24.6.2 仿生机器人行为与功能的模拟及可视化

仿生机器人是基于生物的结构、功能和行为来设计和制造的机器人。这种机器人的设计旨在模拟自然界中生物体的某些特性，以便更好地完成特定的任务或操作。以下是一个模拟仿生机器人（以仿生鱼类机器人为例）在水中游动的简单可视化。

仿生鱼类机器人主要模拟真实鱼的游动方式，通过摆动尾巴来推进自己前进。

为了简化，我们假设鱼尾摆动是一个简单的正弦函数，表示鱼尾与垂直轴的角度变化。我们模拟鱼在水平方向上的运动（图 24-3）。

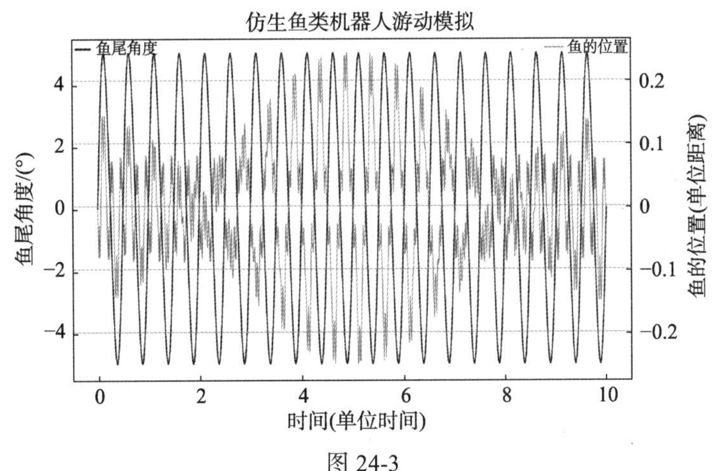

图 24-3

这是一个仿生鱼类机器人游动的模拟。图中绿色线表示鱼尾随时间摆动的角度，而蓝色线表示鱼随时间的位移。可以观察到，当鱼尾摆动的角度变化最大时（也就是绿线的斜率最大时），鱼的前进速度也最大。

示例代码

24.6.3　仿生技术在机器人领域的创新突破与未来发展分析

仿生学是一门研究生物学中的功能、策略和过程，并将这些知识应用于人工系统设计的学科。在机器人技术中，仿生思维已经引发了一系列的创新突破，为未来的发展提供了无限的可能性。

1. 仿生技术的创新突破

柔性机器人： 受到章鱼和其他无脊椎动物的启发，柔性机器人可以灵活地操作，在狭窄或不规则的空间中移动，甚至可以像真实生物那样改变形状。

生物模拟传感器： 模拟动物的触觉、视觉和听觉感知，这些传感器使机器人能够更好地理解其环境并作出响应。

仿生推进： 例如，模拟鱼类的尾鳍来设计水下机器人，这种设计提供了高效、低噪声的推进。

自适应控制算法： 受到生物神经网络的启发，这些算法使机器人能够在未知的环境中学习和适应。

2. 未来发展方向

复杂生态系统的模拟： 通过模拟多种生物的交互作用，研究群体智能和协同工作的机器人系统。

生物与机器的混合系统： 例如，使用生物组织来驱动或控制机器部件。

生物模拟材料： 这些材料可以模拟生物系统的自我修复、生长和其他功能。

增强人类能力：例如，通过仿生外骨骼来帮助残疾人行走或增加体力。

仿生技术为机器人领域提供了巨大的创新潜力，预计在未来几十年内将持续引领机器人技术的发展趋势。

24.7 本章习题和实验或模拟设计及课程论文研究方向

习题

基础理解题：

（1）简述 DNA 的双螺旋结构并解释其意义。

（2）如何定义蛋白质的一级、二级、三级和四级结构？每个级别对应的特点是什么？

（3）列举三种常见的生物传感器类型及其应用。

应用题：

（1）为什么基因编辑技术（如 CRISPR/Cas9 技术）在医学研究中被视为一种有潜力的技术？

（2）脑机接口如何将脑电信号转化为可执行的命令？

（3）描述一个仿生机器人设计的例子，并解释其背后的生物学原理。

分析题：

（1）分析和讨论脑机接口在未来医疗和生活中的潜在应用和伦理问题。

（2）为什么说 DNA 数据存储具有比传统存储方法更高的密度和持久性？

实验或模拟设计

实验：DNA 数据存储

设计一个实验，将简短的文本信息转化为 DNA 序列，再将这些序列转化回文本信息，从而验证 DNA 数据存储的准确性。

模拟设计：仿生机器人模拟

使用仿真软件设计并模拟一个简单的仿生机器人（例如，模仿螃蟹的行走方式）。观察机器人如何在不同地形中移动，并与传统机器人设计进行比较。

模拟设计：基因编辑过程的模拟

使用计算机模拟基因编辑过程，观察特定目标基因在受到 CRISPR/Cas9 系统干扰后的变化。

课程论文研究方向

基因编辑与伦理：研究基因编辑技术的伦理问题，特别是在人类胚胎编辑中的争议。

脑机接口的未来：探讨脑机接口技术的最新进展，以及它们在医疗、娱乐和其他领域的潜在应用。

仿生学与机器人技术：深入研究如何将生物学原理应用于机器人设计，以及这种方法如何改变我们对机器人功能和能力的看法。

第 25 章　环境物理学与地球的未来

25.1　气候变化的物理学基础

25.1.1　温室效应与大气的辐射平衡

温室效应是一个自然的地球大气过程，使我们的星球比没有大气时要温暖得多。太阳的辐射穿过大气，射向地球表面。地球吸收了这些辐射，并产生红外辐射或热，然后重新发射到大气中。尽管一些红外辐射从大气中逃逸到太空，但许多都被温室气体如二氧化碳、甲烷和水蒸气所吸收和重新发射，从而使地球表面温暖。

大气的辐射平衡是指入射太阳辐射与地球发射到太空的辐射之间的平衡。当这两种辐射相等时，我们说地球的辐射是平衡的。但由于人类活动不断增加温室气体，这种平衡已经受到了干扰，导致全球变暖。

为了更直观地理解这一点，可以考虑一个简单的模型：太阳发出的短波辐射可以直接穿透大气层，但地球发出的长波辐射会被温室气体吸收并重新发射。这导致地球表面温度上升，形成我们所知的温室效应。如果没有这种效应，地球的平均温度将比现在低约 33 ℃，使其变得不适合人类居住。但由于人为排放的温室气体增加，这一效应变得过于强烈，导致气候变暖。

25.1.2　海洋循环与全球气候模式

海洋循环在全球气候系统中起着至关重要的作用。它是由海洋表面和深部水流之间的交互作用驱动的，受到多种因素的影响，如地球的自转、风、温度和盐度的梯度。这种循环影响气候模式、气候变化以及能量、盐分和营养物质的全球分布。

1. 热盐循环

这是一种大尺度的海洋循环，由水的温度（热）和盐度（盐）变化驱动，因此得名。

当水冷却并变得更咸时，它会变得更重并沉到海洋深处。在某些地方，如北大西洋，这种沉降形成了深水，这些深水流向其他海洋区域，然后上升和回归。

这种循环对调节地球的气候起到了关键作用，因为它有助于重新分配热量和调节大气中的二氧化碳浓度。

2. 表层海洋循环

由风驱动的表层水流，如赤道反流和大洋环流，也对气候产生影响。例如，太平洋的厄尔尼诺现象会导致区域或全球范围内的气候异常。

3. 深海循环

在海洋底部，冷而咸的水流动，形成了深海循环。这种循环非常缓慢，但对长期的气候变化有重要影响，因为它有助于调节地球的热量和碳存储。

全球气候模式是由海洋、大气、陆地和冰冻区域之间的交互作用决定的。海洋循环是其中的一个重要组成部分，它有助于调节地球的温度和碳循环。例如，海洋可以吸收大量的二氧化碳，并通过热盐循环将热量从赤道地区转移到极地。这种能量转移对于调节气候和维持生命所需的稳定环境至关重要。

25.1.3 极端气候事件与其物理机制

极端气候事件指的是那些在历史记录中出现频率较低，强度、持续时间或范围超出常规的天气和气候现象。随着全球变暖，这些极端事件发生的频率和强度可能会增加。以下是一些常见的极端气候事件及其物理机制。

热浪：当一个地区连续几天的最高气温和最低气温都高于历史平均水平时，会发生热浪。高压系统的稳定性可能会导致空气下沉，变得更加热烈和干燥，从而阻止云层的形成并增加地表的暖化。

暴雨和洪水：暖空气可以容纳更多的水蒸气，所以当空气温度上升时，降雨量可能会增加。当湿润的空气被迫上升并冷却时，它会释放出存储的水分，导致强降雨。

干旱：干旱是由降雨量长时间的低于平均水平和/或蒸发率增加而导致的。长时间的高压稳定性、风向变化或海洋表面温度的变化都可能导致降雨量减少。

飓风、台风和热带气旋：这些都是大型的风暴系统，其形成与海洋表面温度有关。当海洋表面温度超过一定的阈值时，上升的暖湿空气可能会导致风暴的形成。这种风暴会带走大量的热量和水蒸气，并可能增强成为热带气旋。

极端寒冷事件：虽然全球总体上在变暖，但地区性的极端寒冷事件仍然可能发生。例如，极地涡旋的偏移可能会使严寒的空气到达中纬度地区。

海平面上升：全球变暖导致极地冰盖融化和海水热胀，都会导致海平面上升。

了解这些事件背后的物理机制有助于预测和应对未来可能发生的极端气候事件。此外，通过了解它们与全球变暖的关系，可以更好地制定策略来减少温室气体排放，从而减缓气候变化的速度。

25.2 环境监测与数据科学

25.2.1 遥感技术与环境监测

遥感技术是从远离目标或现象的地方（如卫星或飞机）收集信息的方法，通常不涉及与物体直接接触。这种技术在环境监测中起着至关重要的作用，因为它允许科学家和研究者实时、大规模地观察和分析地球的各个部分。

1. 原理

遥感基于目标反射或辐射的光（可见光、红外、微波等）的测量。不同的物体和材料在不同波长的光下有不同的反射和辐射特性，这有利于我们识别和分析它们。

2. 应用

土地覆盖和土地使用变化：通过分析多时相的遥感图像，可以跟踪和评估森林砍伐、城市扩张和农业活动的变化。

农业：遥感用于评估作物健康、预测产量和检测疾病或害虫。

水质监测：遥感可以用于检测水体的叶绿素、浊度和其他污染物的浓度。

极端事件：通过遥感监测，可以迅速评估洪水、火灾或其他自然灾害的影响。

气候变化：遥感用于跟踪冰盖的融化、海平面上升和其他与气候变化相关的现象。

3. 工具和设备

卫星：如地球观测卫星、气象卫星等，可以提供全球范围的数据。

无人机：适用于更小的地理范围，提供更高分辨率的图像。

传感器：有各种传感器，如多光谱传感器、热红外传感器和合成孔径雷达，每种都有其特定的应用和优点。

4. 数据分析

遥感数据经常需要复杂的处理和分析，包括图像纠正、分类、时间序列分析等。此外，与其他数据源（如地面观测、气象数据等）的集成可以提供更全面的洞察力。

遥感技术为环境科学提供了一个强大的工具，使我们能够更好地理解和管理我们的星球。随着技术的发展，我们可以期待这一领域的进一步创新和应用。

25.2.2　大数据与气候模型

随着科技的进步，我们现在有能力收集、存储和处理比以往任何时候都多的数据。当这种能力应用于气象学和气候科学时，我们得到了大量的关于地球气候的数据。这些数据，通常称为“大数据”，为气候模型提供了宝贵的输入，帮助科学家更准确地预测和理解气候变化。

1. 数据来源

卫星遥感：提供全球范围的地表、大气和海洋的数据。

气象站：提供地面温度、湿度、降水、风速和风向等数据。

海洋浮标：记录海温、盐度和洋流等参数。

冰芯和树轮：提供古气候数据。

2. 气候模型的作用

预测：通过模拟大气、海洋、陆地和冰冻过程的相互作用，预测未来的气候。

研究：理解气候变化的驱动因素，如温室气体的增加或太阳辐射的变化。

策略制定：提供决策者关于气候变化影响的信息，帮助制定适应和减缓策略。

3. 大数据在气候模型中的应用

数据同化：将观测数据与模型输出相结合，以提高模型的准确性。

模型集成：使用多个模型的输出来估计不确定性和预测的可能范围。

高性能计算：利用超级计算机运行复杂的气候模型。

4. 挑战

数据量巨大：存储、处理和分析这些数据需要高级的计算能力和专门的工具。

数据质量：不同的数据来源可能存在偏差或误差，需要进行质量控制和校正。

模型的复杂性：气候模型需要模拟许多相互作用的过程，这使得它们既复杂又计算密集。

5. 未来趋势

人工智能与机器学习：利用这些技术来分析大数据、提高模型的准确性和减少计算时间。

更高分辨率的模型：随着计算能力的增强，我们可以期待更细致、更具预测力的模型。

数据共享：公开和共享数据可以加速研究进度和提高透明度。

大数据为气候科学带来了革命性的变化，使我们能够更准确、更深入地理解气候系统的工作原理。通过利用这些数据和高级计算技术，我们有望更好地预测未来的气候变化并制定相应的策略。

25.2.3 物联网在环境监测中的应用

物联网（IoT）指的是通过网络连接的物理设备、车辆、家用电器和其他物品的网络。这些物体能够收集和交换数据，使得物件之间和物件与中央系统之间的互动成为可能。在环境监测中，IoT 的应用正在迅速增长，并为环境保护、资源管理和灾害预警提供了巨大的潜力。

1. 环境传感器网络

由数百到数千个传感器组成的网络，可实时监测土壤湿度、大气质量、水质、噪声水平等。

传感器可以部署在城市、农田、森林或其他生态系统中。

数据可以通过无线方式实时传输到中央数据库或云平台。

2. 应用案例

大气质量监测：通过部署在城市各处的传感器监测空气中的污染物。

水资源管理：通过监测河流、湖泊和水库的水质和水位来管理和分配水资源。

农业：监测土壤湿度、温度和光照，以优化灌溉、施肥和播种。

3. 灾害预警

传感器可以实时监测地震、洪水、森林火灾等的早期迹象。

当达到预警阈值时，系统可以自动发送警报，帮助人们做好准备和采取应对措施。

4. 数据分析与优化

通过分析收集到的数据，可以对环境变化趋势进行预测。

可以使用这些数据来优化资源使用，减少浪费，提高效率。

5. 挑战

数据安全与隐私：如何确保收集的数据不被滥用或遭到攻击。

设备维护：传感器和其他设备可能需要定期维护或更换。

数据量巨大：如何有效地存储、处理和分析大量的数据。

6. 未来趋势

更智能的传感器：能够自我校准，自我维护，并与其他传感器交互。

边缘计算：数据在传感器或本地网络上进行处理，减少数据传输和延迟。

集成人工智能：用于模式识别、预测和自动决策。

物联网为环境监测带来了革命性的变化，使我们可以实时、持续、精确地监测环境变化。这不仅为政策制定者提供了宝贵的信息，还为公众提供了更清晰、更及时的环境数据，帮助人们更好地了解和保护我们的环境。

25.3 可持续能源与环境保护

25.3.1 清洁能源的物理学原理与技术

清洁能源，通常被称为可再生能源，是不依赖于传统的化石燃料或不产生有害排放的能源。这些能源来源包括太阳能、风能、水能、地热能和生物质能。以下是各种清洁能源的物理学原理和技术。

太阳能：太阳能电池利用光伏效应将太阳光转化为电能。当光子撞击到太阳能电池上的半导体材料时，它们会将其能量传递给电子，使电子从价带跃迁到导带，从而产生电流。

技术：单晶硅、多晶硅、薄膜太阳能电池、有机太阳能电池、钙钛矿太阳能电池。

风能：风能利用风的动能驱动涡轮叶片旋转，再通过发电机将机械能转化为电能。

技术：地面风电机、海上风电机、垂直轴风电机。

水能：利用水流或水的位能驱动涡轮机旋转，再通过发电机产生电力。

技术：大坝、潮汐电站、波浪电站、小水电站。

地热能：利用地球内部的热能（主要由放射性衰变产生）来加热水或其他工作流体，从而驱动涡轮机产生电力。

技术：干热岩、热水、蒸汽、二次循环系统。

生物质能：生物质能是从植物和动物的有机物质中提取的能源。它们可以通过燃烧、发酵或其他方法转化为电能、热能或燃料。

技术：生物质燃烧、生物气、生物柴油、生物乙醇。

随着化石燃料资源的逐渐枯竭和全球变暖问题的日益严重，清洁能源的开发和应用变得越来越重要。从物理学原理和技术的角度理解各种清洁能源，可以帮助我们更好地评估其潜力和限制，并为未来的能源策略制定提供科学依据。

25.3.2　废物管理与资源循环

废物管理和资源循环是环境保护和可持续发展的关键组成部分。有效的废物管理不仅有助于减少污染，还可以将废物转化为有价值的资源。以下是废物管理与资源循环的主要内容。

废物分类与回收：通过对废物进行分类和分离，可以提高回收的效率和纯度，为后续的处理和再利用创造条件。技术：手工分拣、磁性分离、风选、红外线分拣、液态密度分离等。

生物降解与堆肥：利用微生物分解有机物质，产生可用作土壤改良剂的堆肥和可作为能源的沼气。技术：静态堆肥、转动堆肥、好氧发酵、厌氧发酵等。

废物能源化：通过燃烧不可回收的废物产生热能，进而转化为电能或供热。技术：垃圾焚烧发电、生物质气化、生物质液化等。

物质循环与生产：从废物中提取并再利用有价值的原材料，如金属、塑料和纸张，从而实现资源的循环利用。技术：冶炼、物理化学法、生物法等。

废水处理与再利用：通过物理、化学和生物方法去除废水中的有害物质，使其达到再利用或排放的标准。技术：沉淀、吸附、好氧生物处理、厌氧生物处理、膜分离、电化学处理等。

废物管理与资源循环不仅是为了解决废物污染问题，更重要的是为了实现资源的最大化利用和循环经济的理念。科学的废物管理和资源循环技术可以大大减少对自然资源的依赖，降低环境压力，推动可持续发展。

25.3.3　水资源管理与保护的物理方法

水是生命之源，对所有生物都至关重要。随着人口增长、工业化进程加速和气候变化的影响，水资源变得越来越紧张。因此，水资源的有效管理和保护非常关键。以下介绍了水资源管理与保护的物理方法。

地下水勘探：利用地磁场、电磁波等地球物理方法，探测地下水的深度、流动和储量。

技术：电磁测深、地震反射、声波探测等。

水的脱盐与净化：利用膜过滤或蒸馏来分离和去除水中的盐分和杂质。技术：反渗透、电渗析、多效蒸馏、真空蒸馏等。

雨水收集与利用：利用建筑物的设计和地形，收集和存储雨水。技术：屋顶雨水收集、雨水蓄洪池、雨水渗透井等。

水的再利用与循环：经过初步处理后，将废水回收到生产和生活过程中，减少对新鲜水的需求。技术：活性炭吸附、沙滤、膜分离、紫外线消毒等。

洪水控制与管理：通过建设堤坝、水库和排水系统来控制和分散洪水。技术：土坝、混凝土坝、渗透井、排水渠等。

水质监测：利用传感器和其他仪器检测水中的化学、生物和物理参数，以评估水质。技术：溶解氧传感器、浊度计、pH 计、电导率仪、生物毒性测试等。

水资源的有效管理和保护需要综合运用多种物理方法。这些方法旨在确保水的可持续供应，满足人类和生态系统的需求，同时保护水资源不受污染和过度开发的威胁。

25.4 应用 1：气候模型与预测

25.4.1 复杂的气候模型与其挑战

气候模型是用来模拟地球气候系统行为的数学模型，它们通常基于物理学、化学和生物学原理。这些模型可以从简单的能量平衡模型到复杂的全球气候模型（GCMs）的范围。以下概述了复杂气候模型的特点以及其所面临的挑战。

1. 特点

多尺度：气候模型需要同时处理多种尺度，从微米级的云滴到数千千米的大洋和大陆。

多过程交互：这些模型需要考虑大气、海洋、陆地和生物圈之间的交互作用。

非线性：很多气候过程都是非线性的，这使得模型非常敏感，小的改变可能导致大的效应。

2. 挑战

参数化的问题：由于计算资源的限制，模型不能解决所有的物理过程。一些小尺度过程（如云的形成和分散）需要通过所谓的“参数化”来表示。

不确定性：气候模型的结果通常具有不确定性，这是由于模型的初值、边界条件和参数化的不确定性。

验证和校准：由于我们不能进行未来的实验，所以验证气候模型的预测是一个挑战。模型需要使用过去的气候数据进行校准。

计算资源：复杂的 GCMs 需要大量的计算资源，尤其是当考虑到细致的空间分辨率或多个模拟的情况。

3. 应用

气候变化的预测：模型用于预测由于增加的温室气体排放而可能发生的未来气候变化。

策略制定：模型结果用于为政策制定者提供关于减少温室气体排放的建议。

天气预测：虽然气候模型和天气预测模型有所不同，但它们的一些核心组件是相似的，例如大气和海洋动力学。

25.4.2　简化气候变化过程的模拟与可视化

我们可以使用一个简化的气候模型来模拟温室效应。在这个模型中，将重点关注地球表面和大气层之间的辐射平衡。

1. 简化模型

我们将太阳视为一个恒定的辐射源，并考虑地球表面的反照率（即地球反射太阳辐射的能力）。地球表面的温度将决定它发射的红外辐射的数量。我们考虑一个简单的大气模型，其中只有一个温室气体层。

2. 模拟过程

首先，我们计算太阳对地球表面的总辐射。其次，我们考虑地球表面的反照率，以确定实际吸收的辐射。地球表面温度随着吸收的辐射而上升，并发射红外辐射。温室气体层吸收并再发射红外辐射，部分返回地球表面。这个过程重复进行，直到达到一个新的平衡状态。

我们绘制地球表面温度随时间的变化的曲线，以展示温室效应的影响（图 25-1）。另外，可以比较有温室气体和没有温室气体的情况，以强调它们的重要性。

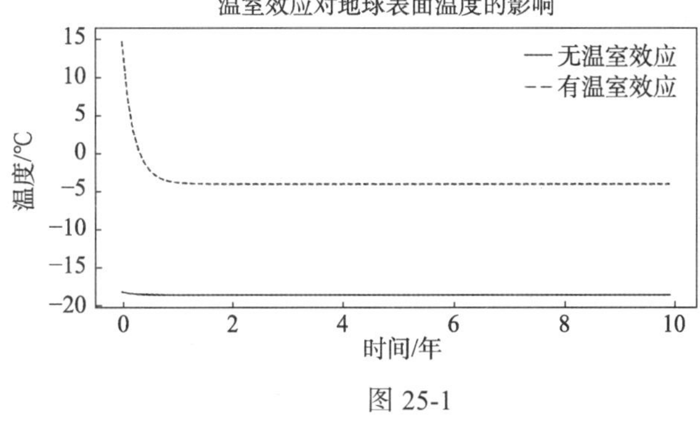

图 25-1

示例代码

25.4.3　气候模型预测结果与实际观测数据的对比分析

当我们谈论气候模型的预测和实际观测数据的对比时，通常涉及以下几个关键点。

模型的准确性：气候模型是基于物理学、化学和生物学原理建立的数学模型，用于模拟大气、海洋、冰层和陆地之间的交互作用。它们的目的是预测未来的气候变化。但是，由于气候系统的复杂性，模型的预测可能与实际观测数据存在差异。

验证与校准：当气候模型完成后，科学家会使用过去的气候数据对其进行验证。这意味着他们会将模型的输出与实际观测数据进行比较，以确定模型的准确性。如果模型的预测与观测数据接近，那么模型就被认为是准确的。

预测差异：即使经过验证的模型也可能与实际观测数据存在差异，特别是在长时间尺度上。这可能是由模型的内在不确定性、初始条件、外部驱动因素（如温室气体排放）等因素造成的。

不同模型的对比：存在多种气候模型，它们可能会给出不同的预测。通常，科学家会使用多个模型的集合来预测未来的气候，这称为“模型集成”。通过比较不同模型的预测，我们可以更好地理解预测的不确定性。

观测数据的来源：实际观测数据可以来自气象站、卫星、浮标等多种来源。这些数据经过处理和校准后，可以用于验证模型。

为了展示气候模型预测结果与实际观测数据的对比，我们通常使用图表，例如折线图，其中模型的预测和实际观测数据可以在同一图表上显示，以便进行对比。

气候模型是强大的工具，可以帮助我们理解和预测气候变化。但是，由于气候系统的复杂性，模型预测与实际观测数据之间可能存在差异。通过不断地验证和改进模型，科学家正在努力提高预测的准确性。

25.5 应用 2：空气质量与污染控制

25.5.1 大气污染物的来源与其物理化学特性

大气污染物是存在于大气中的固体颗粒、液滴或气体，它们可能对环境、人类健康或财产产生有害的影响。大气污染物的来源很多，包括自然来源和人为来源。这些污染物在大气中的行为和特性取决于它们的物理和化学性质。

1. 污染物的来源

自然来源：如火山爆发、森林火灾、尘暴、花粉、烟雾等。

人为来源：主要包括工业生产、交通排放、燃煤、农业活动、生活污水和垃圾焚烧等。

2. 主要的大气污染物

悬浮颗粒物（PM）：如 PM2.5 和 PM10，是指大气中直径小于或等于 2.5 μm 和 10 μm 的颗粒物。它们可能有多种来源，如燃煤、机动车排放和工业过程。

氮氧化物（NO_x）：主要来源是交通和工业燃烧。

硫氧化物（SO_x）：主要来源是燃煤和石油炼制。

挥发性有机化合物（VOCs）：来源包括汽车尾气、溶剂使用、工业过程等。

臭氧（O_3）：是在大气中由 VOCs 和 NO_x 在阳光下发生光化学反应产生的。

碳氢化合物：如甲烷，主要来源是农业、垃圾填埋场和天然气生产。

3. 物理化学特性

颗粒物：根据其大小、形状和成分，悬浮颗粒物的物理和化学性质有很大的差异。它们可以是有机的或无机的，酸性或碱性，并且有不同的光学和气溶胶特性。

气体污染物：如 SO_x 和 NO_x，可以与大气中的其他化学物质反应，形成二次污染物，如酸雨和细颗粒物。

光化学污染：在阳光作用下，某些污染物可以与其他物质反应，产生新的污染物，如地面臭氧。

大气污染物的物理和化学特性决定了它们在大气中的行为，如传输、沉降和化学转化，以及它们对人类健康和环境的潜在影响。理解这些特性是制定有效的污染控制策略的关键。

25.5.2 城市大气污染扩散过程的模拟与可视化

模拟城市大气污染扩散过程需要考虑多种因素，如风速、风向、地形、大气稳定性以及污染物的初始浓度等。为了简化模型，我们可以采用一个基本的高斯扩散模型来模拟污染物的扩散（图 25-2）。

高斯扩散模型基于高斯分布来描述污染物在垂直和水平方向上的分布。它适用于近地面、持续释放的污染源，如烟囱。

模型的基本公式为：

$$C(x,y,z,H)=\frac{Q}{2\pi u\sigma_y\sigma_z}\exp\left(-\frac{y^2}{2\sigma_y^2}\right)\left[\exp\left(-\frac{(z-H)^2}{2\sigma_z^2}\right)+\exp\left(-\frac{(z+H)^2}{2\sigma_z^2}\right)\right]$$

其中，$C(x,y,z)$ 是距离源头 x 米、质量方向上 y 米、高度 z 米处的污染物浓度；Q 是污染源的排放率（单位：质量/时间）；u 是风速；H 是有效释放高度（通常为烟囱高度加上热浮力导致的有效提升）；σ_y 和 σ_z 是水平和垂直方向上的扩散参数，它们取决于大气稳定性和下风距离。

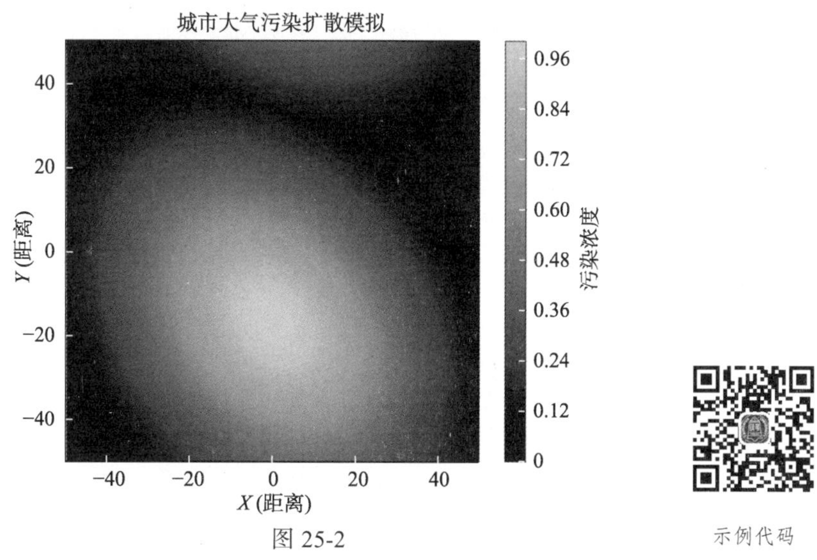

图 25-2

示例代码

这是一个简化的城市大气污染扩散模拟。此图显示了一个污染源位于中心的情况，随着风从左向右吹动，污染物如何扩散。使用色彩映射，我们可以直观地看到不同的污染浓度，其中深色表示高浓度，浅色表示低浓度。

25.5.3 污染控制措施效果与潜在改进方案分析

大气污染控制是全球各大城市面临的紧迫问题。面对日益加剧的大气污染，各地政府和研究机构采取了多种方法来控制和减少污染物排放，从而改善空气质量。在本节中，我们探讨一些常用的污染控制措施，评估它们的效果，并分析可能的改进方案。

1. 污染源控制

车辆排放控制：采用更严格的排放标准，推广使用电动车和混合动力车。

工业排放控制：采用清洁生产技术，增加排放治理设备。

限制燃煤：推广使用清洁能源，如天然气、太阳能和风能。

2. 大气污染物去除

湿式洗涤：采用水或化学溶液吸收污染物。

静电除尘：利用电场捕捉飞灰和颗粒物。

催化剂：加速化学反应，转化有害污染物。

3. 城市规划与绿化

绿地规划：增加城市绿地，如公园、绿化带，吸收并稀释污染物。

交通规划：优化交通流动，减少交通拥堵，降低尾气排放。

风向利用：利用风向设计城市布局，促进污染物扩散和稀释。

4. 效果评估

短期效果：通过连续监测空气质量，可以观察到污染物浓度的变化趋势，从而评估措施的即时效果。

长期效果：通过对比多年的空气质量数据，可以分析污染控制措施的长期效果和影响。

5. 潜在改进方案

技术创新：不断研发新的污染控制技术和设备，提高效率。

政策调整：根据污染状况和社会经济需求，适时调整污染控制政策。

公众参与：鼓励公众参与污染控制，提高公众的环保意识，形成社会和公众共同参与的氛围。

通过综合应用上述措施和方案，我们可以有效控制和减少大气污染，改善空气质量，保护人们的健康和环境。

25.6 应用 3：海平面上升与沿海城市的未来

25.6.1 海平面上升的物理原因

海平面上升是近几十年来全球气候变化的一个重要标志。海平面上升对沿海地区和岛屿国家构成了严重威胁，导致了土地流失、盐水入侵、生态系统破坏和人口迁移等问题。为了更好地应对这一挑战，我们首先需要了解海平面上升的物理原因。

热膨胀：当水被加热时，其体积会增加，这一过程被称为热膨胀。由于全球气温上升，导致海洋表面温度也随之上升，从而使得上层海水膨胀。这是当前海平面上升的主要原因之一。

冰川和冰盖融化：由于全球气温上升，许多冰川和冰盖开始融化。当这些冰川融化后，大量的淡水进入海洋，导致海平面上升。尤其是格陵兰冰盖和南极冰盖的融化，为海平面上升输送了大量水分。

陆地水储存变化：人类活动，如水库建设、地下水抽取等，也会影响陆地上的水储存。当地下水被大量抽取后，这部分水最终流入海洋，增加了海洋的水量。

陆地沉降：在某些地区，由于地壳运动、沉积物负载或地下水抽取导致的地表沉降，海平面相对于陆地上升得更快。虽然这不是真正的“海平面上升”，但它增加了沿海地区面临的风险。

海平面上升是由多种因素共同作用的结果，其中全球气候变化和人类活动是主要原因。为了减缓和适应海平面上升的影响，我们需要深入了解其原因，采取有效的措施。

25.6.2 沿海城市在不同海平面上升幅度下的影响的模拟与可视化

模拟和可视化沿海城市在不同海平面上升幅度下的影响（图 25-3），通常需要具体的地理信息系统（GIS）数据和工具。下面简要描述模拟的基本步骤和方法。

1. 数据收集

获取所选沿海城市的高分辨率地形数据。

收集该城市的人口、基础设施、生态系统等相关数据。

2. 确定上升幅度

根据不同的气候模型和情景，设定海平面上升的几种可能的幅度，如 0.5m、1m、2m 等。

3. 模拟影响

使用 GIS 工具，根据地形数据和预定的上升幅度，模拟哪些地区会被淹没。

分析和计算因此受到影响的人口、基础设施、生态系统等。

4. 可视化结果

制作地图，显示在不同上升幅度下，哪些地区可能会被淹没。

制作图表和统计数据，展示受影响的人口、经济损失、生态系统损害等。

5. 结果分析

分析模拟结果，判断哪些地区、哪些群体和哪些基础设施最为脆弱。

提出可能的适应策略，如建造防洪堤、植被恢复、人口转移等。

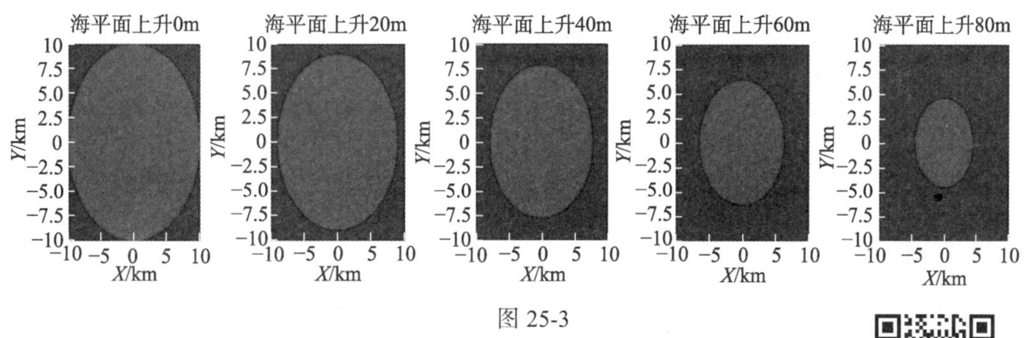

图 25-3

图 25-3 使用色阶来表示不同的海拔高度。我们模拟海平面上升，以展示哪些地区可能首先被淹没。

示例代码

25.6.3　沿海城市防御措施与未来规划策略分析

随着全球变暖和极地冰盖的融化，海平面上升成为了沿海城市必须面对的现实问题。这意味着这些城市必须重新思考其长远的规划和建设策略，以确保其持续的经济和社会稳定。以下是一些建议的防御措施和规划策略。

建造海堤和防浪墙：这些结构可以帮助减少风暴潮的影响，并为城市提供一个物理屏障，防止海水涌入。

恢复和增强湿地和红树林：这些自然屏障不仅能够吸收风暴潮的冲击，还能帮助减少土地侵蚀，并为野生动植物提供栖息地。

提高建筑标准：新的建筑和基础设施应当考虑到未来的海平面上升，可能需要在更高的地基上建造或采取其他防洪措施。

建立排水系统和水泵站：在潮汐或暴雨期间，这些设施可以帮助排放或存储过多的雨水或海水。

城市规划和重新定位：在某些情况下，某些地区可能不再适合居住或进行商业活动。城市规划者需要考虑到这一点，并可能需要重新定位一些社区或功能。

提高公众意识：教育公众关于海平面上升的影响和他们可以采取的个人措施是至关重要的。这可以帮助社区更好地准备和响应。

与其他城市和国家合作：海平面上升是一个全球问题，需要全球性的解决方案。沿海城市可以与其他城市分享最佳实践和经验，共同研究开发解决方案。

投资研究和技术：新的技术和研究可能会带来更好的解决方案，帮助城市更有效地应对海平面上升的威胁。

加强法律和政策：政府可以通过法律和政策鼓励或要求采取特定的防御措施，如建筑标准或土地使用规划。

25.7 本章习题和实验或模拟设计及课程论文研究方向

习题

简答题：

（1）解释温室效应的物理机制。列举三种主要的温室气体及其来源。

（2）为什么海洋循环对全球气候具有重要意义？简述其基本原理。

（3）简述极端气候事件的两种类型及其发生的可能原因。

（4）列举三种遥感技术，并简要描述它们如何用于环境监测。

（5）什么是脑机接口？列举其在环境监测中的一个潜在应用。

（6）解释清洁能源和非可再生能源的区别。给出两个清洁能源的例子。

（7）简述地下水的两种物理特性，以及为什么它们对水资源管理很重要。

实验或模拟设计

模拟设计：气候模型模拟

使用简单的计算机模型模拟气候变化。考虑温室效应、太阳辐射和其他因素。

实验：空气质量监测

设计一个简单的实验来测量不同地点的空气质量，例如学校、家中和公园。

模拟设计：水资源模拟

使用模型模拟地下水流动、水源供应和需求，以及不同策略如何影响水资源平衡。

课程论文研究方向

气候变化与社会影响：研究气候变化对农业、经济和健康的潜在影响。

遥感技术在环境保护中的应用：探讨如何使用遥感技术来监测森林砍伐、污染扩散等。

城市污水处理与再利用：研究如何使用物理方法来处理和再利用城市污水。

清洁能源技术的物理学原理与发展趋势：深入研究太阳能、风能或其他可再生能源的工作原理，以及未来的发展潜力。

海平面上升对沿海城市的影响：分析海平面上升可能带来的风险，以及如何采取措施来适应和减轻这些风险。

第 26 章 新材料与未来工业

26.1 石墨烯与二维材料

26.1.1 石墨烯的特性与应用

石墨烯是一种由单层碳原子构成的二维结构，这些碳原子以蜂巢状的晶格形式紧密排列。由于其独特的结构和性质，石墨烯已经成为纳米科学和材料科学领域的热门研究对象。

1. 特性

超高的电导率：石墨烯的电子迁移率非常高，这意味着它可以非常快速地传输电荷。

高强度：尽管它只有一个原子厚，但石墨烯的强度是钢铁的 100 倍以上，同时具有很高的韧性。

高热导率：石墨烯可以快速传导热量。

透明性：石墨烯对可见光几乎是透明的。

灵活性：石墨烯可以弯曲和扭曲而不会破裂。

2. 应用

电子产品：由于其超高的电导率，石墨烯被视为制造更快、更小、更灵活的电子产品的理想材料，如透明触摸屏、柔性显示屏等。

能源存储：石墨烯可以用于制造电池和超级电容器，提供更大的能量存储密度和更快的充电速度。

复合材料：石墨烯的高强度和灵活性使其成为制造更轻、更强大的复合材料的理想选择。

生物医学应用：石墨烯的特性使其在药物递送、细胞成像和基因工程中具有应用潜力。

水净化：石墨烯膜可以用于过滤和净化水，有效去除污染物和盐分。

石墨烯的这些特性和应用只是目前已知的冰山一角。随着研究的深入，人们可能会发现其更多的应用和新的性质。

26.1.2 二维材料的多功能性

除了石墨烯，近年来研究人员还发现了许多其他二维材料，这些材料具有独特的性质和广泛的潜在应用。这些二维材料通常具有单原子或单分子厚度，并且在这个尺度上展现出了许多独特的物理和化学性质。

1. 常见的二维材料

二硫化钼：是一种半导体材料，经常被用作石墨烯的替代品，尤其在需要带隙的应用中。

二硫化钨：与二硫化钼类似，但具有略微不同的电子性质。

黑磷：一种具有有趣的电子和光学性质的二维材料。

氮化硼（Boron Nitride，BN）：是一种类似于石墨烯的二维材料，由硼和氮原子交替排列组成。它具有独特的电子和化学性质，如高绝缘性和热稳定性。氮化硼广泛应用于电子器件的绝缘材料、高温润滑剂和防腐涂层等领域。

2. 多功能性

光电性质：许多二维材料都具有独特的光电性质，使它们成为太阳能电池、光探测器和其他光电子设备的理想材料。

力学性质：就像石墨烯那样，其他二维材料也经常显示出出色的力学性质，如高强度和韧性。

化学和生物应用：二维材料的大表面积和化学活性使它们在传感、催化和药物递送等领域具有应用潜力。

量子计算：一些二维材料显示出有趣的量子效应，这为未来的量子计算技术提供了可能性。

26.1.3 创新的生产技术与应用领域

随着对二维材料的深入了解，研究者们已经开发出了多种生产和加工这些材料的技术，从而推动它们在各种应用领域中的广泛使用。

1. 生产技术

机械剥离：这是最早用于制造石墨烯的技术，通常使用胶带从石墨块中剥离出单层石墨烯。

化学气相沉积（CVD）：使用气态前驱体在特定的基底上生长出石墨烯或其他二维材料。

液相剥离：使用化学剂对多层材料进行处理，从而分离出单层或几层的二维材料。

分子束外延：在高真空条件下，从固态来源沉积原子或分子以形成二维材料。

2. 应用领域

电子学：由于它们独特的电子学性质，二维材料被用于制造透明电极、场效应晶体管和其他电子设备。

能源：石墨烯和其他二维材料在太阳能电池、超级电容器和电池中都有潜在应用。

传感器：二维材料的高表面积和敏感性使它们成为化学、生物和物理传感器的理想材料。

光电子学：二维材料在激光、LED 和光探测器等设备中显示出出色的光电性能。

生物医学：二维材料的生物相容性和表面功能性使其在药物递送、基因编辑和组织工程中有潜在应用。

26.2 超导材料与技术

26.2.1 超导的物理学原理

超导现象是某些材料在低于特定的临界温度时电阻突然下降至零的现象。这意味着超导体在这种状态下可以无损耗地传输电流。这一奇特的现象在 1908 年首次由荷兰物理学家希克·卡梅林·昂内斯发现。以下是超导的基本物理学原理。

库珀配对：超导性的主要特征是电子在晶格中以特定的配对方式——称为库珀配对——移动。这些配对的电子在特定的温度下可以无阻抗地流动，因为整体的配对系统不会与晶格发生散射。

能隙：在超导状态下，电子的能级分布与正常状态不同，存在一个所谓的能隙。这意味着需要一定的能量才能破坏库珀配对，使超导状态转变为正常状态。

迈斯纳效应：超导体内部的磁场为零，这一现象称为迈斯纳效应。这是因为超导体内部的自由电流会产生一个与外部磁场相反的磁场，从而使总磁场为零。

临界温度和临界磁场： 超导性只在特定的温度（低于临界温度）和磁场（低于临界磁场）条件下出现。当材料的温度或外部磁场超过这些临界值时，超导性会消失。

BCS 理论： 1957 年，约翰·巴丁、利昂·库珀和约翰·肖特基提出了解释超导性的 BCS 理论，该理论描述了库珀配对如何在晶格中形成以及这些配对如何导致电阻下降到零。

超导技术的发展开启了许多前沿技术应用的大门，如磁悬浮列车、粒子加速器和极低温度实验等。

26.2.2　高温超导与应用

高温超导（HTS）是指在相对较高的温度下出现的超导现象。尽管“高温”这一名称可能令人误解（因为这些温度仍然非常低），但与传统的超导体相比，高温超导体可以在液氮的沸点（约 77K 或–196℃）或更高的温度下工作，而不是在液氢或液氦的温度下。

1. 高温超导的关键特点

材料类型： 高温超导体主要包括铜氧化物（如 $YBa_2Cu_3O_7$，通常称为 YBCO）和铁基超导体。这些材料的临界温度比传统的超导体如铅或镍合金要高得多。

机理： 尽管 BCS 理论可以解释传统超导体的行为，但高温超导的详细机制尚未完全明确。铜氧化物和铁基超导体的超导机制似乎与库珀配对有关，但涉及的是不同的电子态。

2. 应用

电力传输： 高温超导体可以用于无损耗的长距离电力传输线，这对于提高电网的效率和减少能源损耗非常有用。

磁共振成像（MRI）： 在医疗成像领域，高温超导磁体可用于生成强磁场，从而提高 MRI 的分辨率和清晰度。

磁悬浮列车： 超导磁悬浮技术可以实现列车在轨道上的无摩擦运动，从而大大提高速度和效率。

粒子加速器： 高温超导磁体可以在粒子加速器中用于产生高强度的磁场，从而实现高能量的粒子碰撞。

电力存储： 超导磁能存储系统可以用于瞬时存储和释放大量电能，这在调节电网供电中起到关键作用。

3. 挑战

材料制备： 尽管已取得了许多进展，但生产高质量、长距离的高温超导线材仍然是一个技术挑战。

冷却： 尽管高温超导体的工作温度相对较高，但它们仍然需要冷却系统，这增加了系统的复杂性和成本。

26.2.3　未来的超导技术展望

随着科学研究和技术的进步，超导技术正面临着一个充满希望的未来。以下是未来超导技术可能的发展方向和展望。

新材料的发现： 科学家们一直在努力寻找新的超导材料，尤其是在更高的温度下显示超导性的材料。这样的材料可以减少冷却的需求和成本，从而使超导技术更为经济和实用。

理解高温超导机制： 尽管高温超导已经存在了几十年，但其背后的详细物理机制尚不完全明确。深入理解这些机制将有助于设计更高效的超导材料。

超导电网：随着全球对清洁能源需求的增加，超导电网可能为长距离、高效、低损耗的电力传输提供解决方案。

量子计算机：超导技术在量子计算中扮演着重要角色，特别是在制造高效率的量子比特方面。随着量子计算的进步，超导技术将越来越受到重视。

更高效的医疗设备：从磁共振成像（MRI）到粒子治疗，超导技术可以提高医疗设备的性能和效率。

宇宙学研究：超导设备如SQUID（超导量子干涉器）正在用于探测微弱的宇宙信号，从而帮助我们理解宇宙的起源和结构。

室温超导：近年来，有报道称在特定条件下已经观察到了室温超导。这一发现如果得到确认和实用化，将彻底颠覆现有的超导技术应用和市场。

工业制造和规模化：为了满足各种应用的需求，将超导材料从实验室规模扩展到工业规模是一个关键挑战。随着技术进步，我们可以期待更高质量、更经济的超导产品进入市场。

超导技术的未来是充满希望的，有潜力为各种行业和应用带来革命性的变化。

26.3 纳米技术与纳米材料

26.3.1 纳米尺度的物理特性

在纳米尺度上，物质表现出与其宏观性质截然不同的物理学、化学和生物学特性。这是因为当物质的尺寸达到纳米级别时，量子效应开始占主导地位，而不是经典物理学规律。以下是纳米尺度上的一些关键物理学特性。

量子限制：在纳米尺度上，电子的运动受到量子力学的限制。这导致了量子点、量子线和量子阱等纳米结构中电子的离散能级。

表面效应：随着材料尺寸的减小，表面原子所占的比例增加，这增强了材料的表面效应。这些效应可能导致材料的化学活性、磁性和光学性质发生变化。

高表面积与体积比：纳米材料具有高的表面积与体积比，这使得它们在催化、传感和药物输送等应用中表现出色。

尺寸效应：材料的许多性质，如电导率、色散和熔点，都随着粒子尺寸的减小而变化。

机械性质：纳米尺度上的材料可能比其宏观对应物更硬或更有弹性。例如，纳米线和纳米管通常具有比它们的宏观对应物更高的强度。

光学和电磁性质：纳米材料的光学和电磁性质，如吸收、散射和发射特性，可能与其宏观性质不同。

增强的量子效应：在纳米结构中，量子隧穿、量子干涉和量子限制效应变得更为明显。

热性质：纳米材料的热导率和热扩散特性可能与其宏观性质不同，这是由于纳米级别的声子散射和界面效应。

纳米技术的挑战在于利用这些独特的纳米级物理特性来设计和制造新的材料和设备，从而开发出新的应用和技术。

26.3.2 纳米机器与纳米制造

纳米机器和纳米制造是纳米技术最激动人心的领域之一，它们有可能彻底改变我们的生活和工作方式。以下是这个领域的一些关键点。

1. 纳米机器

定义：纳米机器是在纳米尺度上工作的机械或电子设备。这些设备的尺寸通常在 1～100 nm 之间。

特点：由于其纳米尺度，这些机器可以在细胞或分子级别进行操作，为医学、化学和材料科学带来前所未有的可能性。

应用：纳米机器在医学领域有广泛的应用，如靶向药物输送、基因编辑和癌症治疗。

2. 纳米制造

定义：纳米制造是在纳米尺度上制造结构和设备的过程。

方法：纳米制造可以通过自下而上（如分子自组装）或自上而下（如纳米刻蚀）的方法来实现。

挑战：纳米制造面临的主要挑战是精确控制纳米尺度上的结构和功能。

3. 纳米机器人

定义：纳米机器人是一种特殊类型的纳米机器，它可以进行自主移动和执行特定任务。

应用：纳米机器人在医学、环境监测和军事等领域有广泛的应用前景。

发展：虽然纳米机器人技术仍处于初级阶段，但随着研究的深入，它们的能力和应用将大大增加。

4. 纳米电子学

定义：纳米电子学是研究纳米尺度上电子设备的科学，这些设备可以比传统微电子设备更小、更快、更节能。

发展：随着晶体管尺寸的减小，纳米电子学成为了微电子学的一个关键领域，它可能会导致计算机和其他电子设备的下一次革命。

5. 纳米材料的制造

纳米粉末、纳米线、纳米带和纳米管等纳米材料已经被制造出来，并在电子、催化和能源等领域得到应用。

纳米技术的潜在影响是巨大的，但它也带来了许多技术和伦理挑战，需要在发展过程中仔细考虑。

26.3.3　纳米材料在医学与工业中的应用

纳米技术与纳米材料的发展已经深刻地影响了医学和工业的多个领域。它们提供了新的机会来解决一些长期存在的问题，并开辟了全新的应用领域。以下是纳米材料在医学和工业中的一些关键应用。

1. 医学应用

药物输送：使用纳米粒子作为药物载体，可以实现靶向输送，减少药物的副作用，并提高疗效。例如，纳米脂质体和纳米聚合物微球被用于药物输送系统，以提高药物的生物利用度和选择性。

医学影像：纳米粒子，如金纳米粒子和量子点，被用作对比剂，以提高医学影像的分辨率和敏感性。

癌症治疗：使用纳米粒子进行光热治疗和放射治疗，以提高治疗的特异性，减少健康组织的损害。

组织工程与再生医学：使用纳米纤维和纳米复合材料作为支架，促进细胞生长和组织再生。

生物传感器：纳米材料，如石墨烯和金纳米粒子，被用于制造高灵敏度的生物传感器，用于疾病诊断和健康监测。

2. 工业应用

催化剂：纳米颗粒表面的高反应活性使其成为高效的催化剂，用于石油提炼和化学合成。

能源存储与转换：纳米材料在太阳能电池、燃料电池和高性能电池中有广泛应用。

自清洁和抗污染涂层：利用纳米材料的特性，开发出自清洁和抗污染的涂层，用于建筑和汽车。

高强度和轻质材料：通过纳米强化，制造出高强度和轻质的复合材料，用于航空航天和汽车工业。

过滤和分离技术：利用纳米孔的尺寸选择性，开发高效的过滤和分离系统，用于水处理和空气净化。

电子和光电子设备：利用纳米材料的独特电子学性质，制造出高性能的传感器、存储器和显示器。

这些应用只是纳米材料潜在用途的冰山一角，随着技术的进步，未来可能会有更多的创新应用出现。

26.4 拓扑材料与未来电子技术

26.4.1 拓扑不变性与拓扑材料的新性质

拓扑材料是近年来凝聚态物理研究的热门领域，它们显示出一系列新奇和有趣的物理性质，这些性质主要由它们的拓扑不变性所决定。

1. 拓扑不变性

拓扑不变性是一种描述系统全局特性的数学工具，它不受小的扰动或变化的影响。在凝聚态物理中，拓扑不变性是指一个系统的基态或者低能激发态在拓扑上不能连续地转化为另一个态。

2. 拓扑材料的新性质

边界态：许多拓扑材料在其边界或界面上显示出无能隙的电子态，这些态在材料的内部是不存在的。例如，拓扑绝缘体的表面态。

不受散射的电流：在拓扑材料的边界或表面，电子可以自由流动而不受晶体缺陷或杂质的散射，这为高效的电子输运提供了可能。

量子反常霍尔效应：某些拓扑材料在没有外部磁场的情况下可以显示出整数量子霍尔效应。

主辅对：某些拓扑超导体的边界或表面可以支持主辅对，这些主辅对具有非常特殊的性质，如马约拉纳费米子。

3. 应用前景

由于拓扑材料的这些独特性质，它们为未来电子技术提供了新的可能性，包括低功耗逻辑器件、高效能电子设备、拓扑量子计算和高性能热电材料等。

拓扑材料和拓扑不变性为我们提供了一个全新的视角来理解和利用材料的电子学性质，它为未来的科学研究和技术应用提供了广阔的空间。

26.4.2　拓扑绝缘体与电子器件

拓扑绝缘体（Tis）是一类具有独特电子性质的新型材料，尤其是它们在内部表现为绝缘体，但在表面或边界上有导电性。

1. 拓扑绝缘体的特性

表面态：虽然拓扑绝缘体的内部区域是绝缘的，但其表面（或边界）却具有导电的表面态。这些表面态是由于拓扑不变性而受到保护的，因此它们非常鲁棒，不容易被散射或缺陷所破坏。

无能隙表面：拓扑绝缘体的表面态是无能隙的，这意味着电子在表面可以自由流动，与材料的体积部分形成鲜明对比。

自旋—动量锁定：在拓扑绝缘体的表面，电子的自旋与其动量方向紧密相关，这为制造自旋电子器件提供了可能性。

2. 在电子器件中的应用

低功耗电子器件：由于表面态电子不容易被散射，拓扑绝缘体在电子器件中的应用有望实现低能耗和高效率。

自旋电子学：由于拓扑绝缘体的表面态电子具有自旋—动量锁定特性，它们为自旋电子器件提供了独特的平台，如自旋场效应晶体管和自旋电池等。

量子计算：拓扑绝缘体表面的马约拉纳费米子为实现拓扑量子计算提供了可能性。

热电应用：拓扑绝缘体的某些性质，如低热导率，使它们成为热电应用的有趣候选材料。

拓扑绝缘体由于其独特的表面态和与之相关的一系列新奇电子性质，为电子器件和技术应用提供了新的、有前景的方向。

26.4.3　拓扑材料的前景与挑战

拓扑材料近年来成为凝聚态物理和材料科学研究的前沿领域，其独特的物理性质和广泛的潜在应用使得科研人员对其寄予厚望。与此同时，这些材料也面临着许多挑战。

1. 前景

新型电子器件：拓扑材料的独特性质为下一代电子和自旋电子器件提供了新的机会，如低功耗、高效率和长寿命的器件。

量子计算：拓扑材料中的某些特殊电子态，如马约拉纳费米子，为拓扑量子计算提供了理论平台，这种计算方式有望超越传统计算机的计算能力。

热电应用：拓扑材料的某些性质使其成为热电应用的理想材料，为高效能源转换提供了可能性。

2. 挑战

合成和制备：高质量的拓扑材料的合成和制备仍然是一个挑战。很多拓扑性质在实际材料中由于缺陷和杂质而被抑制。

稳定性问题：某些拓扑材料在环境中的稳定性仍然是一个问题，这可能限制了它们在实际应用中的使用。

理论与实验的差距：理论预测的很多拓扑性质在实验中还没有得到验证，这需要更高精度的测量技术和更好的材料制备方法。

功能化与集成：如何将拓扑材料与其他功能材料结合，以及如何将其集成到现有的技术平台上，都是需要研究的问题。

26.5 应用 1：石墨烯在电子设备中的应用

26.5.1 石墨烯基 FET 与传感器的物理学原理

石墨烯，是由一个单层的碳原子组成的二维材料，由于其独特的物理、化学和机械特性，已经成为近年来纳米科学和纳米技术研究的热点。其中，石墨烯在电子设备，特别是场效应晶体管（FET）和传感器领域的应用，已经引起了广泛关注。

1. 石墨烯基场效应晶体管

电子迁移率：石墨烯拥有非常高的电子迁移率，这意味着电子可以在石墨烯中以极高的速度移动，使其成为制造高速电子器件的理想材料。

直接带隙：虽然纯石墨烯是零带隙材料，但通过一些方法，如应变、掺杂或几何构造，可以实现带隙的开启，使其适用于逻辑器件。

透明性：石墨烯对可见光具有近乎完全的透明性，这使其在透明电极和其他光电应用中具有潜力。

2. 石墨烯传感器

高表面积：单层石墨烯有极高的比表面积，这意味着很小的物质或分子可以引起其电导率的显著变化，使其成为高灵敏度传感器的理想选择。

生物相容性：石墨烯对许多生物分子显示出良好的相容性，使其在生物传感器领域具有应用潜力。

灵活性和机械强度：石墨烯的高机械强度和灵活性使其能够在柔性和可延展的传感器应用中使用。

石墨烯在 FET 和传感器领域的物理特性为其提供了在电子、光电和生物电子应用中的独特机会。

26.5.2 石墨烯传感器响应特性的模拟与可视化

石墨烯传感器的核心功能是对外部刺激（如化学物质或生物分子）进行检测，并将其转化为电信号。由于石墨烯的高电导率和高表面积，即使是微小的外部物质吸附也会导致其电导率的显著变化，从而实现高灵敏度的检测。

在这里，我们模拟一个简化的情境：当不同浓度的化学物质吸附到石墨烯传感器上时，其电导率如何变化（图 26-1）。

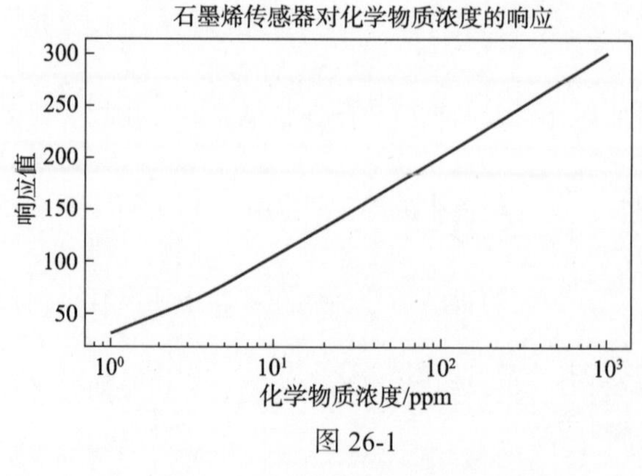

图 26-1

示例代码

模拟步骤：①初始化一个电导率值，代表没有化学物质吸附时的石墨烯电导率。②随着化学物质浓度的增加，电导率逐渐改变。③可视化这种依赖关系。

首先，我们模拟电导率随化学物质浓度变化的关系。为简化模型，我们假设这种变化是线性的。然后，我们对这种变化进行可视化。

如图 26-1 所示，我们使用了一个更复杂的对数响应模型来描述石墨烯传感器对化学物质浓度的响应。可以看到，在低浓度区域，响应变化非常迅速，但随着浓度的增加，响应速度逐渐减慢。这种响应特性更为接近实际传感器在不同浓度范围内的响应行为。

26.5.3　石墨烯传感器与常规传感器性能的对比分析

石墨烯传感器在许多方面都具有优于常规传感器的性能。以下是一些关键差异和石墨烯传感器的优势。

灵敏度：由于石墨烯的单原子层厚度，其表面积大，这使得石墨烯传感器具有高度的灵敏度。这意味着它可以检测到非常低的化学物质浓度。

响应时间：石墨烯传感器的响应时间比许多常规传感器快得多，这意味着它可以快速检测到环境中的变化。

尺寸：石墨烯的薄层结构使得制造微型和纳米尺度的传感器成为可能。

多功能性：石墨烯传感器可以被调整来检测各种不同的化学物质和物理现象。

持久性：由于石墨烯的高稳定性，其传感器在许多环境中都显示出良好的耐用性。

经济性：随着生产技术的进步，石墨烯传感器的成本正在降低，使其成为许多应用的经济可行选择。

对于特定应用，选择石墨烯传感器还是常规传感器取决于所需的性能、成本和其他考虑因素。但是，随着技术的进步，石墨烯传感器为各种应用提供了令人鼓舞的可能性。

26.6　应用 2：超导磁悬浮与交通

26.6.1　超导磁悬浮的物理学原理

超导磁悬浮技术是建立在超导材料的独特性质基础上的，尤其是这种材料在低温下对外部磁场的响应。以下是超导磁悬浮的核心物理学原理。

超导与零电阻：超导是某些材料在低于其临界温度时电阻突然减小到零的现象。在这种状态下，超导材料可以无损耗地导电，因此没有能量损失。

迈斯纳效应：当一个材料变成超导状态时，它会从其内部排斥外部磁场。这称为迈斯纳效应。超导材料内部完全不允许磁通穿过。

磁通钉扎：虽然超导材料会排斥磁场，但在某些类型的超导材料（如高温超导材料）中，磁通可以在材料内部的特定位置被“钉扎”或“固定”。这意味着磁场可以局部穿透超导材料，但这些穿透的磁通线被钉扎在固定的位置。

磁悬浮：当超导材料被带到一个磁场中并冷却到其超导状态时，由于迈斯纳效应和磁通钉扎，它会被磁场悬浮起来。这种悬浮是稳定的，并且由于超导的零电阻特性，几乎没有能量损失，使其非常高效。

动态稳定：由于磁通线钉扎的存在，即使超导体在磁场中移动或扰动，它仍然可以保持稳定的悬浮状态。这为交通应用（如磁悬浮列车）提供了稳定性和高效性。

超导磁悬浮技术利用了超导材料对磁场的独特响应来实现物体的稳定悬浮，这在高速交通和其他应用中有巨大的潜力。

26.6.2 超导磁悬浮系统工作过程的模拟与可视化

超导磁悬浮系统的模拟涉及复杂的物理方程，特别是涉及超导和磁场的交互。在这里，我们简化这个问题，并提供一个基于磁悬浮原理的基本模拟。

我们可以考虑一个简单的场景：一个超导片在一个外部磁场上方悬浮。我们考虑两个主要因素：迈斯纳效应和磁通钉扎。

为了简化，我们使用以下假设：超导片总是处于超导状态。外部磁场是均匀的。超导片的悬浮高度与其所经受的磁场强度成正比。当超导片与磁场之间的距离改变时，它会经受一个与距离成反比的恢复力，使其返回到稳定的悬浮位置。

基于以上假设，我们可以使用简单的弹簧—阻尼器模型来模拟超导片的动态悬浮行为。这里，弹簧代表恢复力，阻尼器代表空气阻力。

我们模拟以下场景：超导片初始时略微偏离其稳定的悬浮位置。由于恢复力和空气阻力，超导片会经过一系列的上下振动，直到最终稳定在其悬浮位置。

图 26-2 是一个模拟超导磁悬浮的动态响应的图。起初，由于超导片被稍微移出其稳定位置，所以它开始上下振动。随着时间的推移，由于空气阻力和磁悬浮恢复力的作用，这些振动逐渐减小，超导片最终回到其稳定悬浮位置。

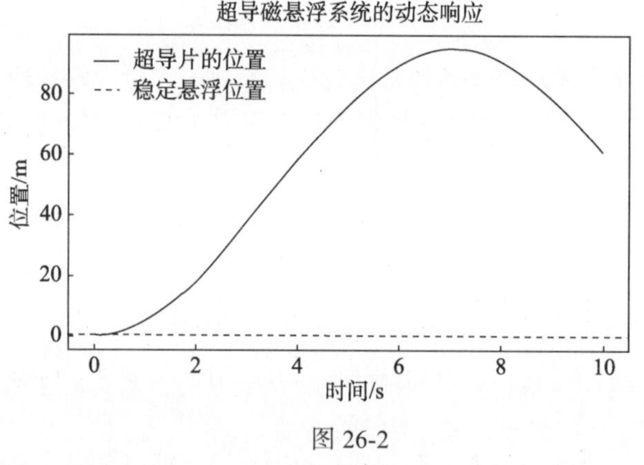

图 26-2

示例代码

26.6.3 磁悬浮列车与常规轨道列车动态响应的对比分析

磁悬浮列车和常规轨道列车在动态响应上有着根本的区别。以下是对这两种列车的一些对比分析。

1. 摩擦和阻力

磁悬浮：由于磁悬浮列车是在磁场中悬浮的，因此它几乎没有与轨道接触的摩擦。这意味着它可以达到更高的速度并更快地加速。

常规列车：轮轨摩擦限制了速度和加速度，同时也导致更多的磨损和维护需求。

2. 振动和舒适性

磁悬浮：由于没有物理接触和摩擦，磁悬浮列车提供了非常平滑的乘坐体验，几乎没有振动。

常规列车：轮轨不平整、接缝和其他轨道缺陷可能导致振动和不平滑的乘坐体验。

3. 噪声

磁悬浮：在高速行驶时，大部分噪声都是由空气阻力造成的，而不是由于轮轨接触。

常规列车：轮轨接触、机车和其他机械部件都可能产生噪声。

4. 维护和寿命

磁悬浮：没有物理接触意味着轨道和列车的磨损较少，从而延长了设备的使用寿命并减少了维护需求。

常规列车：需要定期检查车轮、轨道和其他接触部件的磨损，并进行更换。

5. 安全性

磁悬浮：由于没有物理接触，磁悬浮列车在高速行驶时的脱轨风险较低。

常规列车：虽然有脱轨的风险，但经过多年的技术进步和安全规定，这种风险已大大降低。

6. 环境影响

磁悬浮：由于没有物理接触，磁悬浮列车产生的尘埃和颗粒物较少。此外，它们通常使用电力，这意味着如果电力来源是可再生的，那么它们的碳足迹会比较小。

常规列车：尽管许多现代列车也使用电力，但轮轨接触可能会产生更多的尘埃和颗粒物。此外，柴油机车会产生更多的温室气体排放。

7. 速度和效率

磁悬浮：磁悬浮列车可以达到更高的速度，有的甚至可以达到 600 km/h 以上。由于低摩擦和低阻力，它们也在加速和减速时非常高效。

常规列车：尽管高速铁路（如欧洲的 TGV 或日本的新干线）也可以达到很高的速度，但它们仍然受到摩擦和空气阻力的限制。

8. 成本和基础设施

磁悬浮：建设磁悬浮系统需要高昂的初期投资，特别是创建磁悬浮轨道。

常规列车：虽然建设和维护常规铁路的成本可能较低，但与磁悬浮系统相比，它们的运营速度和效率可能较低。

9. 能源消耗

磁悬浮：尽管磁悬浮列车在高速行驶时的能源效率很高，但维持磁场需要持续的能源输入。

常规列车：能源消耗主要与速度和摩擦有关。高速列车在高速行驶时的能源消耗可能会增加。

26.7　应用 3：纳米药物递送系统

26.7.1　纳米颗粒与其在药物释放中的物理特性

纳米技术在医药领域中的应用已经引起了广泛关注，特别是在药物递送系统中。纳米颗粒作为药物载体具有以下物理特性。

高比表面积：由于其纳米尺度，纳米颗粒具有极高的表面积与体积之比。这使得药物可以有效地吸附到颗粒表面或被包裹在颗粒内部。

尺度效应：在纳米尺度下，许多物质的物理和化学性质会发生改变，包括熔点、机械强度和光学性质。

靶向递送：通过对纳米颗粒进行表面修饰，可以实现对特定细胞或组织的靶向递送。例如，利用抗体或其他配体，使得纳米颗粒能够特异性地结合到病变细胞上。

控制释放：纳米颗粒可以设计为在特定的生理环境下（如 pH、温度或酶的存在）释放其载荷。这确保了药物在需要的位置以及需要的时间得到释放。

生物相容性和生物降解性：许多纳米材料可以设计为对生物组织友好，不会引起不良反应，并且在体内可以降解，从而减少了毒性。

穿透细胞膜的能力：由于其纳米尺寸，某些纳米颗粒可以更容易地穿透细胞膜，从而在细胞内释放药物。

在设计纳米药物递送系统时，需要综合考虑纳米颗粒的上述物理性质，以确保药物能够有效、安全并且高效地递送到目标位置。

26.7.2　纳米颗粒在体内传输与药物释放的模拟及可视化

纳米颗粒在体内的传输和药物释放是一个复杂的过程，涉及多种物理学、化学和生物学现象。为了理解这一过程，模拟和可视化可以为我们提供宝贵的洞察。以下是一个简化的模拟和可视化方法（图 26-3）。

模型假设：纳米颗粒在血液中随机扩散。药物从纳米颗粒中按照一定的速率释放。药物在细胞内的浓度达到一定值时，药物效果开始产生。

模拟方法：使用蒙特卡罗方法模拟纳米颗粒在血液中的随机扩散。模拟药物从纳米颗粒中的释放。计算细胞内的药物浓度。

可视化：使用颜色映射来表示不同的药物浓度。显示纳米颗粒的位置和药物浓度的变化。

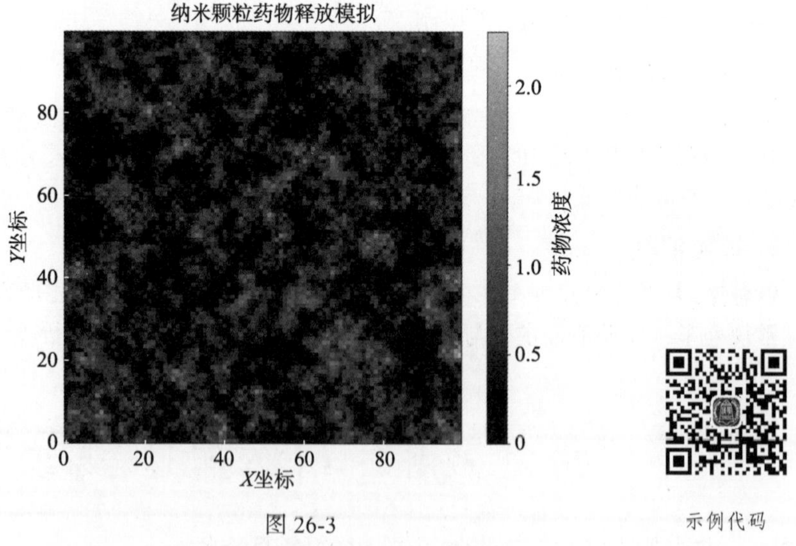

图 26-3

26.7.3　纳米药物递送与常规药物递送效果的对比分析

与传统的药物递送系统相比，纳米药物递送系统提供了更高的选择性、更佳的生物利用度和更长的循环时间。以下是纳米药物递送与传统药物递送之间的一些关键差异点。

1. 靶向性

纳米药物递送：由于纳米颗粒的小尺寸，它们能够被特定地靶向到病变组织，如肿瘤。通过表面修饰，这些纳米颗粒能够特异性地识别和结合到病变组织的特定受体，从而提高药物在目标部位的浓度。

传统药物递送：药物在体内广泛分布，可能在目标部位无法达到足够的浓度。

2. 生物利用度

纳米药物递送：纳米颗粒能够提高药物的生物利用度，即体内吸收的药物量。这是因为纳米颗粒能够通过细胞层，如肠道上皮。

传统药物递送：药物可能不容易通过生物屏障，导致低生物利用度。

3. 释放动力学

纳米药物递送：纳米颗粒可以被设计为在特定的条件下释放药物，如 pH 敏感或温度敏感的释放。

传统药物递送：药物的释放往往较快，可能需要频繁给药。

4. 毒性

纳米药物递送：由于药物在非目标组织的浓度降低，纳米药物递送系统可能降低药物的毒性。

传统药物递送：药物可能在非目标组织中达到有毒的浓度。

5. 稳定性

纳米药物递送：纳米颗粒可以提供药物在体内的稳定性，保护药物不被早期代谢或降解。

传统药物递送：药物可能在体内迅速降解或被代谢。

纳米药物递送系统为提高药物疗效、减少副作用和提高患者依从性提供了巨大的潜力。然而，它们的设计和优化仍然是研究的热点，需要更多的研究来确保它们的安全性和效果。

26.8　应用 4：拓扑材料与量子计算

26.8.1　拓扑材料的量子物理特性

拓扑材料是近年来凝聚态物理研究的热点之一。这类材料的特殊之处在于其内部的电子态和其表面或边缘的电子态呈现出非常不同的行为。这种行为主要由材料的拓扑性质决定，这一性质通常与材料的带结构中的拓扑不变量有关。

拓扑不变量：拓扑不变量是用来描述材料带结构的整体特性的数学对象。在某些情况下，这些不变量可以直接与实验中可测量的量关联起来，如霍尔电导。

边缘态与表面态：拓扑材料的一个关键特性是其表面或边缘的电子态。例如，在拓扑绝缘体中，内部是绝缘的，但其表面存在导电的表面态。

对称性与拓扑：许多拓扑材料的特性都与特定的对称性有关。例如，时间反演对称性是拓扑绝缘体中的一个关键对称性。

量子反常霍尔效应：在某些拓扑材料中，即使没有外部磁场，也可以观察到霍尔效应，这种效应称为量子反常霍尔效应。

应用于量子计算：拓扑材料中的某些电子态被认为是实现量子计算的潜在平台，特别是用于实现所谓的马约拉纳费米子。这些特殊的费米子可以被用作构建拓扑量子计算机的基本单元，这种计算机在理论上具有对抗局部扰动的能力，从而提供了量子错误纠正的可能性。

拓扑材料的量子物理特性为实现新的电子器件和未来的量子计算机技术提供了新的可能性。

26.8.2 拓扑材料在量子计算中的应用的模拟与可视化

拓扑材料在量子计算中的一个关键应用是实现拓扑量子比特，特别是基于马约拉纳零模式的拓扑量子比特。这些马约拉纳模式可以在拓扑超导体或拓扑绝缘体的边缘上找到。由于它们的非局域性质，马约拉纳模式具有内在的抗噪声和抗失真特性，这对于实现可靠的量子计算至关重要。

在此，我们模拟一个简化的一维拓扑超导体模型，称为 Kitaev 链模型，来展示马约拉纳边缘模式的出现。

模型的哈密顿量为：

$$H=-\mu\sum_i c_i^\dagger c_i - t\sum_i (c_i^\dagger c_{i+1}+c_{i+1}^\dagger c_i)+\Delta\sum_i (c_i c_{i+1}+c_{i+1}^\dagger c_i^\dagger)$$

其中，$c_i^\dagger$ 和 c_i 是费米子的产生和湮灭算符，μ 是化学势，t 是跃迁项，Δ 是配对项。

我们模拟系统的能谱来展示马约拉纳边缘模式的出现，并将其可视化。

图 26-4 是 Kitaev 链模型的能谱。从图中可以看出，当参数选择适当时，系统的能谱中出现了接近于零能量的状态。这些接近于零能量的状态是马约拉纳边缘模式，它们出现在链的两端。这些模式在量子计算中非常有趣，因为它们对于局部扰动具有天然的鲁棒性，这为建立稳健的量子比特提供了可能。

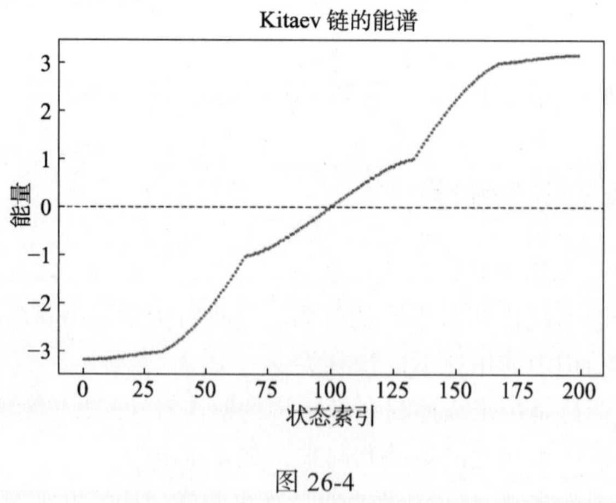

图 26-4

示例代码

在这个模型中，马约拉纳模式的出现与系统的参数，如化学势、跃迁项和配对项的选择有关。不同的参数组合将导致不同的能谱结构，这决定了马约拉纳模式的出现与否。

这种模拟为理解拓扑材料在量子计算中的潜在应用提供了一个简单但有洞察力的视角。实际上，实验中实现这种模型需要在纳米尺度上对材料进行精细的工程设计和控制，但这种模拟为我们提供了一个理论框架，帮助我们理解基础概念。

26.8.3　拓扑材料在量子计算中的潜在优势与传统材料的对比分析

拓扑材料，特别是那些表现出拓扑绝缘体和拓扑超导性质的材料，近年来引起了科学家们的极大兴趣，尤其是在量子计算领域。以下是拓扑材料在量子计算中的一些潜在优势以及与传统材料的对比分析。

量子比特的鲁棒性：拓扑材料的主要优势之一是其内在的鲁棒性。特别是马约拉纳零模式在对系统进行微小扰动时不会轻易消失，这为构建鲁棒的量子比特提供了可能。

更长的凝聚态量子相干时间：与传统的量子材料相比，拓扑材料能够为量子态提供一个更为安全稳定的环境，从而延长量子信息的相干时间。

新的物理现象：拓扑材料可以展现出一些新的、对于量子计算和信息处理有用的物理现象，如非阿贝尔任意子统计和特殊类型的量子纠缠。

与传统技术的集成：一些拓扑材料，如二维材料，可以与传统的半导体技术集成，从而使得量子设备的制造和集成变得更加方便。

高度可调节性：许多拓扑材料的性质，如能带结构和表面态，都可以通过外部因素如电场、磁场或机械应变来调节，这为量子设备设计提供了巨大的灵活性。

与传统材料的对比：虽然拓扑材料为量子计算提供了新的、有趣的机会，但它们也面临着一些挑战。例如，实际实现和操作马约拉纳零模式在实验上仍然是一个挑战。此外，制备高质量的拓扑材料样品和与其他技术的集成也是需要解决的问题。

拓扑材料为量子计算和信息处理带来了一系列新的、有趣的机会和挑战。随着这个领域的进一步研究，我们可以期待在未来几年内能看到更多的技术突破和应用。

26.9　本章习题和实验或模拟设计及课程论文研究方向

习题

简答题：

（1）简述石墨烯的电子能带结构并解释与其独特的电导性之间的关系。

（2）为什么高温超导材料对于实际应用如此重要？与低温超导材料相比有哪些优势？

（3）什么是纳米效应？请给出两个例子。

（4）请解释拓扑不变性的概念及其在拓扑材料中的意义。

（5）简述马约拉纳费米子并解释其在量子计算中的重要性。

实验或模拟设计

使用软件模拟石墨烯的电子传输性质。

设计一个模拟实验，研究不同材料的超导转变温度。

利用计算工具模拟纳米粒子在生物体内的扩散行为。

设计一个模拟来观察拓扑材料的边界态。

课程论文研究方向

石墨烯在能源存储中的应用：研究石墨烯在锂离子电池和超级电容器中的潜在应用。

高温超导材料的最新进展：对最新的高温超导材料进行综述，并探讨其在实际应用中的潜力。

纳米药物递送系统的优势与挑战：深入分析纳米技术在药物递送中的应用，并探讨其面临的挑战。

拓扑绝缘体在量子计算中的应用：研究拓扑材料如何能促进量子计算技术的发展。

超导磁悬浮技术的未来：分析超导磁悬浮技术的当前状态，并预测其在未来交通系统中的潜在应用。

第 27 章　人工智能与物理学的交叉

27.1　量子 AI 与量子计算机

27.1.1　量子计算的优势

量子计算是一种新的计算范式，与传统的经典计算不同。它基于量子力学原理，使用量子比特（qubits）而不是经典比特进行计算。以下是量子计算的主要优势。

并行性：传统的经典计算机每次只能执行一个计算操作，而量子计算机则可以利用量子叠加原理在多个状态上同时执行计算。这使得量子计算机在某些特定的问题上比经典计算机快得多。

量子纠缠：这是一个独特的量子现象，使得多个量子比特可以相互关联，即使它们被分隔得很远。这使得量子算法能够在多个量子比特上高效地进行操作。

量子隧穿：这是量子力学中的另一个现象，使得量子比特能够"隧穿"势垒，从而达到它们不可能的状态。这为某些优化问题提供了更快的解决方案。

指数级加速：对于某些问题，如素数分解，量子算法提供了指数级的加速。这意味着对于这些问题，增加输入的大小会使经典算法的运行时间指数级增长，而量子算法运行时间的增长将是多项式的。

加密与安全性：量子计算提供了一种全新的加密方法，这可能会使现有的加密技术变得过时，同时也提供了新的、更安全的加密方法。

然而，尽管量子计算在理论上具有巨大的潜力，但目前的技术仍然处于起步阶段。实现真正的量子优势仍然需要解决很多技术挑战，如量子比特的稳定性、纠错机制等。

27.1.2　量子神经网络与量子机器学习

随着量子计算技术的发展，研究者们已经开始探索如何将量子力学原理应用于人工智能和机器学习领域。这导致了量子神经网络和量子机器学习的兴起。

1. 量子神经网络

量子神经网络（QNN）是一个尝试模仿经典神经网络结构并在量子计算机上运行的框架。与经典的神经网络一样，QNN 也由多个层组成，但每一层都是由量子门组成的，这些量子门可以对量子比特进行操作。

参数化量子电路：QNN 的主要构建模块是参数化量子电路（PQC），其中的量子门参数可以通过经典的优化方法进行调整，以最小化某种损失函数。

混合模型：某些 QNNs 采用混合模型，其中量子计算机负责处理计算密集型的量子部分，而经典计算机负责其他任务，如优化和数据处理。

2. 量子机器学习

量子机器学习（QML）是一个尝试利用量子计算机的优势来加速机器学习任务的领域。

数据编码：在 QML 中，首先要将经典数据编码到量子态中。这通常通过特定的量子电路完成。

训练加速：某些量子算法，如 HHL 算法，可以加速矩阵逆和其他与线性代数相关的操作，这对机器学习任务特别有用。

量子核方法：一些 QML 方法基于量子版本的核技巧，其中量子计算机用于计算数据点之间的内积。

变分量子算法：这是一种迭代方法，其中量子电路的参数经常调整以最小化某种损失函数。

尽管量子神经网络和量子机器学习充满了潜力和希望，但它们还处于初级阶段。量子硬件的当前限制，如噪声和量子比特数量，仍然是一个挑战。然而，随着硬件技术的进步和新算法的开发，我们可以期待在不久的将来看到这些方法的实际应用。

27.1.3 量子 AI 的应用领域与挑战

量子 AI，即在人工智能中使用量子计算方法，正在逐渐成为研究的热点。以下是量子 AI 的一些潜在应用领域以及相关的挑战。

1. 应用领域

优化问题：量子计算有潜力解决某些 NP 困难的优化问题，这些问题在经典计算中是不可解的或者需要很长时间来解决。

药物研发：量子计算机可以模拟大型分子和复杂化学反应，从而加速药物研发过程。

材料科学：通过模拟材料的量子属性，量子 AI 可以帮助研究者设计新的、具有特定性质的材料。

金融模型：量子计算机可以用于处理复杂的金融模型，例如选项定价和风险分析。

深度学习：量子神经网络和量子深度学习模型可以提供比经典深度学习更高效的解决方案。

2. 挑战

硬件限制：目前的量子计算机仍然受到噪声、量子比特数量和连接性的限制。

错误纠正：由于量子比特易受外部扰动的影响，错误纠正成为量子计算中的一个重要问题。

量子计算与经典计算的交互：在许多情况下，量子计算和经典计算需要相互协作。设计有效的量子—经典接口和高效的量子算法仍然是一个挑战。

算法设计：尽管已经有了一些量子机器学习和 AI 算法，但设计新的、更有效的量子算法仍然是一个活跃的研究领域。

应用的可行性：量子优势是否真的能在实际应用中带来好处仍然是一个开放的问题。

量子 AI 是一个充满机会和挑战的新兴领域，它有潜力改变我们处理复杂计算和数据分析任务的方式。

27.2 物理建模与仿真

27.2.1 传统的物理建模技术

传统的物理建模技术主要基于数学方程和理论物理学原理来描述和预测物理现象。这些技术已经存在了几个世纪，并且为我们提供了对自然界的深入了解。以下是一些关键的传统物理建模技术。

解析解：对于一些简化的物理问题，我们可以直接求出其解析解。例如，牛顿运动定律的方程对于简单的系统可以求得精确的解。

数值方法：对于更复杂的系统，解析解可能不存在或难以获得。在这些情况下，通常使用数值方法，如有限差分、有限元和边界元等，来近似地求解物理方程。

蒙特卡罗模拟：蒙特卡罗方法是一种基于随机采样的技术，用于估计可能的结果的概率分布。

分子动力学：在原子和分子尺度上模拟物质的运动，以研究材料的性质和行为。

连续介质力学：描述宏观尺度上物质的行为，如流体动力学和弹性力学。

传统的物理建模技术在很多领域都已经得到了广泛的应用，如天体物理学、地质学、气象学、材料科学和工程学等。这些方法为我们提供了对复杂系统的深入理解，但同时也有其局限性，特别是在处理高度非线性、多尺度和复杂交互作用的问题时。

27.2.2　AI 在物理建模中的应用

随着计算能力的增强和数据量的增长，人工智能，尤其是机器学习，已经开始在物理建模和仿真中发挥重要作用。以下是 AI 在物理建模中的一些应用。

数据驱动的建模：使用机器学习技术，如神经网络，从大量的实验或数值模拟数据中学习未知的物理模型。这种方法可以在不了解潜在的物理学原理的情况下预测新的物理现象。

增强数值仿真：AI 可以用来加速传统的数值仿真方法，例如通过预测时间步长或调整网格大小来优化仿真效率。

优化和控制：使用深度强化学习在复杂的物理系统中找到最优的控制策略，如量子控制、机器人动力学或流体动力学中的控制。

识别和分类：机器学习算法，如卷积神经网络，可以用于物理图像或模拟数据的模式识别和分类，例如在粒子物理学或天文学中检测和分类事件。

异常检测和预测：使用 AI 来检测和预测物理系统中的异常事件，如设备故障或自然灾害。

从数据中学习物理定律：使用符号回归或其他技术从数据中发现新的物理关系或方程。

材料设计和发现：使用 AI 预测新材料的性质，如电导率、机械强度或化学稳定性，从而在实验室中制备新材料。

量子计算机和 AI 的结合：在量子计算机上运行机器学习算法，以解决传统计算机难以处理的复杂物理问题。

人工智能为物理建模提供了新的方法和工具，能够处理传统方法难以解决的问题。然而，应用 AI 时也需要注意其局限性，如过度拟合、模型的可解释性和需要大量数据等问题。

27.2.3　仿真技术的新进展与未来发展方向

近年来，仿真技术在硬件、算法和应用领域都取得了显著的进展。以下是一些主要的新进展和未来的趋势。

高性能计算（HPC）的进步：随着超级计算机的性能持续提升，我们能够模拟更大、更复杂的系统，并缩短仿真时间。例如，使用 HPC 在天气预报、流体动力学和分子模拟中都取得了显著进步。

多尺度和多物理建模：现代仿真工具越来越多地支持在同一模型中整合不同尺度和物理过程，例如微观的分子动力学与宏观的连续介质力学的结合。

数字孪生技术：数字孪生技术是将物理实体与其数字模型相结合，实时更新并反馈，这在工业、医疗和基础设施管理中都有广泛应用。

AI 和仿真的结合：如前所述，AI 技术正被用于加速仿真、优化模型参数和解析仿真结果。

虚拟和增强现实：随着 VR 和 AR 技术的成熟，它们被用于创建沉浸式的仿真环境，为教育、训练和设计提供直观的反馈。

云计算和仿真即服务：云计算平台提供了弹性的计算资源，使得仿真可以按需进行，而无须大量的前期投资。

开源软件和社区驱动的开发：许多高质量的开源仿真工具得到了广泛的应用，促进了技术的快速发展和普及。

自适应方法和实时仿真：自适应算法可以自动调整仿真的精度，以满足特定的准确性和效率要求。同时，实时仿真在控制和决策支持系统中也越来越重要。

未来，仿真技术可能会进一步向更多的应用领域扩展，如生物医学、社会科学和经济学。而随着技术的进步，仿真的准确性、效率和可用性都将得到进一步提高。

27.3 神经网络与复杂系统

27.3.1 神经网络的物理解释

神经网络，特别是深度神经网络，已经在许多任务中表现出了卓越的性能，从图像识别到自然语言处理。然而，为什么这些神经网络能够如此有效地工作，尤其是考虑到它们的结构和功能似乎过于复杂，这在很大程度上仍然是一个开放的问题。最近，物理学家和工程师开始从物理学的角度来探索这个问题。

能量最小化：传统的神经网络训练，如反向传播，可以被视为在某种能量景观中寻找最小值。从这个角度看，神经网络的训练与统计物理中的某些系统的动态非常相似。

相空间和动力学：神经网络的状态可以在一个多维的相空间中进行描述。这种描述提供了一种方法，用于理解网络如何从初始的未训练状态进化到经过训练的状态，以及网络是如何避免陷入不良的局部最小值的。

信息熵与学习：从信息论的角度看，神经网络的训练可以被解释为最大化关于数据的信息熵。这与物理系统中的熵增原理有相似之处。

量子神经网络：利用量子物理的原理，如量子纠缠和叠加，可以构建神经网络模型。这些量子神经网络可能具有与传统神经网络不同的性质和功能。

临界性与相变：一些研究表明，当神经网络被训练得接近某些特定的参数点时，它们的性能会有所提高。这些点可能与物理系统中的相变点或临界点有关。

虽然神经网络的物理解释仍然是一个活跃的研究领域，但这种跨学科的方法为我们提供了一种全新的视角，帮助我们理解复杂的机器学习模型。

27.3.2 AI 在复杂系统分析中的应用

复杂系统是由大量相互作用的组件组成的系统，这些组件的行为产生出预期之外的整体行为。这些系统的例子包括生态系统、经济体、社交网络和许多其他自然和人造系统。AI 技术，尤其是深度学习和强化学习，已被广泛应用于复杂系统的分析和优化中。

预测与建模：深度学习模型，如循环神经网络（RNN）和长短时记忆网络（LSTM），已被用于时间序列数据的预测，这在经济、天气和其他动态系统中都是常见的。

模式识别与分类：深度神经网络已经在识别复杂系统中的模式和异常行为方面取得了重大进展，如在金融市场中的欺诈检测或在生态系统中的物种识别。

优化与决策支持：强化学习为在复杂环境中做出决策提供了框架，如电网管理、交通流量优化和智能供应链管理。

网络分析：AI 可以用于社交、生物和技术网络的结构和动态分析，帮助识别中心节点、社区结构和传播路径。

自适应控制：在许多复杂系统中，环境和条件可能会不断变化。AI 提供了自适应控制策略，允许系统根据其观测到的环境调整其行为。

模拟与虚拟实验：AI 可以用于增强传统的物理或计算模拟，提供更快的模拟时间或更高的准确度。

知识发现与表示：AI 可以从复杂数据集中提取和表示知识，帮助科学家理解和解释复杂系统的行为。

这些应用显示了 AI 在处理和理解复杂系统中的潜力，从而为研究者和决策者提供了深入的洞察力和有效的工具。

27.3.3　未来的交叉研究方向与机遇

随着人工智能与物理学的深入融合，预计将出现许多令人兴奋的交叉研究领域。以下是一些有望引领未来研究的方向和机遇。

量子机器学习：随着量子计算技术的进步，利用量子算法进行机器学习将成为可能。这可以大大加速解决复杂的计算任务，尤其是在材料科学和新药研发等领域。

自适应物理实验：利用 AI 设计和控制实验，使其能够自动适应并优化实验条件，从而更快地达到所需的结果或优化测量。

智能材料设计：通过 AI，可以预测新材料的性质，导向新材料的发现和设计，尤其是在能源和医疗应用中。

神经网络与量子场论：探索神经网络与量子场论之间的相似性，可能会为两者都带来新的洞察。

复杂系统的深入理解：利用 AI 处理和解释大量数据，帮助科学家更好地理解和控制复杂系统，如生态系统、经济系统和社会网络。

智能仪器与探测设备：AI 驱动的仪器将自动适应和优化其操作，提供更高的精度和灵活性。

可解释的 AI 在物理学中的应用：随着对可解释 AI 技术的进一步研究，其在物理学中的应用将帮助研究者更好地理解模型的预测和决策。

生物物理学与 AI 的融合：利用 AI 来解决生物物理学中的问题，如蛋白质折叠、细胞行为和生物网络。

这些方向只是冰山一角，人工智能与物理学的结合将为未来的科研和应用开创无数新的可能性。随着这些领域的进一步发展，期待出现更多的交叉学科和前沿研究。

27.4　应用 1：量子机器学习与数据处理

27.4.1　量子算法与大数据处理的物理学原理

量子计算是一种基于量子力学原理的计算方法，与传统的经典计算机在工作原理上有本质的不同。量子计算机使用量子比特（qubit）作为基本信息单位，与经典计算中的位（bit）不同。以下是量子算法与大数据处理中的一些核心物理学原理。

叠加原理：一个量子比特可以处于多个状态的叠加，这意味着它可以同时表示 0 和 1。这种能力使量子计算机能够同时处理多个计算路径，从而为并行计算提供了天然的优势。

量子纠缠：量子纠缠是两个或多个量子比特之间的一种特殊关系，使得一个量子比特的状态依赖于另一个量子比特的状态。这使得量子计算机能够在执行算法时考虑多个比特之间的复杂相互作用。

量子傅里叶变换：这是一种在量子计算中广泛使用的算法，特别是在 Shor 算法和其他一些量子搜索算法中。与经典傅里叶变换相比，量子傅里叶变换在时间上更为高效。

量子搜索：如 Grover 算法，它可以在 $\sqrt{N}$ 的时间复杂度内搜索未排序的数据库，其中 N 是数据库的大小。这比经典搜索算法快得多。

量子相干和退相干：量子计算的成功依赖于量子系统的相干性保持良好。但在实际的量子系统中，与外部环境的相互作用会导致退相干，这是当前量子计算研究的一个主要挑战。

量子机器学习：利用量子计算的优势，可以加速某些机器学习算法，如支持向量机和神经网络。量子版本的这些算法可以更高效地处理大数据和复杂问题。

量子数据压缩：利用量子力学原理，可以实现高效的数据压缩技术，尤其适用于大数据处理和存储。

这些物理学原理为量子计算提供了强大的计算能力，尤其在处理大数据和复杂问题时，量子算法有可能大大超越经典算法。然而，构建和维护一个大规模的量子计算机仍然是一项技术挑战，但随着研究的进展，量子计算机在大数据处理和其他应用领域的潜力正在逐渐显现。

27.4.2 量子机器学习算法执行过程的模拟与可视化

量子机器学习是一个充满活力的研究领域，它结合了量子计算和机器学习的原理。以下是一个简化的模拟和可视化过程，以展示量子机器学习算法的工作原理。

准备数据：在经典机器学习中，数据通常存储在经典数据结构（如矩阵或向量）中。在量子机器学习中，数据首先需要编码到量子态上。例如，可以使用特定的量子编码技术将经典数据映射到量子比特的叠加态上。

应用量子运算：一旦数据被编码到量子态上，就可以应用量子运算（通常使用量子逻辑门）来处理数据。这可能涉及多个量子逻辑门的序列，这些门是为了实现特定的机器学习任务而设计的。

测量与解码：在量子运算完成后，需要对量子比特进行测量以获得结果。测量的结果通常是经典的，需要进一步解码以获得机器学习算法的输出。

可视化：使用经典的可视化工具（如 matplotlib）来展示量子机器学习算法的结果。例如，可以可视化分类任务的决策边界，或者回归任务的预测结果。

为了模拟和可视化量子机器学习算法的执行过程，我们通常需要量子计算框架，如 Qiskit 或 Cirq。然而，真正的量子模拟需要大量的计算资源，并且在没有专门的量子硬件支持的情况下可能是不切实际的。

在这里，我们可以考虑使用一个简化的模型来演示量子机器学习的基本概念。例如，可以使用经典计算机模拟一个简单的两量子比特系统，并展示如何使用量子门进行数据处理。

Bloch 球是一个用于表示单个量子比特的状态的球体。每个量子比特的状态都可以用 Bloch 球上的一个点来表示。

创建两个量子比特。

使用 Hadamard 门和 CNOT 门将它们置于纠缠态。

Bloch 球如图 27-1 所示。

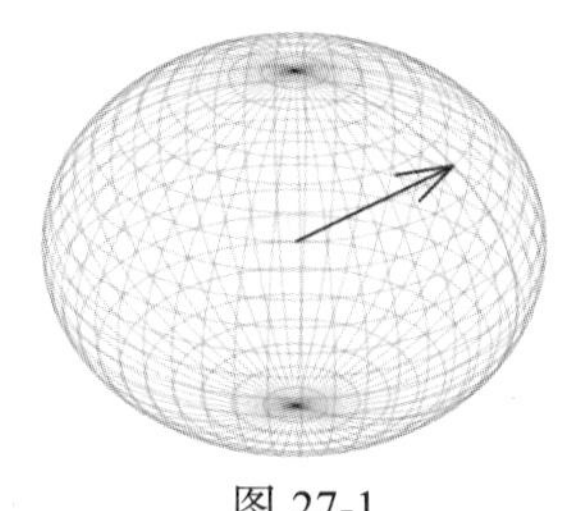

图 27-1

示例代码

27.4.3 量子机器学习与传统机器学习性能的对比分析

量子机器学习和传统机器学习在理论和实践上都有各自的优势和挑战。以下是一个简要的对比分析。

1. 计算速度和效率

量子机器学习（QML）：量子算法的主要优势是它们在某些情况下可以比传统算法更快地解决问题。例如，使用 Grover 算法进行搜索或 Shor 算法进行因式分解。

传统机器学习（TML）：对于现有的技术和大多数应用，传统机器学习仍然是最有效和最快的选择，尤其是在量子计算机尚未达到其真正潜力的情况下。

2. 数据存储和访问

QML：量子计算机可以在量子比特上并行存储和处理大量信息。这使得它们在处理大数据集时可能具有优势。

TML：传统计算机的数据存储和访问仍然是高效和可靠的，尤其是在现代数据中心和云计算环境中。

3. 稳定性和误差

QML：当前的量子计算机仍然容易受到噪声和误差的影响，这可能会影响其计算的准确性。

TML：传统机器学习算法在经过适当的训练和验证后通常能够提供稳定和可靠的结果。

4. 应用范围

QML：量子机器学习最适合解决那些传统方法难以解决的问题，如优化问题、复杂系统模拟等。

TML：传统机器学习已经在各种应用中得到了广泛的应用，从图像识别、自然语言处理到金融预测等。

5. 开发和实施难度

QML：量子编程和算法设计需要深入的物理知识和专门的技能。

TML：有大量的工具、库和资源可以帮助开发者轻松地实施传统机器学习解决方案。

虽然量子机器学习在某些应用中可能会超越传统机器学习，但现在两者仍然是互补的。传统机器学习在大多数实际应用中仍然占据主导地位，而量子机器学习则为未来的某些特定挑战提供了新的解决方案。随着量子计算技术的进步，我们可以期待这两种技术在未来更加紧密地结合。

27.5 应用 2：物理建模在游戏中的应用

27.5.1 游戏中真实物理效果与游戏体验的关系

在现代的电子游戏中，物理建模已成为一个重要的组成部分，为玩家提供了更真实、更具沉浸感的游戏体验。以下是真实物理效果与游戏体验之间关系的一些要点。

真实感和沉浸感：通过模拟真实的物理效果，如重力、碰撞和流体动力学，游戏可以为玩家创造出一个更加真实和可信的虚拟环境。这种真实感增强了玩家的沉浸感，使他们更容易地投入到游戏的世界中。

游戏的可玩性和挑战性：真实的物理模拟可以为玩家提供新的游戏玩法和挑战。例如，在一个策略游戏中，玩家可能需要考虑地形和风向来制定战术；在一个赛车游戏中，玩家可能需要考虑道路条件和车辆的物理特性来优化驾驶技巧。

创意和创新：物理效果为游戏开发者提供了一个平台，让他们可以设计新的游戏机制和玩法。例如，一些游戏可能会利用物理模拟来创造出独特的环境互动效果，如悬挂的桥梁、滚动的石头或流动的水。

技术难度与优化：尽管物理模拟可以增强游戏体验，但它也给游戏开发带来了技术挑战。高度真实的物理模拟可能需要大量的计算资源，这可能会影响到游戏的性能。因此，开发者需要在真实性和性能之间找到平衡，通过优化算法和技术来提供流畅的游戏体验。

玩家的期望与反馈：随着技术的进步和玩家的期望不断提高，越来越多的游戏开始采用先进的物理模拟技术。玩家期望看到更真实的视觉效果和更自然的互动，这也促使游戏开发者不断地创新和提高他们的技术。

物理建模在游戏中的应用不仅提高了游戏的真实感和沉浸感，还为玩家和开发者提供了新的机会和挑战，推动了电子游戏行业的技术和创意发展。

27.5.2 基于物理学的游戏引擎的模拟与可视化

基于物理学的游戏引擎通常模拟现实世界中的物理现象，如碰撞检测、刚体动力学、流体动力学等，以为玩家创造出真实和沉浸的游戏体验。为了展示这些引擎如何工作，我们可以模拟一个简单的场景：一个弹跳的球。

以下是一个简单的模拟，展示了球在一个盒子内弹跳的过程（图 27-2）。我们使用 Python 中的 matplotlib 库进行可视化

在这个模拟中，球在一个盒子内弹跳。当球碰到盒子的边界时，它会反弹，并且速度会乘以一个恢复系数（表示碰撞的能量损失）。这是一个基于物理学的游戏引擎的简单示例，展示了如何模拟真实世界中的物理现象。

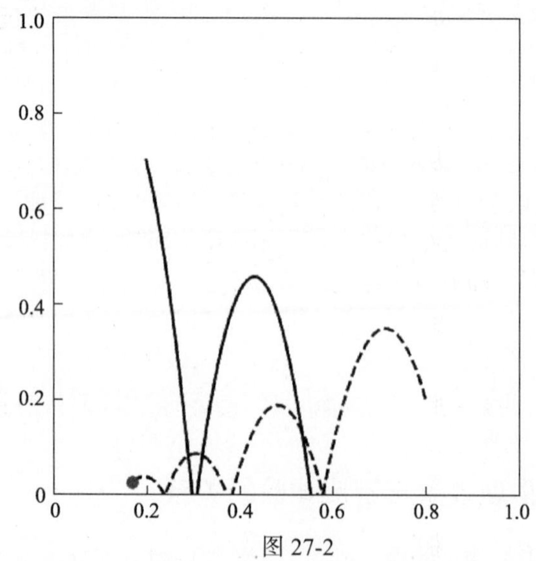

图 27-2

示例代码

27.5.3　真实物理效果在游戏中的应用与玩家体验的对比

真实的物理效果在游戏中的应用可以极大地增强玩家的沉浸体验，使玩家有种身临其境的感觉。但同时，它也带来了更大的计算和开发成本。下面让我们深入了解真实物理效果在游戏中的应用与玩家体验的对比。

1. 优势

真实感体验：当玩家在游戏中看到物体正确地反弹、水流动、风吹动树叶时，他们会觉得游戏世界与真实世界之间的界限变得模糊。

互动性增强：真实的物理效果允许玩家与游戏环境进行更多的互动。例如，玩家可以摧毁建筑物、移动物体等。

更高的挑战性：玩家可能需要利用物理效果来解决游戏中的谜题或战胜敌人。

2. 劣势

计算成本高：真实的物理模拟需要大量的计算资源，可能导致游戏性能下降或更高的硬件要求。

开发成本高：开发者需要付出更多的努力来确保物理效果正确无误，并且与游戏的其他部分兼容。

可能的玩家挫败感：过于真实的物理效果可能使某些游戏任务变得过于困难，导致玩家感到挫败。

真实的物理效果无疑可以为游戏带来更多的真实感和沉浸体验，但同时也带来了开发和性能上的挑战。开发者需要在游戏的真实感与玩家体验之间找到一个平衡点。对于一些需要高度真实感的游戏（如模拟飞行、竞速游戏），真实的物理效果是非常重要的。而对于其他更注重剧情或玩家体验的游戏，开发者可能会选择简化或调整物理效果，以优化玩家体验。

27.6　应用 3：神经网络在天文学中的应用

27.6.1　神经网络用于星系分类与恒星光谱分析

神经网络及深度学习技术近年来在各个领域都取得了显著的进展，天文学也不例外。以下是神经网络在星系分类和恒星光谱分析中的应用。

1. 星系分类

数据预处理：首先，需要从各种天文观测设备中收集大量的星系图像。这些图像经过预处理，如标准化、增强、裁剪等，以形成训练数据集。

特征提取：使用卷积神经网络（CNN）来自动提取图像中的特征，如星系的形状、颜色、纹理等。

分类模型训练：基于提取的特征，可以训练一个深度神经网络模型来进行星系的分类，如螺旋星系、椭圆星系等。

验证与优化：使用独立的验证数据集对模型进行验证，确保其准确性。通过不断的迭代和优化，提高模型的分类性能。

2. 恒星光谱分析

数据获取：从光谱仪器中获取恒星的光谱数据。

特征提取：使用神经网络来自动提取光谱数据中的特征，如吸收线、发射线、连续谱等。

参数估计：训练神经网络模型来估计恒星的物理参数，如温度、金属丰度、重力加速度等。

分类与分析：根据提取的特征和估计的参数，可以对恒星进行分类，如主序星、巨星、超巨星等。同时，也可以进行更深入的分析，如恒星的演化阶段、年龄、质量等。

神经网络为天文学的研究提供了强大的工具，尤其在大数据时代，它可以帮助天文学家从海量的数据中自动提取信息，进行分类和分析，极大地提高了研究的效率和准确性。

27.6.2 神经网络学习过程的模拟与可视化

神经网络学习过程的模拟与可视化通常涉及展示网络的权重、激活值、损失函数等随时间的变化。为了简化并清晰地展现这一过程，我们可以考虑一个简单的神经网络模型，并使用模拟数据来训练它。

在这个例子中，我们使用一个简单的全连接的神经网络（也称为多层感知器）来对模拟数据进行分类。然后，我们可视化模型的学习过程。

生成模拟数据：我们首先生成两类线性不可分的数据。

定义神经网络模型：使用一个输入层、一个隐藏层和一个输出层的简单模型。

训练模型：使用随机梯度下降方法训练模型。

可视化学习过程：在每次迭代中，我们都可以绘制模型的决策边界，以展示模型如何逐渐学习到数据的分布。

如图 27-3 所示的动画展示了一个简单神经网络（多层感知器）如何学习对模拟数据进行分类的过程。每次迭代中，神经网络尝试调整其权重以更好地匹配数据。通过多次迭代，模型的决策边界逐渐形成，以正确地分类大多数数据点。

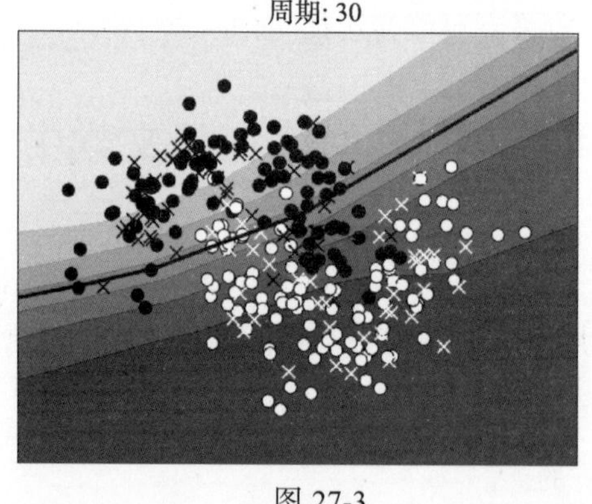

图 27-3

示例代码

27.6.3 神经网络分类结果与传统天文学方法的对比分析

神经网络，尤其是深度学习，已经在各种领域表现出其强大的性能，其中包括天文学。它们在处理大量数据和识别复杂模式方面具有独特的优势。与传统方法相比，神经网络有哪些优势呢？

1. 数据预处理和特征提取

传统方法：天文学家通常使用专家知识来选择和计算特定的特征，如恒星的颜色、亮度、光谱线等。

神经网络：深度学习模型可以自动从原始数据中学习和提取特征，不需要显式的特征工程。

2. 模型复杂性与灵活性

传统方法：通常基于已知的物理定律和专家知识来构建模型。

神经网络：是数据驱动的，并可以适应各种复杂的非线性模式。

3. 解释性

传统方法：模型基于明确的物理学原理，易于解释。

神经网络：通常被视为“黑箱”，尽管存在尝试解释其决策的方法。

4. 性能

传统方法：对于某些任务可能非常有效，但可能不适合处理非常复杂或高维的数据。

神经网络：在许多任务中表现优越，尤其是当可用数据量很大时。

5. 训练时间和资源

传统方法：训练时间通常更快，需要较少的计算资源。

神经网络：可能需要大量的数据和计算资源来训练。

6. 实际应用案例

考虑一个任务，如恒星光谱的分类。使用传统方法，天文学家可能会测量特定的光谱线，然后使用这些测量值来确定恒星的类型。而使用神经网络，可以直接输入整个光谱到模型中，并让模型确定恒星的分类。

在对比两种方法的结果时，可能会发现神经网络能够识别出传统方法错过的一些微妙的模式，从而提高分类的准确性。然而，传统方法提供的直观解释可能会帮助天文学家更好地理解恒星的物理性质。

27.7　应用 4：AI 在量子系统控制中的应用

27.7.1　AI 在优化量子系统控制中的作用与原理

量子系统控制是一个高度复杂的领域，需要精确调控以实现预定的量子态和操作。由于量子系统的固有复杂性和非经典特性，传统的控制方法可能不适合或难以实现高度精确的控制。这为人工智能（AI）提供了一个有趣和有挑战性的应用场景。

1. AI 在量子系统控制中的作用

优化控制策略：量子系统的控制往往涉及多个参数和时间依赖的操作。AI 可以在参数空间中进行高效搜索，找到实现所需量子操作的最佳控制策略。

噪声和干扰的抑制：由于量子系统对外部噪声和干扰非常敏感，AI 可以帮助设计鲁棒的控制策略，减少噪声的影响。

实时反馈调控：AI 可以提供快速的实时反馈，使得在量子操作过程中可以实时调整控制策略以达到最佳效果。

解决 NP 难问题：某些与量子系统控制相关的问题是计算上的 NP 难问题。AI，特别是深度学习，已经在解决此类问题上显示出了潜力。

2. 原理

数据驱动：与传统的基于物理模型的控制方法不同，AI 方法是数据驱动的。通过在量子系统上进行大量实验，收集数据，AI 模型可以从中学习如何进行更有效的控制。

非线性拟合：量子系统的行为可能是高度非线性的。神经网络和其他 AI 模型可以拟合这种非线性关系，提供对复杂系统的深入洞察。

优化算法：AI 中的优化算法，如梯度下降和进化算法，可以用来优化复杂的量子控制策略。

自适应学习：AI 模型可以根据新数据自适应地调整其策略，使其能够在不断变化的环境中进行有效的量子控制。

AI 为量子系统控制提供了一个强大的工具集，使我们能够更有效、更精确地控制这些复杂的系统。

27.7.2 AI 在量子系统控制策略中的作用的模拟与可视化

在量子系统的控制策略中，AI 可以帮助我们寻找到最佳的控制参数。为了说明这一点，我们可以考虑一个简化的问题：优化一个量子比特（qubit）从初始态到目标态的转换。

假设我们的任务是将一个量子比特从态 |0\rangle | 0 > 转变为 |1\rangle | 1 >。我们可以通过一个外部控制脉冲来实现这个任务，而 AI 的目标是找到最佳的脉冲形状。

1. 模拟步骤

定义量子系统：我们首先定义一个量子比特，并给出其哈密顿量。

定义目标：我们的目标是找到一个外部脉冲，使得量子比特从 |0\rangle | 0 > 转变为 |1\rangle | 1 >。

使用 AI 进行优化：我们可以使用一个神经网络来表示外部脉冲的形状，并使用优化算法（例如梯度下降）来找到最佳的脉冲形状。

模拟量子系统的演化：给定一个外部脉冲，我们可以模拟量子比特的时间演化，并计算其在目标时间的末态。

评估策略：我们可以定义一个损失函数，例如末态与目标态之间的保真度，然后使用这个损失函数来评估我们的控制策略。

2. 可视化

脉冲形状：我们可以绘制外部脉冲随时间的变化图，来展示神经网络找到的最佳脉冲形状。

量子态的演化：我们可以绘制量子态在 Bloch 球上的演化轨迹，来展示量子比特是如何从初始态转变到目标态的。

损失函数的下降：我们可以绘制随着训练迭代次数增加，损失函数是如何下降的，来展示 AI 优化过程的效果。

我们首先选择一个简单的量子比特哈密顿量，并考虑一个外部控制脉冲。

初始时，量子比特处于 |0\rangle | 0 > 态。

使用 AI 找到的脉冲，量子比特会在 Bloch 球上进行一系列复杂的演化，最终达到 |1\rangle | 1 > 态。

下面我们绘制在 Bloch 球上的量子比特演化轨迹，以及 AI 找到的最佳脉冲形状。

在图 27-4 中，我们展示了一个量子比特在 Bloch 球上的演化轨迹。这是一个从 |0\rangle | 0 > 状态到 |1\rangle | 1 > 状态的螺旋路径。

在图 27-5 中，我们展示了一个模拟的“优化”控制脉冲，它是一个逐渐衰减的正弦波。

示例代码

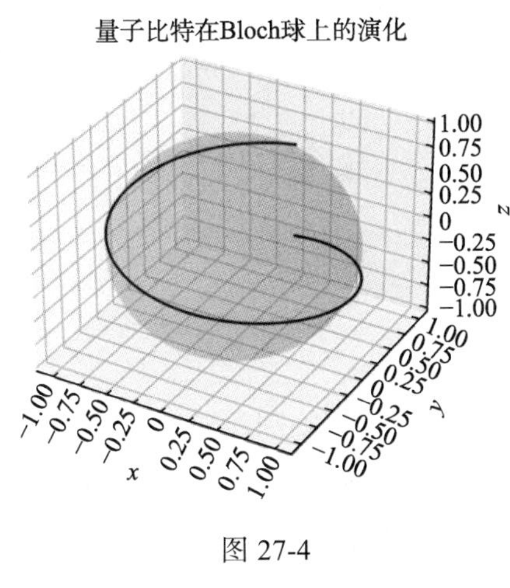

图 27-4

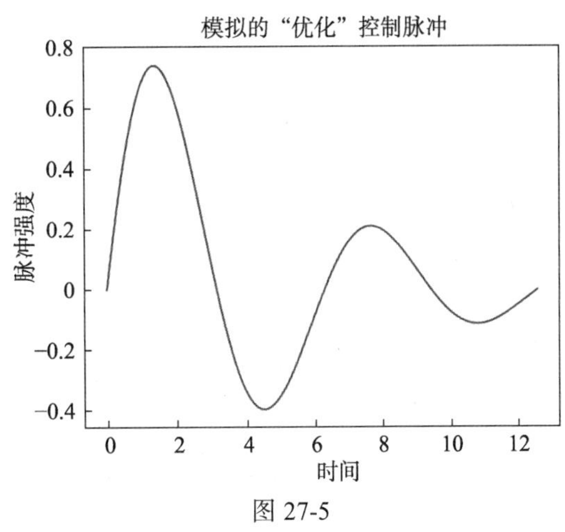

图 27-5

27.7.3　AI 控制的量子系统与传统控制策略的性能对比分析

随着人工智能（AI）技术在多个领域的应用，其在量子系统控制中的潜力也逐渐被认识到。AI，特别是深度学习，已经在量子系统控制策略中表现出了优越的性能，这是因为它能够处理和学习复杂的、非线性的、高维的系统动态。

1. 优势

自适应性：传统的量子控制策略通常需要对系统有精确的了解，而 AI 方法可以通过数据自动适应系统的行为，即使系统的某些特性并不为人知。

处理复杂性：AI，尤其是神经网络，能够表示和处理复杂的非线性函数，这使得它们特别适合于处理量子系统中的复杂相互作用。

实时性能：传统的量子控制策略可能需要长时间的计算，而 AI 方法，经过适当的训练后，可以在实时或接近实时的情况下提供控制策略。

2. 挑战

训练数据：为了有效地训练 AI 模型，可能需要大量的数据，而在实际的量子实验中，这可能是难以获得的。

可靠性：虽然 AI 方法在训练数据上的性能可能是优越的，但它们在新的、未知的情况下的行为可能是不可预测的。

3. 对比分析

在进行对比分析时，通常会考虑几个关键指标：准确性、速度、可靠性和适应性。

准确性：在多数情况下，经过适当训练的 AI 控制策略在准确性方面都优于传统方法，尤其是在系统动态存在复杂非线性时。

速度：AI 方法通常在速度上有优势，因为它们可以实时或接近实时地生成控制策略。

可靠性：这是 AI 方法的一个主要挑战。虽然它们在训练数据上可能表现得很好，但在未知的新情况下可能会失败。

适应性：AI 方法通常更具适应性，能够自动调整以处理系统的变化，而不需要外部干预。

AI 在量子系统控制中提供了一个有前途的方法，它在准确性、速度和适应性方面通常优于传统方法。然而，为了获得最佳性能，可能需要大量的数据和资源来训练 AI 模型，并确保其在各种条件下的可靠性。

27.8 本章习题和实验或模拟设计及课程论文研究方向

习题

简答题：

（1）简述量子计算的基本原理。它与经典计算有何不同？
（2）解释为什么量子计算在某些任务上比经典计算更有效。
（3）简述一个神经网络的基本结构。如何使用神经网络模拟物理系统？
（4）为什么 AI 在物理建模中有潜力？给出至少两个应用实例。
（5）讨论拓扑材料的基本特性。为什么它们在量子计算中有前景？

实验或模拟设计

设计一个简单的量子算法，并使用模拟器进行模拟。
使用神经网络模拟一个简单的物理系统，如简谐振子。
设计一个模拟实验，使用 AI 技术对真实数据进行处理并与传统方法进行比较。

课程论文研究方向

量子 AI 的未来：探讨量子 AI 的潜力和挑战，以及如何将量子计算和人工智能更紧密地结合。

AI 在物理学中的应用：深入研究 AI 在物理学中的特定应用，如流体动力学、天文学或固态物理学。

拓扑材料与量子计算：研究拓扑材料的性质，以及它们如何被用于实现新型的量子计算机。

神经网络在复杂系统中的应用：探讨如何使用神经网络模拟和理解复杂系统的行为，从经济系统到生物系统。

纳米技术与 AI：研究如何利用纳米技术和 AI 技术进行更高效的计算和数据存储。

参 考 文 献

[1] 廖耀发，孙向阳，闵锐. 大学物理教程[M]. 北京：高等教育出版社，2023.

[2] 方莉俐，郭鹏. 大学物理实验[M]. 2 版. 北京：高等教育出版社，2020.

[3] [美]丹尼尔・麦考恩，[美]霍莉・范德沃尔. 科学通史：科学的历史与哲学[M]. 北京：地震出版社，2022.

[4] [英]阿瑟・爱丁顿. 物理科学的哲学[M]. 杨富斌，曾勤，译. 北京：商务印书馆，2016.

[5] 钱彦. 物理学的历史与思想[M]. 北京：电子工业出版社，2022.

[6] 颜毅华，邓元勇，甘为群，等. 空间太阳物理学科发展战略研究[J]. 空间科学学报，2023，43(2)：199-211.

[7] 刘洁，黄烁，周凯虹，等. 院士访谈：向涛谈《中国学科发展战略研究——计算物理学》[J]. 计算物理，2022，39(5)：505-509.

[8] 汪景琇. 中国天文学发展的机遇、挑战和拼争[J]. 科技导报，2019，37(22)：11-14.

[9] 柳福提，张声遥. 热力学相变理论的发展[J]. 物理与工程，2020，30(2)：55-58.

[10] 沙威. 微纳尺度计算电磁学——领域思考与未来发展[J]. 电波科学学报，2020，35(2)：242-251.

[11] 陆国柱. 相对论、量子力学与真空科学技术（三）——对真空背景的研究可能导致 21 世纪基础物理学的突破[J]. 真空，2023，60(5)：1-12.

[12] 王贻芳. 探究物质最深层次的物理规律：中国粒子物理发展规划的思考[J]. 科技导报，2021，39(3)：52-58.

[13] 因坎德拉，鲜于中之，何红建. 巨型对撞机、粒子物理与中国科学发展[J]. 科学，2016，68(5)：61-62.

[14] 刘永超，白世伟，杨晓菲. 用于核物理研究的精密激光谱技术的发展和展望[J]. 原子核物理评论，2019，36(2)：161-169.

[15] 毛悦，孙中苗，贾小林，等. 量子导航技术发展现状分析[J]. 全球定位系统，2023，48(4)：19-23.

[16] DeepTech 深科技. 科技之巅：全球突破性技术创新与未来[M]. 北京：人民邮电出版社，2023.

[17] WANG H, FU T, DU Y, et al. Scientific discovery in the age of artificial intelligence[J]. Nature, 2023, 620(7972): 47-60.

[18] JUMPER J, EVANS R, PRITZEL A, et al. Highly accurate protein structure prediction with AlphaFold[J]. Nature, 2021, 596(7873): 583-589.

[19] GREGOIRE JM, ZHOU L, HABER JA. Combinatorial synthesis for AI-driven materials discovery[J]. Nature Synthesis, 2023, 2(6):493-504.

[20] LIU Z, TEGMARK M. Machine learning conservation laws from trajectories[J]. Physical Review Letters, 2021, 126(18): 180604.

[21] YEADON W, HARDY T. The impact of AI in physics education: a comprehensive review from GCSE to university levels[J]. Physics Education, 2024, 59(2): 025010.

[22] UDRESCU S M, TEGMARK M. AI Feynman: A physics inspired method for symbolic regression[J]. Science Advances, 2020, 6(16): eaay2631.

[23] Johannes Kepler. Astronomia Nova[M]. Translated by William H. Donahue, Green Lion Press, 2015.

[24] SCHMIDT M, LIPSON H. Distilling free-form natural laws from experimental data[J]. Science. 2009, 324(5923): 81-5

[25] Shi H, Jiang Y, Yao Y, et al. Optical frequency divider: capable of measuring optical frequency ratio in 22 digits[J]. APL Photonics, 2023, 8(10): 100802.

[26] Yao Y, Li B, Yang G, et al. Optical frequency synthesizer referenced to an ytterbium optical clock[J].

Photonics Research, 2021, 9(2): 98.

[27] Deng X, Zhang X, Zang Q, et al. Coherent optical frequency transfer via 972 km fiber link[J]. Chinese Physics B, 2023(33): 020602.

[28] Hong HB, Quan RN, Xiang X, et al. Demonstration of 50 km fiber-optic two-way quantum clock synchronization[J]. Journal of Lightwave Technology, 2022, 40(12): 3723-3728.

[29] Li Q, Xue C, Liu JP, et al. Measurements of the gravitational constant using two independent methods[J]. Nature, 2018, 560: 582-588.

[30] Tan WH, Du AB, Dong WC, et al. Improvement for testing the gravitational inverse-square law at the submillimeter range[J]. Physical Review Letters, 2020, 124(5): 051301.

[31] Shao CG, Chen YF, Tan YJ, et al. Combined search for a lorentz-violating force in short-range gravity varying as the inverse sixth power of distance[J]. Physical Review Letters, 2019, 122: 011102.

[32] Duan XC, Deng XB, Zhou MK, et al. Test of the universality of free fall with atoms in different spin orientations[J]. Physical Review Letters, 2016, 117 (2): 023001.

[33] Zhou L, He C, Yan ST, et al. Joint mass-and-energy test of the equivalence principle at the 10–10 level using atoms with specified mass and internal energy[J]. Physical Review A, 2021, 104(2): 022822.

[34] Zhang K, Zhou MK, Cheng Y, et al. Testing the universality of free fall by comparing the atoms in different hyperfine states with Bragg diffraction[J]. Chinese Physics Letters, 2020, 37(4): 043701.

[35] Luo XY, Zou YQ, Wu LN, et al. Deterministic entanglement generation from driving through quantum phase transitions[J]. Science, 2017, 355(6325): 620-623.

[36] Liu Q, Wu LN, Cao JH, et al. Nonlinear interferometry beyond classical limit enabled by cyclic dynamics[J]. Nature Physics, 2022, 18(2): 167-171.

[37] Wang H, Qin J, Chen S, et al. Observation of intensity squeezing in resonance fluorescence from a solid-state device[J]. Physical Review Letters, 2020, 125(15): 153601.

[38] Liu S, Lou Y, Jing J. Interference-induced quantum squeezing enhancement in a two-beam phase-sensitive amplifier[J]. Physical Review Letters. 2019, 123(11):113602.

[39] Xie TY, Zhao ZY, Kong X, et al. Beating the standard quantum limit under ambient conditions with solid-state spins[J]. Science Advances, 2021, 7(32): eabg9204

结束语：时空之舞
与未来的旋律

宇宙的诗篇

在浩瀚的宇宙中，物理学如同一首古老而又永恒的诗篇，为我们揭示了天体的舞动和星辰的旋律。从古希腊哲学家对天空的好奇，到现代科学家对黑洞和量子奥秘的探索，物理学一直是我们理解宇宙的钥匙。

回溯时间的足迹，我们可以看到亚里士多德、伽利略、牛顿等伟大思想家如何构建了我们对世界的基本理解。他们的思想像流水一样，为我们的科学之旅冲开了道路。

物理学不仅仅是冰冷的公式和理论，它是宇宙的语言，是我们与自然对话的方式。每当我们仰望星空，都可以感受到物理学的魅力。它告诉我们，虽然宇宙是如此浩瀚，但我们还是可以通过物理学试图来理解它，感受到宇宙的心跳和节奏。

在这无尽的探索中，物理学为我们揭示了宇宙的诗意。每一个物理定律，每一个科学发现，都像是一句诗，为我们描述了这个美好而又神秘的世界。

日常生活中的音符

在我们日常的生活中，物理学就如同那些隐匿在背后的音符，为我们的生活奏出和谐的旋律。当清晨的阳光穿透窗户，那是光学的魔法；当咖啡机嗡嗡作响，那是热力学为我们准备的温暖；每当我们欣赏到彩虹出现在雨后的天空，那是物理学为我们绘制的天空之画。

我们的生活由这些美妙的物理现象编织而成。它们就如同音乐中的音符，虽然单独的音符可能并不引人注目，但当它们组合在一起，便能创造出美妙的旋律。电灯的亮起、汽车的驱动、冰箱的冷却……这些我们视为理所当然的现象，背后都隐藏着物理学的智慧。

但是，这些物理现象并不是冷漠的、毫无情感的。它们在我们的日常生活中创造了情感和故事。想想那些与家人共度的温馨时光，电视机前的欢声笑语，或是与朋友共享的音乐时刻，背后都有物理学的影子。

让我们为这些日常生活中的音符感到高兴和感激。因为它们不仅为我们的生活添加了色彩和旋律，还使我们与这个世界更加紧密地联系在一起。

工业的节奏与未来的旋律

工业的脉搏是由物理学的律动所驱动的。每一座高楼、每一座大桥、每一个微型芯片，背后都是物理学原理的巧妙应用。它们如同那些坚实的音符，支撑起了现代工业文明的壮丽乐章。

当蒸汽机的轰鸣声带来了工业革命的曙光，而今，当我们看到巨大的风机叶片转动，或是太阳能电池板在阳光下闪闪发光，我们知道，这是物理学为我们描绘的绿色未来的篇章。每一个工业进步，从煤炭到核能，从电报到5G，都是物理学与工程学的完美结合。

然而，工业的节奏并不总是平稳的。随着技术的进步和社会的发展，我们面临着新的挑战和机遇。物理学，作为探索未知的先锋，将为我们指引方向，帮助我们跨越障碍，抵达未来的彼岸。

让我们期待未来，那里有更加先进的技术，更加和谐的生态，以及更加美好的人类文明。这一切，都将由物理学为我们引领。

感恩与期许

在物理学的广袤海洋中，我们骑乘历史的巨浪，感受那些伟大的物理学家如何为我们揭开宇宙的奥秘。我们为他们的智慧和努力心怀感激。他们不仅为我们提供了知识和工具，更为我们展示了对未知的探索和对真理的执着追求的精神。

对于大学生而言，学习物理不仅仅是为了应对考试或完成学业。物理学是一扇窗，让我们看到了宇宙的广阔和深邃。它教会我们逻辑思考、解决问题和创新的能力。在未来的职业生涯中，这些技能将为我们打开无数的机会和可能。

但更为重要的是，物理学教会我们应用和实践的意义。理论知识的学习是基础，但将这些知识应用于实际问题和挑战中，才是真正的学习和成长。正如这本书所展示的，物理学的应用无处不在，从日常生活到工业，从现在到未来。

因此，我希望每一位读者，特别是那些正在学习物理学的大学生，能够深入理解和珍惜你们所学到的每一个物理学概念。不要害怕实践和挑战，因为它们会使你更加成熟和强大。最后，希望你们能够继续探索物理学的奥秘，为人类的未来作出你们自己独特的贡献。